개정판

유체기계

하재현 · 박상언 · 모양우 · 양우정 공저

普 文 堂

머리말

원리상으로 보면 유체의 에너지와 기계적 에너지와의 에너지 변환을 하는 틀이 유체기계이다. 유체 중 액체(주로 물)의 에너지를 변환하는 수력기계에는 펌프와 수차가 그 대표적인 것이고, 기체(주로 공기)의 에너지를 변환하는 공기기계로는 송풍기와 압축기 및 풍차 등이 그 중요한 기계들이다. 펌프는 송풍기·압축기와, 수차는 풍차와 같은 기본원리에 입각하여 작동의 대부분이 설명된다. 다만 물과 공기에 특수한 현상, 이를테면 캐비테이션이나 압축성의 영향 등만을 양자에 대하여 구별하면 된다. 그렇다고 수력기계만을 알면 된다는 것은 아니며, 날이 갈수록 산업기계로서 이용도가 높아가고 있는 공기기계에 대해서도 깊은 안목을 돌려 교수 또는 학습함에 소홀히 해서는 안될 것으로 본다.

일반적으로 유체기계는 발명이나 고안에 의한 기계의 설계, 제작이 선행된 후 많은 사람들에 의해 개량 연구가 이루어짐과 동시에 그 뒷받침으로서의 이론적 설명이 이루어지는 이러한 과정을 거치는 것이 대부분이다. 현재에도 많은 기종의 유체기계가 이와 같은 과정의 순환을 거치면서 그 구조나 성능면에서 고도로 향상되어 가고 있다. 이러한 개발에 있어 가장 중요한 위치에 있는 이는 역시 설계자라 할 수 있다. 설계자의 지식과 사고방식에 따라 유체기계의 구조나 운전, 취급방법 등은 많은 차이를 가져오게 되는 것이다. 따라서 우수한 제품을 생산하기 위해서는 설계자가 관련된 기본지식을 풍부히 가져야 하며, 많은 경험을 쌓아야 한다.

이와 같은 견지에서 이 책은 설계연습에 역점을 두어 학습해 나가는 과정에서 경험을 쌓도록 엮는 데 힘썼다.

(1) 유체기계의 공통적인 기본이론은 편마다 한데 묶어 미리 기술하고,
(2) 각 기계의 특이성을 각론에서 설명하는 방식을 택하였다.
(3) 각 절마다 구체적인 예문을 들어 친절한 해설을 하였고,
(4) 장말에는 종합적인 설계법을 예제의 시방에 따라 계산하는 과정을 설명하였으므로,
(5) 장말의 연습문제는 이것을 참고로 하여 풀어 나가면 쉽게 풀이가 될 것으로 믿는다.
(6) 설계연습에 관련되는 중요한 자료와 문제의 해답은 권말에 수록하였으므로, 적절히 활용하기 바란다.

이 책은 4년제 공과대학이나 2년제 전문대학의 기계공학도이면 누구나 터득해야 할 유체기계의 기본이론과 설계의 경험을 얻는 데 알맞도록 엮은 교과서이다. 따라서 간결하고 쉽게 해설하는 데 노력하였고, 용어도 문교부 제정의 용어에 따랐으므로 혼란을 일으키는 일이 없을 것이다. 아울러 현장의 기사들에게도 참고서로서 충분히 이용될 것으로 믿는다. 각 기계에 대한 보다 깊고 전문적인 지식은 전문서적을 보도록 함이 좋을 것이다.

이 책을 펴냄에 있어서 외국의 많은 문헌을 참고로 하였으며, 잘못된 곳이 있으면 기탄없이 질책 내지 지도해 주기를 바라마지 않는다.

끝으로 이 책을 펴내는 데 애써주신 보문당의 김병계 사장님과 편집부 여러분에게 깊은 감사를 드린다.

2003. 2.

저 자 씀

차 례

제3편 수 차 / 203

제1장 개 론 / 205

제2장 충동수차 / 215

제3장 반동수차 / 229

제4장 펌프수차 / 243

제5장 수차의 특성과 제현상 / 247

제4편 액체전동장치 / 253

제1장 개 론 / 255

제2장 유체 커플링 / 257

서 론

1. 유체기계의 정의

유체기계(fluid machinery)란 물이나 공기와 같은 유체를 작동물질로 하여 이 유체와의 사이에 에너지의 교환을 수행하는 기계이다. 유체기계는 에너지의 교환면에서 볼 때, 동력을 써서 일을 하는 기계와 동력을 발생하는 기계로 크게 나눈다. 전자는 전동기(motor)나 내연기관 등의 원동기로부터 기계적 에너지를 공급받아 유체를 기계 내부로 흡입한 후 이 유체에 에너지를 공급(주로 압력 에너지의 형태로 변환된다)하는 기계로서, 펌프(pump), 송풍기, 압축기 등이 있으며, 후자는 에너지를 가진 유체를 기계에 유입시켜 이것이 기계 내부를 통과하는 사이에 유체의 에너지를 축동력이란 형태의 기계적 에너지로 변화시키는 기계로서, 수차, 풍차, 유압 모터 등이 있다.

이 양자를 비교하면 펌프, 송풍기 등은 유체에 에너지를 공급하는 데 반하여 수차, 풍차 등은 유체로부터 에너지를 받는 것이 되어 에너지 수수의 관계로 볼 때 완전히 서로 반대이다.

펌프와 수차를 조합한 것으로서 유체 커플링, 액체 토크 컨버터 등의 액체전동장치가 있다. 이것은 한 쪽 축에서 기계적 에너지를 받아 펌프가 작동하여 유체에 에너지를 공급하고, 에너지를 가진 유체가 수차에 유입하여 기계적 에너지를 발생시키는 원리로 되어 있다.

유체기계는 작동물질면에서 볼 때 수력기계와 공기기계로 분리된다. 수력기계라 하면 물만을 작동유체로 취급하는 기계라고 생각하기 쉬우나 그렇지 않으며, 물 이외의 모든 액체가 그 대상이 된다.

고-액 혼상체를 대상으로 한 기계도 이에 속한다. 과거의 관습에 따르면 수력기계에서 일반적으로 취급되는 유체는 상온의 청수인 경우가 대부분이고, 온도의 변화나 액체의 종류에 대한 차이 등은 각각 수력학적 성질의 차이를 고찰 중에 도입하여 보정해 나가는 방법이 쓰이고 있다.

공기기계에 있어서도 상온의 공기가 물론 주가 되나, 이 뿐만 아니라 넓은 의미에서는 기체 전체를 작동유체로 삼는다. 고-기 혼상체를 대상으로 한 기계도 이에 포함된다.

2. 유체기계의 분류

동력을 써서 물 또는 액체(비압축성 유체)의 압력을 변화시키는 수력기계는 펌프이다. 펌프에는 회전하는 회전차(impeller)의 동역학적 작용에 의하여 압력을 높이는 원심형과 축류형 및 피스톤

(piston)의 왕복운동을 이용하는 왕복형, 회전체를 돌려서 액체를 밀어 내는 회전형 또는 로터리(rotary)형, 그 외 특수한 것이 있다. 왕복형과 회전형은 용적형 또는 배제형이라고도 한다.

기체의 압력을 변화시키는 공기기계는 송풍기, 압축기이다. 전자는 작동유체를 비압축성 유체로 다룰 수 있으나, 후자는 압축성 유체로 다루지 않으면 안 된다. 송풍기, 압축기에 있어서도 펌프와 같이 원심형, 축류형, 왕복형, 회전형 등이 있다. 회전차를 돌려서 유체를 밀어내는 방식으로 작동하는 기계를 용적형 기계라 하고, 수차, 펌프 및 송풍기 등의 원심형, 축류형과 같이 회전차의 동역학적 작용하에서 작동하는 기계를 터보기계(turbo-machinery)라고 한다. 이 책에서는 취급하지 않으나, 증기 터빈이라든가 가스 터빈도 터보 기계이다.

이들 외에 압력을 가진 액체 또는 기체를 써서 일을 하게 하는 여러 가지의 유압기기, 공기기계 등이 있는데, 이상을 종합하면 다음 표와 같이 된다.

표 유체기계의 분류

- 流體機械
  - 水力機械
    - 펌프
      - 터보형
        - 遠心式
        - 斜流式
        - 軸流式
      - 容積形
        - 往復式
        - 回轉式
      - 特殊形
    - 水車
      - 衝擊水車
      - 反動水車
    - 流體電動裝置
      - 流體 커플링
      - 液體 토크 컨버터
    - 油壓機器
      - 油壓 펌프
      - 油壓 모터
      - 油壓制御밸브
      - 蓄壓器
      - 增壓器
  - 空氣機械
    - 低壓式
      - 送風機
      - 風 車
    - 高壓式
      - 壓縮機
      - 眞空펌프
      - 壓縮空氣機械
    - (送風機, 風 車, 壓縮機)
      - 遠心式
      - 軸流式
      - 容積式
        - 往復形
        - 回轉形
  - 流體輸送裝置
    - 水力 컨베이어
    - 공기 컨베이어

제 1 편

수력기계, 저압식 공기기계의 기초이론

제1장

비압축성 유체의 에너지 방정식

1-1 에너지 방정식(Bernoulli의 정리)

그림 1-1에서 보는 바와 같이 수평기준면(HDP)에서 z_1, z_2의 높이에 단면 1과 2를 갖는 관로(유관) 속을 유체가 정상적으로 흐르는 경우를 생각한다. 유체를 비압축성, 비점성 유체, 즉, 이상유체라 하면, 에너지 불멸의 법칙에 의하여 다음과 같은 에너지 방정식이 성립한다.

$$\frac{p_1}{\gamma}+\frac{{v_1}^2}{2g}+z_1=\frac{p_2}{\gamma}+\frac{{v_2}^2}{2g}+z_2=H\,(\text{일정}) \tag{1-1}$$

여기서, p, v, z, γ는 각각 단면 1과 2에 있어서의 유체의 압력, 평균유속, 위치의 높이, 비중량이다.

식 (1-1)에서 $v^2/2g$은 단위중량의 유체가 갖는 운동 에너지이고, p/γ는 단위중량의 유체가 갖는 압력 에너지이며, z는 단위중량의 유체가 갖는 위치 에너지이다. 일반적으로 $v^2/2g$을 **속도수두**(velocity head), p/γ를 **압력수두**(pressure head), z를 **위치수두**(potential head)라 하고,

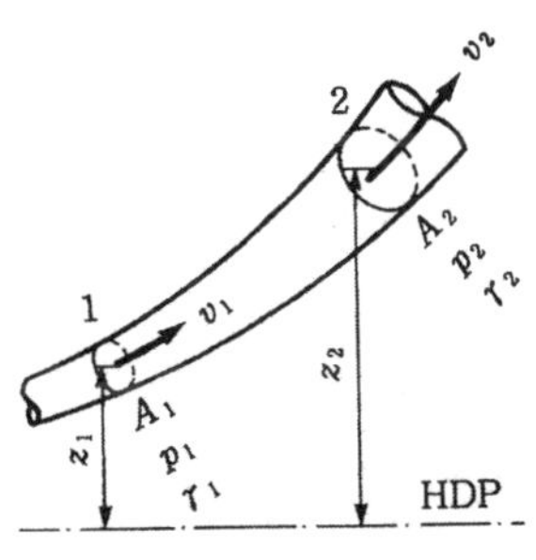

그림 1-1 에너지 방정식의 적용

이들 수두의 합 H를 전수두(total head)라 한다. 이들의 단위는 어느 것이나 [에너지]/[유체중량] $=[\mathrm{kg_f \cdot m/kg_f}]=[\mathrm{m}]$로서 길이의 단위가 된다.

취급되는 유체가 기체인 경우, 위치수두의 변화는 다른 수두의 변화에 비하여 매우 작으므로 무시된다. 식 (1-1)은 각 항에 γ를 곱하여 일반적으로 다음과 같이 표시된다.

$$p_1+\frac{\gamma {v_1}^2}{2g}=p_2+\frac{\gamma {v_2}^2}{2g}=p_t\,(\text{일정}) \qquad (1\text{-}2)$$

여기서 p를 정압(static pressure), $\gamma v^2/2g$을 동압(dynamic pressure)이라 하고, 이들의 합 p_t를 전압(total pressure)이라 한다. 식 (1-1)과 (1-2)를 Bernoulli의 방정식이라 한다.

그림 1-1에 있어서 단면 1, 2 사이의 관의 길이가 길다든가 또는 관의 단면적이 변화하는 곳이 있고, 그 밖의 다른 조건에 의하여 1, 2 사이에서 잃게 되는 유체의 에너지 손실이 무시할 수 없을 때, 유체가 비압축성 점성유체로 간주될 때에는 에너지 방정식은 다음 식으로 표시된다.

$$\frac{p_1}{\gamma}+\frac{{v_1}^2}{2g}+z_1=\frac{p_2}{\gamma}+\frac{{v_2}^2}{2g}+z_2+\Delta H \qquad (1\text{-}3)$$

여기서 ΔH는 단면 1, 2 사이에서 잃게 되는 유체의 에너지 손실수두이다.

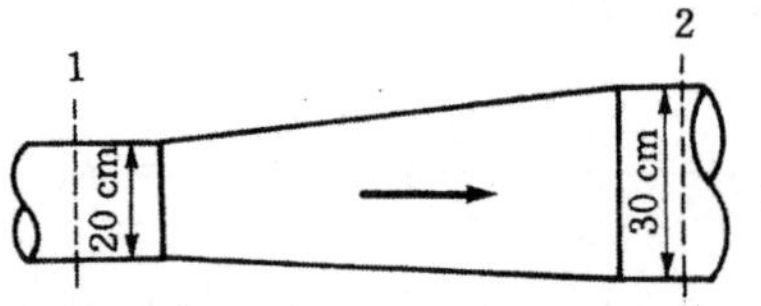

그림 1-2 확대관로

예제 1-1 그림 1-2와 같은 확대원관 속을 단면 1에서 2의 방향으로 비중량 $1.186\mathrm{kg_f/m^3}$인 공기가 흐르고 있다. 단면 1을 지나는 평균풍속을 60m/s라 하면, 단면 2를 지날 때의 풍속과 1, 2 사이의 압력상승은 얼마인가? 단, 관로 도중에서 에너지의 손실은 일어나지 않는 것으로 한다.

[풀이]

연속방정식에 의하여 단면 2에서의 평균풍속을 구하면

$$v_2=v_1\frac{A_1}{A_2}=60\left(\frac{20}{30}\right)^2=26.7\ [\mathrm{m/s}]$$

식 (1-2)에 의하면 압력상승은

$$p_2-p_1=\frac{\gamma}{2g}({v_1}^2-{v_2}^2)=\frac{1.186}{2\times 9.80}(60^2-26.7^2)=174.7\ [\mathrm{kg_f/m^2}]$$

이 예제에서 보는 바와 같이 원심식 또는 축류식의 펌프, 송풍기, 압축기에 있어서는 회전차에

이어지는 유로를 확대관(이것을 diffuser라 한다)으로 하여 잉여 동압을 정압으로 회수한다. 펌프에서는 잉여 속도수두를 압력수두로 회수하는 것이 된다.

예제 1-2 그림 1-3에 표시한 바와 같이 수심 1m에서 개구하고 있는 확대관 속을 물이 아랫방향으로 향하여 흐르고 있다. 단면 1에서의 정압은 몇 kg_f/cm^2, gauge가 되는가? 단, 1, 2 사이의 손실수두는 $\Delta H = \xi(v_1 - v_2)^2/2g$, $\xi = 0.15$이다.

[풀이]

단면 2를 기준 위치($z_2 = 0$)로 잡고, 1, 2 사이에 에너지 방정식을 세우면

$$\frac{p_1}{\gamma} + \frac{v_1^2}{2g} + z_1 = \frac{p_2}{\gamma} + \frac{v_2^2}{2g} + z_2 + \Delta H = \frac{p_2}{\gamma} + \frac{v_2^2}{2g} + 0 + 0.15\frac{(v_1 - v_2)^2}{2g}$$

p_2는 수심 $h = 1$m에서의 정압이므로 p_0를 대기압이라고 하면, $p_2 = \gamma h + p_0$가 되어 윗식은

$$\frac{p_1}{\gamma} + \frac{v_1^2}{2g} + z_1 = \frac{\gamma h + p_0}{\gamma} + \frac{v_2^2}{2g} + 0.15\frac{(v_1 - v_2)^2}{2g}$$

$$\therefore p_1 - p_0 = \gamma\left[-z_1 + h + \frac{1}{2g}\{(v_2^2 - v_1^2) + 0.15(v_1 - v_2)^2\}\right]$$

$$= 1000\left[-3 + 1 + \frac{1}{2\times 9.8}\{(2^2 - 6^2) + 0.15(6-2)^2\}\right]$$

$$= -3510\ [kg_f/m^2,\ gauge] = -0.351\ [kg_f/cm^2,\ gauge]$$

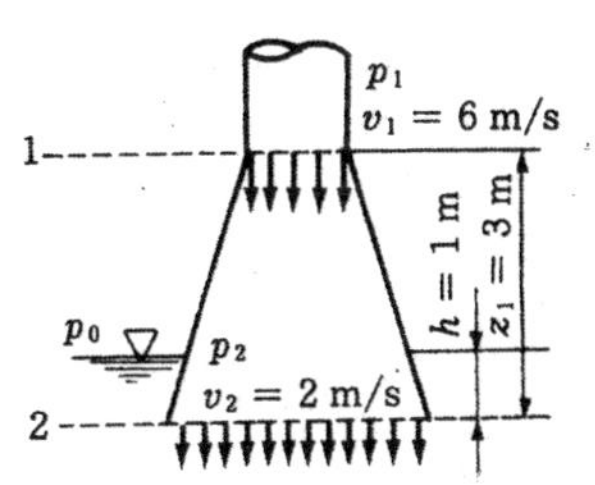

그림 1-3

1-2 펌프 및 송풍기의 에너지 방정식

펌프 또는 송풍기 등의 기계는 유체에 에너지를 공급하여 한 곳에서 다른 곳으로 유체를 수송하는 작용을 한다. 그림 1-4와 같이 관로의 상류 1과 하류 2 사이에 이와 같은 기계를 설치하면, 상류 1에서 유체가 가지고 있던 에너지에 기계가 공급한 에너지를 합친 것이 하류 2에서 유체가 가지는 에너지가 된다. 지금 기계가 단위중량의 유체에 대하여 한 일을 H_{th}라 하고, 기계 내부에서 단위중량의 유체가 잃어버리게 되는 에너지를 ΔH라고 하면, 에너지 방정식은 다음과 같이 된다.

$$\frac{p_1}{\gamma}+\frac{v_1^{\ 2}}{2g}+z_1+H_{th}=\frac{p_2}{\gamma}+\frac{v_2^{\ 2}}{2g}+z_2+\Delta H$$

H_{th}는 기계가 단위중량의 유체에 실제로 공급하는 에너지 H와 ΔH의 합, $H_{th}=H+\Delta H$가 되므로, 이것을 윗식에 대입하면 다음 식을 얻는다.

$$\frac{p_1}{\gamma}+\frac{v_1^{\ 2}}{2g}+z_1+H=\frac{p_2}{\gamma}+\frac{v_2^{\ 2}}{2g}+z_2 \tag{1-4}$$

식 (1-4)를 H에 대하여 쓰면

$$H=\left(\frac{p_2}{\gamma}+\frac{v_2^{\ 2}}{2g}+z_2\right)-\left(\frac{p_1}{\gamma}+\frac{v_1^{\ 2}}{2g}+z_1\right) \tag{1-5}$$

이 된다. 펌프인 경우에는 H를 **전양정**(total head)이라 한다. 각 항은 유체가 가지는 단위중량당의 에너지로서, 단위는 [$kg_f \cdot m/kg_f$]=[m]이다.

식 (1-4)의 양변에 유체의 비중량 γ를 곱하면

$$p_1+\frac{\gamma}{2g}v_1^{\ 2}+\gamma z_1+\gamma H=p_2+\frac{\gamma}{2g}v_2^{\ 2}+\gamma z_2 \tag{1-6}$$

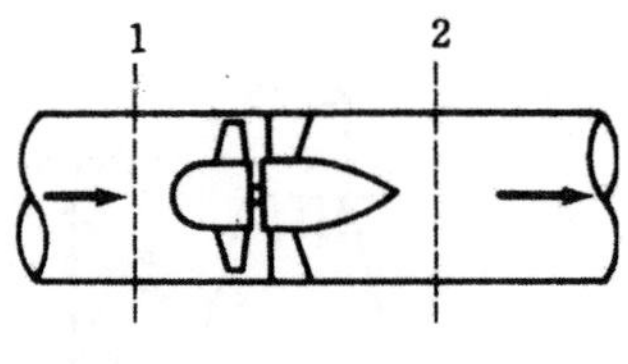

그림 1-4

가 된다. 이 때의 각 항도 유체의 단위중량당의 에너지로서 단위는 [$kg_f \cdot m/kg_f$]×[kg_f/m^3]=[$kg_f \cdot m/m^3$]=[kg_f/m^2]가 되어 입력의 단위와 같게 된다. 송풍기인 경우에는 유체가 기체이므로 위치 에너지의 변화 $\gamma(z_2-z_1)$는 작아서 무시된다. 지금

$$p_t=\gamma H \tag{1-7}$$

로 놓을 때, 이 p_t를 송풍기의 전압(total pressure)이라 한다. 송풍기의 전압은 식 (1-6)에 의하여 다음과 같이 표시된다.

$$p_t=\left(p_2+\frac{\gamma}{2g}v_2^{\ 2}\right)-\left(p_1+\frac{\gamma}{2g}v_1^{\ 2}\right)=p_{t2}-p_{t1} \tag{1-8}$$

식 (1-8)에 의하면 송풍기의 전압은 송풍기의 송출구의 전압 p_{t2}에서 흡입구의 전압 p_{t1}을 뺀 차가 된다.

펌프가 단위시간에 액체에 대하여 하는 일을 펌프의 **수동력**이라 하고, 송풍기가 단위시간에 기체에 대하여 하는 일을 **공기동력**이라 하며, 둘 다 [$kg_f \cdot m/s$]의 단위를 갖는다. 펌프 또는 송풍기 내를 단위시간에 통과하는 유체의 체적을 **유량**이라 하고, $Q\,[m^3/s]$로 표시한다.

펌프의 수동력 L_w는 전술한 $H\,[kg_f \cdot m/kg_f]$, 즉 단위중량의 유체가 하는 일의 양과 중량유량 γQ kg/s의 곱과 같게 되어

$$L_w = \gamma H Q\,[kg_f \cdot m/s] \tag{1-9}$$

가 된다. 여기서 γ는 액체의 비중량[kg_f/m^3]이다.

같은 방법으로 하여 송풍기의 공기동력 L_a는 다음 식으로 표시된다.

$$L_a = p_t Q\,[kg_f \cdot m/s] \tag{1-10}$$

예제 1-3 운전 중인 펌프의 압력계를 보니 흡입쪽은 147mmHg, vac., 송출쪽은 2.8kg_f/cm^2였을 때, 펌프의 전양정은 몇 m인가? 단, 송출쪽 압력계는 흡입쪽 진공계보다 60cm높은 곳에 있고, 흡입쪽과 송출쪽의 지름은 같다.

[풀이]

첨자 1, 2로써 펌프의 흡입쪽 진공계와 송출쪽 압력계의 위치를 구별하면, 펌프의 전양정 H는 식 (1-5)에서

$$H = \frac{p_2 - p_1}{\gamma} + (z_2 - z_1) + \frac{{v_2}^2 - {v_1}^2}{2g}$$

제의에 의하여 $p_2 - p_1 = 2.8 - \left(-\frac{147 \times 1.033}{760}\right) = 3.0\,kg_f/cm^2 = 30,000 kg_f/m^2$, $z_2 - z_1 = 0.6$ m, 흡입쪽과 송출쪽의 관지름이 같으므로 $v_1 = v_2$가 된다.

$$H = \frac{30,000}{1000} + 0.6 + 0 = 30.6\,[m]$$

1-3 수차와 에너지 방정식

수차는 물이 가지고 있는 위치 에너지를 물이 수차 속을 지나는 사이에 기계의 에너지로 변환시켜 동력을 얻는 기계이다. 물이 수차에 공급하는 전에너지, 전수두를 H라 하고, 수차의 상류 1과 하류 2 사이에 에너지 방정식을 세우면 다음과 같이 된다.

$$\frac{p_1}{\gamma}+\frac{v_1^{\ 2}}{2g}+z_1=\frac{p_2}{\gamma}+\frac{v_2^{\ 2}}{2g}+z_2=H \tag{1-11}$$

여기서, H는 단위중량의 물이 기계에 대하여 한 일의 양으로서, 이 중 일부는 수차내에서 손실된다. 이 H를 수차의 **유효낙차**(effective head)라 한다. γHQ로 표시되는 물의 에너지가 모두 수차에 이용된다고 하면

$$L_{th}=\gamma HQ \tag{1-12}$$

로 표시되는데, 이 L_{th}를 수차의 **이론출력**이라 한다.

예제 1-4 유효낙차 100m, 유량이 190m^3/s인 수력발전소의 수차의 이론출력은 몇 kW인가?, 몇 PS인가?

[풀이]

식 (1-12)에 의하여

$$L_{th}=\gamma HQ=1000\times100\times190=1.9\times10^7\,[\mathrm{kg_f\cdot m/s}]$$

$$=\frac{1.9\times10^7}{102}=1.86\times10^5\,[\mathrm{kW}]$$

$$=\frac{1.9\times10^7}{75}=2.53\times10^5\,[\mathrm{PS}]$$

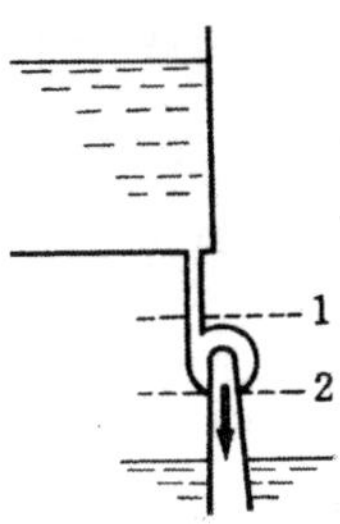

그림 1-5

[주] 1kg$_f$ · m의 일의 양은 9.8Joule에 해당한다. 매초 1Joule의 일의 양을 1W라 한다. 매초 1000Joule이 1kW이므로 이론출력을 kW로 표시하면 $9.8QH$이다. 1HP(영국마력)는 550ft · lb/s로서 0.7457kW에 해당하나 계량법에서는 1HP=0.764kW로 규정하고 있다. 1PS(불마력, 미터법의 마력)는 75kg$_f$ · m/s로서 0.7355kW에 해당한다. 따라서 1kW=102kg$_f$ · m/s이다.

연 습 문 제

1 그림 1-6과 같은 펌프계에서 물을 빨아올릴 때, 펌프 흡입쪽 ②의 압력은 몇 kg_f/cm^2, gauge가 되는가? 단, 관속의 평균유속을 v, 관의 안지름을 d, 관의 전길이를 l이라 할 때 여러 가지 손실은 다음과 같다.

$$\Delta H_1 = \text{흡입관 입구의 손실수두} = \zeta\frac{v^2}{2g} = 0.56\frac{v^2}{2g}$$

$$\Delta H_2 = \text{곡관의 손실수두} = \zeta\frac{v^2}{2g} = 1\times\frac{v^2}{2g}$$

$$\Delta H_3 = \text{관마찰에 의한 손실수두} = \lambda\frac{l}{d}\cdot\frac{v^2}{2g} = 0.025\frac{l}{d}\cdot\frac{v^2}{2g}$$

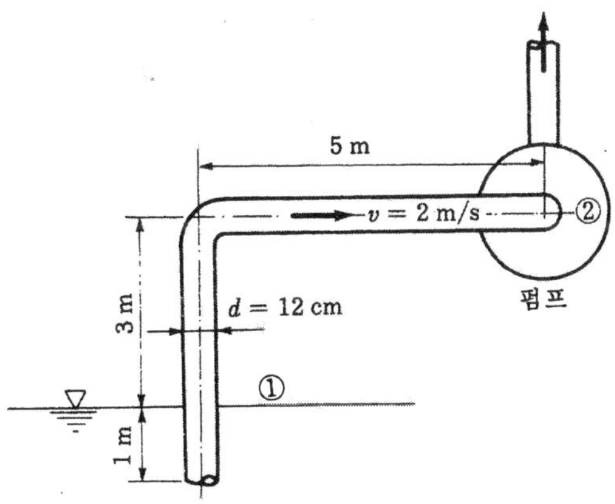

그림 1-6 펌프계

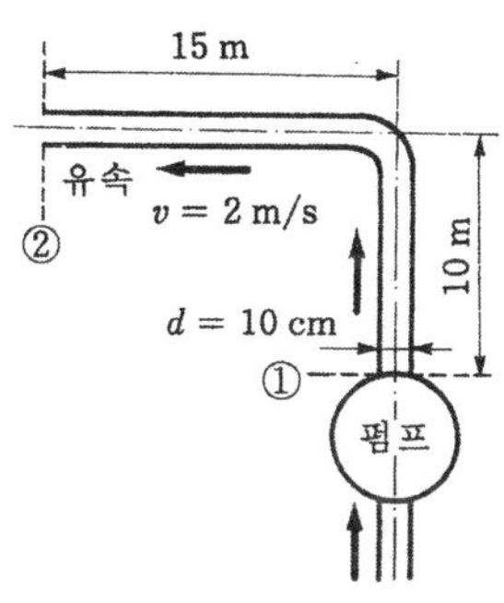

그림 1-7 펌프계

❷ 펌프의 물이 그림 1-7과 같은 관을 통하여 대기 중으로 송출되고 있다. 펌프 송출구 ①에 있어서의 압력은 몇 kg_f/cm^2, gauge인가? 단, 관 속의 평균유속을 v, 관의 안지름을 d, 관의 전길이를 l이라 하면 곡관에 있어서의 손실수두는 $\Delta H_1 = \zeta v^2/2g(\zeta=1)$, 관마찰에 의한 손실수두는 $\Delta H_2 = \lambda(l/d)(v^2/2g)(\lambda=0.025)$이다.

❸ 양정이 10m이고 유량이 $1.5m^3/min$인 펌프로 물을 퍼올릴 때, 펌프의 수동력은 몇 PS인가?

❹ 송출풍량이 $17m^3/min$이고, 전압이 $0.84kg_f/cm^2$, gauge인 송풍기의 공기동력은 얼마인가?

❺ 유효낙차가 60m이고, 공급수량이 $1.56m^3/s$인 수차의 이론동력은 몇 kW인가?

제2장

운동량의 원리

2-1 운동량의 원리

운동량의 원리(또는 법칙)는 편의상 비압축성 유체를 다루고 있는 이 장에서 설명하지만, 이것은 압축성 유체에도 적용이 되고, 모든 유체에 대하여 성립함을 먼저말해 둔다.

Newton의 운동의 제2법칙에 의하면

$$(\text{힘}) = (\text{질량}) \times (\text{가속도})$$

$$f = m \times \frac{dv}{dt}$$

가 된다. 여기에서 v는 속도이고, t는 시간이다.

윗식을 다시 일반적으로 표시하면

$$f = \frac{d(mv)}{dt} \tag{2-1}$$

이 된다. 식 (2-1)에서 질량 m과 속도 v와의 곱인 mv를 **운동량**(momentum)이라 한다. 식 (2-1)을 말로 표현하면 다음과 같이 된다.

"어떤 물체에 작용하는 힘은 그 물체의 단위시간에 대한 운동량의 변화와 같다."

이것이 **운동량의 법칙**인데, 유체의 운동에서는 이것으로부터 유도되는 구체적인 몇개의 식이 운동량의 법칙으로서 활용되고 있다.

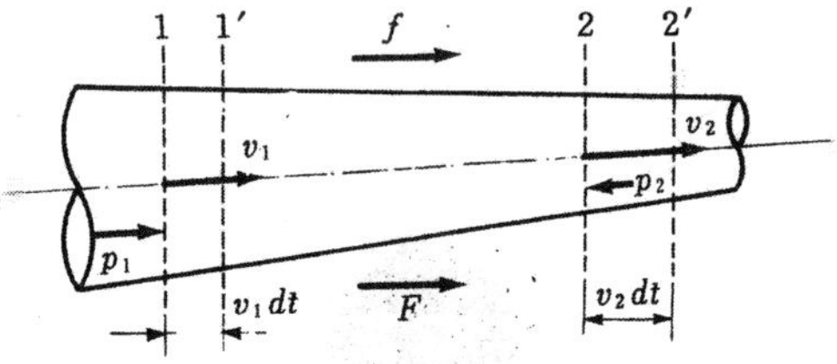

그림 2-1 직관에 미치는 힘

1. 직선관로 속의 흐름

그림 2-1에 표시한 바와 같이 직선관로 속을 유체가 정상적으로 흐르고 있을 때, 단면 1, 2 사이에 있는 유체에 대하여 생각해 보자. 외부에서 이 유체에 주류의 진행방향으로 미치고 있는 일정한 힘을 f 라 하고, 단면 1, 2 사이의 유체가 dt시간 후에 1′, 2′ 로 진행하는 것으로 본다. dt 시간 후의 운동량의 증가량은 1′, 2′ 사이와 1, 2 사이와의 운동량의 차이므로 서로 공통인 1′, 2 사이의 운동량을 빼면, 결국 dt시간 후의 운동량의 증가량은 2, 2′ 사이의 운동량과 1, 1′ 사이의 운동량의 차로서, 이것은

$$(\rho_2 A_2 v_2 dt) v_2 - (\rho_1 A_1 v_1 dt) v_1$$

이 된다. 여기서 v_1, v_2는 1, 2에 있어서의 유속이고, A_1, A_2는 1, 2에 있어서의 단면적이며, ρ_1, ρ_2는 1, 2에 있어서의 유체의 밀도이다. 위의 값을 운동량의 식 (2-1)에 대입하면

$$f = \frac{d(mv)}{dt} = \frac{(\rho_2 A_2 v_2 dt) v_2 - (\rho_1 A_1 v_1 dt) v_1}{dt}$$
$$= (\rho_2 A_2 v_2) v_2 - (\rho_1 A_1 v_1) v_1 \tag{2-2}$$

이 된다. 지금 단면 1, 2를 지나는 유체의 유량을 각각 Q_1, Q_2라 하면, $Q_1 = A_1 v_1$, $Q_2 = A_2 v_2$ 이므로, 이것을 윗식에 대입하면 다음 식을 얻는다.

$$f = \rho_2 Q_2 v_2 - \rho_1 Q_1 v_1 \tag{2-3}$$

연속방정식 $\rho_1 Q_1 = \rho_2 Q_2 = \rho Q$가 적용되는 경우에는 다음 식이 성립한다.

$$f = \rho Q (v_2 - v_1) \tag{2-4}$$

이 때의 외력 f 의 값을 알아보자. 단면 1, 2에 있어서의 압력을 각각 p_1, p_2라 하면, 이 압력에 의한 외력은 $(p_1 A_1 - p_2 A_2)$가 된다. 1, 2 사이의 유체가 관에 대하여 흐름의 진행방향으로 미치는 힘을 F라 하면, 관이 유체에 대하여 흐름과 역방향으로 미치는 힘은 $-F$가 되므로, 전체의 외력은

$$f=(p_1A_1-p_2A_2)-F \tag{2-5}$$

가 된다. 이 식과 식 (2-4)에서 f 를 소거하면

$$p_1A_1-p_2A_2-F=\rho Q(v_2-v_1) \tag{2-6}$$

그러므로

$$F=\rho Q(v_1-v_2)+(p_1A_1-p_2A_2) \tag{2-7}$$

가 되어 F의 값이 구해진다.

2. 곡관관로 속의 흐름

그림 2-2에서와 같이 만곡관로 속을 유체가 정상적으로 흐르고 있을 때, 단면 1, 2 사이의 유체에 미치는 힘을 직각좌표 x, y의 방향으로 나누어 운동량의 원리를 적용하면, 식 (2-7)처럼 다음 식이 성립된다(예제 2-1 참조).

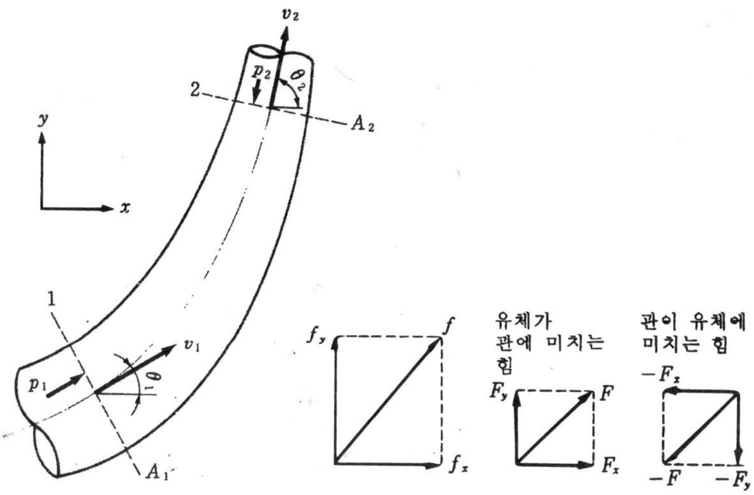

그림 2-2 곡관에 미치는 힘

$$\left.\begin{aligned} F_x&=(p_1A_1\cos\theta_1-p_2A_2\cos\theta_2)+(\rho_1Q_1v_1\cos\theta_1-\rho_2Q_2v_2\cos\theta_2) \\ F_y&=(p_1A_1\sin\theta_1-p_2A_2\sin\theta_2)+(\rho_1Q_1v_1\sin\theta_1-\rho_2Q_2v_2\sin\theta_2) \end{aligned}\right\} \tag{2-8}$$

여기서 F_x, F_y는 관의 단면 1, 2 사이에서 유체가 관에 미치는 힘 f 의 x, y방향의 분력이다.

예제 2-1 식 (2-8)이 성립함을 증명하여라.

[풀이]

외부에서 단면 1, 2 사이의 유체에 미치는 힘 f를 그림 2-2에서와 같이 f_x, f_y로 나누면, x축 방향에 있어서는

$$\left.\begin{aligned} f_x &= \rho_2 Q_2 v_2 \cos\theta_2 - \rho_1 Q_1 v_1 \cos\theta_1 \\ f_x &= (p_1 A_1 \cos\theta_1 - p_2 A_2 \cos\theta_2) - F_x \end{aligned}\right\}$$

같이 하여 y축 방향에 있어서는

$$\left.\begin{aligned} f_y &= \rho_2 Q_2 v_2 \sin\theta_2 - \rho_1 Q_1 v_1 \sin\theta_1 \\ f_y &= (p_1 A_1 \sin\theta_1 - p_2 A_2 \sin\theta_2) - F_y \end{aligned}\right\}$$

위의 두 식에서 각각 f_x, f_y를 소거하면

$$\left.\begin{aligned} F_x &= (p_1 A_1 \cos\theta_1 - p_2 A_2 \cos\theta_2) + (\rho_1 Q_1 v_1 \cos\theta_1 - \rho_2 Q_2 v_2 \cos\theta_2) \\ F_y &= (p_1 A_1 \sin\theta_1 - p_2 A_2 \sin\theta_2) + (\rho_1 Q_1 v_1 \sin\theta_1 - \rho_2 Q_2 v_2 \sin\theta_2) \end{aligned}\right\}$$

를 얻게 된다.

3. 평판에 충돌하는 분류

그림 2-3에 표시한 바와 같이, 노즐에서 분출되는 유량 Q, 밀도 ρ인 유체가 속도 v로서 평판에 분사될 때, 유체가 평판에 미치는 힘 F는

$$F = \rho Q v \tag{2-9}$$

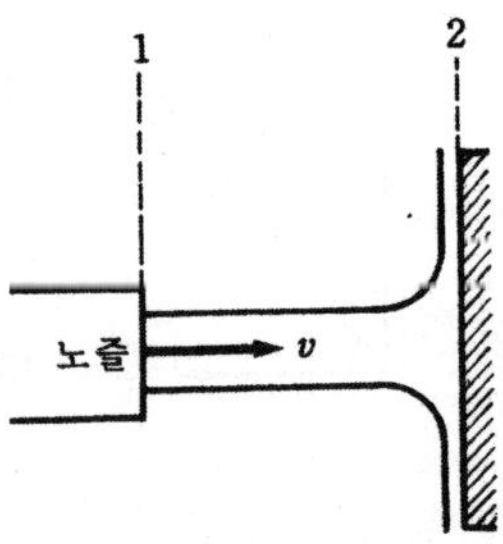

그림 2-3 분류

로 표시된다(예제 2-2 참조).

예제 2-2 식 (2-9)가 성립함을 증명하여라.

[풀이]

분류 1, 평판 2 사이의 유체에 대하여 노즐의 분류방향으로 운동량의 원리를 적용한다. 식 (2-7)에서

$$F=\rho Q(v_1-v_2)+(p_1 A_1-p_2 A_2)$$

그런데 $p_1=p_2=p_0$ (= 대기압) $=0$, $v_1=v$, $v_2=0$이므로, 윗식에서

$$F=\rho Qv$$

를 얻는다.

4. 운동량 모멘트의 원리(선회류)

운동량의 법칙을 힘의 모멘트에 적용하면 다음과 같이 된다.

"어떤 한 점을 중심으로 하여 물체에 미치는 힘의 모멘트는 그 점을 중심으로 한 물체의 운동량 모멘트의 단위시간에 대한 변화와 같다."

질량 m인 물체가 임의의 한 점을 중심으로 하여 반지름 r 인 곡선상을 운동하고 있을 때, 이 물체에 미치는 힘의 모멘트(토오크) T 는 위의 정리에서 다음과 같이 된다.

$$T=\frac{d(mv_u r)}{dt} \tag{2-10}$$

여기서 v_u는 곡선의 원주방향 분속도이다.

이 원리를 선회류에 응용해 보자. 그림 2-4에서와 같이 유체가 한 점 O를 중심으로 하여 정상적으로 선회하면서 유출하고 있는 것으로 생각한다. 반지름이 r_1, r_2인 두 원 사이에 있는 유체에 대하여 외부에서 미치는 O점을 중심으로 한 힘의 모멘트를 T 라 한다. 반지름 r_1, r_2인 두 원 사이의 유체가 시간 dt 후에 반지름 r_1', r_2'의 두 원 사이로 유동한다고 하면, 전술한 바와 같이 dt 시간에 대한 운동량 모멘트의 증가량은

$$(2\pi r_2 v_{2m}\, dt\rho_2)\, v_{2u} r_2-(2\pi r_1 v_{1m}\, dt\rho_1)\, v_{1u} r_1$$

이 된다. 여기서 v_{1m}, v_{2m}은 반지름 r_1, r_2에 있어서의 반지름 방향 유속이고, v_{1u}, v_{2u}은 반지름 r_1, r_2에 있어서의 원주방향 유속이며, ρ_1, ρ_2는 반지름 r_1, r_2에 있어서의 유체의 밀도이다.

운동량 모멘트의 원리에 이 값을 적용하면

$$T=\frac{d(mv_u r)}{dt}=\frac{(2\pi r_2 v_{2m} dt\rho_2)\, v_{2u} r_2-(2\pi r_1 v_{1m} dt\rho_1)\, v_{1u} r_1}{dt}$$

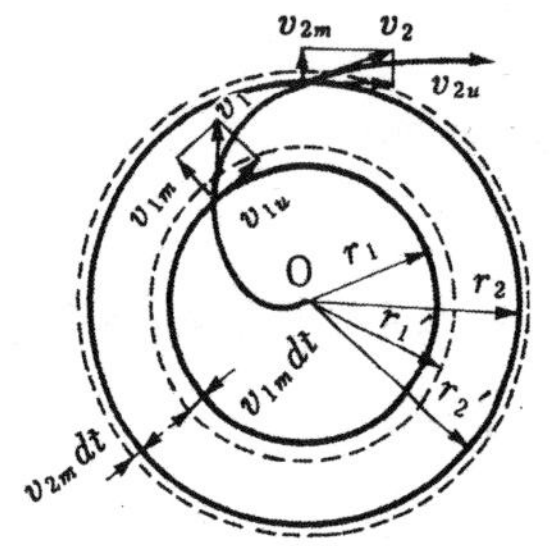

그림 2-4 선회류

이 성립한다. 지금 반지름 r_1, r_2의 두 원을 지나는 유체의 유량을 각각 Q_1, Q_2라 하면 $Q_1 = 2\pi r_1 v_{1m}$, $Q_2 = 2\pi r_2 v_{2m}$이므로, 이것을 윗식에 대입하면

$$T = \rho_2 Q_2 v_{2u} r_2 - \rho_1 Q_1 v_{1u} r_1 \tag{2-11}$$

이 된다. 연속의 식 $\rho_1 Q_1 = \rho_2 Q_2 = \rho Q$가 성립하는 경우에는

$$T = \rho Q(v_{2u} r_2 - v_{1u} r_1) \tag{2-12}$$

다음에 운동량 모멘트 T가 반지름 r_1, r_2사이에 작용하지 않을 때를 생각하자. 이 때는 식 (2-12)에서 $T=0$이므로

$$r_1 v_{1u} = r_2 v_{2u}$$

일반적으로

$$r v_u = 일정 \tag{2-13}$$

이 되고, 다시 연속의 식($\rho_1 = \rho_2 = \rho$로 한다)에서

$$2\pi r_1 v_{1m} \rho = 2\pi r_3 v_{3m} \rho \qquad \therefore r_1 v_{1m} = r_2 v_{2m}$$

이 되고, 일반적으로는

$$r v_m = 일정 \tag{2-14}$$

이 된다.

식 (2-13), (2-14)에서

$$\frac{v_m}{v_u} = 일정 \tag{2-15}$$

이 된다. 흐름은 항상 원주와 일정한 각도를 가지고 확대되어 간다. 이와 같은 흐름을 **자유 소용돌이**(free vortex)라고 한다.

예제 2-3 자유 소용돌이의 궤적을 극좌표(r, θ)로서 표시하여라.

[풀이]

$$v_m=\frac{dr}{dt},\quad v_u=\frac{rd\theta}{dt}$$

윗식을 식 (2-15)에 대입하면

$$\frac{v_m}{v_u}=\frac{dr/dt}{rd\theta/dt}=\frac{dr}{rd\theta}=\text{일정}$$

$$\therefore \frac{dr}{r}=nd\theta(\text{단},\ n=\text{일정})$$

양변을 적분하여 $\theta=0$일 때 $r=r_0$의 조건을 대입하면

$$\log r=n\theta+\text{일정} \qquad \therefore r=r_0e^{n\theta}$$

2-2 원심식의 펌프, 송풍기, 압축기의 기본이론

운동량의 원리가 모든 유체에 대하여 성립하는 것처럼 다음의 이론은 원심식의 펌프 · 송풍기뿐만 아니라 원심식의 압축기에 대하여서도 성립함을 미리 말해 둔다.

1. 깃수 무한인 흐름

유체입자가 회전차(impeller) 속을 유동할 때, 그 경로와 속도는 우리가 지면에 서서 볼 때와 가능하다면 회전차 위에 서서 볼 때와는 다르다. 유체입자의 지면과 상대적인 속도를 **절대속도**(absolute velocity)라 하고, 회전차와 상대적인 속도를 **상대속도**(relative velocity)라 한다. 회전하고 있는 회전차 둘레 위의 임의의 점의 지면에 대한 상대적인 속도를 **원주속도**(peripheral velocity)라 한다.

회전차 속에서의 흐름상태가 2차원일 때, 절대속도 v 는 상대속도 w 와 원주속도 u 와의 벡터 합과 같다. 이 벡터 다이어그램을 **속도삼각형**(triangle velocity)이라 한다.

회전차 속의 흐름이 어디에서나 깃과 같은 유선을 가지고, 유체가 마찰이나 충돌 등으로 인하여 생기는 손실을 가지지 않을 경우의 흐름을 깃수 무한인 흐름이라고 한다. 이 때 깃의 두께는 무한히 얇고, 깃의 수는 무한히 많다고 가정한다. 이상적인 경우로 생각한다. 깃수 무한인 흐름을 가정했을 때 회전차에 의하여 단위중량의 유체에 공급되는 에너지, 수두를 깃수 무한인 경우의 이론수

두라 하고 $H_{th\infty}$로 표시한다. 이것은 Euler(1754 년)가 처음으로 운동량의 원리를 써서 구한 터보 기계의 기본이론이다.

지금 깃수 무한인 흐름을 생각하여 보자.

그림 2-5는 회전차의 중심과 가까운 쪽에서 유체가 흡수되어 반지름 방향으로 유출할 때의 입구 ①과 출구 ② 사이에 있어서의 u, v, w 의 관계를 표시한다. 이 세 개로서 표시되는 ①, ② 각각의 사변형을 **속도사변형**이라고 한다. 입자는 어디에서나 깃을 따르고 있으므로, 상대속도 w 는 항상 깃의 접선 방향이 된다. 회전차에 대한 유체의 상대적 경로는 깃의 윤곽, LM으로 표시되고, LM'는 절대경로를 표시한다.

회전차가 회전하게 되면 유체의 절대속도는 그 원주방향 분속도 v_u가 증가하게 된다. 회전차에 작용하는 토크 T가 유체의 회전차 입구와 출구에 있어서의 운동량 모멘트의 변화를 일으키게 된다.

지금 그림 2-5에서와 같이 일정한 각속도 ω로서 회전하고 있는 회전차에 유량 Q인 유체가 유

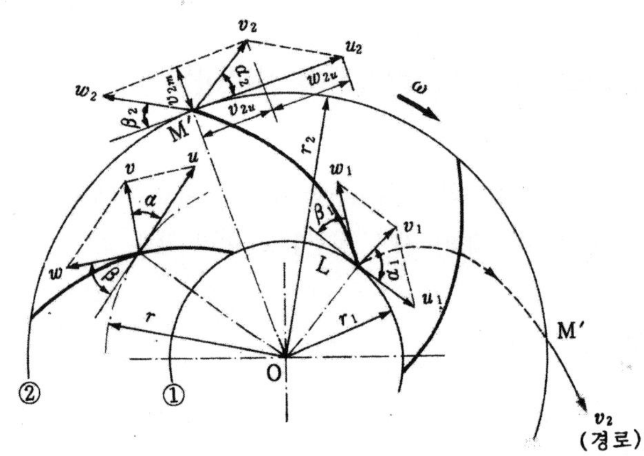

그림 2-5 회전차의 속도선도

입된다고 하자. 이 때 깃 입구 ①, 출구 ②에 있어서의 원주속도를 각각 u_1, u_2, 절대속도를 각각 v_1, v_2의 원주방향 분속도를 각각 v_{1u}, v_{2u}라고 하면, $v_{1u}=v_1\cos\alpha_1$, $v_{2u}=v_2\cos\alpha_2$가 된다. 여기서 α_1, α_2는 유입각 및 유출각이다. 회전차가 물에 미치는 토크 T는 식 (2-12)에 의하여 다음과 같이 표시된다.

$$T=\rho Q(r_2 v_{2u}-r_1 v_{1u})$$

$\rho=\gamma/g$, $v_{2u}=v_2\cos\alpha_2$, $v_{1u}=v_1\cos\alpha_1$을 윗식에 대입하면

$$T=\left(\frac{\gamma}{g}\right)Q(r_2\, v_2\cos\alpha_2 - r_1\, v_1\cos\alpha_1) \tag{2-16}$$

을 얻는다. 이 때의 이론동력 $L_{th\infty}$는 원주속도를 $u=r\omega$로 하여

$$L_{th\infty}=T\omega=\left(\frac{\gamma}{g}\right)Q(r_2\omega v_2\cos\alpha_2 - r_1\omega v_1\cos\alpha_1)$$

$$=\left(\frac{\gamma}{g}\right)Q(u_2\, v_2\cos\alpha_2 - u_1 v_1\cos\alpha_1) \tag{2-17}$$

과 같이 된다. 한편 이론전압수두는 $H_{th\infty}$이므로 식 (1-9)와 같이 하여

$$L_{th\infty}=\gamma H_{th\infty}Q \tag{2-18}$$

이 되므로, 이것과 식 (2-17)에 의하여 다음 식을 얻는다.

$$H_{th\infty}=\left(\frac{1}{g}\right)(u_2\, v_2\cos\alpha_2 - u_1 v_1\cos\alpha_1) \tag{2-19}$$

이 $H_{th\infty}$를 깃수 무한인 흐름의 이론전압수두(theoretical head) 또는 **Euler**의 이론수두라 하고, 식 (2-19)를 **Euler**의 식이라 한다.

실제로는 깃 입구에서 흐름은 반지름 방향으로 유입한다고 볼 수 있기 때문에 $\alpha_1=90°$ 가 되어 식 (2-19)는 다음과 같이 된다.

$$H_{th\infty}=\left(\frac{1}{g}\right)u_2 v_2\cos\alpha_2 \tag{2-20}$$

절대속도가 원주방향 분속도를 가지지 않는 경우($v_{1u}=0$)로 된다.

예제 2-4 오일러의 이론전압수두 $H_{th\infty}$는 다음 식으로 표시됨을 증명하여라 단, w_1, w_2는 회전차 입구 및 출구에 있어서의 상대속도이다.

$$H_{th\infty}=\frac{u_2{}^2-u_1{}^2}{2g}+\frac{v_2{}^2-v_1{}^2}{2g}+\frac{w_1{}^2-w_2{}^2}{2g} \tag{2-21}$$

[풀이]

그림 2-5의 ①, ②에 대한 속도삼각형에서 다음 식이 성립한다.

$$w_1{}^2=v_1{}^2+u_1{}^2-2v_1 u_1\cos\alpha_1$$

$$w_2{}^2=v_2{}^2+u_2{}^2-2\,v_2 u_2\cos\alpha_2$$

윗식의 $v_1 u_1\cos\alpha_1$, $v_2 u_2\cos\alpha_2$의 값을 식 (2-19)에 대입하면 구하는 식을 얻는다.

$$H_{th\infty}=\frac{u_2{}^2-u_1{}^2}{2g}+\frac{v_2{}^2-v_1{}^2}{2g}+\frac{w_1{}^2-w_2{}^2}{2g}$$

2. 깃수 유한인 흐름

실제의 회전차에 있어서는 깃수나 깃의 두께는 유한하고, 실제 유체는 이상유체가 아니므로 흐름은 완전히 깃을 따르지 않는다. 깃열내의 유체가 마찰이나 충돌 등에 의한 손실을 가지지 않는다고 가정할 때, 이런 흐름을 **깃수 유한인 흐름**이라고 한다. 깃수 유한인 경우 회전차에 의하여 유체에 부여되는 이론전압수두를 H_{th}라고 하면, 이것은 전술한 $H_{th\infty}$의 값보다 작고

$$\mu=\frac{H_{th}}{H_{th\infty}} \tag{2-22}$$

로 표시되며, 여기서 μ를 **미끄름 계수**(slip coefficient)라고 한다.

실제 유체에 있어서는 마찰이나 유로의 변화, 충돌 등에 대한 손실을 고려하지 않으면 안 된다. 이 실제상의 전압수두를 H라 하면, 이것은 전술한 H_{th}보다도 작고

$$\eta_h=\frac{H}{H_{th}} \tag{2-23}$$

으로 표시하여 η_h를 펌프에서는 **수력효율**(hydraulic efficiency), 송풍기, 압축기에 있어서는 **유체효율**(aerodynamic efficiency)이라고 한다(압축기에 있어서는 분모의 H_{th}에 원판마찰손실을 더해야 한다). 송풍기에서는 전압수두 H, H_{th}, $H_{th\infty}$ 대신에 전압 $p(=\gamma H)$, $p_{th}(=\gamma H_{th})$, $p_{th\infty}(=\gamma H_{th\infty})$를 쓰는 경우가 많다.

예제 2-5 회전차의 바깥지름이 460mm인 원심펌프가 1150rpm으로 회전하고 있을 때의 유량은 5.1m^3/min이다. 펌프의 전양정 및 수동력을 구하여라. 단, 물은 회전차 입구에서는 반지름 방향으로 들어오고, 회전차 출구에서 상대유속은 반지름 방향인 것으로 한다. $H/H_{th\infty}=0.85$이다.

[풀이]

식 (2-19)에 있어서, 물은 회전차 입구에서 반지름 방향으로 들어오므로 $\alpha_1=90°$이다. 또 회전차 출구에서 상대유속은 반지름 방향이므로 $v_2\cos\alpha_2=u_2$ m/s, 또는 $u_2=\pi D_2 N/60=\pi\times0.46\times1150/60=27.7$ m/s이므로

$$H_{th\infty}=\frac{1}{g}u_2v_2\cos\alpha_2=\frac{1}{g}u_2{}^2=\frac{27.7^2}{9.80}=78.1\ [\text{m}]$$

구하는 전양정 H는 $H/H_{th\infty}=0.85$로부터

$$H=0.85H_{th\infty}=0.85\times78.1=66.4\ [\text{m}]$$

구하는 수동력 L_w는

$$L_w = \frac{\gamma HQ}{75 \times 60} = \frac{1000 \times 66.4 \times 5.1}{4500} = 75.2\,[\mathrm{PS}]$$

2-3 축류식의 펌프, 송풍기, 압축기의 기본이론

원심식에 있어서와 같이 이 절에서 설명하는 이론은 축류식의 펌프·송풍기 뿐만 아니라, 축류식의 압축기에 대하여서도 성립한다.

1. 이론전압수두(H_{th})

그림 2-6은 축류식 회전차의 가동익을 표시한다. 이것을 축에서 반지름 r 인 원통면(그림에서 파선 부분)으로 잘라 평면에 전개하면, 그림 2-7과 같이 된다. 이 회전차의 익렬은 그림에 표시된 바와 같이 u 의 속도로서 오른쪽으로 진행하는 것으로 한다. 익렬입구 ①에서 절대속도 v_1(익렬 진행방향의 분속도를 v_{1u}로 한다)으로 흡입된 유체는 익렬출구 ②에서 절대속도 v_2(익렬 진행방향의 분속도를 v_{2u}로 한다)로 유출하는 것으로 한다. 그림 2-6 (b)에서 회전차의 미소단면($2\pi r \times dr$)을 지나는 유량을 dQ라 하고, 회전차의 이 부분이 dQ에 대하여 회전방향으로 미치는 힘을 dF라 하면, 운동량의 원리에 의하여($\rho = \gamma / g$를 밀도로 하여) 다음 식이 성립한다.

$$dF = \frac{\gamma}{g} dQ(v_{2u} - v_{1u})$$

회전차의 단면 $2\pi r \times dr$에 있어서 회전차의 회전에 필요한 이론동력을 dL_{th}라고 하면, u는 회전차의 이 부분에 대한 원주속도이므로

$$dL_{th} = dF \cdot u = \frac{\gamma}{g} dQ(v_{2u} - v_{1u})\, u$$

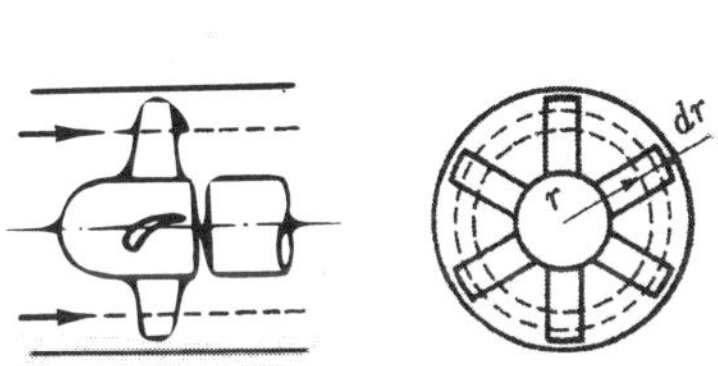

그림 2-6 축류펌프

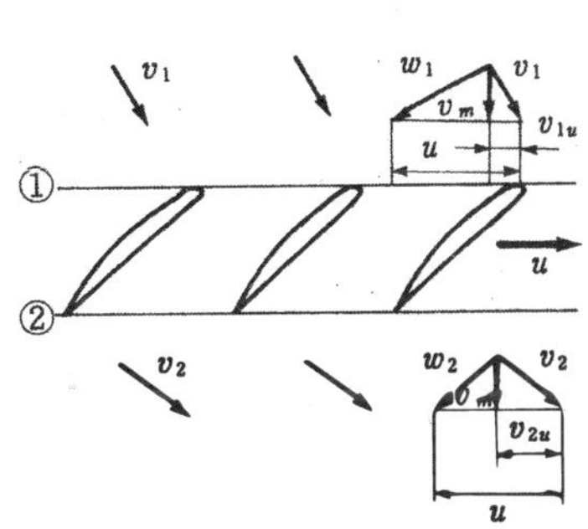

그림 2-7 절단면의 전개도

그런데 H_{th}를 이 부분의 이론전압수두라 하면

$$dL_{th} = \gamma H_{th} dQ$$

위의 두 식에서

$$H_{th} = \frac{u}{g}(v_{2u} - v_{1u}) \tag{2-24}$$

이 된다. 이 H_{th}는 반지름 r에 대한 값이지만, 일반적인 경우와 같이 회전차의 안지름에서 바깥지름에 걸쳐 H_{th}=일정인 설계에서는 H_{th}는 1대당의 이론전압수두로 간주한다.

2. 전압수두(H)

실제의 펌프에서는 손실에 의하여 전압수두는 H_{th}보다 작다. 이 실제상의 전압수두를 H라 하면

$$\eta_h = \frac{H}{H_{th}} \tag{2-25}$$

가 되는 η_h를 원심식에서와 같이 축류펌프에서는 **수력효율**이라 하고, 축류송풍기와 압축기에서는 **유체효율**이라고 한다. 식 (2-24), (2-25)에서 다음 식을 얻는다.

$$H = \eta_h H_{th} = \eta_h \frac{u}{g}(v_{2u} - v_{1u}) \tag{2-26}$$

예제 2-6 300rpm으로 회전하고 있는 1단의 축류펌프가 있다. 지금 980mm에 대한 익렬을 관찰하니 물은 $v_1 = 4.01$ m/s의 속도로서 축방향으로 회전차 입구에서 들어오고, $v_2 = 4.48$ m/s의 속도로 회전차 출구에서 나간다. 전양정은 3m일 때, 수력효율을 구하여라.

[풀이]

$$u = \frac{\pi DN}{60} = \frac{\pi \times 0.980 \times 300}{60} = 15.4\,[\text{m/s}]$$

$$v_{1u} = 0\,[\text{m/s}] \qquad (\because \text{축방향으로 유입})$$

$$v_{2u} = \sqrt{v_2^2 - v_m^2} = \sqrt{v_2^2 - v_1^2} = \sqrt{4.48^2 - 4.01^2} = 2\,[\text{m/s}]$$

$$H_{th} = \frac{1}{g}u(v_{2u} - v_{1u}) = \frac{1}{g}uv_{2u} = \frac{1}{9.8} \times 15.4 \times 2 = 3.14\,[\text{m}]$$

$$\eta_h = \frac{H}{H_{th}} = \frac{3}{3.14} = 0.956 = 95.6\,[\%]$$

연 습 문 제

1 단면적이 일정으로서 A인 직선관로 속을 유체가 속도 v로 흐르고 있다. 상류 1과 하류 2 사이의 압력차 $p_1 - p_2$는 다음의 경우 어떻게 되는가?

(a) 유체가 점성을 가지기 때문에 1~2 사이에서 흐름의 방향으로 F인 힘이 관에 대하여 미치는 경우

(b) 유체의 점성을 무시한 이상유체인 경우

2 지금 2cm인 노즐에서 분사되는 수류가 이것과 직각으로 놓인 평판에 부딪쳐서 $5kg_f$의 힘을 평판에 미칠 때 분사류의 유속은 얼마인가?

3 그림 2-8은 펠톤 수차의 버킷에 유속 v인 분류가 부딪쳐서, 분류의 방향에 대하여 α인 각을 이루면서 흘러가는 상태를 표시한다. 분류가 버킷에 미치는 힘 F를 구하여라. 단, 노즐에서 분사되는 유체의 밀도는 ρ, 유량은 Q이다.

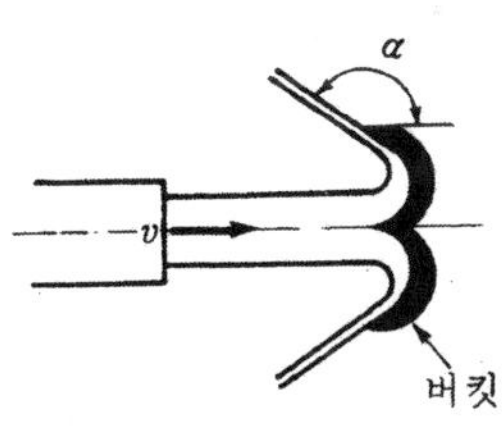

그림 2-8

4 선회류에서 식 (2-12)가 성립함을 증명하여라(그림 2-4 참조).

5 자유 소용돌이에서 $v_m/v_u=$ 일정 임을 증명하여라. 단, $\rho_1=\rho_2=\rho$로 한다.

6 회전차의 바깥지름이 300mm인 원심펌프가 있다. 회전차의 회전이 250rpm일 때의 이론전양정 $H_{th\infty}$는 몇 m가 되는가? 단, 회전차 입구에서 물은 반지름 방향으로 유입하고 회전차 출구에서의 상대유속은 반지름 방향으로 한다.

7 회전차의 바깥지름이 276mm, 안지름이 139mm인 원심펌프가 있다. 1450rpm으로 운전할 때 회전차의 바깥지름, 안지름에 있어서의 유체의 원주방향 분속도가 각각 14m/s, 0m/s로서 유량이 2.6m^3/min라 하면, 이 때의 동력은 이론상 몇 마력이 되는가?

8 유량이 70m^3/min, 회전차 50rpm인 1단의 축류펌프가 있다. 회전차의 반지름 76mm에 있어서 회전차 입구의 유체의 절대속도는 축방향으로 유입하고, 회전차 출구의 상대속도는 축방향으로 유출한다. 이론양정은 회전차 전반지름에 걸쳐 일정하다고 보고, 다음을 구하여라.

(a) 이론수두

(b) 이론수동력

제 2 편

펌 프

제1장

개 론

1-1 펌프

펌프(pump)란 액체에 에너지를 주어 이것을 저압부(또는 낮은 곳)에서 고압부(또는 높은 곳)로 송출하는 기계이다. 낮은 곳에 있는 액체를 높은 곳으로 운송하는 방법은 두 가지로 생각할 수 있다. 하나는 적당한 그릇에 물을 담아 이 그릇 자체를 필요로 하는 높이까지 운반하여 양수하는 방법이고, 하나는 피스톤 또는 회전차 등을 써서 유체에 압력과 속도를 주어 그 물을 관 속으로 유동시켜 높은 곳으로 양수하는 방법이다. 첫째 방법에서는, 유체는 압력이나 속도를 가지지 않는다. 이와 같은 방법으로는 유체를 퍼올릴 수는 있어도 높은 곳으로 밀어올리지는 못한다. 왜냐 하면 유체가 압력을 가지고 있지 않기 때문이다. 이와 같은 장치를 양수기라 하고, 제2의 방법에 의한 펌프와 구별하는 것이 좋다.

펌프의 구동용 동력으로서는 원동기의 기계적 에너지를 이용하는 것과, 별도의 유체(액체 또는 기체)의 높은 에너지를 이용하는 것이 있다. 에너지의 전달방법으로는 동역학적 방법과 정역학적 방법이 있다. 전자의 대표적인 것으로서는 터보형 펌프가 있는데, 이것은 광범위한 유량과 압력에 대하여 적용된다. 정역학적으로 에너지를 전달하는 것에는 왕복형, 회전형의 펌프가 있고, 특히 고압, 소 유량을 요구할 때에 적용된다.

이것은 어느 것이나 유체를 높은 곳으로 밀어올리는 능력을 가지고 있다. 이들 가운데 현재의 공업계에 가장 널리 사용되는 것으로서는 회전차의 회전에 의하여 물에 원심력을 주어서 양수하는 원심펌프가 90% 이상을 점유하고 있다.

이들의 펌프는 물을 반드시 높은 곳으로 양수하는 목적으로만 쓰이는 것은 아니다. 이를테면 수압기계 등으로 수압을 써서 일을 하도록 하는 경우에는 물에 압력만을 주면 된다. 이런 경우에도 펌프를 써서 그 목적을 달성할 수가 있다.

1-2 펌프의 분류 및 구조

원심, 사류 및 축류펌프의 일반적인 펌프 전반의 분류를 표시하면 다음과 같이 된다.

- 펌프
  - 터보형
    - 遠心式
      - 벌류트 펌프
      - 터빈 펌프
    - 斜流式 — 사류펌프
    - 軸流式 — 軸流펌프
  - 容積形
    - 往復式
      - 피스톤 펌프
      - 플런저 펌프
    - 回轉式
      - 기어 펌프
      - 베인 펌프
  - 特殊形
    - 마찰펌프
    - 제트 펌프
    - 기포펌프
    - 수격펌프

터보 펌프(turbo pump)는 회전차의 형상에 따라 분류하면 그림 1-1에 표시하는 바와 같이 원심식, 사류식 및 축류식으로 분류된다. 원심식은 액체가 회전차 입구에서 반지름 방향 또는 경사방향에서 유입하고, 회전차 출구에서 반지름 방향으로 유출하는 구조(회전차 입구에서 반지름 방향으로 유입하는 것을 반경류식, 경사방향으로 유입하는 것을 혼류식으로 구별하기도 한다), 사류식은 액체가 회전차 입구, 출구에서 다같이 경사방향으로 유입하여 경사방향으로 유출하는 구조, 축류식은 액체가 회전차 입구, 출구에서 다같이 축방향으로 유입하여 축방향으로 유출하는 구조로 되어 있다. 어느 것이나 이들 펌프에서는 회전차의 회전에 의하여 깃의 원심력(원심펌프의 경우), 양력(축류펌프의 경우), 원심력과 양력(사류펌프의 경우)을 이용하여 회전차의 깃 사이를 돌아나가는 사이에 액체에 압력 및 운동 에너지를 공급하는 것이다.

용적펌프(positive displacement pump)는 왕복식과 회전식으로 구분된다. 왕복식은 피스톤 또는 플런저(plunger)를 실린더 내에서 왕복시킴으로써, 회전식은 회전자를 케이싱 안에서 회전시킴으로써 일정 용적의 액체를 흡입쪽에서 송출쪽으로 이동시킨다. 액체는 송출쪽의 액체와 접할 때 비로서 압력 에너지를 공급받게 된다. 이와 같은 종류의 펌프를 용적펌프라 한다.

구조나 원리에 있어서 터보형 펌프나 용적형 펌프의 어느 쪽에도 속하지 않는 것을 **특수펌프**라 한다.

이들 펌프 가운데 오늘날 가장 널리 사용되고 있는 것은 터보 펌프이다. 이 펌프는 고속회전이

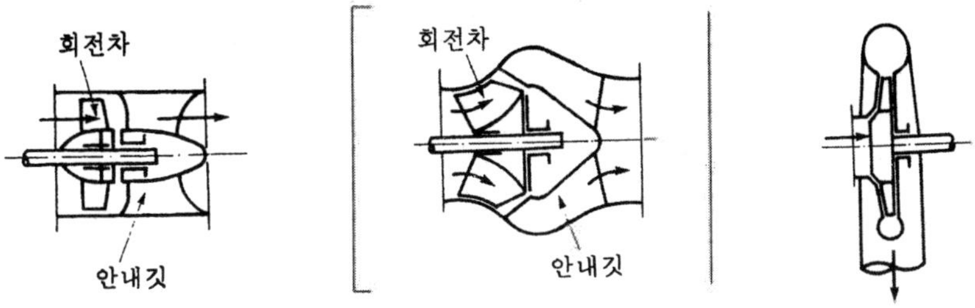

(a) 원심펌프 (b) 사류펌프 (c) 축류펌프

그림 1-1 터보형 펌프

가능하고[원동기로서 보급되고 있는 전동기(motor)와 직결할 수 있다], 경량·소형이며, 구조가 간단하고 취급이 용이할 뿐만 아니라 효율이 높고 맥동이 적다는 등 수많은 특징을 가지고 있다. 소 유량, 고 양정을 필요로 하는 데에는 용적형이 보다 더 적합하다.

이를테면 가정용 펌프에는 왕복펌프나 마찰펌프가 쓰이고, 수압기 등에도 왕복펌프가 사용된다. 유압펌프(소 유량, 고압)에도 역시 왕복식 펌프가 쓰이고 있다.

제2장

원심펌프

2-1 원심펌프의 원리와 구조

그림 2-1에서 보는 바와 같이 원심펌프는 변곡된 다수의 깃(blade or vane)이 달린 회전차가 밀폐된 케이싱 내에서 회전함으로써 발생하는 원심력의 작용에 의하여, 액체(주로 물)는 회전차의 중심에서 흡입되어 반지름 방향으로 흐르는 사이에 압력 및 속도 에너지를 얻고, 이 가운데 과잉된 속도 에너지는 안내깃을 지나 와류실을 통과하는 사이에 압력 에너지로 회수된다.

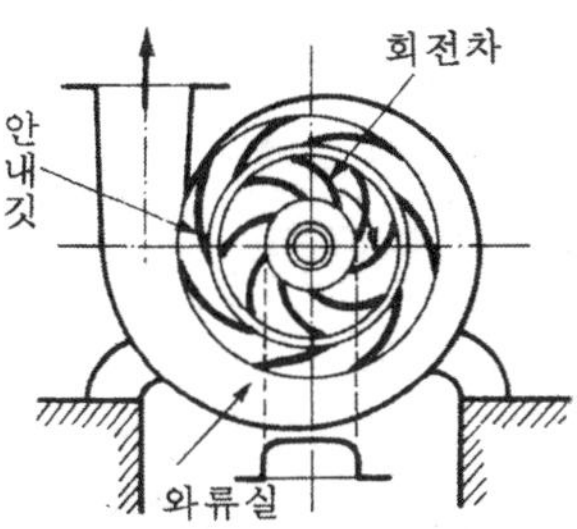

그림 2-1 원심펌프(터빈 펌프)

그림 2-2는 원심펌프의 양수장치를 나타낸다. 펌프계는 흡입관(suction pipe), 송출관(delivery pipe), 풋 밸브(foot valve), 게이트 밸브(gate valve)로 구성된다. 펌프를 구성하는 기본요소는 그림 2-3과 같이 회전차(impeller), 펌프 본체[펌프 본체는 와실(vortex or whirl pool chamber), 안내깃(guide vane or diffuser vane), 와류실(spiral or volute casing)로 구성된다], 주축(main shaft), 축이음(shaft coupling), 베어링 본체, 패킹상자(packing box), 베어링(bearing)의 7가지로 되어 있다. 그림 2-4는 그 실물의 단면도이다.

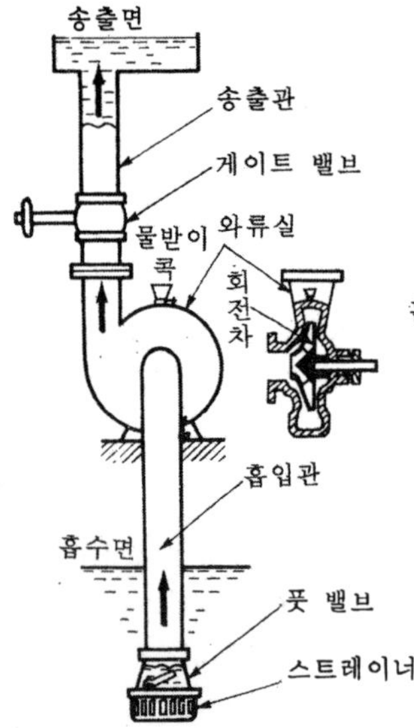

그림 2-2 펌프 계통도

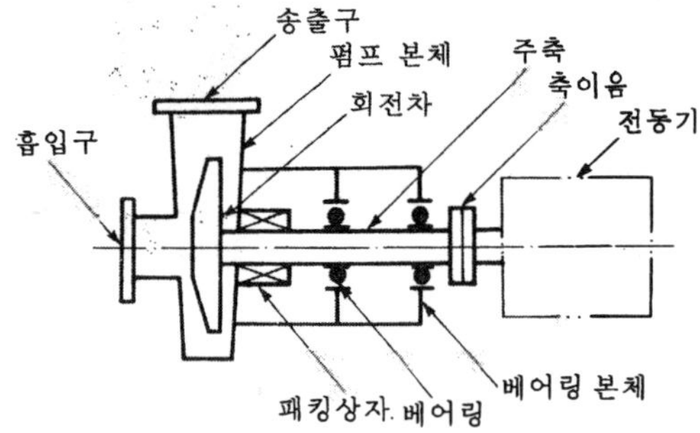

그림 2-3 원심펌프의 구성요소

회전차는 그림 2-1과 그림 2-5에서 보는 바와 같이 여러 개의 변곡된 깃이 달린 바퀴이다. 깃의 수는 보통 4~8매로서, 원판(disc plate) 사이에 끼어 있다. 재료는 주조하기 쉽고 기계가공이 쉬우며, 주물의 표면이 매끄러울 뿐만 아니라 녹이 슬지 않는다는 점에서 일반적으로 청동을 사용한다. 고온의 액체를 수송하고, 고속회전을 필요로 하는 펌프의 회전차일 경우에는 Cr 합금강 또는 스테인리스 강과 같은 내열합금을 쓰고, 바닷물과 같이 전해질인 액체일 때에는 전해작용이 일어나므로 주철을 쓰며, 내식성을 필요로 할 때에는(약액 등) 플라스틱재를 사용하기도 한다.

와실(그림 2-7)은 회전차의 바깥둘레에 배치된 환상부분으로서, 그 내부에 안내깃이 있다. 안내깃은 회전차에서 송출되는 물을 와류실로 유도하여 속도 에너지를 될 수 있는 대로 손실을 적게

그림 2-4 펌프 구성요소의 실물 단면도

(a) 개방형

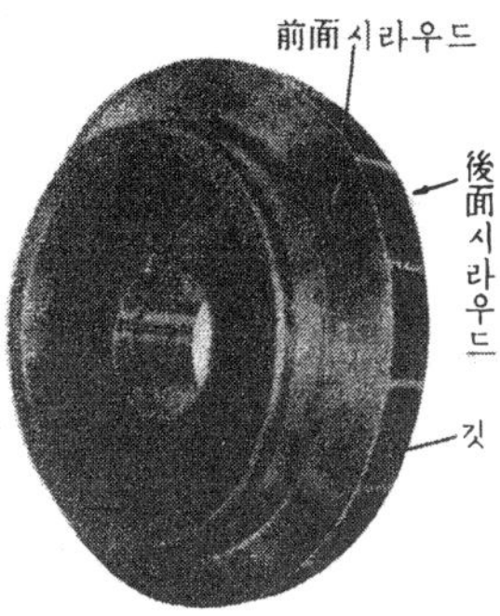

(b) 폐쇄형

그림 2-5 회전차

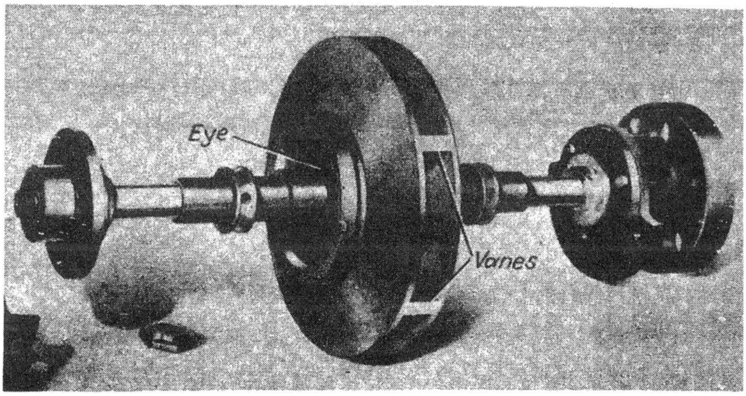

그림 2-6 원심펌프의 회전차와 축계

하여 압력 에너지로 변환하는 역할을 하며, 일반적으로 고정되어 있으나 특수한 설계에서는 가동식으로 하여 유량의 대소에 따라 그 각도를 변화시킨다. 안내깃의 수는 보통 회전차의 깃수보다 몇 장 적다.

와류실은 와실에서 나온 물을 모아서 송출관 쪽으로 보내는 스파이럴형의 동체이다.

흡입관은 회전차의 중심부에 접속되어 흡입수면 속에 개구되어 있어서 흡상되는 액체를 보낸다. 흡입관 하단에는 풋 밸브(그림 2-8)가 있고, 이 속에는 첵 밸브(F)가 장치되어 있어서 펌프의 운전이 정지되었을 때 흡입관 속의 물의 역류를 방지하는 역할을 한다. 밸브의 하부에는 방진장치(strainer)(S)를 달아 불순물의 침입을 방지한다.

송출관은 와류실의 출구에 접속되어 요구되는 장소(높은 곳, 즉 고압부)로 액체를 수송한다. 와류실과 송출구 사이에는 게이트 밸브를 달아 펌프의 운전시동 때에는 폐쇄해 두었다가 차차 밸브를 열어서 소요되는 유량을 통과시킨다. 유량의 조절도 이 밸브로 한다.

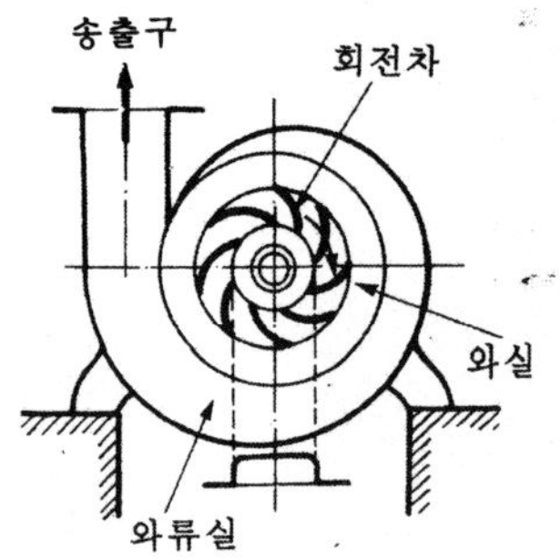

그림 2-7 와실을 가진 원심펌프

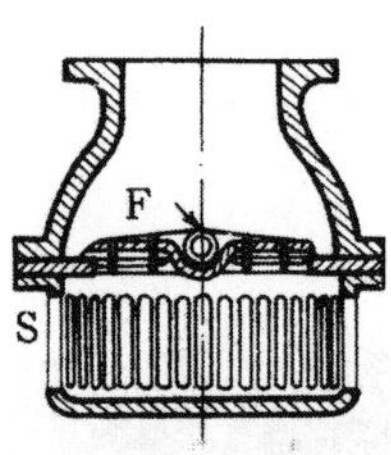

그림 2-8 풋 밸브

물받이 콕은 펌프 본체의 상부에 달아 흡입관 속에 들어 있는 공기를 빼내기 위하여 이곳으로 물을 넣음으로써 펌프 속을 완전히 액체로 채운다. 그 이유는 공기의 비중량이 액체에 비해 매우 작으므로, 회전차에서 발생하는 원심력으로는 이 공기를 송출구로 밀어내지 못하기 때문이다.

주축(그림 2-6)은 회전차와 고정되어 모터의 회전동력을 전달한다. 그 재료는 보통 기계구조용 탄소강(SM 25C, SM 30C, SM 35C)을 쓰고, 회전차의 재료와 같은 것을 사용한다.

패킹상자는 주축이 케이싱을 관통하는 부분에서 물이 새는 것을 방지하는 장치로서 중요한 기계요소이다.

2-2 원심펌프의 분류

원심펌프는 구조, 작용 및 운전성능, 그 외에 다른 여러 가지 점에서 다른 펌프와 비교할 때 우수한 이점이 많고, 똑같은 원리라도 그 설계상의 고려만으로도 펌프가 내는 압력, 송출량의 넓은 범위에 걸쳐 제작할 수 있기 때문에 매우 넓은 범위의 용도로 쓰인다. 일반 펌프의 7~8할은 이 종류에 속한다. 뿐만 아니라 종래에는 왕복펌프의 범위에 속했던 고압의 범위, 축류펌프가 아니면 얻을 수 없었던 대송출량의 범위까지도 원심펌프로 해결할 수 있게 되었다. 같은 원리지만 광범위한 용도에 적용할 수 있기 때문에 구조는 여러 종류로서 다양하고, 여러 가지 관점에서 분류하게 된다.

1. 안내깃의 유무에 의한 분류

회전차의 바깥둘레에 안내깃이 없는 것을 벌류트 펌프(volute pump, 그림 29), 안내깃이 달린 것을 터빈 펌프(turbine pump)라고 한다(그림 2-1, 그림 2-11). 전자는 일반적으로 회전차 1단이 발생하는 양정이 낮은 것에 쓰이고, 후자는 양정이 높은 곳에 사용된다. 이것은 원칙적인 용도를 말하는 것이고, 때로는 특히 초고압용의 펌프에도 벌류트 펌프가 사용되기도 한다. 이 두 펌프의 중간적인 것으로서 와실을 가진 펌프(그림 2-7)도 있는데, 이것을 합쳐서 원심펌프를 3종류로 분류하기도 한다. 그림 2-10은 편흡입 단단 벌류트 펌프의 단면도이다(그림 2-4 참조).

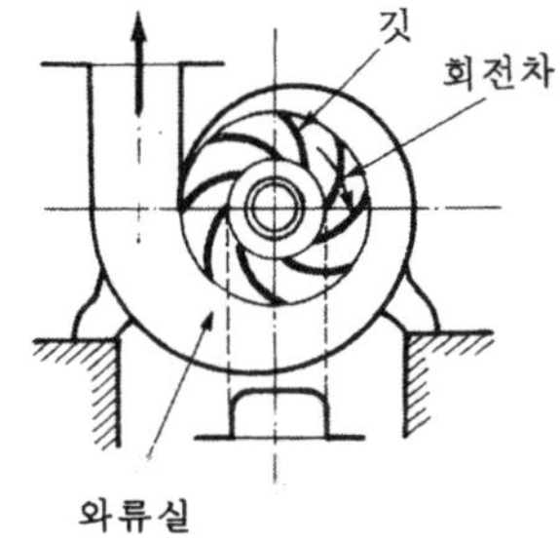

그림 2-9 벌류트 펌프

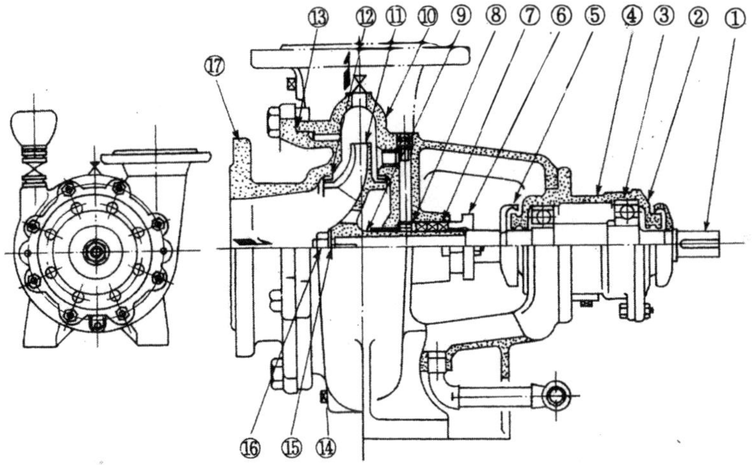

① 주축	② 커버	③ 볼 베어링	④ 베어링	⑤ 봉수 커버
⑥ 패킹 누르개	⑦ 패킹	⑧ 봉수 부시	⑨ 슬리브	⑩ 케이싱
⑪ 회전차	⑫ 웨어링 링	⑬ 고무 패킹	⑭ 드레인 플러그	⑮ 회전정지 워셔
⑯ 임펠러 너트	⑰ 흡입 커버			

그림 2-10 편흡입 단단 벌류트 펌프

그림 2-11 터빈 펌프의 안내깃

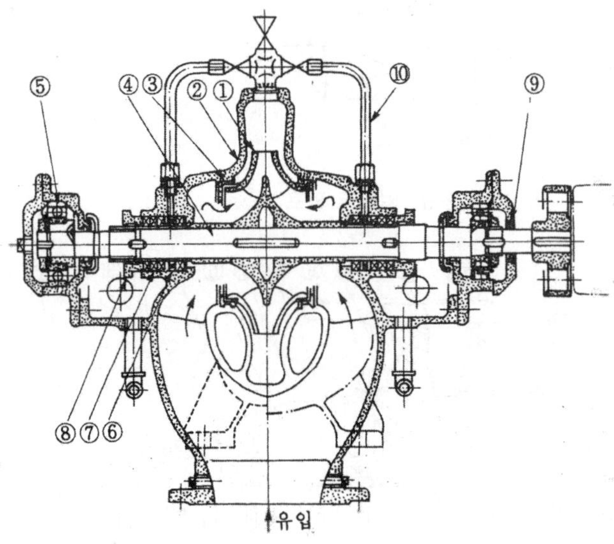

그림 2-12 양흡입 단단 벌류트 펌프

그림 2-11은 그림 2-1에 표시한 터빈 펌프의 회전차(P)의 바깥둘레에 안내깃(V)을 둔 실물 사진이다. 이 안내깃에 의하여 회전차 출구의 흐름을 감속하여 속도 에너지를 압력 에너지로 변화시킨다. 안내깃은 케이싱에 고정되어 있어서 회전하지 않는다.

2. 흡입구에 의한 분류

회전차의 한 쪽에서만 흡입되는 펌프를 편흡입(single suction), 펌프 양쪽에서 액체가 흡입되

그림 2-13 양흡입 벌류트 펌프(C : 랜턴 링)

는 것을 양흡입(double suction) 펌프라고 한다. 회전차의 바깥지름, 안지름 및 그 외의 치수와 동일한 경우, 양정은 동일하지만 유량은 양흡입이 편흡입의 2배가 된다. 요구되는 송출량이 양정에 대하여 비교적 적은 경우에는 편흡입을 사용하고, 송출량이 많은 경우에는 양흡입을 채용한다. 그림 2-12는 실제의 양흡입 벌류트 펌프의 단면도이고, 그림 2-13은 그 사진이다.

3. 단수에 의한 분류

펌프 1대에 회전차 1개를 단 것을 단단(single stage) 펌프라 한다. 단단 펌프로 양수할 수 있는 양정의 범위는 회전차의 지름과 회전차의 관계에서 볼 때 일반적으로 8~10m 정도이다. 이 이상의 양정이 요구될 대에는 여러 개의 회전차를 직렬로 한 축에 배치하여 제1단에서 나온 물을 제2단으로 흡입하고, 차례로 다음 단으로 송수함으로써 고압을 얻는다. 이와 같은 것을 다단(multi-stage) 펌프라 한다. 단수에 따라 2단(two stage), 3단(three stage), ……라 한다. 고 양정인 경우에는 20단이나 되는 것도 있다. 그림 2-14는 실제의 다단 터빈 펌프의 단면도를 표시한다.

4. 회전차의 모양에 따른 분류

(1) 반경류형 회전차(radial flow impeller)
액체가 회전차 속을 지날 때 유적이 거의 축과 수직인 평면 내를 반지름 방향으로 외향으로 되어 있는 것으로서, 그림 2-15의 (I)과 같은 회전차이다.

(2) 깃 입구에서 출구에 이르는 동안에 반지름 방향과 축방향과의 흐름이 조합된 것으로서, 그림 2-15의 (Ⅲ)은 이것을 표시한다.

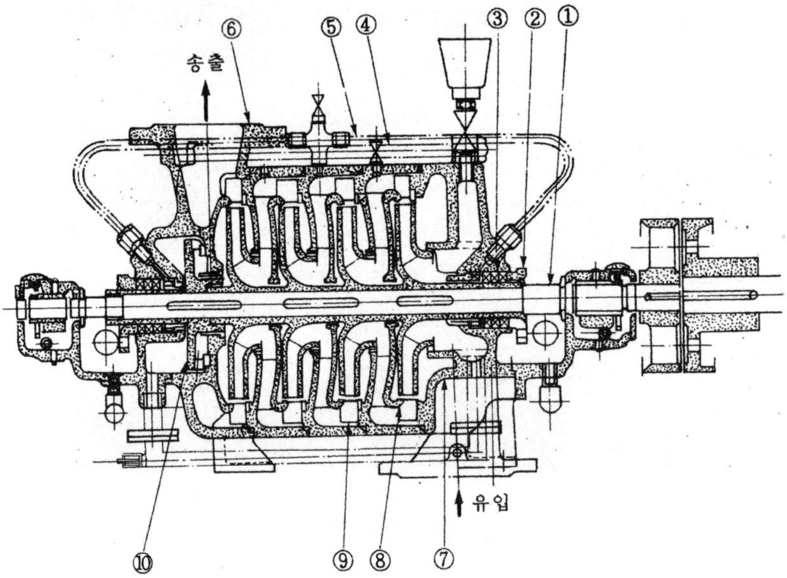

① 주축　② 패킹 누르개　③ 패킹　④ 고정볼트
⑤ 봉수관　⑥ 송출 케이싱　⑦ 흡입 케이싱　⑧ 회전차
⑨ 안내깃　⑩ 밸런스 디스크

그림 2-14 다단 터빈 펌프

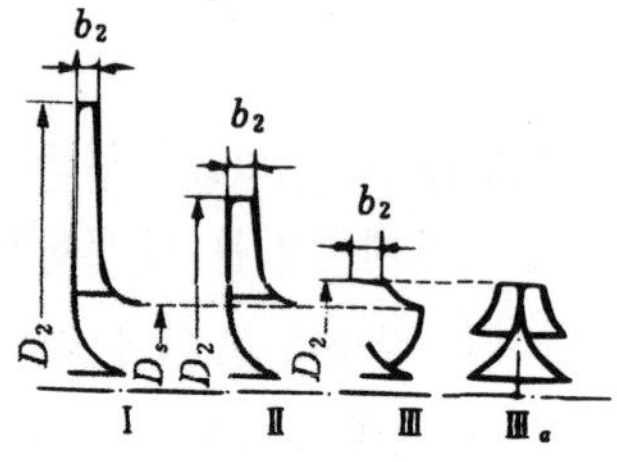

그림 2-15 회전차 형식

일반적으로 고 양정, 소 유량의 펌프는 (Ⅰ)에 해당하고, 저 양정, 대 유량의 것은 (Ⅱ)의 형을 사용한다. 넓은 의미로 보면 사류펌프도 (Ⅱ)에 포함되나, 보통의 혼류형 펌프는 깃 출구에서의 흐름이 반지름 방향인데 대하여 사류펌프는 깃 출구에 있어서 축방향의 성분이 다분히 차지한다.

5. 축의 방향에 따른 분류

펌프의 축이 수평일 때를 횡축(horizontal shaft) 펌프, 연직일 때를 입축(vertical shaft) 펌프라 한다. 보통 펌프는 거의 대부분이 횡축인데, 심정용 펌프나 오수용 펌프는 입축이 적당하다. 입축의 장점은 설치장소의 면적이 좁을 때, 양정이 높아서 공동현상이 일어날 우려가 있을 때 등이다. 그림 2-16은 입축 벌류트 펌프의 예이다.

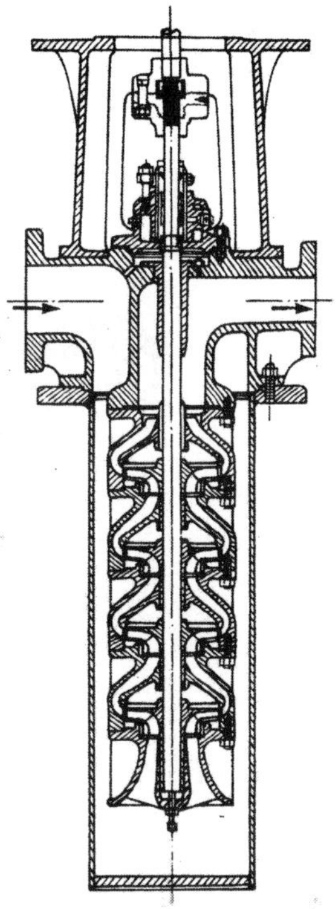
그림 2-16 입축 다단 벌류트 펌프

6. 케이싱에 의한 분류

(1) 상하분할형 펌프는 케이싱이 축을 포함하는 수평면(그림 2-12) 또는 경사평면으로 두 개로 분할된 것을 상하분할형(split type) 펌프라고 한다. 이것은 대형 펌프에 많이 채용되고 분해하기 편리하다.

(2) 그림 2-10에 표시한 바와 같이 케이싱에 흡입커버(suction cover)가 달려 있는 형식도 있다.

(3) 윤절형(sectional type) 펌프는 그림 2-14와 같이 다단식 펌프의 각 단이 같은 형의 링형으로 되어 있고, 이것을 여러 개의 볼트로 연결한 형식이다.

(4) 원통형(cylindrical casing)은 그림 2-17과 같이 케이싱이 원통형으로 일체가 되어 있는 펌프이다.

(5) 배럴형(barrel type) 또는 이중동형(double casing type)은 다단식으로 견고한 바깥쪽 케이싱(배럴) 속에 분할형(그림 2-18), 조립형(그림 2-19)의 안쪽 케이싱을 삽입하고, 그 틈으로 고압수를 유도하여 고압력을 바깥쪽 케이싱에 부담시킴으로써 안쪽 케이싱에는 과대한 압력을 작용시키지 않도록 한 것이다.

고압용 펌프에서는 케이싱의 구조형식이 문제가 된다. 이를테면 보일러 급수펌프(boiler feed pump)에서는 송출압력이 $80kg_f/cm^2$ 정도까지는 상하 분할형이 채용되고 있다. 그러나 그 이상일 때에는 원통형 중 이중동형이 사용된다. 윤절형은 일반적으로 초고압용으로는 사용되지 않으나, 최근 유럽에서는 채용하는 경향이 있다.

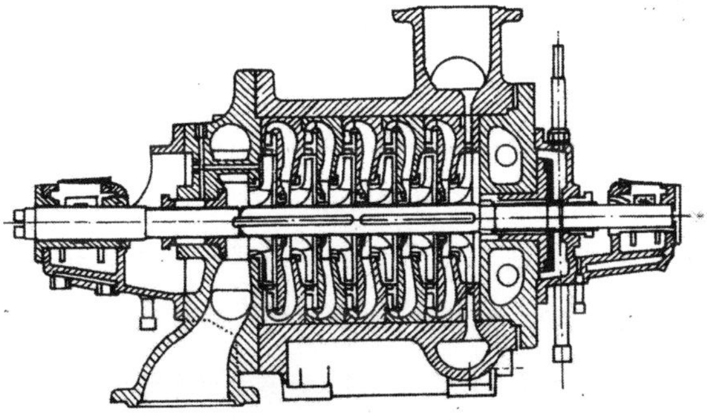
그림 2-17 원통형 터빈 펌프

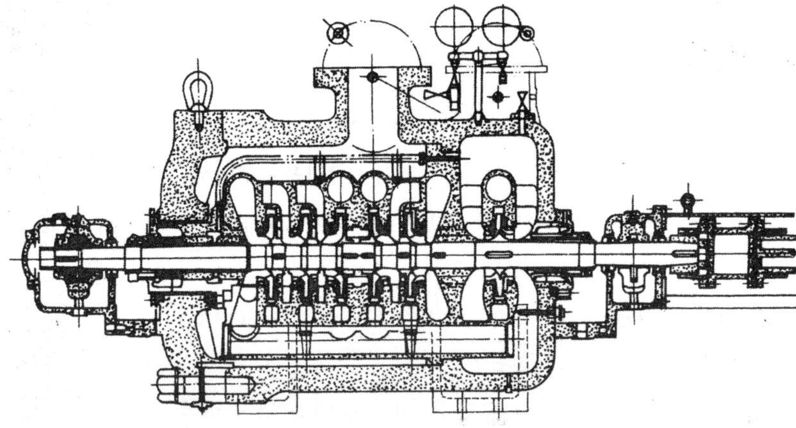

그림 2-18 배럴형 다단 벌류트 펌프(분할형)

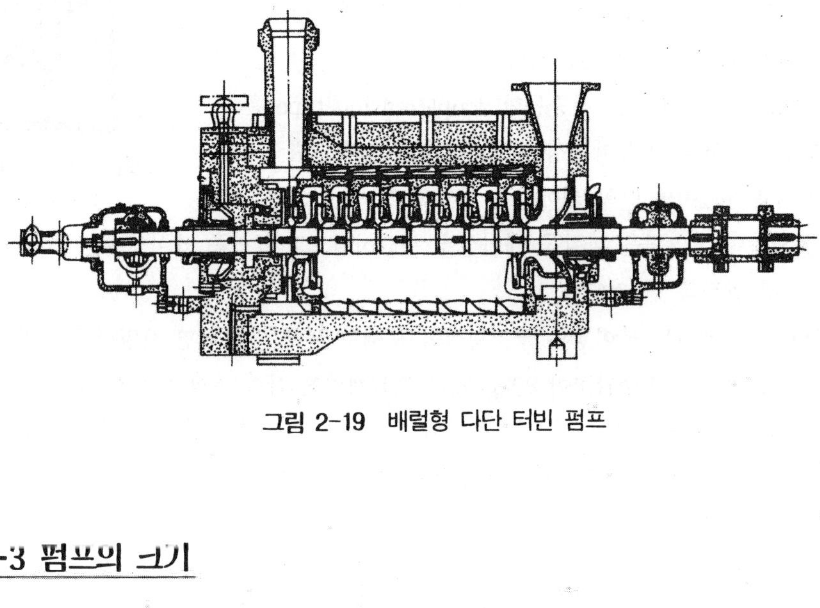

그림 2-19 배럴형 다단 터빈 펌프

2-3 펌프의 크기

펌프의 크기는 펌프의 흡입구경 D_1mm와 송출구경 D_2mm로서 표시한다(그림 2-20). 이를테면 흡입구경이 100mm이고, 송출구경이 90mm인 원심펌프의 크기는 "100×90 원심펌프"로 표시한다. 흡입구경과 송출구경이 다같이 100mm일 때에는 "100원심펌프"라 한다.

종래에는 그림 2-20(a)와 같이 와류실의 송출구경이 송출관 지름과 같고, 흡입구경 D_1과도 같은 치수인 것이 많았다. 펌프의 크기를 와류실의 송출구경으로 표시해도 좋았었다. 현재에도 소형 펌프에서는 편의상 이 방법을 쓰고 있다. 최근에 와서는 대형 펌프 또는 고 양정의 펌프에서

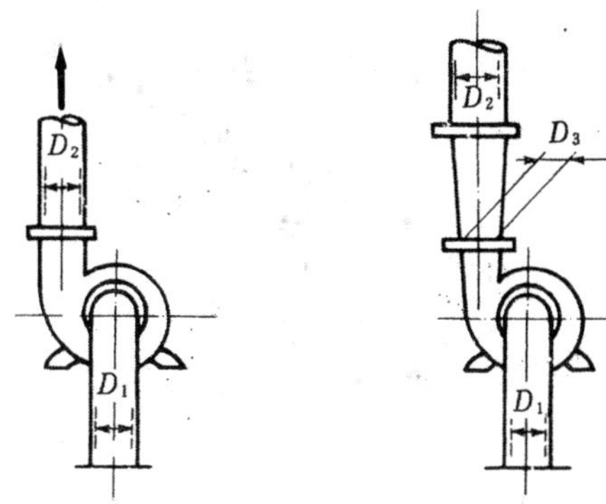

(a) (b)

그림 2-20 송출구의 접속관

는 그림 (b)와 같이 와류실을 작게 하여 송출구경 D_3를 흡입구경 D_1보다 작게 설계하는 경향이 있다. 그 이유는 회전차에서 빠른 속도로 송출된 액체를 갑자기 넓은 와류실에 보내게 되면 속도가 떨어지기 때문에 에너지의 손실이 커져서 펌프의 효율이 저하되므로 이것을 방지하기 위해서이다.

구경이 같은 치수의 펌프에 있어서도 위의 점을 고려하여 송출구 부근에서 손실 수두가 가장 적게 되도록 이경관(D_3에서 D_2사이에 원추확대관)을 붙여 유속이 점차 떨어지도록 배관한다. 이와 같이 송출구의 치수는 구조상에서 결정되므로 와류실의 송출구경은 펌프의 용량과 직접적인 관계가 없게 되었다. 송출구경은 펌프의 용량을 표시하는 데 쓰이지 않게 되었다. 최근에 이르러서는 흡입구에 대하여 펌프의 양수량을 정하고 있다. 흡입구경은 일반적으로 양정과는 관계없이 정한다.

펌프의 구경을 정할 때 제일 먼저 결정하지 않으면 안 되는 것이 흡입구와 송출구의 유속이다. 유속을 빨리하면 마찰손실이 크게 되고, 느리게 하면 구경이 커지기 때문에 비경제적이다. 일반적으로 점성이 큰 액체 또는 고온수를 수송한다든가 하여 손실수두가 적어지도록 굵은 관을 쓴다. 송출관에 있어서도 마찬가지이다.

이와 같이 사용조건에 따라 가장 이상적인 유속을 정하지 않으면 안 된다.

2-4 펌프의 흡입구경과 송출구경

1. 흡입구경

흡입구의 유속 v_s는 보통 1~3m/s의 범위를 잡는 것이 좋으나. 일반적인 경우 2~2.5m/s를

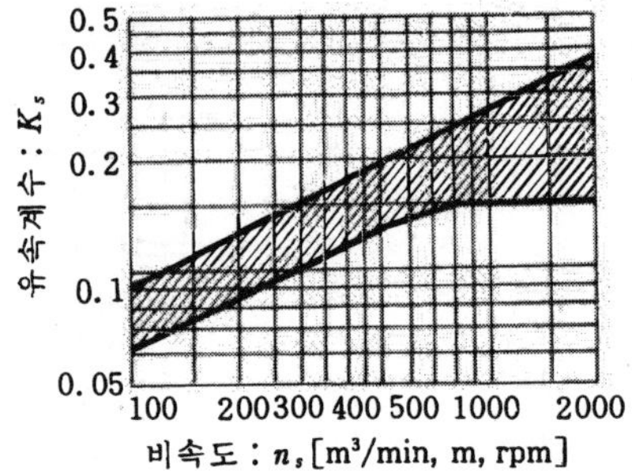

그림 2-21 펌프 흡입구의 유속계수

잡을 때가 많다. 점성이 큰 액체에서는 1m/s전후로 한다.

회전차의 비속도(비교회전도라고도 한다)와 전양정이 주어질 때에는 그림 2-21의 유속계수를 써서 다음 식으로 계산할 수가 있다.

$$v_s = K_s\sqrt{2gH} \tag{2-1}$$

여기서, K_s는 흡입구의 유속계수, g는 중력가속도[m/s²], H는 펌프의 전양정[m]이다. 양수량 $Q\,\mathrm{m^3/s}$와 유속과의 관계는 연속의 식에서

$$Q = \frac{\pi}{4}D_s^{\,2}v_s$$

가 된다. 여기서 D_s는 흡입구경[m]이다. 흡입구경은 다음과 같이 된다.

$$D_s = \sqrt{\frac{4Q}{\pi v_s}} \tag{2-2}$$

양수량이 주어질 때에는 표준규격에 정해진 표 2-1에 의하여 흡입구경을 정할 수도 있다.

표 2-1 구경에 대한 표준 양수량

펌프의 형식	펌프의 구경 [mm]	양수량[m³/min] 매분 회전수(전원주파수 60Hz)[rpm] 1800	1200
소형 원심펌프 및 소형 다단식 원심펌프	40	0.11~0.22	–
	50	0.18~0.36	–
	65	0.28~0.56	–
	80	0.45~0.90	–
	100	0.71~1.40	–
	125	1.12~2.24	–
	150	1.80~3.55	–
양흡입 원심펌프	200	2.8~5.6	–
	250	4.5~9.0	–
	300	7.1~14.0	7.1~14.0
	350	–	9.0~18.0
	400	–	11.2~22.4
	500	–	18.0~35.5*

[비고] (i) 구경 350은 될 수 있는 대로 쓰지 않는다.
(ii) *표는 900rpm에도 허용된다.
(iii) 발주자와의 협정에 의하여 본 표의 125%까지 송출량을 증가해도 된다.
(iv) 펌프의 양수량의 단위는 [m³/min], [l/s]등이 보통 쓰이는데, 때로는 [t/h]도 쓴다. 석유관계에서는 [US gal/min, gpm], 영국 갈론[Imp.gal/min]이 쓰이고, 심정펌프 등에서는 [석/일]도 쓰인다.

2. 송출구의 구경

고압원심펌프에서는 송출구의 구경을 흡입구보다 작게 하여 유속 v_d를 5~6m/s로 증속한다. 보통의 경우에는 2.5~3m/s를 잡는다.

저압원심펌프에서는 구경을 바꿀 필요가 없으나, 사용조건에 따라서 일단 검토할 필요가 있다.

흡입구경의 경우와 같이 비속도와 양정이 주어지면, 송출구경은 다음 식으로 계산할 수 있다.

$$v_d = K_d \sqrt{2gH} \tag{2-3}$$

여기서, K_d는 송출구의 유속계수(그림 2-22)이다.

따라서 송출구경 D_dm는

$$D_d = \sqrt{\frac{4Q}{\pi v_d}} \tag{2-4}$$

이 된다.

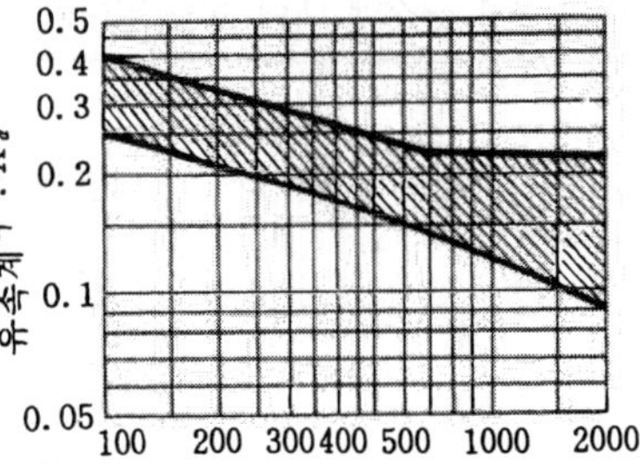

그림 2-22 펌프 송출구의 유속계수

예제 2-1 전양정 20.6m, 유량 $1m^3/min$, 비속도 $140m^3/min$, m, rpm인 벌류트 펌프의 흡입구경과 송출구경을 결정하여라.

[풀이]

(i) 흡입구경 : 그림 2-21에서 $n_s=140$일 때 $K_s\fallingdotseq 0.1$로 잡으면, 식 (2-1)에서

$$v_s=0.1\sqrt{2\times 9.80\times 20.6}\fallingdotseq 2\,[\text{m/s}]$$

$Q=1\,\text{m}^3/\text{min}=0.0167\,\text{m}^3/\text{s}$이므로 식 (2-2)에서

$$D_s=\sqrt{\frac{4\times 0.0167}{\pi\times 2}}=0.103\,[\text{m}]$$

그러므로 $D_s=105\,\text{mm}$(호칭치수 100)로 정한다.

(ii) 송출구경 : 그림 2-22에서 $K_d\fallingdotseq 0.25$로 잡으면, 식 (2-3)에서

$$v_d=0.25\sqrt{2\times 9.80\times 20.6}\fallingdotseq 5\,[\text{m/s}]$$

$v_d=5\,\text{m/s}$는 고압의 특수한 경우이므로 보통의 경우인 $v_d=2.5\,\text{m/s}$로 정하면, 식 (2-4)에서 D_d는 다음과 같이 된다.

$$D_d=\sqrt{\frac{4\times 0.0167}{\pi\times 2.5}}=0.092\,[\text{m}]$$

그러므로 $D_d=90\,\text{mm}$로 결정한다. 이 펌프의 크기는 "100×90 원심펌프"가 된다.

2-5 펌프의 전양정

그림 2-23은 하수조에서 상수조로 양수하는 장치이다. 여기에서 흡입수면과 송출수면 사이의 수직높이를 실양정(actual head) H_a라 한다. 이것을 펌프의중심에서 상하로 나누어 흡입수면까

지의 수직높이를 흡입실양정(actual suction head) H_s, 송출수면까지를 송출실양정(actual discharge head or actual delivery head) H_d라고 한다.

$$H_a = H_s + H_d \tag{2-5}$$

가 된다. 물은 흡입관과 송출관 속을 흐르기 때문에 물의 마찰저항에 이겨낼 만한 동력이 펌프에 걸리게 된다. 흡입관 쪽의 마찰손실수두(h_s)와 송출관 쪽의 마찰손실수두(h_d)는 당연히 펌프가 부담해야 할 동력이 된다. 그림에서와 같이 송출관이 수조에 접속되어 있을 때에는 $v_d^2/2g$에 상당하는 수두는 잔류속도수두로 수조에 방출되어 전부 손실이 된다. 펌프는 이 동력도 부담해야 한다.

펌프로서는 실양정 H_a 외에 h_s, h_d 및 $v_d^2/2g$의 에너지를 부담하지 않으면 수면 H_a까지 양수할 수 없다. 이 총손실수두를 실양정에 합친 양정을 전양정(total head) H라 한다. 전양정을 흡입쪽과 송출쪽으로 나누어 각각 H_1, H_2라 하면 전양정은 다음과 같이 된다.

$$H = H_1 + H_2 = \left(H_d + h_d + \frac{v_d^2}{2g}\right) + (H_s + h_s)$$

$$= H_a + (h_d + h_s) + \frac{v_d^2}{2g} \tag{2-6}$$

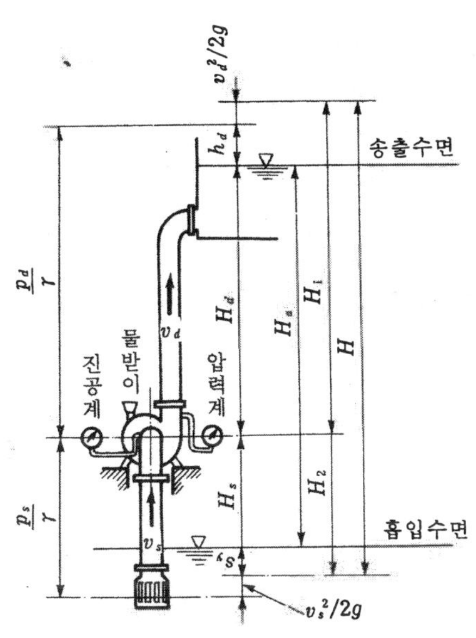

그림 2-23 펌프의 양정

펌프의 중심과 같은 높이에 진공계와 압력계를 달았을 때, 계기의 읽음과 양정과의 관계를 알아보자. 송출구에 단 압력계의 읽음 $\frac{p_d}{\gamma}$는 다음과 같다.

$$\frac{p_d}{\gamma}=H_d+h_d \tag{2-7}$$

여기서 p_d는 kg_f/cm^2, γ는 $1000kg_f/m^3$(물일 때)이다. 식 (2-7)은 수두[m]가 된다.

다음에 흡입관에 단 진공계의 읽음에는 $v_s{}^2/2g$에 상당하는 속도수두가 가산되므로 진공계의 읽음 $\frac{p_s}{\gamma}$는 다음과 같이 된다.

$$\frac{p_s}{\gamma}=H_s+h_s+\frac{v_s{}^2}{2g} \tag{2-8}$$

이상의 계기의 읽음에서 양정을 구하면

$$H_1=\left(\frac{p_d}{\gamma}\right)+\left(\frac{v_d{}^2}{2g}\right)$$

$$H_2=\left(\frac{p_s}{\gamma}\right)-\left(\frac{v_s{}^2}{2g}\right) \tag{2-9}$$

$$\therefore H=H_1+H_2=\frac{p_d}{\gamma}+\frac{p_s}{\gamma}+\frac{v_d{}^2}{2g}-\frac{v_s{}^2}{2g}$$

지금 $v_d=v_s$라 하면

$$H=\frac{p_d}{\gamma}+\frac{p_s}{\gamma} \tag{2-10}$$

가 되고, 전양정은 압력계와 진공계의 읽음을 합친 것이 된다.

실양정과 전양정과의 비는 유체의 유속, 배관의 조건 등에 따라 다르나, 일반적인 계산으로는 (전양정) / (실양정) = 1.2~1.5 정도가 많고, 배관조건이 복잡하지 않을 때는 1.3 정도를 잡아서

$$H=1.3\times H_a \tag{2-11}$$

로 계산해도 좋다.

예제 2-2 50℃의 청수를 20m 높은 곳으로 양수하자면 펌프의 전양정을 몇 m로 하면 되는가? 흡수면에는 대기압, 송수면에는 $5kg_f/cm^2$, gauge의 압력이 작용하고, 전손실수두는 4m이다. 단, 흡입, 송출관단의 유속은 같다.

[풀이]

50℃의 청수의 비중량은 $\gamma=988.1\,kg_f/m^3$이고, 제의에 의하면 대기압 $p_a=0$, 송수면의 압력

$p'' = 5\,\mathrm{kg_f/cm^2}$, $H_a = 20\,\mathrm{m}$, $h = h_d + h_s = 4\,\mathrm{m}$, $v_d - v_s = 0$, 이것을 식 (2-6)에 대입하고 p''도 고려하면

$$H = H_a + h + \frac{p''}{\gamma} = 20 + 4 + \frac{5\times10^4}{988.1} = 74.6\ [\mathrm{m}]$$

예제 2-3 운전 중인 펌프의 압력계를 조사하니 송출쪽은 4m, 흡입쪽은 5m의 진공이었다. 송출쪽 압력계는 흡입쪽의 그것보다 300mm 높은 곳에 있다고 하면, 펌프의 전양정은 몇 m가 되는가? 단, 흡입관과 송출관의 안지름은 같다.

[풀이]

H는 송출쪽, 흡입쪽 압력계의 수직거리를 보정하여

$$H = \frac{p_d + p_s}{\gamma} + \frac{v_d^2 - v_s^2}{2g} + z_s = 4 + 5 + 0 + 0.3 = 9.3\ [\mathrm{m}]$$

2-6 펌프의 회전수

펌프의 양정과 유량이 주어지면 다음에는 회전수를 결정하여야 한다. 회전차의 회전수 N을 결정하는 방법에는 다음의 2가지가 있다.

(1) 전동기(motor)를 직결하여 사용할 때에는 전동기의 동기속도 n을 계산하여 펌프의 회전수를 결정한다. 지금 전동기의 극수를 p, 전원의 주파수를 f Hz라 하면, 동기속도 n rpm은 다음과 같이 된다.

$$n = \frac{120\,f}{p} \tag{2-12}$$

이것을 표시하면 표 2-2와 같다. 전동기의 동기속도는 곧 전동기의 회전수를 나타내는 것인데, 이 표의 값은 무부하 상태에 있어서의 이론상의 회전수이다.

표 2-2 3상 유도전동기의 동기속도[rpm]

극 수	2	4	6	8	10	12	14	16	18	20
주파수 60[Hz]	3600	1800	1200	900	720	600	514	450	400	360

펌프를 운전할 때에는 부하(load)가 걸리기 때문에 미끄름(slip)이 생기고, 전부하시에는

2~5%의 미끄름을 고려해야 한다. 미끄름률을 S%라 하면, 펌프의 회전수 N rpm은 다음 식에 의하여 특정한 값으로 한정된다.

$$N = n\left(1 - \frac{S}{100}\right) = \frac{120f}{p}\left(1 - \frac{S}{100}\right) \tag{2-13}$$

(2) 회전차의 형상(펌프의 형상과도 관계있음)을 처음에 정하고, 그 회전차의 특성인 비속도를 자료에서 선정하여 가장 효율이 높은 회전수를 정하는 방법이다. 이 때에는 펌프의 정해진 양정과 유량에서 회전차의 형상과 펌프의 형식이 정하여졌을 때 이들을 바탕으로 하여 회전수를 정하게 된다.

2-7 펌프의 동력 및 효율

1. 수동력

펌프에 의하여 액체에 공급되는 동력을 그 펌프의 수동력(water horse power)(L_w)이라 한다. 지금 유량을 $Q\,\mathrm{m^3/min}$, 전양정을 H m, 액체의 비중량을 $\gamma\,\mathrm{kg_f/m^3}$라 하면, 수동력은 다음과 같이 표시된다.

$$\left.\begin{aligned} L_w &= \frac{\gamma HQ}{75\times 60}\ [\mathrm{PS}] \\ L_w &= \frac{\gamma HQ}{102\times 60}\ [\mathrm{kW}] \end{aligned}\right\} \tag{2-14}$$

2. 축동력과 효율

원동기에 의하여 펌프를 운전하는 데 필요한 동력을 축동력(shaft horse power)(L)이라 하고, 단위는 PS 또는 kW로 표시한다. 펌프의 (전)효율(total efficiency) η는 다음과 같이 된다.

$$\eta = \frac{\text{수동력}}{\text{축동력}} = \frac{L_w}{L} \tag{2-15}$$

이 효율 η의 내용은

$$\eta = \eta_v \cdot \eta_m \cdot \eta_h \tag{2-16}$$

로 표시된다. 여기서 η_v는 체적효율, η_m은 기계효율, η_h는 수력효율로서 이들 각각은 다음과 같다.

펌프의 실제 송출유량을 Q라 하면, 회전차 속을 지나는 유량은 이 양 Q와 펌프내부에서의 누설유량 ΔQ와의 합 $Q+\Delta Q$이다. 펌프의 체적효율(volumetric efficiency) η_v는

$$\eta_v = \frac{\text{펌프의 송출유량}}{\text{회전차 속을 지나는 유량}} = \frac{Q}{Q+\Delta Q} \tag{2-17}$$

으로서, 그 범위는 0.90~0.95이다.

베어링 및 축봉장치에 있어서 마찰에 의한 동력손실을 ΔL_m, 회전차 바깥쪽의 원판마찰에 의한 손실동력을 ΔL_d라 하면, 펌프의 기계효율(mechanical efficiency) η_m은 다음과 같이 된다.

$$\eta_m = \frac{L-(\Delta L_m + \Delta L_d)}{L} \tag{2-18}$$

η_m의 값은 0.90~0.97이다.

$$L-(\Delta L_m + \Delta L_d) = \frac{\gamma H_{th}(Q+\Delta Q)}{75 \times 60} \ [\text{PS}]$$

이므로, η_m은 다음과 같이 표시할 수도 있다.

$$\eta_m = \frac{\gamma H_{th}(Q+\Delta Q)}{(75 \times 60)L} \tag{2-19}$$

수력효율 η_h는 펌프 내에서 생기는 수력손실을 ΔH_h라 하면

$$\eta_h = \frac{\text{펌프의 실제 양정}}{\text{이론양정(깃수 유한)}} = \frac{H}{H_{th}} = \frac{H_{th} - \Delta H_{th}}{H_{th}} \tag{2-20}$$

으로 표시된다. η_h의 범위는 0.80~0.96이다. 식 (2-17), (2-19) 및 (2-20)으로부터 식 (2-16)이 성립하게 되는 이유는

$$\eta = \frac{L_w}{L} = \frac{\gamma HQ}{75L} = \frac{Q}{Q+\Delta Q} \times \frac{\gamma H_{th}(Q+\Delta Q)}{(75 \times 60)L} \times \frac{H}{H_{th}}$$

$$= \eta_v \ \eta_m \ \eta_h$$

로 미루어 보아 명백하다. 펌프의 효율은 펌프의 종류, 형식, 크기 등에 따라서 다르므로 계산으로 구하기는 곤란하다. 보통 실험값을 바탕으로 하여 추정한다. 그림 2-24는 편흡입 원심펌프의 비속도에 대한 효율, 그림 2-25는 양흡입 원심펌프의 비속도에 대한 효율, 그림 2-26은 소형 원심펌프의 유량에 대한 효율, 그림 2-27은 일반용 펌프의 표준효율을 유량에 대하여 표시한 것이다. 그림 2-28은 각종 펌프의 효율의 한 예이다.

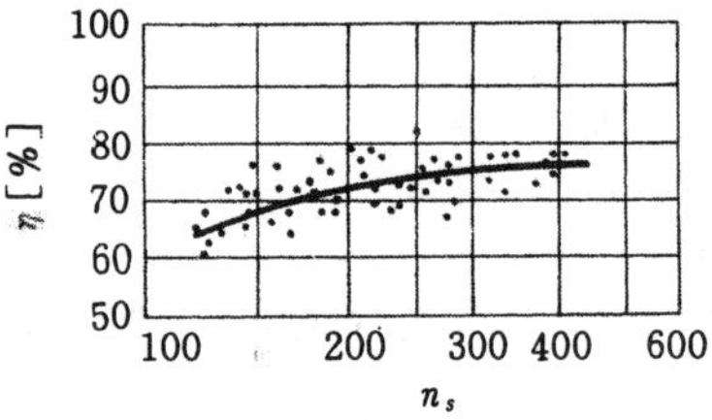

그림 2-24 편흡입 원심펌프의 효율
(구경 50～160mm)

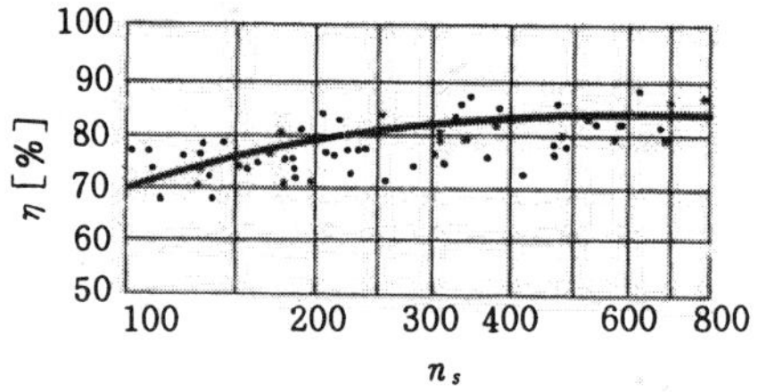

그림 2-25 양흡입 원심펌프의 효율
(구경 150～1500mm)

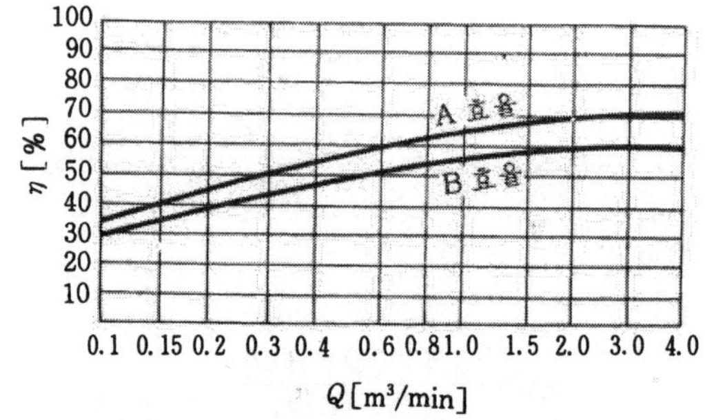

[펌프의 최고치는 A 효율 이상으로 된다.
시방 유량에 따라 펌프의 효율은 B 이상으로 된다.]

그림 2-26 소형 원심펌프의 효율

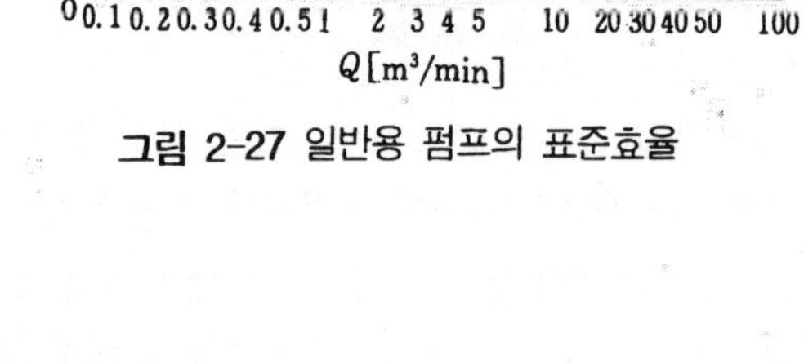

그림 2-27 일반용 펌프의 표준효율

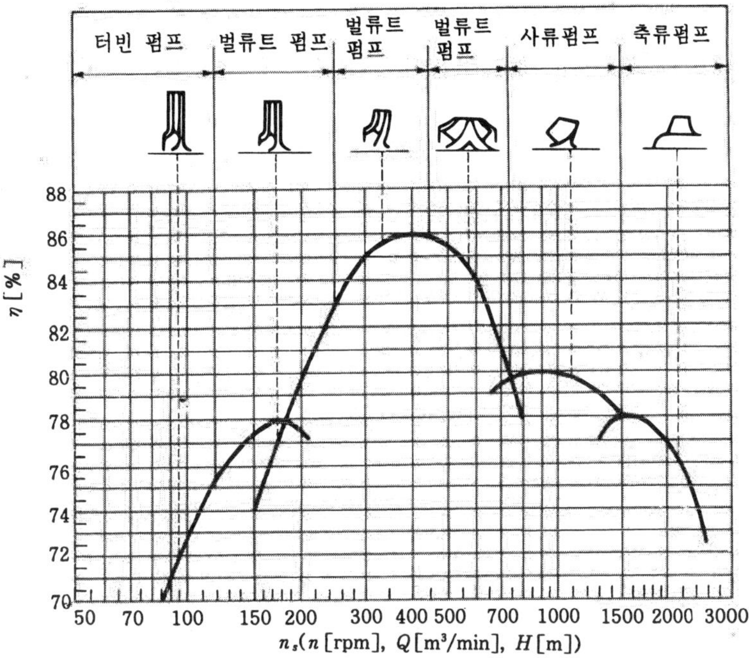

그림 2-28 각종 펌프의 효율

3. 원동기의 동력

펌프를 구동시키는 원동기의 동력 L_d는 구동방법에 따라 기계손실을 일으키기 때문에 일반적으로 축동력(L)보다 커야 한다.

$$L_d = kL \tag{2-21}$$

로 표시되고, 이 때의 상수 k의 값은 표 2-3과 같다. 이 표는 원동기로서 전동기를 쓸 경우이고, 내연기관을 사용할 때에는 약 10%더한 값을 취한다.

표 2-3

전 동 방 식	k
직 결	1.10~1.20
V 벨 트	1.15~1.25
평 벨 트	1.25~1.35
스 퍼 어 기 러	1.20~1.25
베 벨 기 어	1.15~1.25

예제 2-4 유량 $1m^3/min$, 전양정 25m인 원심펌프를 설계하고자 한다. 펌프의 축동력과 구동전동기의 동력을 구하여라. 단, 펌프의 전효율은 $\eta=0.78$, 펌프와 전동기는 직결로 한다.

[풀이]

축동력 L은 $\eta=\frac{L_w}{L}=\frac{\gamma HQ}{L}$에서

$$L=\frac{\gamma HQ}{\eta}=\frac{1000\times25\times1}{0.78}\,[\text{kg}\cdot\text{m/min}]$$

$$=\frac{1000\times25\times1}{0.78\times102\times60}=5.24\,[\text{kW}]$$

전동기의 동력은 표 2-3에서 $k=1.1\sim1.2$로 하여

$$L_d=kL=(1.1\sim1.2)\times5.24=5.76\sim6.29\,[\text{kW}]$$

예제 2-5 안지름이 750mm인 원관을 써서 수평거리로 20km 떨어진 곳에 유량 $72m^3/min$의 물을 수송하려고 한다. 여기에 필요한 펌프의 수동력과 축동력을 구하여라. 단, 원관의 마찰계수는 $\lambda=0.02$, 펌프의 전효율은 75%이다.

[풀이]

원관 속의 편균유속 v는

$$v=\frac{Q/60}{\pi d^2/4}=\frac{72}{60}\times\frac{4}{\pi\times0.75^2}=2.72\,[\text{m/s}]$$

원관 속의 손실수두 h는

$$h=\lambda\frac{l}{d}\cdot\frac{v^2}{2g}+\frac{v^2}{2g}=0.02\times\frac{20,000}{0.75}\times\frac{2.72^2}{2\times9.80}+\frac{2.72^2}{2\times9.80}=202\,[\text{m}]$$

전양정 H는

$$H=H_a+h=0+202=202\,[\text{m}]$$

수동력 L_w는

$$L_w=\frac{\gamma HQ}{60\times102}=\frac{1000\times202\times72}{6120}=2380\,[\text{kW}]$$

축동력 L은

$$L=\frac{L_w}{\eta}=\frac{2380}{0.75}=3180\,[\text{kW}]$$

2-8 여러 가지 손실

1. 수력손실(hydraulic power loss)

수력손실수두 ΔH_h는 (1) 펌프의 흡입구에서 송출구에 이르는 유로 전체에 걸친 마찰, 곡관, 부속품, 단면변화 등에 의한 부차적 손실수두과 (2) 회전차, 안내깃, 와류실, 송출구를 유체가 흐를 때의 와류에 의한 손실수두 및 (3) 회전차의 깃 입구와 출구에 있어서 생기는 충돌에 의한 손실수두로 구분된다. 이와 같은 펌프 자체 내에서 발생하는 손실은 양정의 손실을 뜻하고, 다른 어느 손실보다도 펌프의 성능, 효율에 가장 큰 영향을 미친다. 이와 같은 손실의 값을 정확하게 포착하기는 대단히 어렵기 때문에 실제 설계에서는 정성적인 내용을 분석하여 성능 고찰에 참고로 하고 있다. 대체로 수력손실은 축동력의 8~20%의 범위로 잡는다. 그림 2-29는 유량 Q에 대한 충돌, 마찰손실을 정성적으로 분석한 양정 H의 곡선이다 이론상의 H_{th}~Q곡선에서 손실을 감안하여 실제의 H~Q곡선을 얻는다.

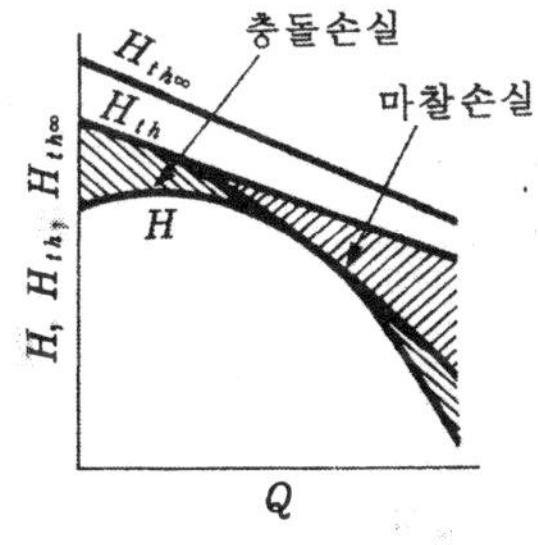

그림 2-29

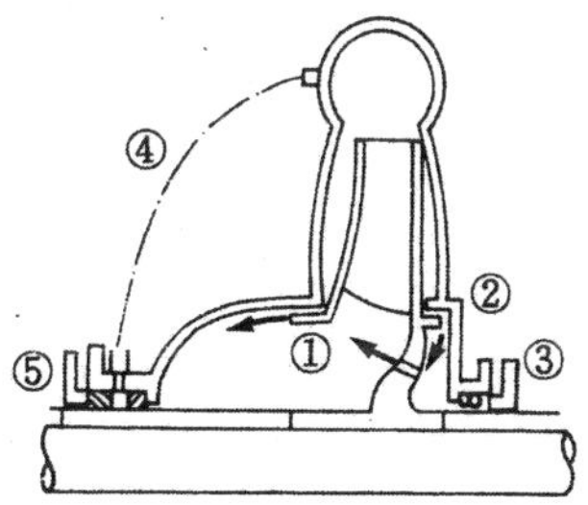

그림 2-30

2. 누설손실(leakage power loss)

누설손실 ΔQ는 펌프의 회전부분과 고정되어 있는 케이싱 부분 사이의 틈으로 압력이 높은 부분에서 낮은 부분으로 유실되는 유량이다. 누설되는 곳은 그림 2-30에 표시한 바와 같이 ① 회전차 입구부의 웨어링 부분, ② 축추력 평형장치부, ③ 패킹 박스, ④ 봉수용에 쓰이는 압력수, ⑤ 베어링 및 패킹 박스의 냉각에 사용되는 여러 가지 주수 및 다단펌프에서는 다음 단과의 틈 등이다.

펌프의 체적효율 η_v를 떨어뜨리지 않으려면 누설을 가능한 한 적게 하여야 한다. 이렇게 하기 위해서는 틈을 될 수 있는 대로 작게 하고 또 길게 한다. 환상틈의 누설유량 ΔQ는 다음 식으로 구해진다.

$$\Delta Q = \frac{\pi D b}{\sqrt{\lambda \frac{l}{2b} + 1.5 + z}} \sqrt{2g\Delta H} \tag{2-22}$$

여기서 D : 환상틈의 평균지름[m], b : 틈의 너비[m], l : 틈의 축방향길이(래비린스 골 부분은 제외)[m], z : 래비린스 골수, ΔH : 틈 전후의 압력수두의 차[m], λ : 마찰계수로서 실제상 매끈한 관의 마찰계수와 거의 같다[관인 경우 Reynolds 수 $R_e = vd/\nu$에 대하여 틈인 경우 $R_e = v(2b)/\nu$로 한다. 단, $2b$는 환상틈의 수력반지름의 4배의 값이다].

식 (2-22)가 성립함을 증명해 보자. 틈을 지나는 유속을 v m/s라 하면, 틈 전후의 압력수두 ΔH는 다음 식으로 표시된다.

$$\Delta H = \lambda \frac{l}{2b} \cdot \frac{v^2}{2g} + 0.5\frac{v^2}{2g} + z\frac{v^2}{2g} + \frac{v^2}{2g} \ [\mathrm{m}]$$

윗식 우변의 제1항은 마찰손실수두, 제2항은 입구손실수두, 제3항은 래비린스 골수 z에 대한 손실수두, 제4항은 출구의 틈에서 나오는 흐름의 속도수두(배기손실)를 표시한다. 이 식으로부터

$$v = \frac{1}{\sqrt{\lambda \frac{l}{2b} + 1.5 + z}} \sqrt{2g\Delta H} \ [\mathrm{m/s}]$$

틈으로 새어나오는 유량 ΔQ는 πDb를 틈의 단면적으로 할 때

$$\Delta Q = \pi Db \cdot v = \frac{\pi Db}{\sqrt{\lambda \frac{l}{2b} + 1.5 + z}} \sqrt{2g\Delta H} \ [\mathrm{m^2/s}]$$

웨어링 링에 있어서의 누설량을 계산할 때 ΔH의 값을 얼마로 할 것인가가 문제가 되는데, Stepanoff는

$$\Delta H = H(1 - K_{vc}^2) - \frac{1}{4} \cdot \frac{u_2^2 - u_r^2}{2g} \ [\mathrm{m}] \qquad (2\text{-}23)$$

을 제시하고 있다. 여기서 H : 전양정, u_2, u_r : 회전차, 웨어링 링의 원주속도, K_{vc} : 스파이럴 케이싱 내의 평균유속($v_c = K_{vc}\sqrt{2gH}$)(그림 2-69 참조)의 계수이다.

예제 2-6 원심펌프의 시방이 다음과 같을 때, 웨어링 링에 있어서의 누설량 ΔQ는 몇 $\mathrm{m^3/min}$가 되는가? 단, 웨어링 링의 지름 $D_r = 100$ mm, 틈 $= 0.2$ mm, 틈의 길이 $= 28$ mm, 마찰손실계수 $\lambda = 0.015$, 회전차 바깥지름 $D_2 = 200$ mm, 회전차의 회전수 $= 1450$ rpm, 양정 $H = 12$ m 및 유량 $Q = 0.54\,\mathrm{m^3/min}$, 이들 특성에서 $K_{vc} = 0.42$가 된다.

[풀이]

$$\Delta H = H(1 - K_{vc}^2) - \frac{1}{4} \cdot \frac{u_2^2 - u_r^2}{2g}$$

$$= 12(1-0.42^2) - \frac{1}{4} \cdot \frac{1}{2\times 9.8}\left\{\left(\frac{\pi\times 0.2\times 1450}{60}\right)^2 - \left(\frac{\pi\times 0.1\times 1450}{60}\right)^2\right\}$$

$$= 7.68\ [\mathrm{m}]$$

$$A = \pi D_r b = \pi\times 0.10\times 0.0002 = 6.28\times 10^{-5}\ [\mathrm{m}^2]$$

$$\sqrt{\lambda\frac{l}{2b}+1.5+z} = \sqrt{\lambda\frac{l}{2b}+1.5} = \sqrt{0.015\times\frac{0.028}{2\times 0.0002}+1.5} = 1.60$$

$$\Delta Q = \frac{A}{\sqrt{\lambda\frac{l}{2b}+1.5+z}}\sqrt{2g\Delta H} = \frac{6.28\times 10^{-5}}{1.60}\times\sqrt{2\times 9.80\times 7.68}$$

$$= 4.85\times 10^{-4}\,\mathrm{m^3/min} = 0.0291\ [\mathrm{m^3/min}]$$

3. 기계손실(mechanical power loss)

베어링과 패킹장치에 있어서의 손실을 기계손실이라 하고, 이것은 거의 회전수의 제곱에 비례하여 변한다. 패킹장치의 마찰손실동력은 패킹 누르개를 세게 죄어서 누설량을 적게 할수록 크게 되므로(축동력의 3%를 초과하는 수도 있다) 어느 정도 누설을 허용하는 것이 오히려 좋다. Stepanoff에 의하면 기계손실은 축동력의 약 1%로 잡게 되어 있다.

4. 원판마찰손실(disc friction power loss)

회전차의 회전에 의하여 그 바깥쪽(케이싱에 접하는 면)에 액체에 의한 마찰손실이 생기는데, 이것을 원판마찰손실이라고 한다. 펌프에서는 이것을 내부기계손실로 취급하고, 회전차 유로내의 흐름에 대한 손실과 구별한다. 간단하게 생각하기 위하여 그림 2-31과 같이 물을 가득 채운 용기 속에서 원판을 회전시킬 때의 마찰손실을 구하여, 그 결과를 회전차의 경우에 응용하는 방법을 취한다. 이 때의 원판마찰에 의한 손실동력(ΔL_d)은 다음 식과 같다(예제 2-7, 2-8 참조).

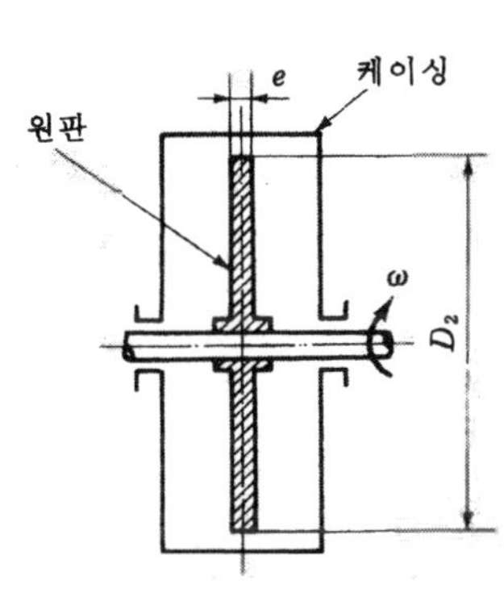

그림 2-31

$$\Delta L_d = k\gamma u_2{}^3 D_2{}^2\left(1+5\frac{e}{D_2}\right)[\text{PS}] \tag{2-24}$$

여기서 k : 원판마찰 손실계수 $=1.1\times10^{-6}$, γ : 유체의 비중량[kg_f/m^3], D_2 : 원판의 바깥지름[m], u_2 : 원판 바깥지름의 원주속도[m/s], e : 원판의 두께[m]이다.

Pfleiderer는 회전차 출구의 형상을 보통의 것으로 하여 $(D_2+5e)/D_2=1.1$로 놓아 식 (2-24)로부터

$$\Delta L_d = 1.2\times10^{-6}\gamma u_2{}^3 D_2{}^2 \tag{2-25}$$

을 얻었다.

예제 2-7 비중량 $\gamma\ kg_f/m^3$인 유체를 채운 용기 안에서 지름 D_2 m 인 원판을 각속도 ω [1/s]로 회전시킬 때(그림 2-31 참조), 원판 양면의 마찰(마찰손실계수를 ζ로 한다)에 의한 손실동력 ΔL_{d1} PS는 다음 식으로 표시됨을 증명하여라. 단, u_2는 원판 바깥지름의 원주속도[m/s]로 한다.

$$\Delta L_{d1} = \frac{\pi\zeta}{750g}\gamma u_2{}^3 D_2{}^2[\text{PS}]$$

[풀이]

반지름 r에 있어서의 원판벽의 마찰에 의한 손실압력을 $\zeta\frac{\gamma}{2g}(r\omega)^2$으로 표시하면, 원판 양면에 걸리는 손실에 의한 모멘트는

$$M_1 = \int_0^{D/2} r\cdot\zeta\frac{\gamma}{2g}(r\omega)^2\cdot 2\cdot 2\pi r dr = \frac{2\pi\zeta}{5g}\gamma\omega^2\left(\frac{D_2}{2}\right)^5\ [kg_f\cdot m/s]$$

이것을 동력 L_{d1} PS로 표시하면

$$L_{d1} = \frac{M_1\omega}{75} = \frac{\pi\zeta}{150g}\gamma u_2{}^3 D_2{}^2[\text{PS}]$$

예제 2-8 비중량 $\gamma\ kg_f/m^3$인 유체를 채운 용기 안에서 지름 D_2 m, 두께 e m의 원판을 각속도 ω [1/s]로 회전시킬 때(그림 2-31 참조), 원통면의 마찰(마찰손실계수는 ζ로 한다)에 의한 손실동력/ ΔL_{d2}는 다음 식으로 표시됨을 증명하여라.

$$\Delta L_{d2} = \frac{M_2\omega}{75} = \frac{\pi\zeta}{150g}\gamma u_2{}^3 D_2 e\ [\text{PS}]$$

[풀이]

원판면에 걸리는 모멘트 M_2는

$$M_2 = \frac{D_2}{2}\cdot\zeta\frac{\gamma}{2g}\left(\frac{D_2}{2}\omega\right)^2\pi D_2 e = \frac{\gamma}{g}\pi\zeta\omega^2\left(\frac{D_2}{2}\right)^4 e[kg_f\cdot m/s]$$

이것을 동력 ΔL_{d2} PS로 표시하면

$$\Delta L_{d2}=\frac{M_2\omega}{75}=\frac{\pi\zeta}{150g}\gamma u_2{}^3 D_2 e\,[\mathrm{PS}]$$

[주] 원판마찰에 의한 전손실동력 ΔL_d는 예제 2-7과 2-8의 합으로 잡고, $\pi\zeta/(750g)=k$로 하여 다음과 같이 된다.

$$\Delta L_d=\Delta L_{d1}+\Delta L_{s2}=\left(\frac{\pi\zeta}{750g}\right)\gamma u_2{}^3 D_2{}^2\left(1+5\frac{e}{D_2}\right)$$

$$=k\gamma U_2{}^3 D_2{}^2\left(1+5\frac{e}{D_2}\right)[\mathrm{PS}]$$

예제 2-9 회전차 바깥지름이 280mm인 원심펌프가 1750rpm으로 회전할 때, 그 원판마찰손실은 대체로 몇 마력이 되는가? 단, 사용되는 물은 상온의 청수이다.

[풀이]

식 (2-24)에서 $k=1.1\times10^{-6}$, $\gamma=1000\,\mathrm{kg_f/m^3}$, $D_2{}^2=0.28^2=0.078\,\mathrm{m^2}$,

$u_2{}^3=(\pi D_2 N/60)^3=(\pi\times0.28\times1750/60)^3=(25.6)^3$, $e=0$으로 하여

$$\Delta L_d=k\gamma D_2{}^2 u_2{}^3\left(1+5\frac{e}{D_2}\right)=1.1\times10^{-6}\times1000\times0.78\times25.6^3$$

$$=1.44\,[\mathrm{PS}]$$

2-9 상 사 법 칙

원심식과 축류식의 펌프, 송풍기 등의 터보 기계에는 상사법칙이 적용되는데, 이것은 터보 기계에서는 가장 중요한 것이다. 지금 구조가 상사인 2대의 펌프에 대하여 생각해 보자. 그림 2-32는 각각의 특성곡선을 나타내며 회전수를 각각 N_1, N_2라 한다. 특성곡선은 서로 상사가 된다. 그림 2-32에서 두 특성곡선이 서로 대응하는 위치(이를테면 최고 효율점의 위치), 즉 펌프 속의 흐름도 상사가 되는 특성곡선상에 있어서의 유량을 Q_1, Q_2, 전양정을 H_1, H_2, 축동력을 L_1, L_2라 하면, 2대의 펌프 사이에는 이들에 대하여 다음과 같은 상사법칙이 성립한다.

1. 유량에 관한 상사법칙

2대의 펌프의 회전차 출구에 있어서 통로면적을 A_1, A_2, 반지름 방향의 유속을 v_{1m}, v_{2m}이라고 하면

$$Q_1=A_1 v_{1m},\quad Q_2=A_2 v_{2m}$$

이 되고, 각 회전차의 원주속도를 u_1, u_2라 하면 흐름은 상사이므로 그림 2-32에서

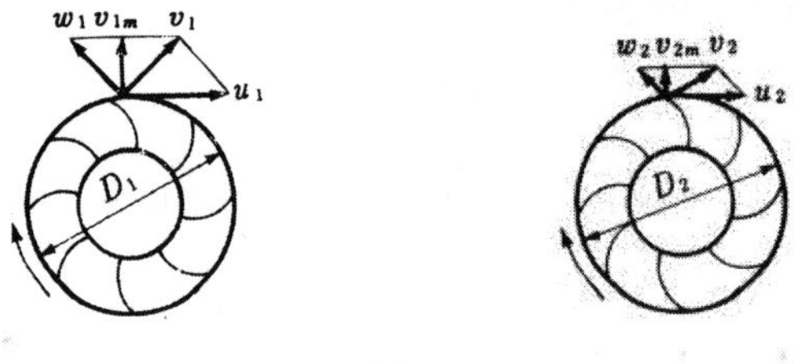

(a)

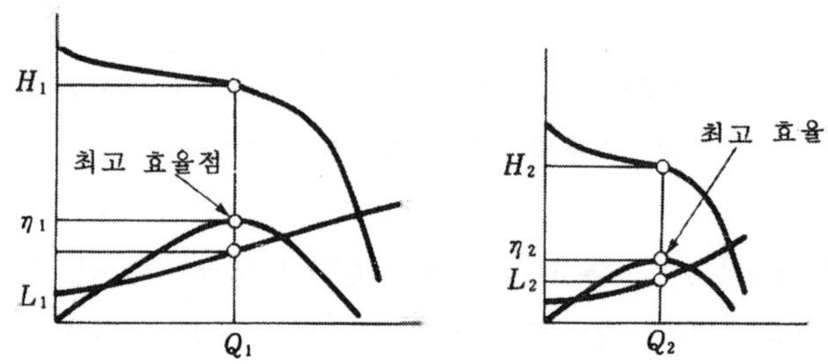

(b)

그림 2-32

$$\frac{v_{1m}}{v_{2m}} = \frac{u_1}{u_2}$$

이 성립된다. 위의 두 식으로부터

$$\frac{Q_1}{A_1 u_1} = \frac{Q_2}{A_2 u_2} \tag{2-26}$$

를 얻게 된다. 윗식의 값은 펌프가 상시로서, 그 속의 흐름이 상사인 한 일정한 상수(무차원)가 된다. 일반적으로는

$$\frac{Q}{Au} = \phi \tag{2-27}$$

로 표시되며, 이 상수 ϕ를 유량계수(coefficient of discharge)라 한다. 펌프의 구조상사에서 2대의 펌프의 통로 단면적의 비는(b는 회전차 출구 폭)

$$\frac{A_1}{A_2} = \frac{\pi D_1 \cdot b_1}{\pi D_2 \cdot b_2} = \frac{\pi D_1 \cdot D_1}{\pi D_2 \cdot D_2} = \left(\frac{D_1}{D_2}\right)^2$$

이 된다. 회전차의 원주속도의 비도 다음 식으로 표시된다.

$$\frac{u_1}{u_2}=\frac{\pi D_1 N_1/60}{\pi D_2 N_2/60}=\frac{D_1}{D_2}\cdot\frac{N_1}{N_2}$$

이들 두 식에 의하여 식 (2-26)은 다음과 같이 되고, 널리 이용된다.

$$\frac{Q_1}{{D_1}^3 N_1}=\frac{Q_2}{{D_2}^3 N_2} \tag{2-28}$$

예제 2-10 어떤 펌프가 970rpm으로 회전하여 전양정 9.2m에 0.6m³/min의 수량을 방출한다. 펌프가 1450rpm으로 운전될 때 수량은 몇 m³/min가 되는가?

[풀이]

식 (2-28)에서

$$Q_2=Q_1\left(\frac{D_2}{D_1}\right)^3\cdot\frac{N_2}{N_1}=Q_1\frac{N_2}{N_1}=0.6\times\frac{1450}{970}=0.9\ [\mathrm{m^3/min}]$$

2. 전양정에 관한 상사법칙

앞에서 든 2대의 펌프에 대한 이론상의 전양정은 제1편 식 (2-20)을 이용하면 각각 다음 식으로 표시된다(그림 2-32 참조).

$$\left.\begin{aligned} H_{th\infty 1}&=(1/g)\,u_1 v_1\cos\alpha_1 \\ H_{th\infty 2}&=(1/g)\,u_2 v_2\cos\alpha_2 \end{aligned}\right\} \tag{2-29}$$

2대의 펌프는 구조와 흐름의 상태가 상사이므로, 미끄름 계수($\mu=H_{th}/H_{th\infty}$)나 수력효율($\eta_h=H/H_{th}$)은 각각 동일하다. 따라서

$$\mu_1\eta_{h1}=\mu_2\eta_{h2}$$

$$\therefore\ \frac{H_{th1}}{H_{th\infty 1}}\cdot\frac{H_1}{H_{th1}}=\frac{H_{th2}}{H_{th\infty 2}}\cdot\frac{H_2}{H_{th2}}$$

그러므로 $$\frac{H_{th\infty 1}}{H_{th\infty 2}}=\frac{H_1}{H_2} \tag{2-30}$$

흐름의 상태가 상사인 것으로부터

$$\frac{v_1}{v_2}=\frac{u_1}{u_2},\qquad \alpha_1=\alpha_2 \tag{2-31}$$

가 성립하므로 식 (2-29), (2-30), (2-31)로부터

$$\frac{H_1}{u_1^{\,2}/(2g)} = \frac{H_2}{u_2^{\,2}/(2g)} \tag{2-32}$$

를 얻는다. 이 식의 값은 구조가 상사로서 펌프 속의 흐름이 상사인 한 일정(무차원)하다. 일반적으로는

$$\frac{H}{u^2/(2g)} = \psi \tag{2-33}$$

으로 표시되고, 이 ψ를 양정계수(head coefficient)라 한다. $u_1 = \pi D_1 N_1/60$, $u_2 = \pi D_2 N_2/60$에서 식 (2-32)는 다음과 같이 표시되고 널리 쓰인다.

$$\frac{H_1}{D_1^{\,2} N_1^{\,2}} = \frac{H_2}{D_2^{\,2} N_2^{\,2}} \tag{2-34}$$

예제 2-11 어떤 펌프가 매분 2000회전으로 전양정 100m에 대하여 $0.17\text{m}^3/\text{s}$인 수량을 방출한다. 이것과 상사로서 치수가 2배인 펌프가 매분 1500회전이고, 다른 것은 동일상태로 운전될 때의 전양정을 구하여라.

[풀이]

식 (2-34)에서

$$H_2 = H_1\left(\frac{D_2}{D_1}\right)^2\left(\frac{N_2}{N_1}\right)^2 = 100\times\left(\frac{2}{1}\right)^2\times\left(\frac{1500}{2000}\right)^2 = 225\ [\text{m}]$$

3. 축동력에 관한 상사법칙

2대의 펌프의 효율은 식 (2-15)에서 각각

$$\eta_1 = \frac{\gamma_1 H_1 Q_1}{4500 L_1}, \qquad \eta_2 = \frac{\gamma_2 H_2 Q_2}{4500 L_2}$$

로 표시되는데, 펌프의 구조와 흐름이 상사이므로 $\eta_1 = \eta_2$로 보면

$$\frac{L_1}{\gamma_1 H_1 Q_1} = \frac{L_2}{\gamma_2 H_2 Q_2} \tag{2-35}$$

이 된다. 한편 식 (2-26)과 (2-32)에서

$$\frac{Q_1}{A_1 u_1} = \frac{Q_2}{A_2 u_2}, \qquad \frac{H_1}{u_1^{\,2}/(2g)} = \frac{H_2}{u_2^{\,2}/(2g)}$$

이것을 식 (2-35)에 대입하면

$$\frac{L_1}{A_1\gamma_1 u_1^{\ 3}/(2g)} = \frac{L_2}{A_2\gamma_2 u_2^{\ 3}/(2g)} \tag{2-36}$$

가 성립한다. 윗식의 값은 펌프의 구조가 상사이고 흐름이 상사인 이상 일정(무차원)하다. 일반적으로는

$$\frac{L}{A\gamma u^3/(2g)} = \mu_p \tag{2-37}$$

로 표시되고, 이 상수 μ_p를 출력계수라 한다.

$$\frac{A_1}{A_2} = \left(\frac{D_1}{D_2}\right)^2, \qquad \frac{u_1}{u_2} = \frac{D_1 N_1}{D_2 N_2}$$

에서 식 (2-36)은 다음과 같이 표시된다.

$$\frac{L_1}{\gamma_1 D_1^{\ 5} N_1^{\ 3}} = \frac{L_2}{\gamma_2 D_2^{\ 5} N_2^{\ 3}} \tag{2-38}$$

예제 2-12 어떤 펌프가 2000rpm로서, 전양정 100m에 대하여 $0.17\text{m}^3/\text{s}$의 유량을 방출하고, 축동력은 250PS이다. 이 펌프와 상사로서 치수가 2배인 펌프가 1500rpm로서 회전하면서 상사로서 운전되고 있을 때의 축동력을 계산하여라.

[풀이]

식 (2-38)에서

$$L_2 = L_1\left(\frac{D_2}{D_1}\right)^5\left(\frac{N_2}{N_1}\right)^3 = 250 \times \left(\frac{2}{1}\right)^5 \times \left(\frac{1500}{2000}\right)^3 = 3375\ [\text{PS}]$$

2-10 비 속 도

상사가 되는 두 회전차에 있어서 유동상태가 상사일 때에는 전술한 바와 같이 식 (2-28), (2-34) 및 (2-38)의 관계가 성립한다. 지금 식 (2-28)과 식 (2-34)에서 D_1/D_2을 소거하면

$$N_1\frac{Q_1^{\ 1/2}}{H_1^{\ 3/4}} = N_2\frac{Q_2^{\ 1/2}}{H_2^{\ 3/4}} \tag{2-39}$$

을 얻는다. 상사가 되는 A, B 두 회전차에 있어서 그 유동상태가 상사가 되려면 식 (2-39)의 관계가 이루어지지 않으면 안 된다. 역으로 A회전차의 회전수, 유량, 양정이 N_1, Q_1, H_1 B회전차가

N_2, Q_2, H_2인 운전상태일 때, 식 (2-39)의 관계가 성립하면, 이 A, B 두 회전차는 상사이고, 유동상태도 상사가 된다.

지금 A 회전차에서 $N_1 = N$, $Q_1 = Q$, $H_1 = H$, B 회전차에서는 $N_2 = n_s$rpm, $Q_2 = 1\,\mathrm{m^3/min}$, $H_2 = 1\,\mathrm{m}$라 하여 이것을 식 (2-39)에 대입하면

$$n_s = N\frac{Q^{1/2}}{H^{3/4}} \tag{2-40}$$

을 얻는다. 여기서 n_s를 다음과 같이 정의할 수 있다.

한 회전차를 형상과 운전상태를 상사하게 유지하면서 그 크기를 바꾸어, 단위송출량에서 단위양정을 내게 할 때 그 회전차에 주어져야 할 회전수를 처음(기준이 되는) 회전차의 비속도(specific speed) 또, 비교회전도(수) n_s라 하고, 식 (2-40)으로 표시한다. 비속도가 같은 회전차는 모두 상사형이다. 비속도는 회전차의 형상을 나타내는 척도가 되고, 펌프의 성능을 나타내거나 최적합한 회전수를 결정하는 데 이용된다.

n_s의 값은 펌프의 구조가 상사이고 유동상태가 상사일 때에는 일정하며, 펌프의 크기나 회전수에 따라 변하지 않는다. 윗식에 있어서의 H, Q는 일반적으로 특성 곡선상에서 최고 효율점에 대한 값을 각각 나타내게 되어 있다. 양흡입일 때에는 Q 대신에 $Q/2$, 다단(z단)일 때에는 H/z를 사용한다.

n_s는 무차원이 아니므로, 그 단위를 잡는 방법에 따라 값이 달라진다. 일반적으로 Q는 [m³/min], H는 [m], N은 [rpm]의 단위가 쓰인다. 이 때의 비속도를 n_s m³/min, m, rpm라 하고, 다른 단위를 잡을 때의 비속도를 n_s'라 하여

$$n_s' = \xi n_s[\mathrm{m^3/min,\ m,\ rpm}] \tag{2-41}$$

이라 하면, ξ의 값은 각 단위에 따라 표 2-4와 같이 된다.

표 2-4

n_s'의 단위	ξ
m³/s, m, rpm	0.129
l/s, m, rpm	4.08
ft³/min, ft, rpm	2.44
ft³/s, ft, rpm	0.314
US gal/min, ft, rpm	6.67
Imp. gal/min, ft, rpm	6.09

예제 2-13 펌프의 구조가 상사이고 유동상태가 상사일 때, 펌프의 비속도 n_s는 크기가 회전수에 따라 변하지 않음을 증명하여라.

[풀이]

식 (2-28), (2-34)에서

$$\frac{Q}{D^3N} = C_1\,(=\text{일정}),\quad \frac{H}{D^2N^2} = C_2\,(=\text{일정})$$

$$n_s = N\frac{Q^{1/2}}{H^{3/4}} = N\frac{C_1D^3N)^{1/2}}{C_2D^2N^2)^{3/4}} = \frac{C_1^{\ 1/2}}{C_2^{\ 3/4}} = \text{일정}$$

따라서 n_s는 크기(D)나 회전수(N)에 따라서 변하지 않는다.

예제 2-14 회전속도 3600rmp, 전양정 420ft에 대하여 324US gpm의 수량을 내는 펌프가 필요하다. 비속도가 $n_s = 180 \sim 260$ m^3/min, m, rpm의 범위에 속하는 다단펌프로서 전기한 용량을 만족시키기 위해서는 몇 단의 펌프로 해야 하는가?

[풀이]

n_s의 값은 US gpm, ft, rpm으로 표 2-4에서 환산하면,

$$n_s = 180 \sim 260\,\text{m}^3/\text{min}, \text{m}, \text{rpm} = 6.67 \times (180 \sim 260) = 1200 \sim 1735\,\text{US gpm}, \text{ft}, \text{rpm}$$

1단에서는

$$n_s = \frac{N\sqrt{Q}}{H^{3/4}} = \frac{3600\sqrt{324}}{420^{3/4}} = 697$$

이 값은 너무 적기 때문에 2단으로 하면

$$n_s = \frac{3600\sqrt{324}}{(420/2)^{3/4}} = 1178$$

3단이면

$$n_s = \frac{3600\sqrt{324}}{(420/3)^{3/4}} = 1590$$

4단에서는

$$n_s = \frac{3600\sqrt{324}}{(420/4)^{3/4}} = 1975$$

3단의 비속도 $n_s = 1590$은 요구되는 비속도의 범위 1200∼1735내에 있으므로, 펌프는 3단짜리로 해야 한다.

2-11 비속도와 펌프의 형 및 효율과의 관계

앞서 설명한 바와 같이 비속도의 값은 각종 펌프의 구조를 대표하는 기준으로 쓰인다. 식 (2-40)에서 알 수 있는 바와 같이 회전수를 일정하게 하면, 높은 양정에서 유량이 적은 펌프의 회전차는 n_s의 값이 적고, 반대로 유량이 크고 양정이 낮은 펌프의 n_s의 값은 크게 된다. 고 양정, 소 유량의 펌프의 회전차는 출구경에 대하여 폭이 좁고, 반대로 저 양정, 대 유량의 펌프일수록 출구경에 대한 폭의 치수는 크게 된다. 이 사실로부터 깃의 모양을 n_s에 따라 정리하면 표 2-5와 같다. 표의 그림에서 알 수 있듯이 n_s가 커질수록 출구경에 대한 출구폭과 입구경이 점점 커지게 된다. 주의할 점은 식 (2-40)을 보면 유동상태에 따라 n_s의 값이 달라지는 사실이다. 유량이 감소하면 n_s는 적게 되고 $Q=0$에서는 $n_s=0$이 되며, $H=0$이면 $n_s=\infty$가 된다. 표 2-5에 표시한 n_s의 범위는 펌프가 최고 효율을 나타내는 것과 같은 양정, 유량 및 회전수에 대하여 계산한 것이다.

앞서 2-7절에 표시한 그림 2-28은 횡축에 n_s, 종축에 효율 η를 잡고 각종 펌프의 실제상의 $n_s \sim \eta$관계를 나타낸 것이다. 같은 종류의 펌프라도 구조가 바뀌게 되면 n_s, η도 달라진다. 이와 같이 n_s를 이용하면 터빈 펌프에서 축류펌프까지를 계통적으로 정연하게 분류할 수 있다.

같은 유량을 내는 각종 펌프의 양정과 크기를 비교해 보면, 그림 2-33에서 알 수 있는 바와 같이 터빈 펌프가 가장 크고, 벌류트 펌프, 사류펌프, 축류펌프의 순서로 작아진다. 그림 2-33은 펌프의 형식을 선정하는 도표로서 펌프의 유량과 양정이 기준이 된다.

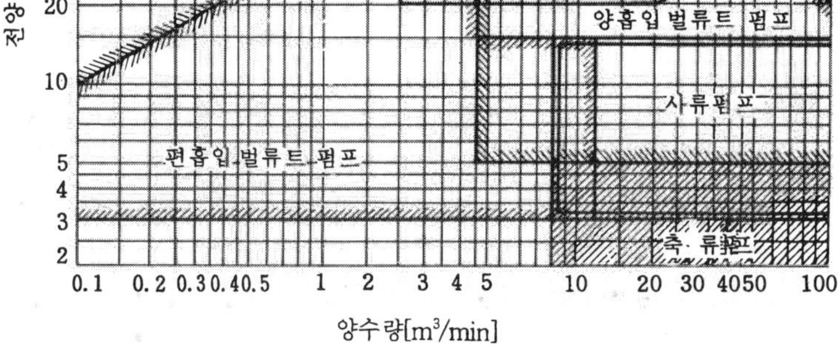

그림 2-33 펌프의 형식 선정 도표

표 2-5 각종 펌프의 비속도와 특성

번　　호	1	2	3	4	5	6	7
회전차의 형식	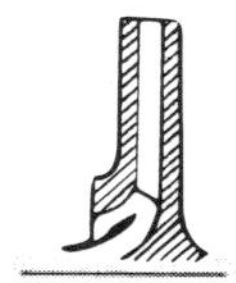						
n_s의 범위	80～120	120～250	250～450	450～750	700～1000	800～1200	1200～2200
n_s가 잘 사용되는 값	100	150	350	550	880	1100	1500
흐름에 의한 분류	반경류형	반경류형	혼류형	혼류형	사류형	사류형	축류형
전양정 [m]	30	20	12	10	8	5	3
양수량 [m³/min]	8 이하	10 이하	10～100	10～300	8～200	8～400	8 이상
펌프의 명칭	고 양 정 원심펌프	고 양 정 원심펌프	중 양 정 원심펌프	저 양 정 원심펌프	사류펌프	축류펌프	축류펌프
	터　빈	터　빈 벌 류 트	벌 류 트	양 흡 입 벌 류 트			

각종 펌프가 n_s에 의하여 계통적으로 정연하게 분류되는 것과 같이, 펌프 각부의 설계상수는 후술하는 바와 같이 n_s에 의하여 계통적으로 분류된다. 터보 기계에 있어서 비속도 n_s는 가장 중요한 역할을 한다.

예제 2-15 회전수가 1800rpm이고, 유량이 9.5 m^3/min일 때 전양정 61m를 내는 펌프가 있다. 이것과 상사로서 유량 38m^3/min일 때 전양정 4.5m를 발생하는 펌프를 만들려고 한다. 어떤 종류의 펌프가 적당한가? 이 때 펌프의 매분 회전수를 구하여라.

[풀이]

그림 2-33의 펌프의 형식선정 도표에 의하면 $Q=9.5\,m^3/min$ 이고, $H=61\,m$인 범위는 양흡입 벌류트 펌프 또는 양흡입 터빈 펌프의 영역이다. 주어진 펌프의 비속도를 구해 보면

$$n_{s1}=\frac{1800\times 9.5^{1/2}}{61^{3/4}}=254.5\ [m^3/min,\ m,\ rpm]$$

그림 2-33, 표 2-5를 보면 $n_{s1}=254.5$는 양흡입 벌류트 펌프(중 양정)가 적당하다. 설계하려는 펌프의 비속도는

$$n_{s2}=N_2\times\frac{38^{1/2}}{4.5^{3/4}}=N_2\times\frac{6.16}{3.08}$$

펌프가 상사이므로 $n_{s1}=n_{s2}=254.5$, 구하는 펌프의 회전수는

$$N_s=254.5\times\frac{3.08}{6.16}=127\ [rpm]$$

[주] 펌프의 효율 η가 비속도 n_s의 값에 따라 달라지므로, 수력효율 η_h도 비속도에 따라 변한다. 표 2-6은 Stepanoff가 대형 단단 양흡입 펌프의 η_h에 대하여 n_s의 변화에 따른 값을 준 것이다.

표 2-6 n_s와 η_h와의 관계

n_s	150	200	300	450	600	750	900	1050
η_h	75	86	92	93	94	95	95.5	96

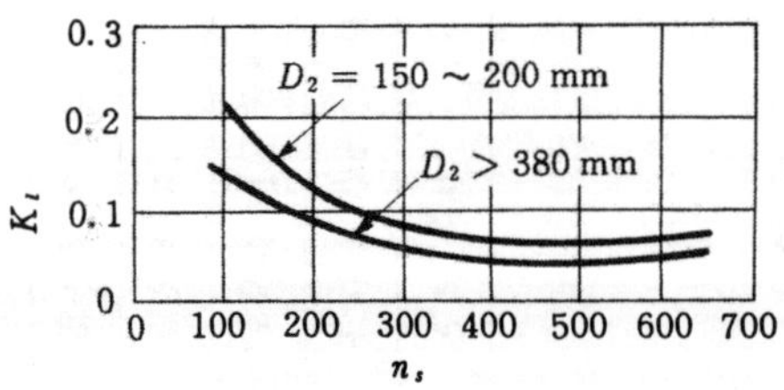

그림 2-34 최고 효율점의 손

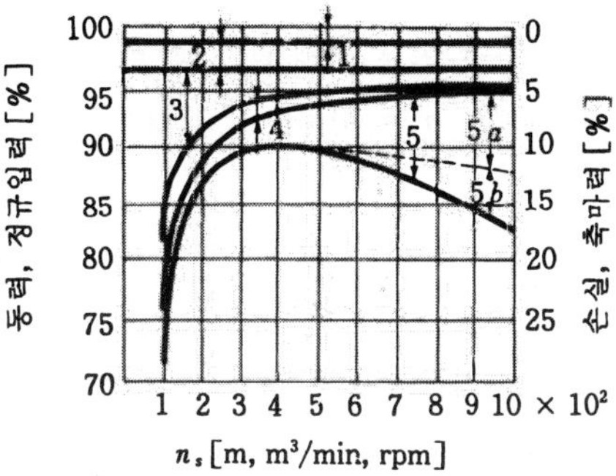

그림 2-35 n_s에서 η를 구하는 곡선

$\eta_h = 1/(1+K_l)$로 놓고, K_l의 값을 그림 2-34에서 구한 후 계산하는 방법도 있다. 수력효율뿐만 아니라 기계손실이나 원판마찰손실, 누설손실 등도 n_s에 의하여 정리된다. 그림 2-35는 이 관계를 표시하고, 그림의 각 구역번호는 다음의 손실을 표시한다. 1 : 기계손실(1%), 2 : 깃 손실(2.25%), 3 : 원판마찰손실, 4 : 누설손실, 5 : 와류실의 수력손실, 5a : 와류실 손실(입축펌프), 5b : 흡입부에 가까운 곳의 손실로서 하부의 남은 부분이 펌프의 출력이 된다. 이 그림은 최고 효율점에 대한 양흡입 펌프에 대한 것이다.

2-12 회전차의 설계

원심펌프의 회전차의 설계에 쓰이는 계산식은 깃수 무한인 경우의 이론식이기 때문에, 실제 회전차에 대해서는 여러 가지 요소에 대하여 수정을 가해야 한다. 실제 회전차에서는 깃의 매수에 제한이 있고, 깃은 두께를 가지기 때문에 유체의 통로가 그만큼 좁아져서 각종 손실을 초래한다. 이와 같은 손실은 회전차의 형상에 다라 크게 영향을 미치게 된다. 설계할 때에는 다음 사항을 고려하여야 한다.

(1) 마찰손실을 적게 하려면, ⓐ 깃의 길이(통로의 길이)를 짧게, ⓑ 깃의 매수를 적게, ⓒ 회전차 내외면을 매끈하게 해야 한다.

(2) 손실헤드를 적게 하려면, ⓐ 통로의 단면적이 급변하지 않도록, ⓑ 깃곡선을 완만하게(이때 깃의 길이는 필연적으로 길어진다), ⓒ 깃의 매수를 많도록 하여 곡률 반지름을 크게 해야 한다.

1. 설계양수량(Q')

회전차 속을 흐르는 유량 Q는 회전차 입구의 바깥둘레와 라이너 링 등의 틈으로부터 새는 유량 q, 회전차 외벽이나 깃 자체를 순환하는 순환유량 q' 등의 손실을 생각하면

$$Q' = Q + q + q' \tag{2-42}$$

가 된다. 여기서 Q'를 설계양수량이라 하고 설계계산 때 쓴다.

일반 펌프에서 $q=(0.01\sim0.08)Q$, $q'=(0.01\sim0.07)Q$정도이다. $q+q'=(0.02\sim0.15)Q$가 되므로

$$Q'=(1.02\sim1.15)Q \tag{2-43}$$

로 잡는다. 다만 Q'와 Q의 단위는 계산의 편의상 m³/s를 쓴다.

2. 회전차 보스부의 축지름

회전수 N rpm, 각속도 ω rad/s인 회전축의 비틀림 모멘트(전달토크라고도 한다)와 전달마력(L) 사이에는

$$L=\frac{T}{75}\cdot\omega=\frac{T}{75}\cdot\frac{2\pi N}{60} \tag{2-44}$$

의 관계가 있으므로 전달토크 T kgf · cm는

$$T=71,620\cdot\frac{L}{N} \tag{2-45}$$

이 된다. 보스부의 축지름은 짧기 때문에 윗식을 그대로 적용할 수 있다. 지금 축의 극단면계수를 z_p, 축재료의 허용 비틀림 응력을 τ kgf/cm²라 하면

$$T=z_p\cdot\tau$$

가 된다. 축이 원형 중심축일 때에는 그림 2-36과 같이 축지름을 d_1이라 하면

$$z_p=\frac{\pi}{16}\cdot{d_1}^3$$

으로 표시되므로

$$T=\frac{\pi}{16}\cdot{d_1}^3\cdot\tau$$

$$d_1=\sqrt[3]{\frac{16}{\pi\tau}\cdot T}\fallingdotseq 1.72\sqrt[3]{\frac{T}{\tau}}\ \ [\text{cm}] \tag{2-46}$$

으로 된다(τ의 값은 부록 8,9 참조).

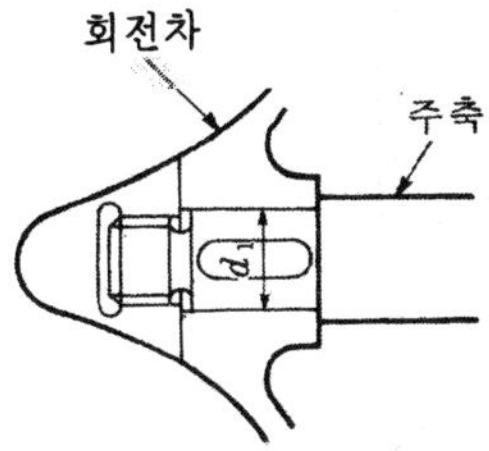

그림 2-36 보스부의 축지름

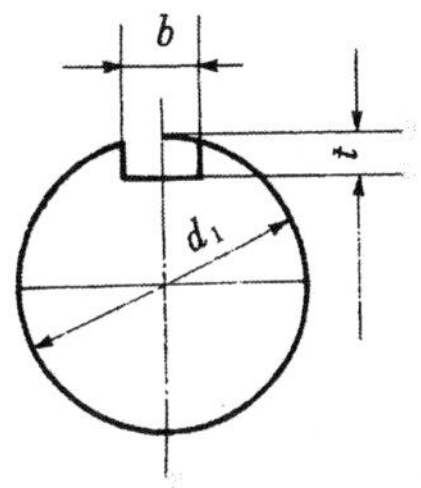

그림 2-37 키홈

회전차를 축에 고정하기 위하여 키를 쓰는데, 키 홈을 파게 되면 축이 약해지므로 그 영향을 고려해야 한다. 지금 키 홈이 있는 축의 강도 A와 없는 축의 강도 B의 관계는 그 비를 S라 하면 (그림 2-37)

$$S=\frac{B}{A}=1.0-0.2\frac{b}{d_1}-1.1\frac{t}{d_1}\fallingdotseq 0.75 \tag{2-47}$$

가 된다. 식 (2-46)을 쓸 때에는 $0.75\times\tau$로 하여 계산하면 된다.

3. 회전차의 보스 지름(d_b)

회전차의 보스 지름 d_b는 식 (2-46)에 의하여 계산할 수 있다.

$$d_b=1.8d_1\,[\mathrm{m}] \tag{2-48}$$

4. 회전차의 안지름(D)

(1) 주축이 관통하지 않을 때

그림 2-38에서, 회전차 입구의 면적 A는

$$A=\frac{\pi}{4}D^2=\frac{Q'}{v_e}$$

$$D=\sqrt{\frac{4Q'}{\pi v_e}}\;[\mathrm{m}] \tag{2-49}$$

이 된다. 여기서 v_e는 회전차 입구의 평균유속으로서, 흡입구 유속 v_s의 10~20% 더하여 잡는다.

$$v_e=(1.1\sim1.2)\,v_s \tag{2-50}$$

정도로 잡는 것이 적당하다.

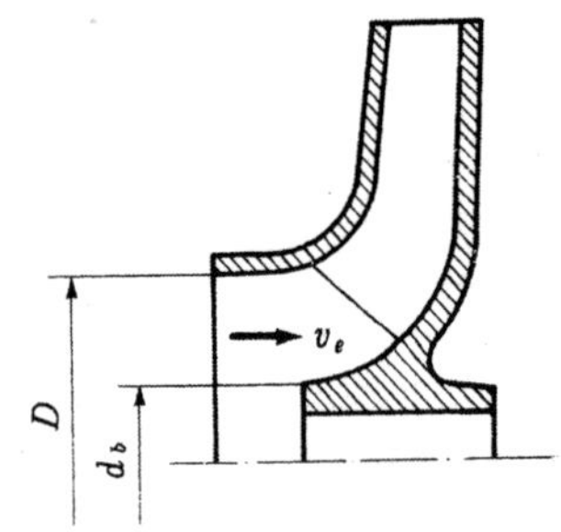

그림 2-38 회전차의 안지름

(2) 주축이 관통할 때

보스부의 단면적이 입구의 면적을 감소시키므로

$$\frac{\pi}{4}(D^2 - d_b{}^2) = \frac{Q'}{v_e}$$

$$D = \sqrt{\frac{4Q'}{\pi v_e} + d_b{}^2}\ [\mathrm{m}] \tag{2-51}$$

으로 표시된다.

5. 깃의 입구경(D_1)

원심펌프에서 D_1[그림 2-39 (b) 참조]은 보통 다음 비율로 잡는다.

$$D_1 = (1.0 \sim 1.2)\, D \tag{2-52}$$

그림 2-39에 표시한 깃 입구의 평균지름 D_{1m}은

$$D_{1m} = (0.9 \sim 1.0)\, D \tag{2-53}$$

으로 결정하면 된다.

깃 최소부의 지름 D_1'는 D_{1m}을 먼저 구한 다음, 이 두점을 매끈한 원호로써 맺으면 자연히 정해지는 치수이다.

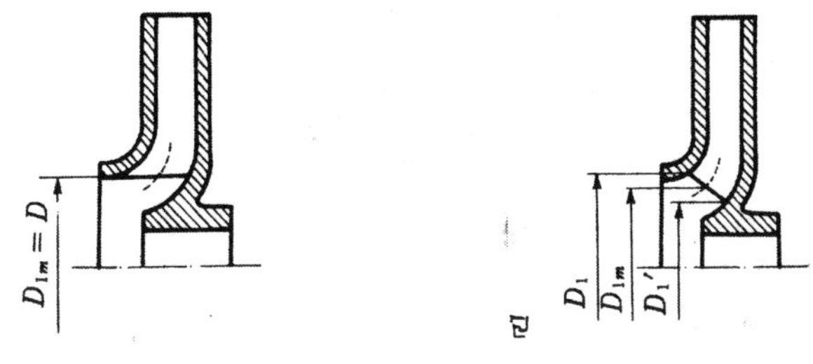

그림 2-39 깃의 입구경과 평균지름

6. 회전차의 바깥지름(D_2)

(1) 회전차의 바깥지름(출구경)

회전차의 바깥지름은 바깥지름의 원주속도 u_2를 구하여 다음 식으로 계산할 수 있다(그림 2-40).

$$D_2=\frac{60\,u_2}{\pi N}\ [\mathrm{m}] \tag{2-54}$$

u_2의 값은 이론식에서 계산하는 방법과 실험계수를 써서 구하는 두 가지 방법이 있다.

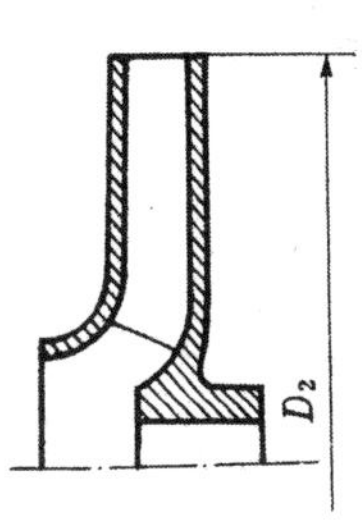

그림 2-40 회전차의 바깥지름

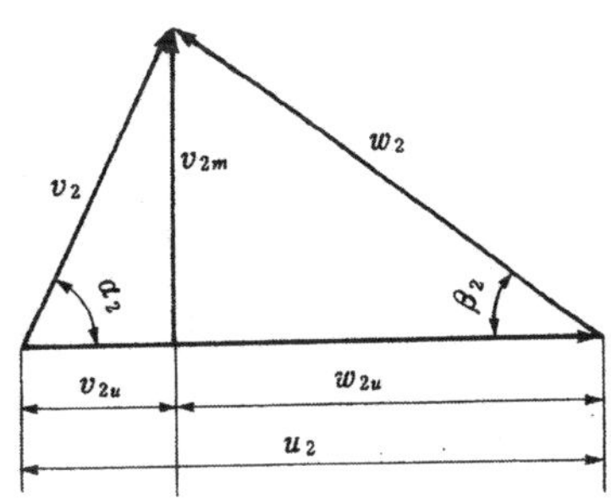

그림 2-41 회전차 출구의 속도삼각형

(2) 원주속도를 구하는 방법

a) 이론식에서 u_2를 구하는 방법 : 제1편의 그림 2-5에서 회전차 출구의 속도삼각형을 그림 2-41에 표시한다. 이 그림에서

$$u_2=v_{2u}+w_{2u} \tag{2-55}$$

$$\left.\begin{aligned} v_{2u} &= v_{2m}\cot\alpha_2 = \frac{v_{2m}}{\tan\alpha_2} \\ w_{2u} &= v_{2m}\cot\beta_2 = \frac{v_{2m}}{\tan\beta_2} \end{aligned}\right\}$$

이것을 식 (2-55)에 대입하면

$$u_2 = v_{2m}\left(\frac{\tan\alpha_2 + \tan\beta_2}{\tan\alpha_2 \cdot \tan\beta_2}\right)$$

$$= v_{2u}\left(1 + \frac{\tan\alpha_2}{\tan\beta_2}\right) \tag{2-56}$$

이 된다. 제1편의 식 (2-20)에 의하면

$$H_{th\infty} = \frac{1}{g}u_2 v_2 \cos\alpha_2 = \frac{1}{g}u_2 v_{2u}$$

$$v_{2u} = \frac{gH_{th\infty}}{u_2} \tag{2-57}$$

이 성립한다. 이것을 식 (2-56)에 대입하면

$$u_2 = \frac{gH_{th\infty}}{u_2}\left(1 + \frac{\tan\alpha_2}{\tan\beta_2}\right)$$

가 되고, 출구의 원주속도 u_2는 다음 식과 같이 된다.

$$u_2 = \sqrt{gH_{th\infty}\left(1 + \frac{\tan\alpha_2}{\tan\beta_2}\right)} \tag{2-58}$$

Pfleiderer는 $H_{th\infty}$와 H_{th}와의 관계를 다음 식으로 표시하였다.

$$H_{th\infty} = H_{th}\left(1 + \frac{\Psi r_2^2}{zS}\right) = H_{th}(1+p) \tag{2-59}$$

여기서 r_2는 회전차의 출구 반지름, z는 깃수, S는 회전차의 축을 포함하는 단면(메리디안 단면) 중심의 유선의 축에 관한 정적 모멘트 $= \int_{r1}^{r2} r\,ds$(그림 2-42 참조), Ψ는 실험 계수, p는 양정감소수이다.

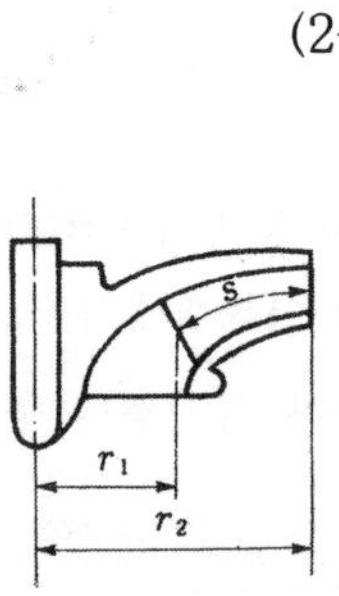

그림 2-42

완전한 반경류 깃에서는

$$S=\int_{r1}^{r2} r\,ds=\frac{1}{2}\,(r_2{}^2-r_1{}^2)$$

으로 표시된다. 안내깃이 있는 펌프에서는

$$\Psi=(0.55\sim0.68)+0.6\sin\beta_2$$

이고, 안내깃이 없을 경우에는 이것보다 조금 큰 값이 된다.

식 (2-59)에서 알 수 있는 바와 같이 깃수가 적을 때, $r_2{}^2/S$이 클 때 및 깃의 반지름 방향의 길이가 짧을 때에 H_{th}의 감소는 두드러지고, β_2가 클 때에도 H_{th}의 감소는 크게 된다.

또 제1편의 식 (2-22)에서 미끄름계수 μ는 $\mu=H_{th}/H_{th\infty}$이므로, 이것과 식 (2-59)를 관계 지으면 다음과 같이 된다.

$$\mu=\frac{1}{1+\dfrac{\Psi r_2{}^2}{zS}}=\frac{1}{1+p} \tag{2-60}$$

제1편의 식 (2-23)과 2편의 식 (2-20)에서 H_{th}와 H와의 관계는 $H_{th}=H/\eta_h$로 표시되고, 수력효율 η_h만 결정되면 (표 2-7 참조) H_{th}를 얻을 수 있다.

표 2-7 원심펌프의 η_h의 값

펌프의 종류		η_h
벌류트 펌프		0.5~0.65
터빈 펌프	다단	0.6~0.75
	다단	0.7~0.85

$H_{th\infty}$는 $\phi=H/H_{th\infty}$에서 직접 구할 수도 있다. 여기에서 ϕ의 값은 경험치로서 보통 0.5~0.68의 범위이다. $\beta_2=25\sim30°$, $D_1/D_2=0.5$, $b_1/b_2=2.0\sim2.5$로서 효율이 좋은 보통의 펌프에서는 $\phi=0.6$이다.

식 (2-58)에서 α_2는 유체의 유출각도(°) 로서 $\alpha_2=5\sim30°$ 의 범위를 가지지만 보통 $\alpha_2=8\sim15°$ 를 잡는다. β_2는 깃의 출구각도(°) 이고, 이것은 펌프의 성능에 크게 영향을 미치는 요소 중의 하나로서, 회전차를 설계하는 기본 사항이다. 유체의 유입각도 $\alpha_1=90°$ 일 때 이론 전압수두는 제1편의 식 (2-20)에서

$$H_{th\infty}=\frac{1}{g}\,u_2 v_2\cos\alpha_2$$

윗식에 $v_2 \cos \alpha_2 = u_2 - v_{2m} \cot \beta_2$(그림 2-41 참조)를 대입하면, 다음 식을 얻는다.

$$H_{th\infty} = \frac{u_2{}^2}{g} - \frac{u_2 v_{2m} \cot \beta_2}{g} \tag{2-61}$$

회전수 일정, 즉 u_2가 일정할 때 H_{th}의 값은 β_2의 값 여하에 따라 유량 $Q(\infty v_{2m})$의 변화와 함께 다음과 같이 변한다.

(1) $\beta_2 > 90^\circ$ 일 때 : $v_{2m} \cot \beta_2 < 0$으로서 $H_{th\infty}$는 유량이 증대함에 따라 증가한다.

(2) $\beta_2 = 90^\circ$ 일 때 : $v_{2m} \cot \beta_2 = 0$으로서 $H_{th\infty}$는 유량과 관계없이 일정하다.

(3) $\beta_2 < 90^\circ$ 일 때 : $v_{2m} \cot \beta_2 > 0$으로서 $H_{th\infty}$는 유량이 증대함에 따라 감소한다.

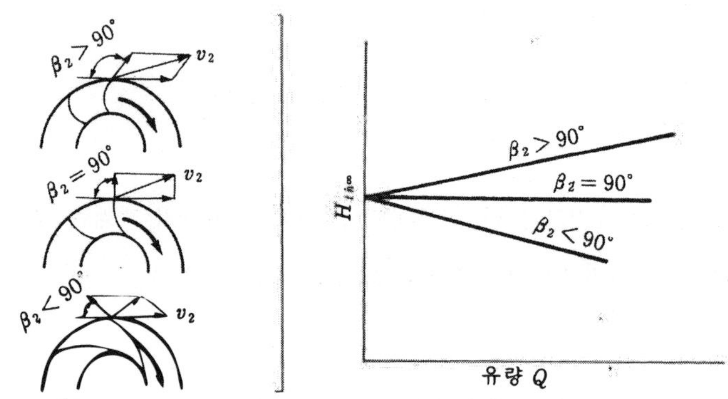

그림 2-43

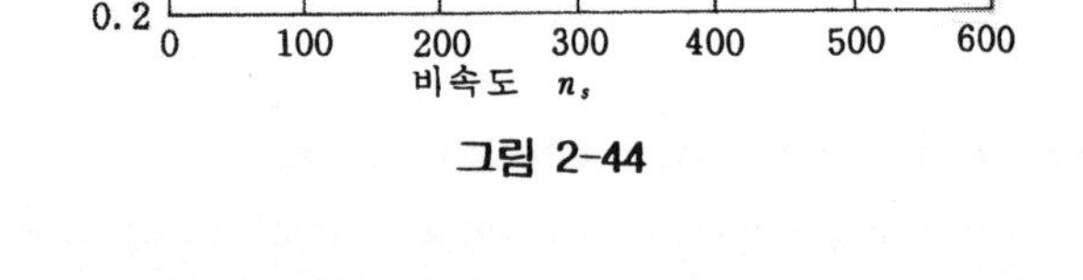

그림 2-44

같은 크기의 펌프라도 출구각 β_2를 크게 함으로써 전압수두 $H_{th\infty}$를 증대시킬 수 있다(실제로는 유량도 증가한다). 한편 β_2를 크게 할수록 회전차 내의 손실은 증가하고, 회전차에서 나온 곳에서도 그 유속 v_2가 크게 되며[그림 2-43 (a) 참조], 그 운동 에너지를 압력 에너지로 변환시킬 때 생기는 손실도 증가한다. β_2를 크게 할수록 효율은 반대로 떨어진다. 이 사실은 많은 실험에서 밝혀진 바 있다. 그림 2-44는 Stepanoff 외 여러 학자들의 실험결과를 집약한 것이다. β_2 와 최고 효율점에 대한 양정계수 $\psi=\dfrac{H}{u_2^2/g}$ 와의 관계를 n_s가 다른 여러 가지 펌프에서 구한 것이다. 이것은 회전차를 설계할 때 출구각도 β_2 또는 원주속도 u_2(따라서 바깥지름 D_2)를 추정하는 데 편리하다. Stepanoff는 효율이 좋고 실용적인 출구각도 β_2의 값을 다음과 같이 쓰도록 권장하고 있다.

$$\beta_2=17°\,30'\sim27°\,30'$$

그러나 일반 펌프에서는 20～30°가 가장 많고, 보통 22° 30'～25°를 쓴다.

이와 같이 β_2를 90°보다 훨씬 작게 잡는 이유는 다음과 같다. 제 I 편의 식 (2-21)을 다시 쓰면

$$H_{th\infty}=\frac{u_2^2-u_1^2}{2g}+\frac{w_1^2-w_2^2}{2g}+\frac{v_2^2-v_1^2}{2g}$$

과 같이 된다. 여기에서

$$\left.\begin{aligned}&H_{th\infty p}=\frac{u_2^2-u_1^2}{2g}+\frac{w_1^2-w_2^2}{2g}, \qquad H_{th\infty v}=\frac{v_2^2-v_1^2}{2g}\\&H_{th\infty}=H_{th\infty p}+H_{th\infty v}, \qquad H_{th\infty p}/H_{th\infty}=\rho\end{aligned}\right\} \tag{2-62}$$

으로 놓는다.

$H_{th\infty p}$는 양액에 공급하는 압력수두로서 제1항은 원심력, 제2항은 회전차 속의 통로의 단면변화에 기인하는 각각의 압력증가를 나타낸다. $H_{th\infty v}$는 속도수두의 증가를 표시한다. 식 (2-62)의 ρ는 양액이 펌프 회전차로부터 받는 전체의 수두 가운데 얼마만큼 압력수두의 형태로 받는가를 비율로 나타낸 것으로서, 이 ρ를 반동도(degree of reaction)라 한다. 그림 2-45는 이상 펌프에 대하여 일정한 v_{2m}, u_2하에서 $H_{th\infty}$, $H_{th\infty p}$ 및 $H_{th\infty v}$가 회전차 출구각도 β_2를 변화시켰을 때 어떻게 변화하는가를 나타낸다. 이 때 $\beta_2=8°\ 30'$에서 $\alpha_2=90°$가 되어 $v_{2u}=0$, 따라서 $H_{th\infty}=0$이 된다.

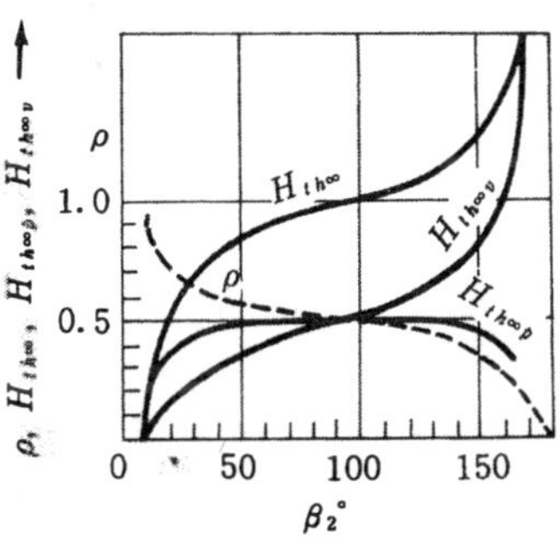

그림 2-45 반동도(ρ)

보통 $H_{th\infty v}$는 안내깃, 송출노즐 등에서 압력 에너지로 변환하지 않으면 안되나 이 때 손실을 동반하기가 쉽다. $H_{th\infty}$로서는 크지만 반동도 ρ의 크기가 펌프 효율에 크게 영향을 미친다. $H_{th\infty}$의 크기와 ρ의 값이 양쪽 다 적당한 β_2가 정해지게 된다.

예제 2-16 전양정 H가 30m인 원심펌프가 있다. 깃수 무한인 경우의 이론양정 $H_{th\infty}$는 얼마가 되는가?

[풀이]

먼저 H와 H_{th}의 관계는 $\eta_h = H/H_{th}$이므로, $\eta_h = 0.84$로 가정하면

$$H_{th} = \frac{30}{0.84} = 35.7\ [\mathrm{m}]$$

다음에는 H_{th}와 $H_{th\infty}$와의 관계인데, 이것은 식 (2-59)에서 구할 수 있다.

$$H_{th\infty} = H_{th}\left(1 + \frac{\Psi r_2^{\,2}}{zS}\right)$$

이다. 이 식의 계산에 필요한 조건을 정하면, 먼저 이 펌프는 완전한 반경류라 하고, 출구각 $\beta_2 = 25°$, 깃수 $z = 6$매, 회전차 출입구경의 비 $D_2/D_1 = 2$로 한다.

$$\Psi = (0.05\sim0.68) + 0.6 \times \sin\beta_2$$

에서 제1항의 상수를 0.6으로 잡으면

$$\Psi = 0.6 + 0.6 \times \sin 25° = 0.85$$

완전한 반경류이므로, $S = \frac{1}{2}(r_2^{\,2} - r_1^{\,2})$가 되고, 식 (2-59)는 다음과 같이 변형된다.

$$H_{th\infty} = H_{th}\left[1 + \frac{2\Psi}{z\left(1 - \frac{r_1^{\,2}}{r_2^{\,2}}\right)}\right] = H_{th}\left[1 + \frac{2\Psi}{\left(1 - \frac{D_1^{\,2}}{D_2^{\,2}}\right)}\right]$$

이 식에 수치를 대입하면

$$H_{th\infty} = 35.7\left[1 + \frac{2\times0.85}{6+\left(1-\frac{1}{4}\right)}\right] = 49.2\ [\mathrm{m}]$$

를 얻는다. 별해법으로 $\psi = H/H_{th\infty}$에서 $\psi = 0.6$을 잡으면

$$H_{th\infty} = \frac{30}{0.6} = 50\ [\mathrm{m}]$$

b) 실험계수에서 u_2를 구하는 방법 : 이것은 비속도 n_s에서 실험계수 K_u를 구하여 회전차의 원주속도 u_2를 구하는 방법이다.

$$u_2 = K_u\sqrt{2gH}\ \ [\mathrm{m/s}] \tag{2-63}$$

실험계수 K_u는 그림 2-46에서 구한다. 이 그림의 값들은 Stepanoff가 깃의 출구각도 β_2를 22° 30′ 으로 한 실험값이다.

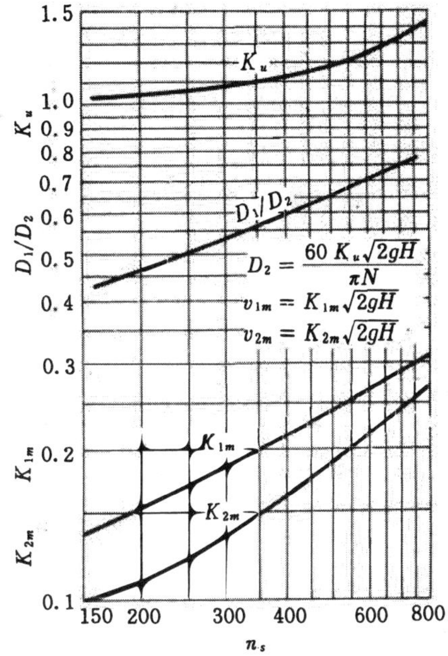

그림 2-46

7. 깃의 매수(z)

깃의 매수는 펌프의 형식, 회전차의 크기 등에 의하여 정해지고, 표 2-8 및 표 2-9와 같은 값이 쓰인다.

표 2-8 원심펌프의 깃수(n_s에 대한)

비 속 도	100~150	200~350	400~500	600~800
깃의 매수	5~6	6~7	7~8	8~9

표 2-9 원심펌프의 깃수(크기에 대한)

회전차의 크기	소	중	대
깃의 매수	4~6	6~8	8~12

계산식으로서는 Pfleiderer의 다음 실험식이 일반적으로 쓰이고 있다.

$$z = 6.5\frac{D_2 + D_1}{D_2 - D_1}\sin\frac{\beta_1 + \beta_2}{2} \tag{2-64}$$

8. 깃의 두께

깃의 두께는 회전차의 재료에 의하여 제한되고, 최소의 살 두께는 표 2-10과 같다.

표 2-10 회전차의 깃의 최소 두께(단위 : mm)

회전차 외경	재 질	제작한도	일반 사용치
200 이하	주 철	2.5	3~5
	청 동	2.0	3~4
200 이상	주 철	3.0	4~8
	청 동	2.5	4~6

9. 깃 입구의 치수

(1) 깃 입구의 원주 피치(t_1)

그림 2-47에 표시한 깃 입구의 원주 피치 t_1은

$$t_1 = \frac{\pi D_1}{z} \quad [\mathrm{m}] \tag{2-65}$$

으로 구한다.

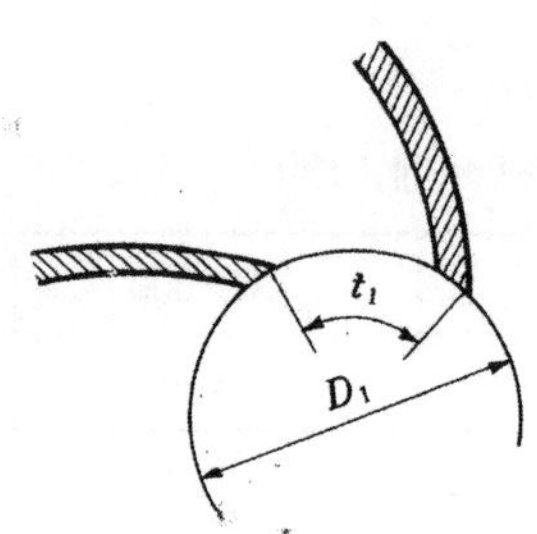

그림 2-47 깃 입구의 원주 피치

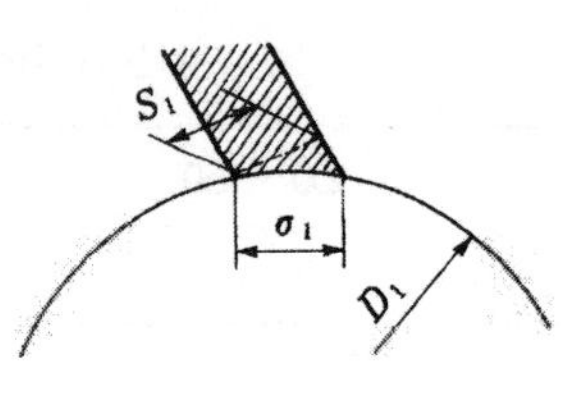

그림 2-48 S_1과 σ_1

(2) 입구면적의 감소율

깃의 매수에 따라 회전차 입구의 면적이 감소하는데, 그 비율의 크기(τ_1)는 깃의 두께와 깃의 입구각도에 따라 다르고, 다음 식으로 구한다.

$$\tau_1 = \frac{t_1}{t_1 - \sigma_1} \quad [\text{무차원}] \tag{2-66}$$

$$\sigma_1 = \frac{S_1}{\sin \beta_1} \quad [\mathrm{m}] \tag{2-67}$$

여기서 σ_1 : 깃 입구의 원주방향의 두께[m], S_1 : 깃 입구의 살 두께[m], β_1 : 깃의 입구각도 [°] 이다.

위의 두 식에서 기지의 값은 t_1과 S_1뿐이므로, 소형 펌프에서는 $\tau_1 = 1.2 \sim 1.25$, 대형 펌프에서는 $\tau_1 = 1.1 \sim 1.15$로 가정하여 β_1 및 다른 치수를 계산해 나간다. 가정한 τ_1의 값이 적당한가의 여부는 식 (2-66)에 의하여 검토하면 된다.

(3) 깃의 입구각도(β_1)

깃 입구의 직전과 직후의 절대, 상대, 원주, 반경방향 속도를 각각 v, v_1, w, w_1, u, u_1,

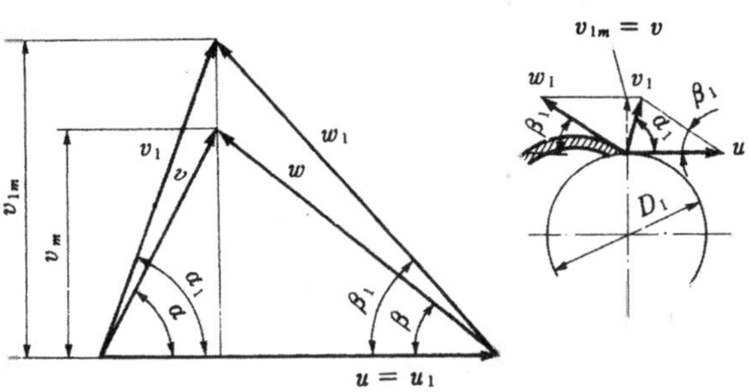

그림 2-49 깃 입구의 속도삼각형

v_m, v_{1m}이라 하고, v, v_1이 u, u_1과 이루는 각도(유입각)를 α, α_1, 입구각도를 β, β_1이라 한다. 그림 2-49에서와 같이 깃 입구 직후의 속도가 깃의 두께의 영향을 받아 직전보다 속도가 빠르다. 그림 2-49에서

$$v_m = v \sin \alpha = w \sin \beta \tag{2-68}$$

$$v_{1m} = v_1 \sin \alpha_1 = w_1 \sin \beta_1 \tag{2-69}$$

과 같이 된다. 깃의 입구각도는

$$\tan \beta_1 = \frac{v_1 \sin \alpha_1}{u_1 - v_1 \cos \alpha_1} \tag{2-70}$$

α_1은 유체가 입구 직전에서 회전차의 회전에 의하여 말리기 때문에 90°보다 작지만, $\alpha_1 = 90°$로 가정하면 β_1을 구하고, 설계값은 계산값보다 조금 크게 잡으면 된다. 식 (2-70)에 $\alpha_1 = 90°$를 대입하면

$$\tan \beta_1 = \frac{v_1}{u_1} \qquad \therefore \beta_1 = \tan^{-1} \frac{v_1}{u_1} \tag{2-71}$$

과 같이 간단하게 된다. $\alpha_1 = 90°$로 가정하였기 때문에 식 (2-68), (2-69)는

$$v_m \doteqdot v, \quad v_{1m} \doteqdot v_1 \tag{2-72}$$

이 되고, $\alpha = \alpha_1$일 때에는 $v_{1m} = v_m = v$가 된다. v는 회전차 입구의 평균유속 v_e[식 (2-50)]와 거의 같다고 놓을 수 있으므로

$$v_{1m} \doteqdot v_m \doteqdot v \doteqdot v_e \tag{2-73}$$

의 관계를 이룬다. 이것은 깃의 두께를 고려하지 않았을 때이고, 실제로는 깃의 두께가 있기 때문에 입구면적이 감소한다. 따라서 τ_1으로 수정하여야 한다.

$$v_{1m} \doteqdot \tau_1 v_m \doteqdot \tau_1 v \doteqdot \tau_1 v_e \tag{2-74}$$

u_1은 입구 직후의 원주속도지만, 회전차 입구경의 원주속도와 같이 때문에

$$u_1 = \frac{\pi D_1 N}{60} \tag{2-75}$$

으로 구해진다. 이것과 식 (2-74)를 식 (2-71)에 대입하면 β_1은 다음 식에서 구해진다.

$$\beta_1 = \tan^{-1}\frac{60\tau_1 v_e}{\pi D_1 N} \tag{2-76}$$

식 (2-70)을 변형하여

$$\tan\beta_1 = \frac{v_{1m}}{ku_1} = \frac{60\, v_{1m}}{k \cdot \pi D_1 N}$$

이므로

$$\beta_1 = \tan^{-1}\frac{60 v_{1m}}{k\pi D_1 N} \tag{2-77}$$

여기서, $k = 0.85 \sim 0.95$, $v_{1m} = (1.1 \sim 1.25)\, v_e$이다. v_{1m}의 값은 그림 2-46에서 n_s에 대한 K_{1m}을 정하여

$$v_{1m} = K_{1m}\sqrt{2gH} \tag{2-78}$$

에서 계산해도 된다.

(4) 깃의 입구폭(b_1)

그림 2-50에 표시한 깃의 입구폭 b_1은 다음과 같이 하여 구할 수 있다.

$$Q' = b_1 \cdot \pi D_1 \cdot v_1 \sin\alpha_1$$

$$b_1 = \frac{Q'}{\pi D_1 \cdot v_1 \sin\alpha_1} \tag{2-79}$$

β_1을 구할 때와 같이 $\alpha_1 = 90°$로 잡으면 $v_1 \doteqdot v_{1m}$, 그런데 $\alpha_1 = \alpha$이면 $v_{1m} = v_m$(깃의 두께를 고려하지 않을 때)이므로

$$b_1 = \frac{Q'}{\pi D_1 v_m} \tag{2-80}$$

깃의 두께를 고려하면 식 (2-74)에서 $v_m = v_{1m}/\tau_1 = v_e/\tau_1$이므로 이것을 식 (2-80)에 대입하면 다음 식을 얻는다.

$$b_1 = \frac{\tau_1 Q'}{\pi D_1 v_e} \tag{2-81}$$

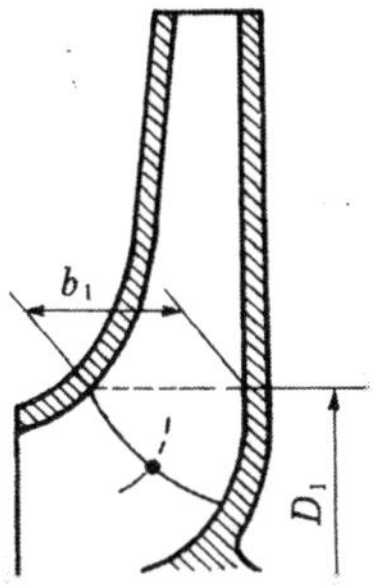

그림 2-50 깃 입구의 폭

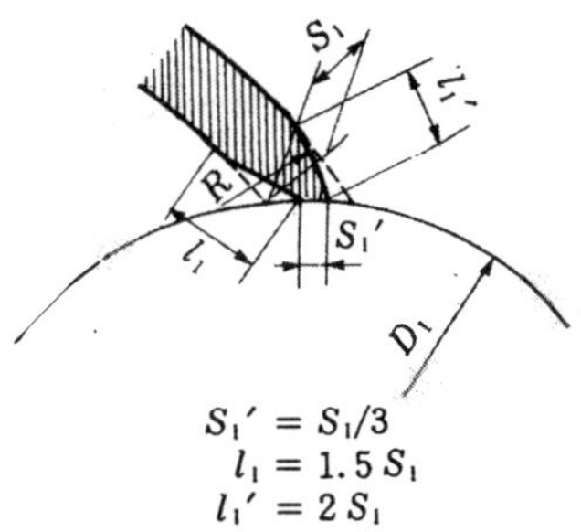

그림 2-51 깃 입구의 선단치수

(5) 깃 입구의 선단치수

깃의 두께가 크면 속도변화로 인하여 손실이 생기는데, 이것을 줄이기 위하여 선단을 매끈하게 좁힐 필요가 있다. 여기에도 한도가 있고, 너무 얇게 하면 강도상 또는 공동현상이 일어날 우려가 있기 때문에 주의를 요한다. 깃의 두께에 의하여 생기는 속도변화는 다음과 같다.

$$Q' = \pi D_1 b_1 v_1 = \left(\pi D_1 - z \cdot \frac{S_1}{\sin \beta_1}\right) b_1 v_1'$$

이 식으로부터

$$v_1' = \frac{\pi D_1}{\pi D_1 - z S_1 \operatorname{cosec} \beta_1} \cdot v_1 \tag{2-82}$$

여기서 v_1'는 깃의 두께 때문에 단면적이 작아졌을 때의 유체의 속도[m/s]이다. 이 v_1'에 의한 손실수두는

$$h_1 = f_1 \cdot \frac{(v_1' - v_1)^2}{2g} \tag{2-83}$$

이 되고, 여기서 f_1은 손실계수이다.

깃 입구의 선단에 대한 치수는 보통 그림 2-51에 표시한 비율로 잡는다.

10. 깃 출구의 치수

(1) 깃 출구의 원주피치(t_2)

깃 입구의 원주피치와 같이 하여

$$t_2 = \frac{\pi D_2}{z} \ [\mathrm{m}] \tag{2-84}$$

에 구한다(그림 2-52).

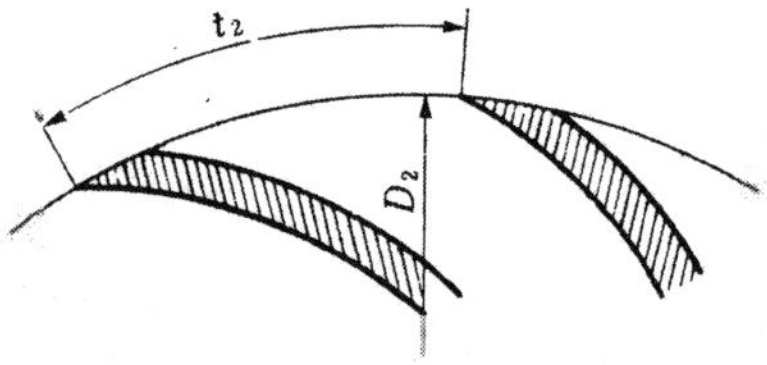

그림 2-52 깃 출구의 원주피치

(2) 출구면적의 감소율

감소율의 크기 τ_2는 깃의 두께와 깃의 출구각도 β_2에 의하여 달라진다.

$$\tau_2 = \frac{t_2}{t_2 - \sigma_2} \tag{2-85}$$

$$\sigma_2 = \frac{S_2}{\sin \beta_2} \tag{2-86}$$

여기서 σ_2 : 깃 출구의 원주방향의 두께[m], S_2 : 깃 출구의 살 두께[m]이다.

(3) 깃의 출구폭(b_2)

깃 입구의 경우와 같이 하여

$$Q' = b_2 \cdot \pi D_2 \cdot v_2 \cdot \sin \alpha_2$$

의 관계로부터

$$b_2 = \frac{Q'}{\pi D_2 \cdot v_2 \sin \alpha_2} = \frac{Q'}{\pi D_2 v_{2m}} \tag{2-87}$$

를 얻는다. 출구의 속도삼각형(그림 2-41)에서

$$u_2 = v_{2m} \cot \alpha_2 + v_{2m} \cot \beta_2$$

$$v_{2m} = \frac{u_2}{\cot \alpha_2 + \cot \beta_2} = \frac{u_2}{\left(\frac{1}{\tan \alpha_2}\right) + \left(\frac{1}{\tan \beta_2}\right)} \tag{2-88}$$

를 얻는다. 그림 2-46에서 K_{2m}의 실험계수를 구하여 다음 식으로 v_{2m}을 정할 수도 있다.

$$v_{2m} = K_{2m} \sqrt{2gH} \tag{2-89}$$

깃의 두께를 고려할 때 식 (2-85)를 쓰면 식 (2-87)은 다음과 같이 된다.

$$b_2 = \frac{\tau_2 Q'}{\pi D_2 v_{2m}} \ [\mathrm{m}] \tag{2-90}$$

(4) 깃 출구의 선단치수

깃 입구의 경우와 같은 이유로 깃 출구의 선단도 그림 2-53에 표시한 치수로 정하는 것이 좋다.

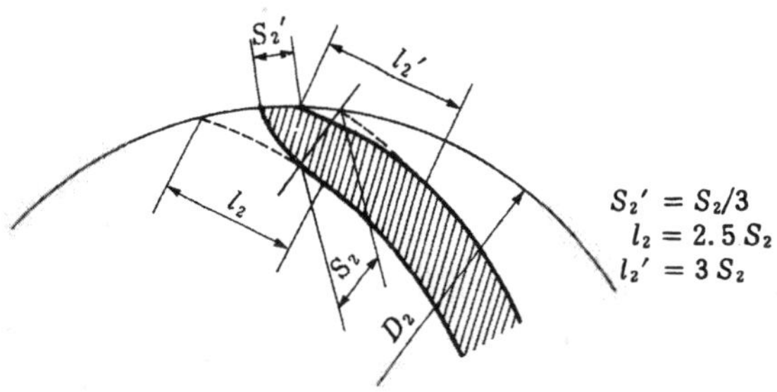

그림 2-53 깃 출구의 선단치수

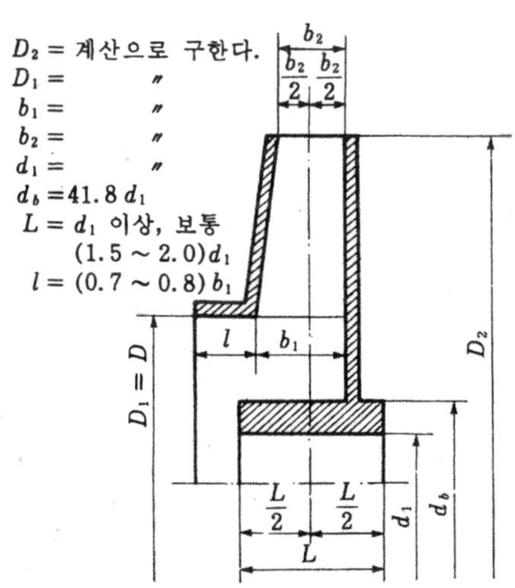

그림 2-54 회전차의 기본 치수

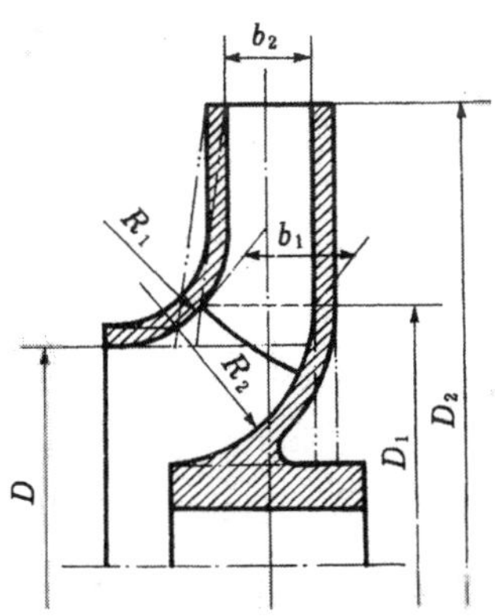

그림 2-55 손실을 적게 한 회전차

11. 회전차의 치수 비율

회전차의 각 치수는 거의 대부분 계산에 의하여 정해진다. 이 치수의 기본적인 지침으로서 그림 2-54와 같은 회전차의 형상을 제시한다. 이 형상은 유체통로에서 손실을 초래하기 쉽기 때문에, 그림 2-55와 같이 매끈한 둥근 단면변화를 고려하여 유동저항을 감소시킨다. R_1과 R_2는 계산으로 구하면 복잡하기 때문에, b_1과 b_2를 기준으로 하여 적당한 원호를 택하면 된다.

12. 회전차의 깃 곡선을 그리는 방법

깃 곡선을 그리자면 먼저 깃의 입구, 출구의 각도 β_1, β_2, 지름 D_1, D_2, 폭 b_1, b_2가 주어져야 한다. 작도법은 여러 가지가 있고, 어느 방법을 쓰거나 도중의 유로에서 손실을 적게 할 수 있는 완만한 깃 형상이 되도록 하여야 한다. 깃의 각도나 깃 사이의 통로의 단면적이 균일하게 변화하도록 설계하여야 한다.

일반적으로 사용되는 깃 곡선의 작도에는 다음과 같은 방법이 있다.

(1) 1 원호법
(2) 2 원호법
(3) 3 원호법(인벌류트 곡선으로 그리는 방법)
(4) 대수나선(logarithmic spiral)에 의한 방법
(5) 적분에 의한 방법

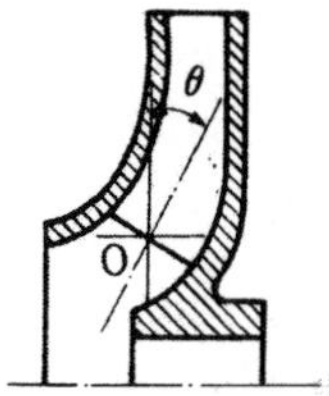

그림 2-56 깃 입구의 경사각도

보통 원심펌프의 회전차는 원호곡선의 깃이 쓰인다. 깃 입구가 그림 2-56과 같이 반지름 방향에 대하여 θ만큼 경사진 3차원 깃(3차원 깃으로 작도하는 것이 원칙이나, 매우 복잡하고 그리기가 힘들기 때문에 다음에 설명하는 간단한 방법을 쓴다)일 때에는 도면상에 있어서의 겉보기 입구 각도를 β_1'라 하면, $\tan\beta_1' = \tan\beta_1 \cdot \cos\theta$가 된다. 비속도가 작은 축류펌프와 같은 입구의 경사를 무시할 수 있을 때에는 $\beta_1' = \beta_1$으로 해도 좋다. 이래에 원호법에 의한 깃 곡선의 작도법을 설명한다.

(1) 1 원호법

깃 곡선을 1개의 원호곡선으로 그리는 방법이다(그림 2-57).

a) 회전차의 안지름 D_1, 바깥지름 D_2인 동심원을 그린다.

b) 임의의 점 A(깃 출구점)를 지나고, 중심선과 β_2의 각도를 이루는 직선 AB를 긋는다.

c) 중심 O에서 중심선 AO와 ($\beta_1 + \beta_2$)[엄밀히 말하면 ($\beta_1' + \beta_2$)]의 각을 이루는 직선을 긋고,

깃 입구의 지름 D_1인 원과 만나는 점을 C라 하고 이것과 A를 맺는다. AC의 연장선과 D_1인 원과의 교점을 D라 한다.

d) AD의 수직 2등분선을 긋고, AB와의 교점을 B라 한다.

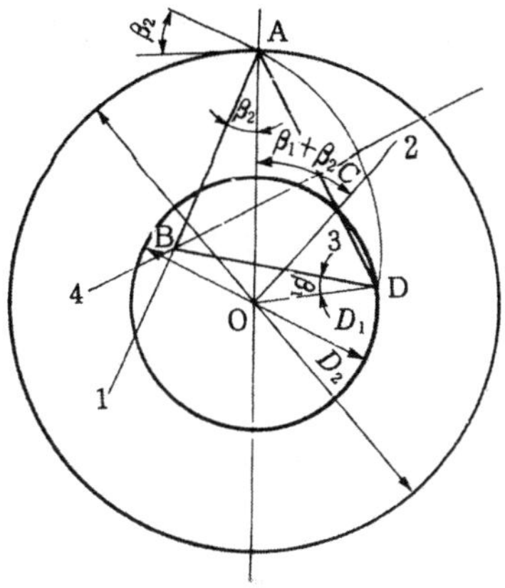

그림 2-57 1 원호곡선

e) B점을 중심, BA=BD를 반지름으로 한 원호 AD를 그리면 구하는 깃 곡선이 된다. D에서 β_1, A에서 β_2의 각도를 이룬다.

(2) 2원호법

회전차의 D_1, D_2의 원주상에 임의의 두 점(깃 입구점과 출구점)을 잡아, 이 사이를 2개의 원호로써 매끈하게 맺어 깃 곡선을 완성하는 방법이다(그림 2-58).

a) 회전차의 안지름 D_1과 바깥지름 D_2의 원을 그린다.

b) D_1원주상의 임의의 점 B(깃 입구점)와 중심 O를 맺는다.

c) BO의 선과 각도 β_1을 이루는 선을 긋고, 선상 임의의 점 p를 중심으로 하고, 반지름 pB로 한 원호를 임의의 점 C의 위치까지 그린다.

d) D_2원주상의 임의의 점 A(깃 출구점)를 잡고, AO와 각도 β_2를 이루는 선을 긋는다.

e) 선상 임의의 점을 q라 하고, q를 중심, qA를 반지름으로 하는 원호를 그려 BC와 맞춘다. $\overset{\frown}{ACB}$가 매끈한 곡선이 되도록 하기 위해서는 중심 q를 이리저리 옮겨서 잘 맞는 위치를 선정해야 한다.

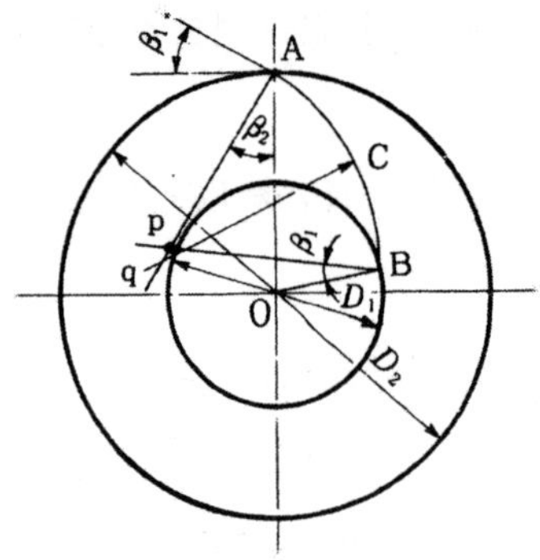

그림 2-58 2원호곡선

2-13 펌프의 설계 예

1. 펌프의 설계순서

펌프를 설계할 때 능률화를 기하기 위해서는 설계에 필요한 기본사항을 합리적으로 배열하여, 순서대로 하나씩 결정해 간다. 기본사항을 열거하면 다음과 같다.

(1) 펌프의 설계시방 결정
(2) 펌프의 형식 선정
(3) 펌프의 기본구조의 선정
(4) 펌프의 사용재료의 선정
(5) 펌프의 기초설계
(6) 펌프의 주요부의 치수 결정
(7) 펌프의 설계도 작성
(8) 펌프의 제작도 작성

2. 펌프의 설계시방

[과제] 다음 시방과 계획에 따라 원심펌프를 설계하여라.

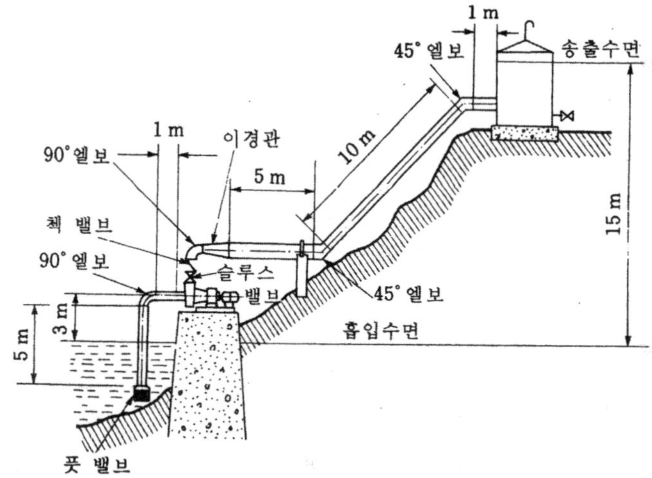

그림 2-59 설계 과제의 펌프 설치도

(1) 수송하는 액체 : 물

(2) 액체의 성질 : 상온(0～40℃)

(3) 펌프의 실양정(H_a) : 15m(그림 2-23 참조)

(4) 양수량(유량 Q) : 1 m^3/min

(5) 펌프의 설치높이(흡입 실양정 H_s) : 3m

(6) 동력원 : 4극 3상 유도전동기로서 펌프와 직결로 하고 횡형, 전원주파수는 60Hz(국내 전역이 동일)이다.

(7) 펌프의 계획설치도 : 그림 2-59

3. 펌프의 형식 선정

(1) 펌프의 종류

그림 2-33($H=1.3\times H_a=19.5$ m)을 참조로 하고, 표 2-11의 이유로 원심형의 벌류트 펌프를 선정한다.

표 2-11 벌류트 펌프와 터빈 펌프의 비교

제원 \ 펌프	벌류트 펌프	터빈 펌프
회전차의 단수	단단인 경우가 많다	다단일 때가 많다
안내깃	없다	있다
전체의 크기	구조가 간단, 소형	구조가 복잡, 동체가 크다
양정	저 양정에 적합	고 양정에 적합
양수량	소~다량	중~다량
양수량의조정	용이, 체절운전 가능	체절운전 가능, 양수량이 규정량보다 많으면 과부하가 되기쉽다
캐비테이션	일어나기 쉽다	잘 일어나지 않는다
효율의 변동	변화가 있다(급상승, 급강하)	비교적 변동이 없다
축동력	체절상태에서는 소, 양수량이 커짐에 따라 대	체절상태에서는 더욱 소, 양수량이 커짐에 따라 대
규정 양수량이 많은 경우	소리나 진동이 없다	소리나 진동이 일어나기 쉽다
값	싸다	비싸다

표 2-12 회전차의 흡입구와 단수의 특징

	흡입구		단수	
	편흡입	양흡입	다 단	다 단
양수량	소 량	다 량	소 량	다 량
양정	다단으로 하면 높음	다단으로 하지 않음	저 양정	고 양정
벌류트 펌프의 양정범위	단단 3~35m 다단 20~1000m	4~85m	편흡입 3~35m 양흡입 4~85m	20~1000m
터빈 펌프의 양정범위	단단 20~90m 다단 20~800m	20~120m	편흡입 20~90m 양흡입 20~800m	20~800m

(2) 흡입구의 수

그림 2-33과 표 2-12의 양정의 범위에서 보면, 흡입구는 1개로 되므로 편흡입형의 회전차로 한다.

(3) 회전차의 단수

표 2-12에 의하여 단단으로 선정

(4) 주축의 방향

설치 조건으로 보아 횡축으로 한다.

4. 펌프의 기본구조의 선정

(1) 회전차의 구조

그림 2-60과 같이 개방 깃과 폐쇄 깃이 있는데, 후자를 택한다.

(2) 케이싱의 구조

와류실의 단면 형상은 그림 2-61과 같은 것이 있는데, 이 중 (d)의 것을 택한다(보통 많이 쓰임). 일반적으로 실험결과를 기본으로 하여 형상을 정한다.

(a) 폐 쇄 깃 (b) 개 방 깃

그림 2-60 회전차의 구조

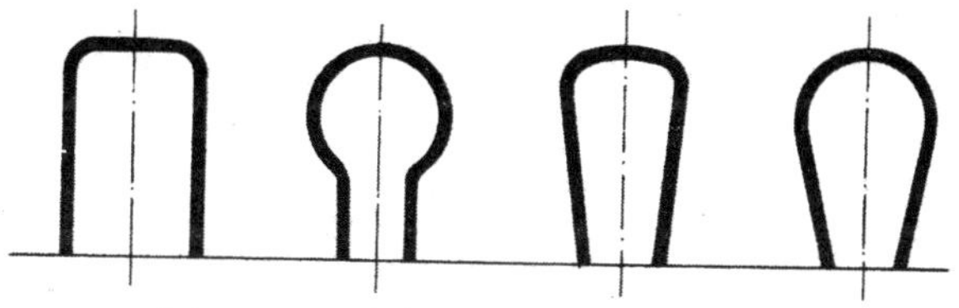

(a) (b) (c) (d)

그림 2-61 와류실의 단면 형상

(3) 주축의 구조

단이 붙은 것과 없는 것이 있는데, 비싸지만 조립, 분해가 쉽도록 단붙임축으로 한다.

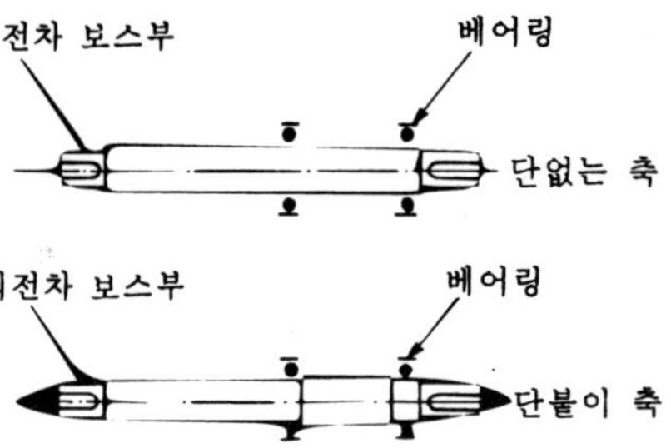

그림 2-62 주축의 구조

(4) 축이음의구조

플렉시블 커플링을 쓰기로 한다.

(5) 베어링의 구조

롤링 베어링으로 선정한다.

(6) 축봉장치의 구조

설계과제의 용도로 보아 그랜드 패킹 방식을 채택한다.

5. 펌프의 주요부 재료의 선정

(1) 회전차

액체가 물이므로 청동주물로 결정한다.

(2) 케이싱과 흡입커버

주철(용도상 충분)

(3) 주축

같은 이유로 기계구조용 탄소강으로 결정한다. 회전차는 BC 2, 케이싱과 흡입커버는 GC 20, 주축은 SM 25C.

6. 펌프 크기의 결정

(1) 흡입구의 구경(D_s)

$v_s = 2\,\text{m/sec}$ (2-4절 1항 참조)로 하면 식 (2-2)에 의하여

$$D_s=\sqrt{\frac{4Q}{\pi v_s}}=\sqrt{\frac{4\times 0.0167}{\pi\times 2}}=0.103\ [\mathrm{m}]$$

그러므로 $D_s=105\,\mathrm{mm}$(호칭구경 4B=100)로 결정한다(부록 6, 7 참조).

(2) 송출구의 구경(D_d)

$v_d=2.5\,\mathrm{m/s}$로 증속(2-4절 2항 참조)하면 식 (2-4)에서

$$D_d=\sqrt{\frac{4Q}{\pi v_d}}=\sqrt{\frac{4\times 0.0167}{\pi\times 2.5}}=0.092\ [\mathrm{m}]$$

$D_d=90\,\mathrm{mm}$로 결정한다.

송출관의 안지름은 흡입관과 같은 4B로 한다. 송출구의 구경이 90mm이므로 송출관과 송출구 사이에는 테이퍼 관으로 접속한다. 테이퍼 관은 손실을 적게 하기 위하여 $\theta=6°$로 한다.

펌프의 크기는 "100×90 편흡입 단단 원심펌프"가 된다.

7. 전양정(H)의 계산

전양정은 실양정에 전손실수두를 합치면 된다(그림 2-59 참조).

(1) 실양정(H_a)은 시방에서 15m로 주어져 있으므로, 전손실수두(h)만 계산하면 된다.

(2) 각부의 손실수두(이하 손실수두의 자료는 유체역학 참조)

a) 입구손실수두(h_i) : 풋 밸브(4B)(스트레이너 붙이)의 손실계수는 1.5~2.0의 범위이다.

$\zeta_i=2.0$으로 잡으면 $v_s=v_d'=v$이므로(v_d'는 송출관 속의 유속)

$$h_i=\zeta_i\frac{v^2}{2g}=2.0\times\frac{2^2}{2\times 9.80}=0.408\ [\mathrm{m}]$$

b) 직관의 마찰손실수두 : 레이놀즈수를 구하면

$$R_e=\frac{\rho D v}{\mu}=\frac{1000\times 0.1053\times 2}{0.001}=21,060>2300$$

흐름은 난류이다. 따라서 신품관의 관마찰계수는

$$\lambda=0.02\left(1+\frac{0.025}{D}\right)=0.02\left(1+\frac{0.025}{0.1053}\right)=0.0255$$

직관의 전길이 L은 그림 2-59에서

$$L=5+1+5+10+1=22\ [\mathrm{m}]$$

이다. 직관의 손실수두는

$$h_m=\lambda\cdot\frac{L}{D}\cdot\frac{v^2}{2g}=0.0255\times\frac{22}{0.1053}\times\frac{2^2}{2\times 9.8}=1.09\ [\mathrm{m}]$$

관은 오래 쓰면 녹이 슬어 손실수두가 커진다. 펌프를 설계할 때에는 이 손실수두를 고려해야 한다. 여기에서는 9년을 쓴다고 보고, 부록 10에서 저항증가율을 구하면 $A=3.2$이다.

$$h_m=1.09\times3.2=3.49\ [\mathrm{m}]$$

c) 곡관의 손실수두 : 90° 및 45° 엘보(elbow)의 손실계수는 각각 $\zeta_{k1}=0.51$, $\zeta_{k2}=0.14$ ($R/D=1$ 일 때)이므로

$$h_k=(\text{개수})\times\zeta_{k1}\frac{v^2}{2g}+(\text{개수})\times\zeta_{k2}\frac{v^2}{2g}$$

$$=2\times0.51\times\frac{2^2}{2\times9.80}+2\times0.14\times\frac{2^2}{2\times9.80}=0.265\ [\mathrm{m}]$$

d) 원추관의 손실수두 : $\theta=6°$ 때 손실계수는 0.18이다.

$$h_e=\zeta_e\frac{(v_1-v_2)^2}{2g}=0.18\times\frac{(2.5-2)^2}{2\times9.80}=0.002\ [\mathrm{m}]$$

e) 밸브의 손실수두 : 슬루스 밸브의 손실수두는

$$h_{r1}=\zeta_{r1}\frac{v^2}{2g}=1.93\times\frac{2^2}{2\times9.80}=0.394\ [\mathrm{m}]$$

첵 밸브의 손실수두는

$$h_{r2}=\zeta_{r2}\frac{v^2}{2g}=1.5\times\frac{2^2}{2\times9.8}=0.306\ [\mathrm{m}]$$

f) 송출관 출구의 손실수두 : 손실계수는 1.0이므로

$$h_{l2}=\zeta_{l2}\frac{v^2}{2g}=1.0\times\frac{2^2}{2\times9.80}=0.204\ [\mathrm{m}]$$

(3) 전손실수두(h)

$$h=h_i+h_m+h_k+h_e+h_{r1}+h_{r2}+h_{l2}$$

$$=0.408+3.49+0.265+0.002+0.394+0.306+0.204$$

$$=5.1\ [\mathrm{m}]$$

(4) 전양정(H)

$$H=H_a+h=15+5.1=20.1\ [\mathrm{m}]$$

8. 펌프 회전수의 결정

미끄름률을 $S=3\%$로 보면, 식 (2-13)에 의하여

$$N=\frac{120f}{p}\left(1-\frac{s}{100}\right)=\frac{120\times60}{4}\left(1-\frac{3}{100}\right)=1746\ [\text{rpm}]$$

$n=1750\,\text{rpm}$으로 결정한다. 전동기의 회전수는 1800rpm(4극)이다.

9. 펌프 동력의 결정

(1) 수동력

$H=20.1\,\text{m}$, $Q=1\,\text{m}^3/\text{min}$ 이므로

$$L_w=\frac{\gamma HQ}{6120}=\frac{1000\times20.1\times1}{6120}=3.28\ [\text{kW}]$$

$$L_w=\frac{1000\times20.1\times1}{4500}=4.47\ [\text{PS}]$$

(2) 펌프 효율의 추정

그림 2-26에서 $Q=1$일 때 $\eta=63\%$, 그림 2-27에서는 $Q=1$일 때 $\eta=68\%$이다. 그림 2-24와 그림 2-28에서 η를 구하기 위하여 비속도 n_s를 계산하면, 식 (2-40)에서

$$n_s=N\frac{Q^{1/2}}{H^{3/4}}=1750\times\frac{1^{1/2}}{20.1^{3/4}}=184$$

가 된다. 그림 2-24에서 $n_s=184.3$에 대한 η는 약 72%, 그림 2-28에서 약 77%이다. 이 값을 종합하여 $\eta=68\%$로 결정한다. 표 2-5에서 $n_s=184$는 2번에 속하므로 회전차의 형상은 이것을 택한다.

(3) 펌프의 축동력

식 (2-15)에서

$$L=\frac{L_w}{\eta}=\frac{3.28}{0.68}=4.82\ [\text{kW}]$$

또는

$$L=\frac{4.47}{0.68}=6.57\ [\text{PS}]$$

(4) 전동기의 출력

과제의 시방에서 펌프와 전동기는 직결로 하도록 정하였으므로, 표 2-3에서 $k=1.20$이다. 식 (2-21)에 의하여

$$L_d=kL=1.20\times4.82=5.78\ [\text{kW}]$$

전동기의 정격출력이 5.78kW짜리는 없으므로 이것과 가깝고, 보다 큰 것으로는 7.5kW가 있다.

$L_d = 7.5\,\text{kW}$를 결정한다.

[주] 정격출력에는 0.1, 0.2, 0.4, 0.75, 1.5, 2.2, 3.7, 5.5, 7.5, 11, 15, 19, 22, 37, 45, 55, 110kW 등이 있다.

10. 회전차의 설계

(1) 설계양수량

식 (2-43)의 범위에서 손실수량을 5%로 보면(또는 $\eta_v = 95\%$)

$$Q' = 1.05Q = 1.05 \times \frac{1}{60} = 0.0175\,[\text{m}^3/\text{s}]$$

(2) 회전차의 보스지름

먼저 보스부의 축지름을 구한다. 전달토오크 T는 식 (2-45)에 의하여

$$T = 71,620 \times \frac{6.57}{1750} = 268.9\,[\text{kg} \cdot \text{cm}]$$

축지름은 축재료의 허용 비틀림 응력 $\tau = 190\,\text{kg/cm}^2$(부록 8)로 하고, 키홈의 영향을 고려하면 [식 (2-47) 참조]

$$\tau = 0.75 \times 190 = 142.5\,[\text{kg/cm}^2]$$

식 (2-46)에서

$$d_1 = 1.72\sqrt[3]{\frac{T}{\tau}} = 1.72\sqrt[3]{\frac{268.9}{142.5}} \fallingdotseq 2.13\,[\text{cm}]$$

소형 원심펌프의 규격에 의한 최소 축지름은

$$d_{\min} = 13.5\sqrt[3]{\frac{L}{N}} = 13.5\sqrt[3]{\frac{6.57}{1750}} = 2.10\,[\text{cm}]$$

이므로 이 이상의 크기로 하면 안전한데, 허용응력에서 구한 축지름이 21.3mm이기 때문에 여기에서는 $d_1 = 25\,\text{mm}$로 정한다. 회전차의 보스지름은 식 (2-48)에 의하여

$$d_b = 1.8d_1 = 1.8 \times 0.025 = 0.045\,[\text{m}]$$

$d_b = 45\,\text{mm}$로 한다.

(3) 회전차의 안지름

주축이 관통하는 것으로 하고, 회전차 입구의 평균유속을 10% 증[식 (2-50)]으로 하면

$$v_e = 1.1 \times 2 = 2.2\,[\text{m/s}]$$

식 (2-51)에서

$$D = \sqrt{\frac{4Q'}{\pi v_e} + {d_b}^2} = \sqrt{\frac{4 \times 0.0175}{\pi \times 2.2} + 0.045^2} = 0.11\,[\text{m}]$$

그러므로 $D=110\,\text{mm}$로 정한다.

(4) 깃의 입구경

식 (2-52)에서 $D_1/D=1.1$로 잡으면

$$D_1=1.1D=1.1\times110=121\ [\text{mm}]$$

따라서 $D_1=120\,\text{mm}$로 정한다. 깃 입구의 평균지름은 식 (2-53)에 의하여

$$D_{1m}=0.9D=0.9\times110=99\ [\text{mm}]$$

$D_{1m}=100\,\text{mm}$로 결정한다.

(5) 회전차의 바깥지름

이론식에서 u_2를 구하기 위하여 깃수 무한인 이론양정 $H_{th\infty}$의 값을 구한다. $\psi=H/H_{th\infty}$에서 $\psi=0.6$으로 잡으면

$$H_{th\infty}=\frac{20.1}{0.6}=33.5\ [\text{m}]$$

$\alpha_2=10°$, $\beta_2=22.5°$로 잡으면 식 (2-58)에서

$$u_2=\sqrt{gH_{th\infty}\left(1+\frac{\tan\alpha_2}{\tan\beta_2}\right)}=\sqrt{9.80\times33.5\left(1+\frac{\tan10°}{\tan22.5°}\right)}$$

$$=21.67\ [\text{m/s}]$$

식 (2-54)에 의하여 D_2는

$$D_2=\frac{60\,u_2}{\pi N}=\frac{60\times21.67}{3.14\times1750}=0.237\ [\text{m}]$$

가 된다. $D_2=240\,\text{mm}$로 정한다.

(6) 깃수의 결정

표 2-8에서 $n_s=184$에 해당되는 깃수는 6정도이므로 $z=6$매로 정한다.

(7) 깃의 두께 표 2-10에서 회전차의 바깥지름 200 이상, 청동, 일반 사용값의 범위에 의하여 깃 입구의 두께는 $S_1=4\,\text{mm}$, 깃 출구의 두께는 $S_2=6\,\text{mm}$로 결정한다.

(8) 깃의 입구각도

깃 입구의 원주피치는 식 (2-65)에서

$$t_1 = \frac{\pi D_1}{z} = \frac{3.14 \times 0.12}{6} = 0.0628\,[\mathrm{m}]$$

입구면적의 감소율을 $\tau_1 = 1.25$로 가정하면, 식 (2-76)에서

$$\tan\beta_1 = \frac{60\,\tau_1 v_e}{\pi D_1 N} = \frac{60 \times 1.25 \times 2.2}{3.14 \times 0.12 \times 1750} = 0.25$$

$$\therefore\ \beta_1 = 14^\circ\ 22'$$

여기서 $\tau_1 = 1.25$의 가정이 적당한가의 여부를 조사해 본다. 식 (2-67)에서

$$\sigma_1 = \frac{S_1}{\sin\beta_1} = \frac{0.004}{\sin 14^\circ\ 22'} = \frac{0.004}{0.2425} = 0.0165$$

식 (2-66)에서

$$\tau_1 = \frac{t_1}{t_1 - \sigma_1} = \frac{0.0628}{0.0628 - 0.0165} = 1.36$$

이 되어 가정이 틀렸다. 이번에는 $\tau_1 = 1.36$으로 가정해 보자.

$$\tan\beta_1 = \frac{60 \times 1.36 \times 2.2}{\pi \times 0.12 \times 1750} = 0.2722 \quad \therefore\ \beta_1 = 15^\circ\ 14'$$

$$\sigma_1 = \frac{0.004}{\sin 15^\circ\ 14'} \frac{= 0.004}{0.263} = 0.0152$$

$$\tau_1 = \frac{0.0628}{0.0628 - 0.0152} = 1.32$$

다시 $\tau_1 = 1.32$로 가정하면

$$\tan\beta_1 = \frac{60 \times 1.32 \times 2.2}{\pi \times 0.12 \times 1750} = 0.264 \quad \therefore\ \beta_1 = 14^\circ\ 47'$$

$$\sigma_1 = \frac{0.004}{\sin 14^\circ\ 47'} = \frac{0.004}{0.255} = 0.0157$$

$$\tau_1 = \frac{0.0628}{0.0628 - 0.0157} = 1.33$$

다시 $\tau_1 - 1.33$으로 가정하면

$$\tan\beta_1 = \frac{60 \times 1.33 \times 2.2}{\pi \times 0.12 \times 1750} = 0.266 \quad \therefore\ \beta_1 = 14^\circ\ 55'$$

$$\sigma_1 = \frac{0.005}{\sin 14^\circ\ 22'} = \frac{0.004}{0.257} = 0.0156$$

$$\tau_1 = \frac{0.0628}{0.0628 - 0.0156} = 1.33$$

이 되어 $\tau_1 = 1.33$의 가정이 적당하다. $\beta_1 = 14^\circ\ 55'$을 깃 입구의 유입각도로 정한다.

(9) 깃의 입구폭

식 (2-81)에서

$$b_1 = \frac{\tau_1 Q'}{\pi D_1 v_e} = \frac{1.33 \times 0.0175}{3.14 \times 0.12 \times 2.2} = 0.0281 \text{ [m]}$$

$b_1 = 28\,\text{mm}$로 정한다.

(10) 깃의 출구폭

출구의 원주피치는 식 (2-84)에서

$$t_2 = \frac{\pi D_2}{z} = \frac{3.14 \times 0.240}{6} = 0.126 \text{ [m]}$$

깃 출구의 원주방향 두께는 식 (2-86)에서

$$\sigma_2 = \frac{S_2}{\sin \beta_2} = \frac{0.006}{\sin 22^\circ\ 30'} = 0.0157 \text{ [m]}$$

깃 출구 면적의 감소율은 식 (2-85)에서

$$\tau_2 = \frac{t_2}{t_2 - \sigma_2} = \frac{0.126}{0.126 - 0.0157} = 1.15$$

깃 출구의 반지름 방향의 유속은 식 (2-88)에서

$$v_{2m} = \frac{u_2}{\left(\frac{1}{\tan \alpha_2} + \frac{1}{\tan \beta_2}\right)} = \frac{21.67}{\left(\frac{1}{\tan 10^\circ} + \frac{1}{\tan 22^\circ\ 30'}\right)} = 2.68 \text{ [m/s]}$$

깃 출구폭은 식 (2-90)에 의하여

$$b_2 = \frac{\tau_2 Q'}{\pi D_2 v_{2m}} = \frac{1.15 \times 0.0175}{3.14 \times 0.24 \times 2.68} = 0.00996 \text{ [m]}$$

$b_2 = 10\,\text{mm}$로 결정한다.

2-14 안내깃의 설계법

안내깃은 회전차의 바깥둘레에 입구를 두고 펌프 본체에 완전히 고정되어, 고압(고양정)을 필요로 할 때 회전차에서 나온 유체의 속도 에너지를 될 수 있는 대로 손실을 적게 하여 압력 에너지로 회수하는 역할을 한다. 안내깃은 이런 일을 하는 것으로서, 회전차의 바깥둘레에 그 입구를 두고 펌프 본체에 완전하게 고정된다.

안내깃의치수는 회전차의 치수가 결정되면 이것을 바탕으로 하여 비교적 간단하게 정해진다.

(1) 안내깃의 입구경

그림 2-63에서와 같이 회전차의 지름을 D_2mm라 하면, 입구경 D_3mm는

$$D_3 = (2\sim4) + D_2 \tag{2-91}$$

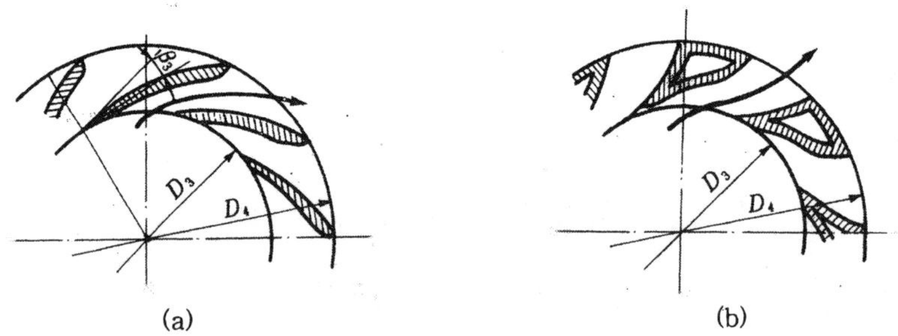

그림 2-63 안 내 깃

(2) 안내깃의 바깥지름

바깥지름 D_4mm를 크게 하면 통로가 길어져서 효율이 좋아지지만, 펌프 본체(케이싱)가 커져서 비경제적이다. 보통 다음 식으로 계산한다.

$$D_4 = K_{D4} \cdot D_2 \tag{2-92}$$

여기서 K_{D4}는 계수로서 그림 2-64에서 구한다.

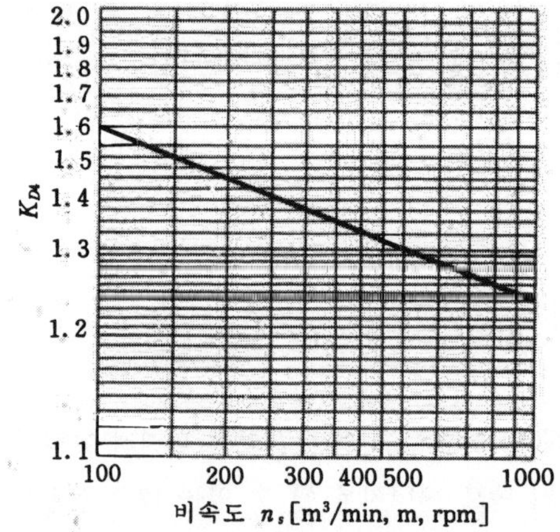

그림 2-64 K_{D4}의 값

(3) 안내깃의 입구폭

안내깃의 입구폭은 회전차의 출구폭보다 조금 크게 잡아서 조립할 때에 생기는 위치의 어긋남

을 방지한다. 위치가 어긋나면 깃에서 송출된 유속이 빠른 양액이 안내깃으로 들어갈 때 원활하게 유입하지 못하고 충격을 일으키기 때문이다. 회전차의 출구폭을 $b_2$mm라 할 때 입구폭 $b_3$mm는

$$b_3 = (1.05 \sim 1.1)\, b_2 \tag{2-93}$$

(4) 출구폭($b_4$mm)

b_4는 b_3와 같게 잡든가, 아니면

$$b_4 = (1.1 \sim 1.2)\, b_3 \tag{2-94}$$

정도의 끝넓힘으로 한다.

(5) 안내깃의 매수(z')

회전차의 깃수와 같거나 공약수가 될 때에는 깃이 중복되어 충격도 겹치게 되므로 진동을 초래한다. 다음과 같이 정한다.

$$z' = z - (1 \sim 2) \qquad (2\text{-}95)$$

또는

$$z' = z + (1 \sim 2) \qquad (2\text{-}95)$$

(6) 입구각도(β_3)

회전차에서 송출된 유체가 안내깃에 유입할 때 다른 부분에서 일을 받지 않기 때문에, 흐름은 자유 소용돌이 운동을 한다고 생각된다. 이론적으로는 유출각도와 같게 하면 되겠지만, 실제로는 깃의 매수나 두께가 영향을 미쳐 안내깃에 유입되기 직전에 축류를 일으키고 속도가 빨라진다. β_2보다 β_3가 좀더 큰 값이 되고, 다음 식으로 구한다. 이 때 β_3는 가정할 필요가 있다.

$$\tan\beta_3 = K_3 \cdot \frac{t_3 - \sigma_3}{t_3} \cdot \tan\beta_3{}' \tag{2-96}$$

$$t_3 = \frac{\pi D_3}{z'}$$

$$\sigma_3 = \frac{S_3}{\sin\beta_3}$$

$$\tan\beta_3{}' = \frac{v_{3m}}{v_{3u}}$$

$$v_{3m} = v_{2m} \cdot \frac{t_2 - \sigma_2}{t_2} \tag{2-97}$$

$$v_{3u} = \frac{v_2 - v_{2m} \cdot \cot\beta_2}{1 + \delta}$$

$$\delta = \frac{2 \cdot \psi}{z_1\{1 - (D_1/D_2)^2\}}$$

$$\psi = 0.6 + 0.6\sin\beta_2$$

여기서 β_3 : 안내깃의 입구각도, K_3 : 축류계수$=1.05\sim1.25$, t_3 : 깃 입구에서의 피치[mm], σ_3 : 안내깃 입구 원주상의 깃 두께[mm], β_3' : 회전차의 바깥지름과 안내깃의 입구경 사이에서의 양액의 흐름각도, S_3 : 깃의 살 두께[mm], v_{3m} : 안내깃의 입구유속[m/s], v_{3u} : 안내깃의 출구유속[m/s], 이다. 보통 잘 쓰이는 안내깃의 입구 각도는 고 양정 터빈 펌프에서는 $\beta_3=5\sim10°$, 저양정 터빈 펌프에서는 $\beta_3=15\sim30°$이다.

(7) 안내깃의 출구각도

입구각도가 정해지면 여기에서 출구까지는 매끈한 곡선으로 통로가 점차 넓어지도록 그리면 되고, 회전차의 깃과 같이 결정할 요소는 없다. 다만 입구에 있어서의 깃과 깃 사이의 간격은 다음 식으로 계산하지 않으면 안 된다.

$$a_3 = t_3 \cdot \tan\beta_3 \tag{2-98}$$

여기서 a_3 : 입구에 있어서의 깃과 깃의 간격[mm], t_3 : 입구경 원주상에 있어서의 깃의 피치[mm], β_3 : 안내깃의 입국각도[°] 이다.

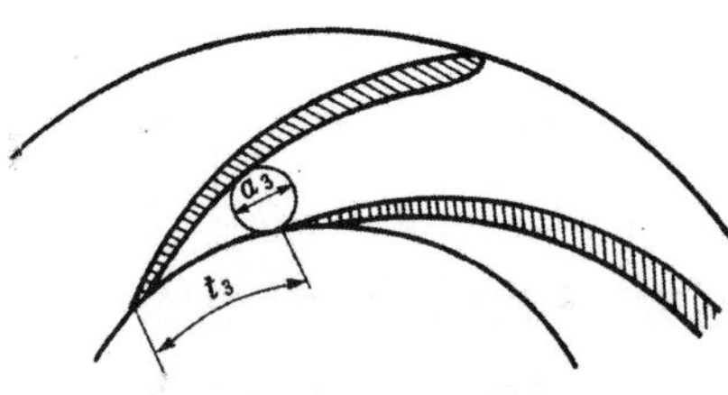

그림 2-65 안내깃의 간극

2-15 와 류 실

와류실(spiral casing)은 단단, 다단펌프의 최종단에 배치되어 회전차에서 나온 흐름을 모아서 송출구로 유도한다. 이 때 흐름이 가지는 운동 에너지를 될 수 있는대로 손실을 적게 하여 압력 에너지로 회수하지 않으면 안 되는 것은 와실이나 안내깃과 같다. 많은 실험에 의하면 유로의 각 단면에 대한 평균유속이 일정하게 되도록 설계하는 것이 특성곡선의 전 유량에 걸쳐 효율이 균일하게 높아진다고 알려져 있다.

1. 기초원의 지름

스파이럴 곡선의 설단이 끊겨 있지 않다고 가정할 때의 스파이럴 시점을 지나는 원(그림 2-68에서 O의 점을 지나는 원)을 와류실의 기초원이라 한다. 이것은 와류실의 입구부분으로서 회전차의 바깥지름보다 크게 하여 틈을 가지도록 해야 한다. 틈의 크기는 너무 작게 하면 안 되며, 틈이 작으면 운전 중에 소리나 진동이 발생하므로 적당한 크기의 틈이 필요하다. 보통 10~40mm의 틈을 두나 펌프의 형식에 따라 그 값은 다르다.

기초원의 지름 D_5m는 회전차의 바깥지름을 D_2m라 할 때 다음 식으로 구한다.

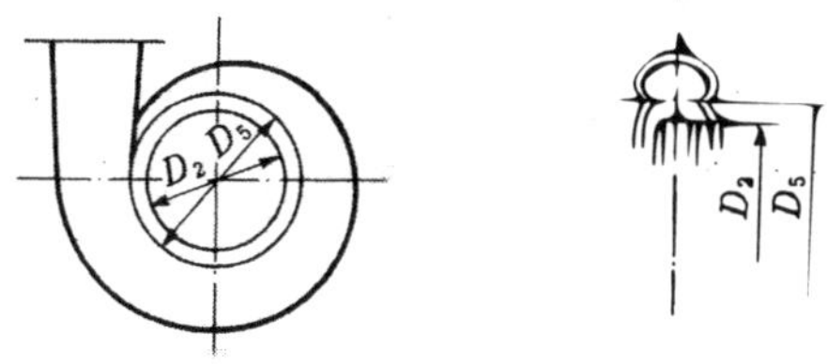

그림 2-66 기초원(D_5)

$$\left.\begin{aligned} D_5 &= K_{D5} \cdot D_2 \\ K_{D5} &= 1 + \frac{7.7\,n_s^{\;0.9}}{10{,}000} \end{aligned}\right\} \qquad (2\text{-}99)$$

여기서 K_{D5}는 계수이다. 또, 그림 2-67에서 K_{D5}를 구하며 다음 식으로 계산해도 된다.

$$K_{D5} = \frac{D_5 - D_2}{D_2} \qquad (2\text{-}100)$$

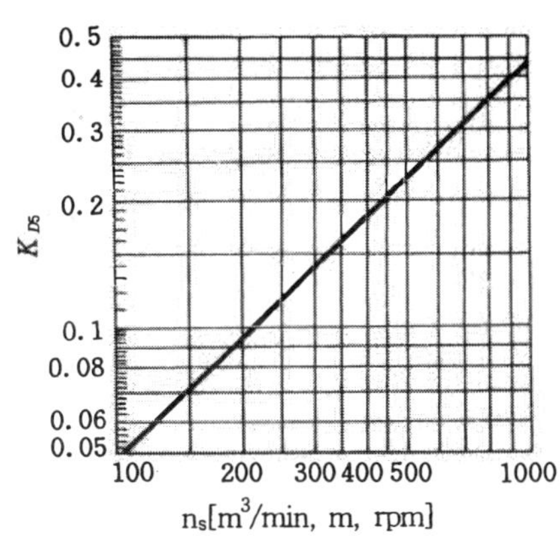

그림 2-67 K_{D5}의 값

2. 와류실의 단면적

와류실은 회전차의 전 주위(벌류트 펌프의 경우), 안내깃의 전 주위(터빈 펌프인 경우)에서 송출된 양액을 받아 송출구로 유도하는 역할을 한다. 와류실 각 부분의 단면적은 수취하는 양액의 양에 의하여 다르지 않으면 안 된다. 송출구에서 멀수록 양액의 양이 적고, 가까워짐에 따라 그 양은 차차 증가하게 된다.

와류실 내의 각부의 유속을 일정하게 하기 위해서는 위의 사실에 의하여 송출구에서 먼 부분의 단면적을 작게 하고, 가까워짐에 따라 단면적을 점차 크게 해야 한다.

(1) 이론식으로 단면적을 구하는 방법

와류실의 형상에 대한 생각은 자유 소용돌이 이론에서 비롯된다. 그림 2-68에서와 같이 와류실 내의 임의의 반지름 r_x에 있어서의 접선방향의 유속을 v_x라 하면

$$r_x v_x = \text{일정}$$

의 관계가 있다.

와류실 안쪽의 반지름을 r_1, 임의 단면에 있어서의 바깥쪽 반지름을 r_2라 하고 미소 단면적 $\Delta A = b_x \cdot \Delta r_x$라 하면, 이 단면적을 통과하는 양수량 Q_x는

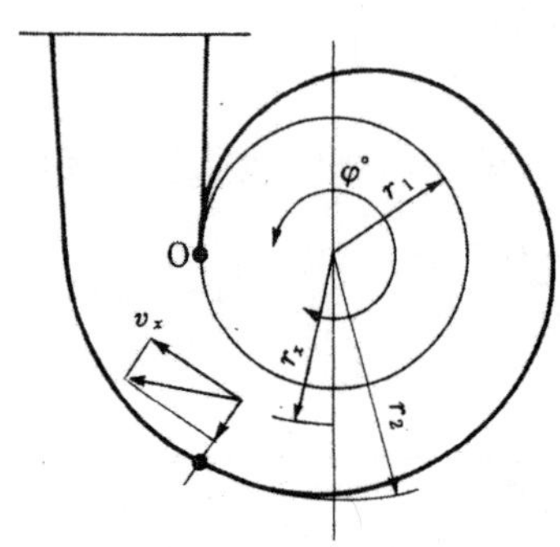

그림 2-68 와류실의 단면적

$$Q_x = \int_{r1}^{r2} v_x \cdot \Delta A$$

$$= r_x \cdot v_x \int_{r1}^{r2} \frac{\Delta A}{r_x} \qquad (2\text{-}101)$$

로 표시된다. 여기서 와류실의 스파이럴 시점 O에서 미소 단면 ΔA까지의 각도를 $\varphi°/360°$가 되므로

$$Q_x = \frac{\varphi°}{360} \cdot Q$$

따라서 식 (2-101)은

$$\frac{\varphi^\circ}{360} \cdot Q = r_x v_x \int_{r1}^{r2} \frac{\Delta A}{r_x}$$

$$\therefore \varphi^\circ = \frac{360}{Q} r_x v_x \int_{r1}^{r2} \frac{\Delta A}{r_x} \tag{2-102}$$

가 된다. 와류실의 단면형상을 정하지 않으면 계산이 안 된다. 식 (2-102)의 $\int_{r1}^{r2} \frac{\Delta A}{r_x}$가 계산되지 않기 때문이다.

와류실의 형상은 그림 2-61의 것들이 있으며, 표 2-13은 원형 단면과 사다리꼴 단면의 φ°를 계산하는 식을 표시한다.

표 2-13 와류실의 φ°를 구하는 계산식

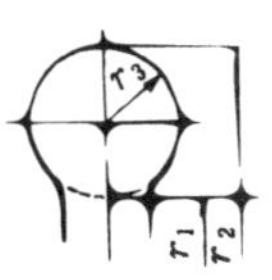	$\varphi^\circ = 720 \cdot \frac{\pi r_x \cdot v_x}{Q'} \cdot \left[r_1 + r_3 - \sqrt{r_1 \cdot (r_1 + 2 \cdot r_3)} \right]$
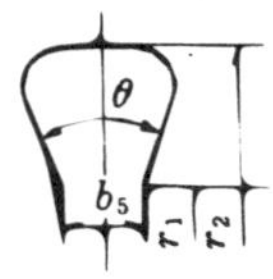	$\varphi^\circ = 360 \cdot \frac{r_x \cdot v_x}{Q'} \cdot \left[2 \cdot (r_x - r_1) \cdot \tan\frac{\theta}{2} + \left(b_5 - 2 \cdot r_1 \cdot \tan\frac{\theta}{2} \right) I_n \frac{r_x}{r_1} \right]$ $b_5 = (1.6 \sim 2) \cdot b_2$ (b_2 : 깃의 출구폭)

(2) 실험계수에서 단면적을 구하는 방법

와류실 내의 평균유속 v_c m/s를 실험에서 구한 유속계수 K_{vc}(그림 2-69)에서 구하면 단면적을 얻을 수 있다.

$$v_c = K_{vc} \cdot \sqrt{2gH} \tag{2-103}$$

그림 2-70과 같이 와류실 출구의 단면적 A_1은

$$A_1 = \frac{Q}{v_c} \tag{2-104}$$

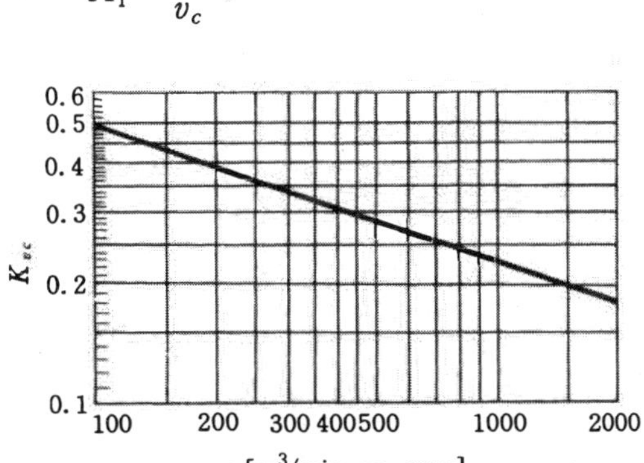

그림 2-69 유속계수 K_{vc}의 값

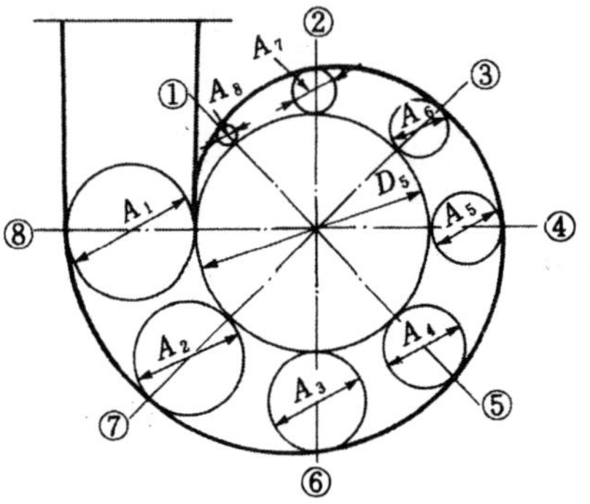

그림 2-70 각부의 단면적

에서 구해지고, 이것을 기준으로 하여 임의의 부분에 있어서의 단면적 A_x를 구하면

$$A_x = \frac{\varphi_x{}^\circ}{360^\circ} \cdot A_1 \qquad (2\text{-}105)$$

여기서 $\varphi_x{}^\circ$는 스파이럴의 시점에서 A_x를 구하려고 하는 점까지의 각도이다.

그림 2-70은 와류실을 45°씩 8등분한 것으로서, 각 단면적을 A_1, A_2, …, A_8이라 하고, 각 점까지의 각도를 각각 $\varphi_1{}^\circ$, $\varphi_2{}^\circ$, …, $\varphi_8{}^\circ$라 하면 식 (2-105)에 의하여

$$\left.\begin{aligned} A_1 &= \frac{8\times45^\circ}{360^\circ}\times A_1 = A_1 \\ A_2 &= \frac{7\times45^\circ}{360^\circ}\times A_1 = \frac{7}{8}A_1 \\ &\vdots \\ A_8 &= \frac{1\times45^\circ}{360^\circ}\times A_1 = \frac{1}{8}A_1 \end{aligned}\right\} \qquad (2\text{-}106)$$

에 의하여 각부의 단면적이 구해진다.

3. 와류실의 단면치수

(1) 와류실의 입구폭

와류실의 입구폭은 양액이 유입할 때 큰 손실수두가 생기지 않는 치수로 정해야 하며, 회선차의 출구폭보다 작으면 안 된다.

일반적으로 벌류트 펌프에서는

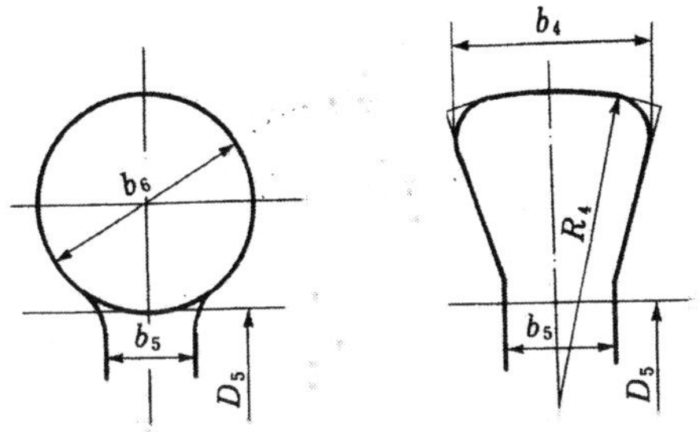

그림 2-71 와류실의 단면치수

$$b_5 = K_{b5} \cdot b_2 \tag{2-107}$$

이다. 여기에서 b_5는 와류실의 입구폭[mm], b_2는 회전차의 출구폭[mm], K_{b5}는 계수로서 그림 2-72에서 구한다.

터빈 펌프에서는

$$b_5 \fallingdotseq (1.1 \sim 1.2)\, b_2 \tag{2-108}$$

로 잡는다.

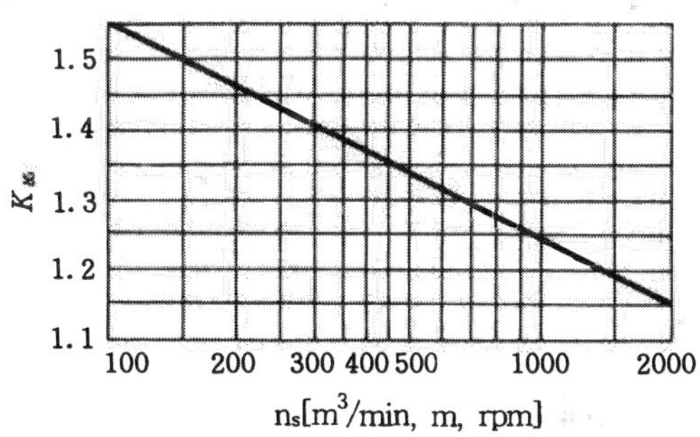

그림 2-72 K_{b5}의 값

(2) 와류실의 확대각

와류실을 원뿔관으로 생각하면, 손실수두가 가장 적은 확대각은 5~6.5°이고, 양액이 와류실로 들어갈 때의 확대각은 20~30°이다. 이 관계에서 와류실의 개각 θ는

$$\theta = 25 \sim 36.5°$$

의 범위가 가장 이상적으로서 손실수두가 적다.

와류실로 유입하는 양액의 유입각도는 비속도가 클수록 작아지므로 θ는 작은 각도를 잡는다. 비속도가 작은 경우에는 유입각도가 크게 되므로 θ는 큰 각도를 사용한다.

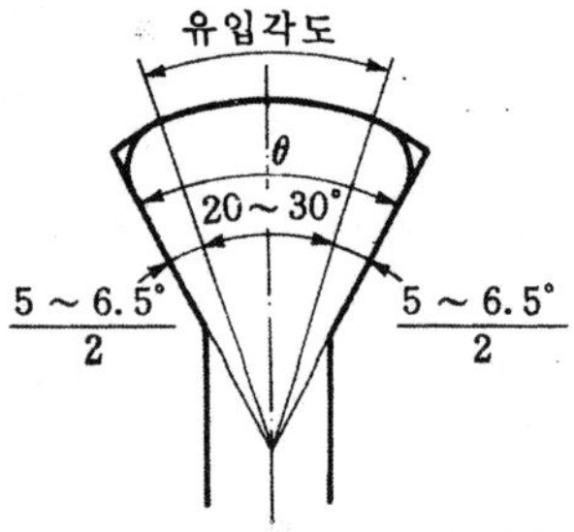

그림 2-73 와류실의 확대각

4. 송출구의 원뿔각도

그림 2-70에서와 같이 와류실에서 플랜지 부분까지를 원뿔꼴이 되도록 각도를 준다. 이 각도의 크기는 손실수두가 적은 5~6.5°가 바람직하나, 송출구의 크기가 미리 정해져 있으므로, 송출구와 그림 2-70에 표시한 단면 A_1의 치수를 기준으로 하여 길이 l이 약 $2\times D_d$ 정도가 되도록 $\phi_{\min}=5°$, $\phi_{\max}=8°$ 정도로 취하면 된다.

만일 D_d가 매우 커서 $\phi=8°$를 넘을 때에는 l의 치수가 매우 길어지므로 이 때에는 $\phi=6°$ 및 $l=(3\sim4)D_d$ 정도로 하여 부족한 길이만큼 별도의 원뿔관으로 접속하면 된다.

예제 2-17 2-13절에 제시한 설계과제에 따른 와류실의 제원을 구하여라.

[풀이]

(1) 기초원의 지름 : 식 (2-99)에서

$$K_{D5}=1+\frac{7.7\times184^{0.9}}{10,000}=1.084$$

$$D_5=1.084\times240=260.16\,[\text{mm}]$$

따라서 $D_5=260\,\text{mm}$로 정한다.

(2) 케이싱 내의 평균유속 : 그림 2-69에서 $n_s=184$일 때 $K_{vc}\fallingdotseq0.4$이므로, 식 (2-103)에서

$$v_c=0.4\sqrt{2\times9.8\times20.1}=7.94\,[\text{m/s}]$$

(3) 와류실 출구의 단면적 : 식 (2-104)에 의하여

$$A_1=\frac{0.0167}{7.94}=0.0021\,[\text{m}^2]=2100\,[\text{mm}^2]$$

(4) 각부의 단면적 : 식 (2-106)에 의하여

$$A_2=\frac{7}{8}A_1=\frac{7}{8}\times2100=1838\,[\text{mm}^2]$$

$$A_3=\frac{3}{4}A_1=\frac{3}{4}\times2100=1575\,[\text{mm}^2]$$

$$A_4=\frac{5}{8}A_1=\frac{5}{8}\times2100=1313\,[\text{mm}^2]$$

$$A_5=\frac{1}{2}A_1=\frac{1}{2}\times 2100=1050\ [\text{mm}^2]$$

$$A_6=\frac{3}{8}A_1=\frac{3}{8}\times 2100=788\ [\text{mm}^2]$$

$$A_7=\frac{1}{4}A_1=\frac{1}{4}\times 2100=525\ [\text{mm}^2]$$

$$A_8=\frac{1}{8}A_1=\frac{1}{8}\times 2100=263\ [\text{mm}^2]$$

(5) 와류실의 입구폭 : 그림 2-72에서 벌류트 펌프에 대한 K_{b5}를 구하면 $n_s=184$에 대하여 $K_{b5}\fallingdotseq 1.47$, 따라서 식 (2-107)에 의하여

$$b_5=1.47\times 10=14.7\ [\text{mm}]$$

$b_5=15\,\text{mm}$로 정한다.

(6) 와류실의 확대각 : $n_s=184$의 크기로 보아 유입각도가 크게 된다고 생각되므로, $\theta=30°$가 적당한 것으로 생각된다.

(7) 송출구 : 원뿔각 $\phi=6°$로 하면 노즐의 길이 l은 $D_d=90$ [mm](송출관 지름)

$$l=3D_d=3\times 90=270\ [\text{mm}]$$

로 정해진다.

2-16 축추력과 누설방지장치

1. 축추력과 반지름 방향 추력

(1) 축추력

그림 2-74의 편흡입 회전차에 있어서 전면측벽(front shroud)과 후면측벽(back shroud)에 작용하는 정압에 차가 있기 때문에, 그림의 화살표 방향과 같이 축방향으로 추력이 작용한다. 이 축추력(axial thrust)의 크기 T_h kg은 다음 식으로 표시된다.

$$T_h=\frac{\pi}{4}(d_a{}^2-d_b{}^2)(p_1-p_s) \tag{2-109}$$

여기서 d_a : 웨어링 링의 지름[m], d_b : 회전차 축의 지름[m], p_1 : 회전차 후면에 작용하는 압력[kg$_f$/m^2], p_s : 흡입압력[kg$_f$/m^2]이다.

p_1의 값은 회전차 후면의 거칠기, 후면과 케이싱 사이의 틈 및 그 형상, 회전차의 송출압력, 유량 등에 따라 다르다. Stepanoff는 완전한 반경류의 회전차에 대한 개략식으로서

$$p_1-p_s=\frac{3}{4}\cdot\frac{\gamma(u_2{}^2-u_1{}^2)}{2g} \tag{2-110}$$

을 표시하고 있다. 여기서 u_1, u_2는 회전차 깃의 입구와 출구에 있어서의 원주속도이다.

유체가 회전차에 유입할 때의 운동량의 변화에 의한 힘도 회전차를 축방향으로 미는 힘이 된다.

이 추력은 전기한 축추력과 반대방향으로 작용하는 데, 그 값은 그리 크지 않다. 회전차의 눈부분(eye)에 대한 축방향 유속을 v_l m/s이라 하면, 이 추력 T_h'는 다음 식으로 표시된다.

$$T_h' = \frac{\gamma}{g} Q v_l \tag{2-111}$$

$$v_l = \frac{4Q}{\pi(d_a^{\ 2} - d_b^{\ 2})} \tag{2-112}$$

로 표시되고, 여기서 Q는 유량[m^3/s]이다.

전술한 축추력은 회전차 한 개에 대한 경우이고, 다단펌프인 경우(n단일 때)의 추력은 $n \times T_h$가 된다.

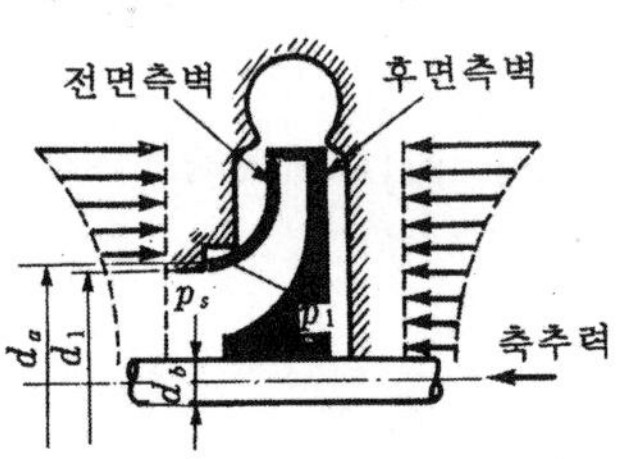

그림 2-74 회전차에 미치는 축추력

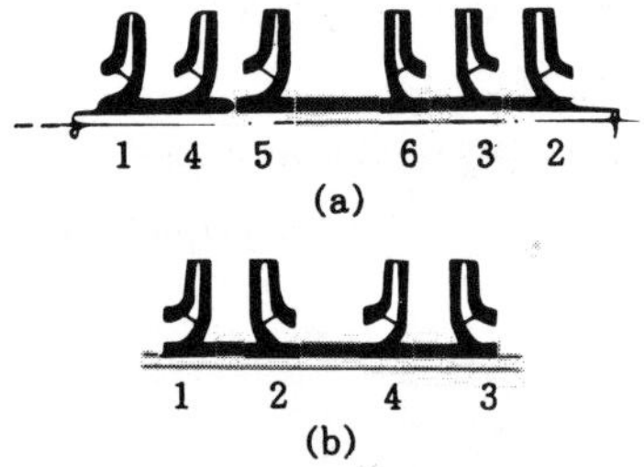

그림 2-75 다단펌프의 회전차 배치

다음과 같은 방법으로 축추력의 평형을 이룰 수가 있다.

① 드러스트 베어링에 의한 방법

② 다단펌프에 있어서는 전 회전차의 반수씩을 반대의 방향으로 배열[이것을 셀프 밸런스(self balance)라 한다]하여 축추력을 평형시키는 방법(그림 2-75)

③ 회전차의 전후 측벽에 각각 웨어링 링을 붙이고, 후면 측벽과 케이싱과의 틈에 흡입압력을 유도하여 양측벽간의 압력차를 경감시키는 방법

④ 회전차 후면 측벽의 보스부에 흡입구와 통하는 구멍을 내서 후면에 흡입압력을 유도하는 방법. 이 구멍을 밸런스 홀(balance hole)이라고 한다(그림 2-76).

그림 2-76

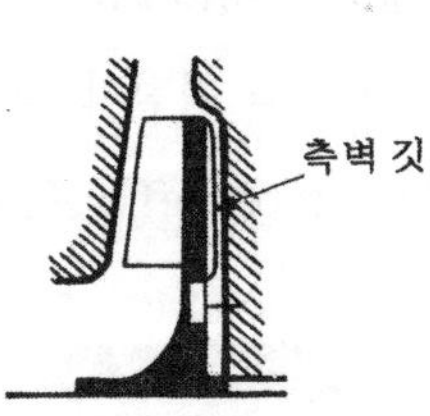

그림 2-77

⑤ 후면 측벽에 방사상의 이면 깃을 달아 후면 측벽에 작용하는 압력을 저하시키는 방법(그림 2-77

⑥ 다단 펌프인 경우 회전차 모두를 동일 방향으로 배열하고, 최종단에 밸런스 디스크(balance disc), 밸런스 피스톤(balance piston)을 붙여(그림 2-78) 원판 오른쪽의 압력은 세관을 통하여 흡입쪽의 압력 p_s와 같게 한다. 축방향으로 오른쪽으로 미는 힘이 크게 되면 원판과 케싱의 틈이 크게 되어 원판 왼쪽의 압력이 내려가고, 회전차를 왼쪽으로 민다. 반대인 경우에도 같으며 자동적으로 복원한다.

(2) 반지름 방향의 추력

벌류트 케이싱을 가지는 펌프에 있어서는 규정유량 이외의 각 유량에 대한 와류실 내의 원주방

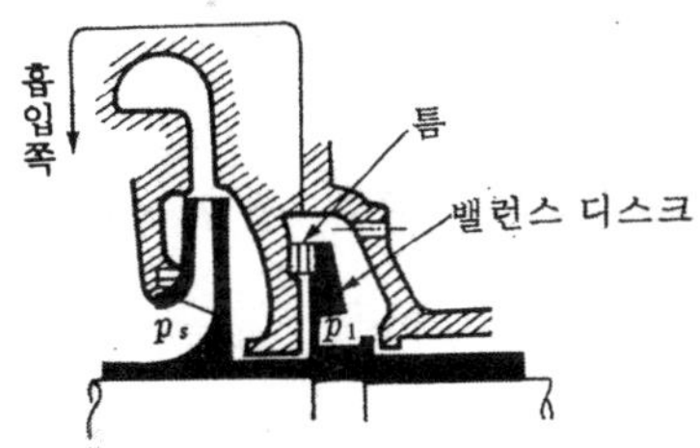

그림 2-78

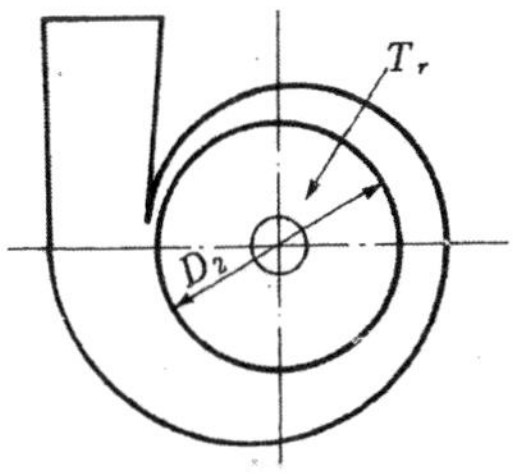

그림 2-79

향 압력분포는 균일하지 않다. 그 결과 그림 2-79와 같은 반지름 방향의 추력(radial thrust)을 발생한다. Stepanoff에 의하면 보통의 와류실을 가진 것에 대하여 반지름 방향의 추력 T_r kg은 다음 식과 같다.

$$T_r = K\gamma H D_2 B_2 \qquad (2\text{-}113)$$

여기서 B_2는 양측벽도 포함한 회전차의 축방향 폭이고, K는 유량 Q에 따라 변하는 상수로서 다음 실험식으로 표시된다.

$$K=0.36\left\{1-\left(\frac{Q}{Q_n}\right)^2\right\} \qquad (2\text{-}114)$$

여기서 Q_n은 정규유량을 표시한다. 전술한 반지름 방향의 추력은 축의 휨을 증가하는 등의 악영향을 미친다. 이 방지법으로서는 2중 벌류트 케이싱 등이 있으나, 이렇게 하더라도 완전히 추력을 방지할 수는 없다.

예제 2-18 1단의 터빈 펌프가 있다. 그 회전차의 바깥지름이 304mm, 눈의 지름이 175mm, 깃의 입구경이 180mm, 웨어링 링의 지름이 195mm, 축지름이 75mm이다. 이 펌프의 회전수가 2940rpm, 유량이 6.8m³/min일 때의 축추력을 구하여라.

[풀이]

식 (2-109)에서 식 (2-110)을 대입하면

$$T_h=\frac{\pi}{4}(d_a{}^2-d_b{}^2)\times\frac{3}{4}\cdot\frac{\gamma(u_2{}^2-u_1{}^2)}{2g}$$

이 된다. 그런데

$$u_1=\frac{\pi D_1 N}{60}=\frac{\pi\times 0.180\times 2940}{60}=27.7\,[\mathrm{m/s}]$$

$$u_2=\frac{\pi D_2 N}{60}=\frac{\pi\times 0.304\times 2940}{60}=46.8\,[\mathrm{m/s}]$$

따라서

$$T_h=\frac{\pi}{4}(0.195^2-0.075^2)\times\frac{3}{4}\times\frac{1000(46.8^2-27.7^2)}{2\times 9.80}=1410\,[\mathrm{kg}]$$

다음에 식 (2-111)에서

$$T_h'=\frac{\gamma}{g}Qv_l=\frac{\gamma}{g}Q^2\cdot\frac{4}{\pi}\cdot\frac{1}{(d_a{}^2-d_b{}^2)}$$

$$=\frac{1000\times 6.8^2}{9.8\times 60\times 60}\times\frac{4}{\pi}\times\frac{1}{(0.175^2-0.075^2)}\fallingdotseq 67\,[\mathrm{kg}]$$

따라서 축추력은

$$T_h-T_h'=1410-67=1343\,[\mathrm{kg}]$$

예제 2-19 벌류트 펌프(전양정 102ft, 유량 780gpm, 회전차의 바깥지름 10½in, 회전차의 출구폭 1¼in)의 유량 400gpm에 대한 반지름 방향의 추력을 계산하여라. 단, 물의 비중량 $\gamma=$ 62.43 lb/ft³로 한다.

[풀이]

반지름 방향의 추력 T_r은 식 (2-113), (2-114)로 표시되므로

$$K=0.36\left\{1-\left(\frac{Q}{Q_n}\right)^2\right\}=0.36\left\{1-\left(\frac{400}{780}\right)^2\right\}=0.27$$

$$T_r=\frac{0.27\times 62.43\times 102\times 10.5\times 1.25}{144}=156.7\,[\mathrm{lb}]$$

2. 누설방지장치

펌프에서는 그 내부에 있어서의 누설과 내부에서 외부로의 누설이 있다. 전자로서는 2-8절(p.55 참조)에서 열거한 누설 중 ①, ②, ④, ⑤가 있고, 후자로서는 ③의 경우가 있다.

누설량의 계산은 식 (2-22)로 구한다.

축봉장치(shaft seal)로서는 종래부터 널리 사용되고 있는 그랜드 패킹(grand packing) 외에, 고압펌프에 최근 널리 쓰이고 있는 메카니컬 실(mechanical seal), 브레이크다운 부시(break-down bush) 등이 있다. 그랜드 패킹은 축둘레의 틈에 패킹을 끼워 축 바깥둘레와 패킹은 마찰되고 모든 원통면 밀봉작용을 하는 것으로서, 그림 2-80은 그 대표적인 구조이다.

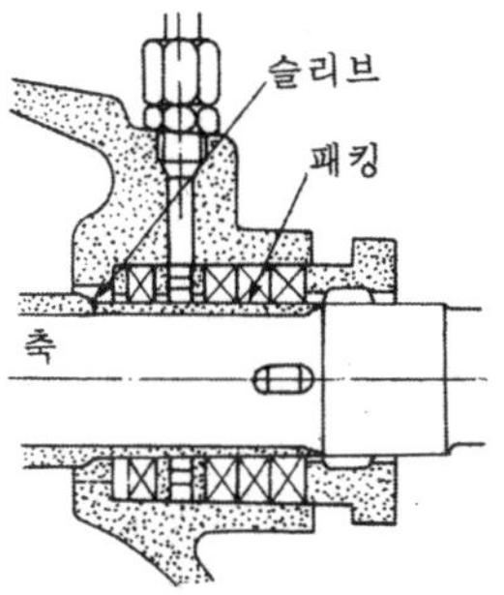

그림 2-80 그랜드 패킹

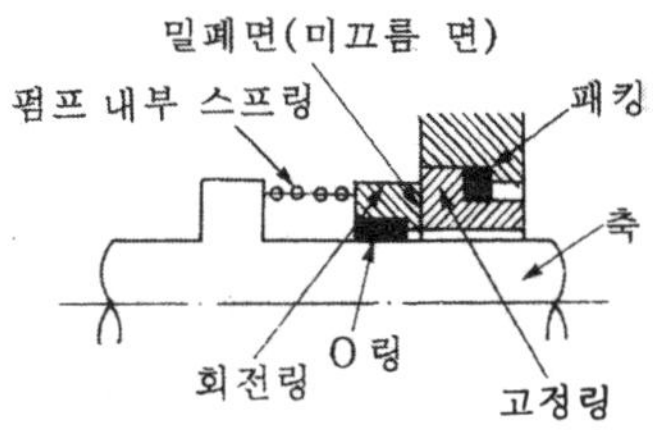

그림 2-81 메카니컬 실

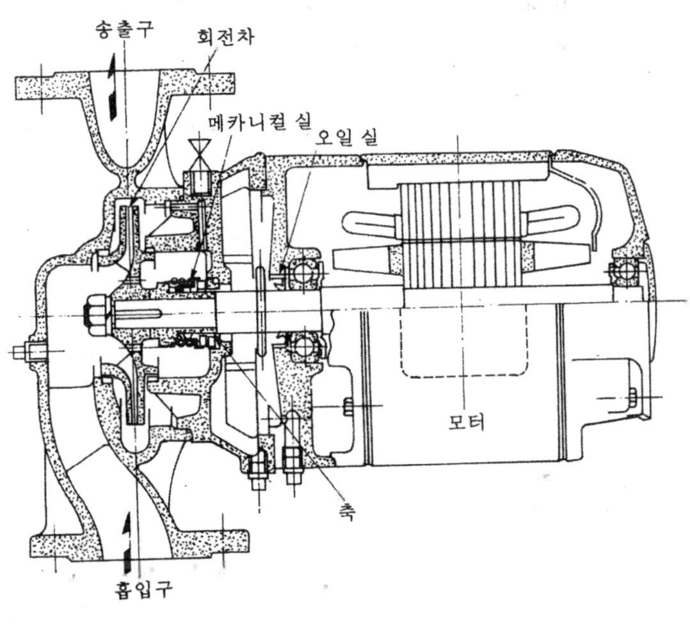

그림 2-82 모터 펌프에 사용한 메카니컬 실

메카니컬 실은 그림 2-81과 같은 구조이며 내류형이라고 불리는 것으로, 밀봉단면을 미는 스프링이 축과 함께 회전하는 형식이다. 그림의 회전 링과 고정 링 사이에서 미끄름면을 형성한다. 그림 2-82는 모터 펌프에 사용한 메카니컬 실이다. 메카니컬 실은 축과 직각인 미끄름면에 의하여 누설을 방지하는 것으로서 거의 누설이 안 된다.

그림 2-83은 프레셔 브레이크다운 부시 축봉장치의 구조도이다. 이 축봉장치는 축둘레의 틈을 작게 하고 그 저항을 이용하여 누설을 감소시키는 부싱의 일종으로서, 보통의 부싱보다 틈을 작게 하고 있다. 틈이 작으면 축의 진동이나 휨이 생겼을 때 타서 붙을(소부) 위험이 있다. 링과 샤프트 슬리브와의 미소 틈에 의한 저항으로 누설을 방지하고, 링 뒷쪽의 압력수의 누설은 링을 스프링으로 실링 리테이너에 밀어 붙여 접촉면에서 방지하도록 되어 있다. 이 접촉면은 고도의 다듬면으로

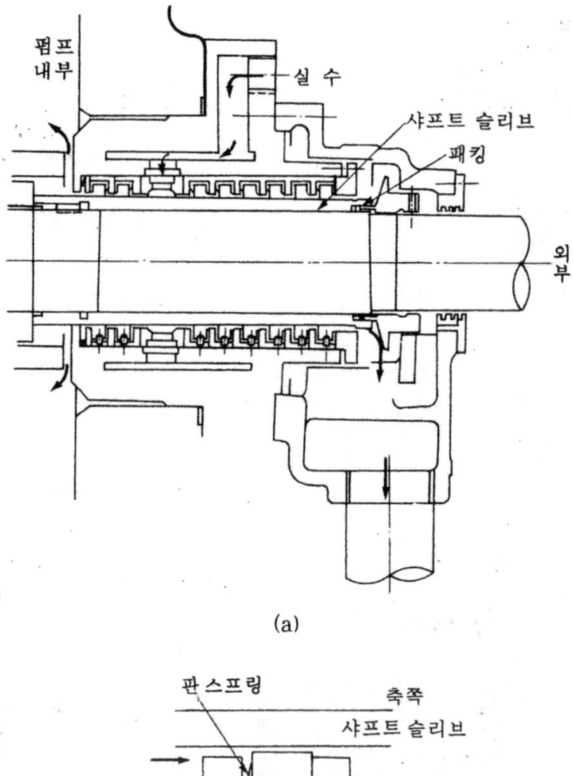

(a)

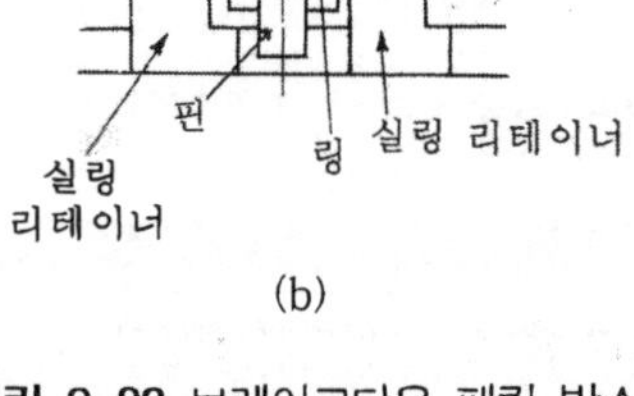

(b)

그림 2-83 브레이크다운 패킹 박스

되어 있다. 링은 핀으로 리테이너에 회전 정지되어 있으므로 회전하지 않으며, 이 접촉면은 미끄러짐이 없이 누설을 방지한다. 이 축봉장치는 고온·고압의 보일러 급수펌프(boiler feed pump)에 최근 많이 쓰이고 있다.

2-17 특성곡선

원심펌프와 축류펌프의 특성을 표시하자면 보통 그림 2-84에 표시한 바와 같이 회전수 N과 흡입양정 H_s를 일정하게 하여 횡축에 유량 Q, 종축에 양정 H, 동력 L, 효율 η를 잡아 $H\sim Q$, $L\sim Q$ 및 $\eta\sim Q$의 3곡선을 그리는데, 이것을 펌프의 특성곡선(characteristic curve)이라고 한다. 적당한 설계의 결과 구해진 특성곡선인 경우에는 효율곡선($\eta\sim Q$)의 최고점, 최고 효율점 η_{max}의 위치가 양정곡선($H\sim Q$)상의 요구점(H_n, Q_n)과 동일 좌표가 되어야 한다. 여기서 H_n은 규정양정(normal head), Q_n은 규정유량의 점이다. $H\sim Q$곡선이 종축과 만나는 점, $Q=0$

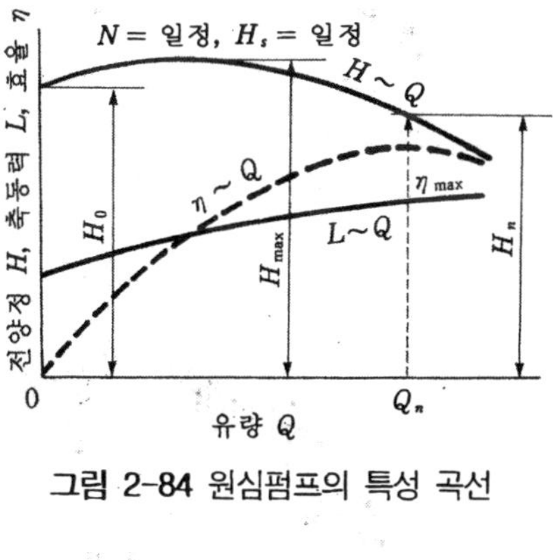

그림 2-84 원심펌프의 특성 곡선

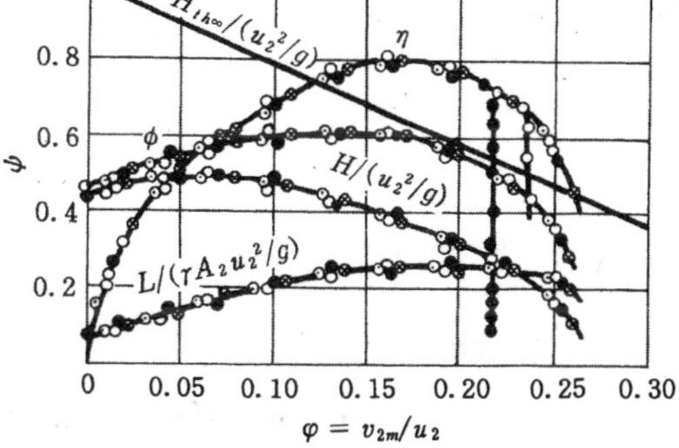

그림 2-85 펌프 특성의 무차원 표시

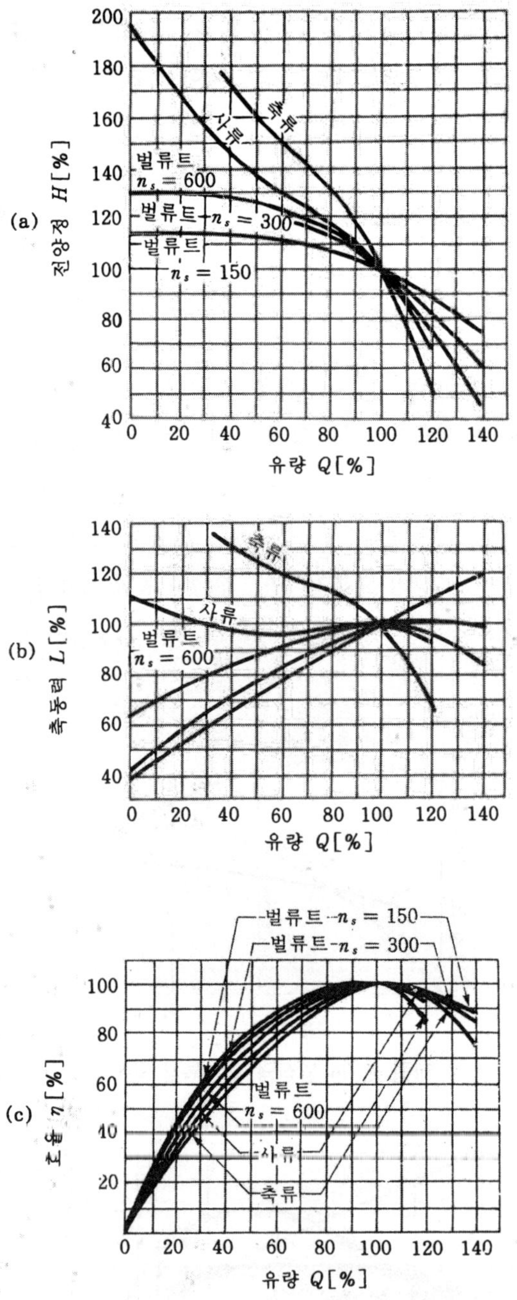

그림 2-86 각종 펌프의 특성 곡선

일 때의 양정 H_0를 체절양정(shut off head)이라고 한다. 체절양정이 최고 양정 H_{max}이고, Q가 증가함에 따라 양정이 감소하는 특성 곡선을 하강특성곡선이라 하고, 그림 2-84에 표시한 바와 같이 H_{max}이 H_0보다 높은 것을 산고곡선이라고 한다. 보통 하강곡선으로 표시될 때가 많고, 특히 횡축과 거의 평행한 부분이 긴 것은 평탄한(flat) 특성곡선이라고 한다.

$H\sim Q$곡선을 그릴 때 좌표의 척도는 일정한 규약이 없으며, 일반적으로 개개의 펌프의 특성 곡선을 그릴 때 적당한 척도를 사용할 때가 많다. 상기한 것은 일반성이 없다. 일반성을 띠기 위해서 좌표값을 무차원화하여 그림 2-85와 같이 횡축에 Q대신 송출량 계수 $\varphi=v_{2m}/u_2$를 잡고, 종축에 H 대신 양정계수 $\phi=H/(u_2{}^2/g)$를 잡아 양축을 동일 눈금으로 취하는 것이 바람직하다. 이때 동력에 대해서는 $L/(\gamma A_2 u_2{}^2/g)$를 쓴다. 여기서 A_2는 회전차 출구에 있어서의 유출 단면적으로서 $\pi D_2 b_2$로 표시된다. 그림 중 ϕ는 $H/H_{th\infty}$의 값이다.

그림 2-86은 펌프 형식에 따른 특성곡선의 상이점을 비교한 것으로서, 최고 효율점에 대한 전양정, 유량, 축동력을 기준으로 하여 백분비로 표시한 것이다.

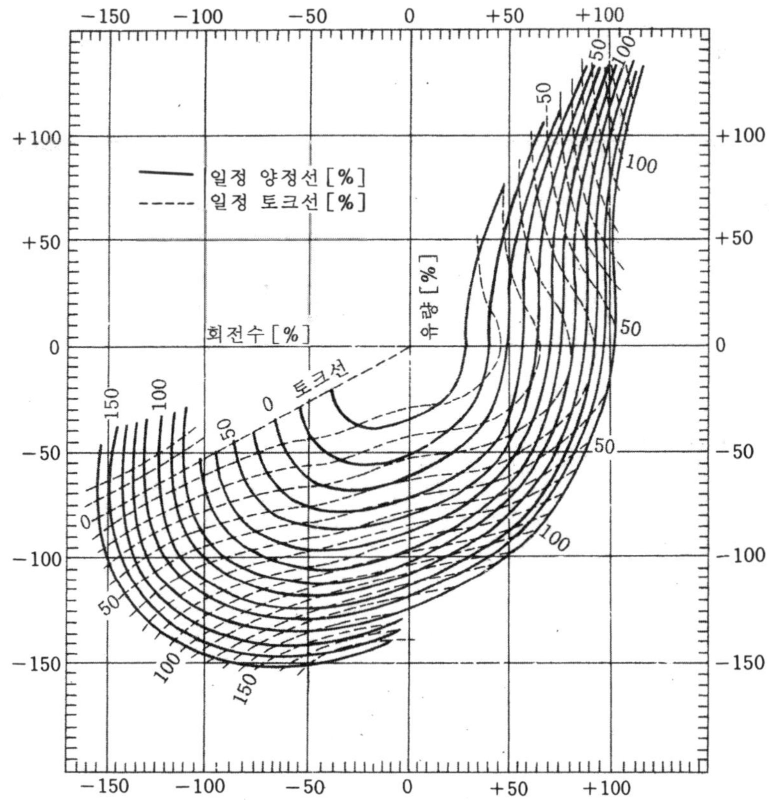

그림 2-87 원심펌프의 전반 특성 곡선

후술하는 수격현상의 계산 등에 쓰이는 펌프의 특성곡선은 그림 2-87에 도시하는 것과 같은 것으로서, 전반특성곡선, 완전특성곡선(complete characteristic curve)이라고 한다. 이 특성곡선은 전양정, 유량, 토크, 회전수를 각각 그 기준값에 대한 %로 표시한다. 이 표시법은 그림 2-85와 같은 방법 외에 여러 가지가 있다. 그림 2-87에서는 일정양정(실선), 일정 토크(파선)하에 횡축에 회전수, 종축에 유량을 잡고, 이들을 제2상한을 제외한 3개의 상한에 도시한 것이다. 이 그림의 제1상한은 보통의 펌프 특성, 정회전, 정류의 운전범위이다. 제4상한은 정회전, 역류의 운전범위(에너지 소비)이고, 제3상한은 역회전, 역류의 운전범위(수차특성)이다. 제3상한 중 토오크 0%의 선은 펌프가 수차로서의 전반적인 운행속도상태에 있음을 표시한다.

예제 2-20 전양정 211m, 유량 6.8m^3/s, 회전수 500rpm인 터빈 펌프가 전양정 232m로 운전되고 있다가 정전으로 인하여 펌프가 감속함으로써 역류하여 결국 운행속도 상태로 되었다. 이 때의 운행속도 및 역유량을 구하여라.

[풀이]

전양정 232m는 정규양정에 대하여

$$\frac{232}{211} = 1.1$$

그림 2-87에서 양정선 110과 회전수 110의 교점의 세로좌표는 130%이다.

$$\text{운행속도} = 1.3 \times 500 = 650\ [\text{rpm}]$$

양정선 110과 0 토오크선의 교점의 세로좌표는 −68%이므로

$$\text{역류량} = 0.68 \times 6.8 = 4.62\ [\text{m}^3/\text{s}]$$

2-18 원심펌프의 운전

1. 배관계의 저항곡선

식 (2-6)에서 전양정은 $H = H_a + (h_s + h_d) + \dfrac{v_d^{\,2}}{2g} = H_a + H_l'$로 표시되었다. 여기서 $H_l' - (h_s + h_d) + \dfrac{v_d^{\,2}}{2g}$이다. 어떤 운전상태에 있어서의 운전점은 그림 2-83에 표시한 바와 같이 펌프의 특성곡선 $H \sim Q$와 $(H_a + H_l') \sim Q$곡선[이것을 배관계의 저항곡선(system curve of pipe line)이라 한다]과의 교점 D가 된다. 이 때 밸브를 전개하면 송출량은 Q_d가 된다. Q_c의 유량을 요구할 때에는 밸브에 의하여 저항을 주고(밸브를 필요한 만큼 잠그는 것을 말한다), $H \sim Q$ 곡선과 C점에서 만나는 곳에서 운전하면 된다. 이 때 H_p는 Q_c의 유량에 대한 장치(관로)의 손실수두이고, H_v는 밸브에 의한 손실수두이다. B점에 대해서도 마찬가지이다. 다시 밸브를 다 잠구어

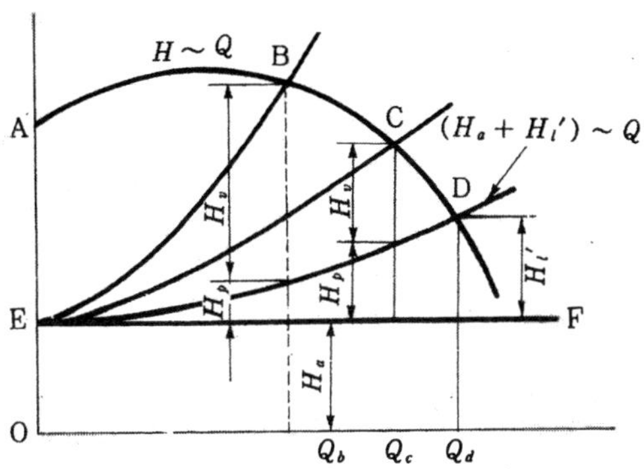

그림 2-88 펌프 배관계의 운전점

전개하면 A점에서의 운전, 체절운전의 경우가 된다. 보통 원심펌프를 가동시킬 때에는 상기한 방법과 반대로 한다. 먼저 밸브를 전폐해 놓고 시동한 후 차차 밸브를 열어가는 방법을 쓴다. 이것을 그림 2-86에 표시한 바와 같이 터빈 펌프나 벌류트 펌프는 체절 때에 동력이 최소가 되므로, 구동용의 원동기에 대하여 최소의 동력으로 시동이 되기 때문이다. 이에 대하여 축류펌프에서는 체절 때의 동력이 매우 크고 원심펌프와 같은 시동은 되지 않는다.

어떤 종류의 펌프라도 시동할 때에는 펌프 케이싱 속에 액체가 꽉 차 있어서 회전차가 액체 속에 잠겨 있지 않으면 펌프작용을 할 수가 없다. 펌프를 시동할 때에는 액체가 차 있는가를 검사하고, 만일 차 있지 않을 때에는 프라이밍을 통해서 액을 채운 후 시동을 해야 양수된다. 그 이유는 케이싱 속에 공기가 차 있으면 회전차에서 에너지를 공급하더라도 액체를 흡상할 만한 압력을 발생시키지 못하기 때문이다.

펌프의 운전에 있어서 베어링, 커플링, 축 등에 대하여 주의를 기울여야 하는 것은 다른 기계의 경우와 같은데, 특히 펌프에서는 축봉장치(주로 패킹상자)의 작동상태, 흡입관, 케이싱 등에서의 누설에 주의해야 하고, 흡입관과 축봉장치(흡입쪽)를 통하여 공기가 침입하는가의 여부에 특별히 주의를 기울여야 한다. 흡입관 입구 부근에 찌꺼기가 끼여 있는가의 여부에도 관찰을 해야 하고, 흡입관 입구는 흡수면 아래 적어도 $1.5d$(d는 흡수관의 지름)의 깊이에 있도록 하여 흡수면 강하로 인한 공기의 침입을 막아야 한다.

원심펌프에서는 장시간의 체절운전을 하면 케이싱 속의 액체가 과열되므로 이것은 피하도록 해야 한다.

2. 원심펌프의 운전효율

그림 2-89에서 해칭한 부분은 밸브를 잠금으로써 펌프가 낸 양정의 일부를 소비한 것을 표시한다. 장치에 흐름을 생기게 하는 데 사용한 유효양정은 해칭 아래의 부분, h곡선으로 표시된 것이

다. 유효하게 사용된 양정을 써서 구한 효율을 운전효율이라 하고, 이것을 나타내는 운전효율곡선 (η')은 정격송출량이 아닌 운전이므로 역시 정격보다 떨어진다.

일반적으로 펌프의 운전은 정격송출량 이하에서도 이루어지므로, 정격 이외의 운전효율도 고려할 필요가 있다.

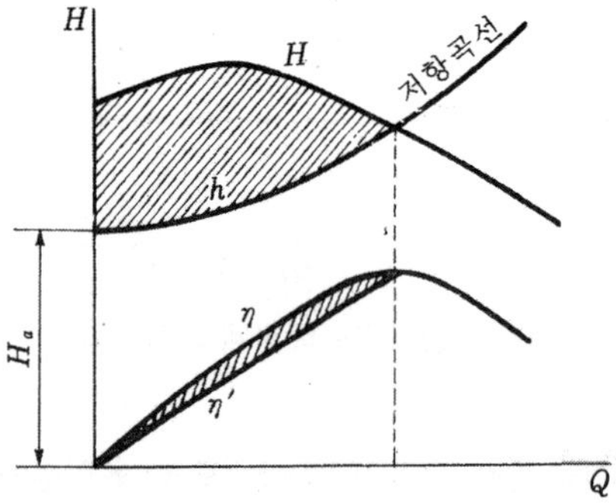

그림 2-89 원심펌프의 운전효율(η')

3. 원심펌프의 연합운전

(1) 직렬운전

소요되는 유량이나 양정이 일정하지 않고 크게 변동을 필요로 할 때는 2대 이상의 펌프로써 연합운전을 하게 된다. 양정의 변화가 커서 1대의 펌프로써 양정이 부족할 경우에는 2대 이상의 펌프를 직렬로 연결하여 운전한다. 이 때의 합성 특성곡선을 구해 보자. 여기에서는 2대의 펌프에 대한 것을 설명하지만, 3대 이상인 경우도 같이 하면 구해진다.

a) 특성이 동일한 펌프의 직렬운전 : 그림 2-90에 있어서 Ⅰ을 단돌일 때의 특성곡선이라고 하면, 동일 특성인 다른 1대의 펌프를 직렬운전한 경우의 합성 특성곡선은 Ⅱ와 같이 된다. Ⅱ는 Ⅰ을 세로축 방향으로 2배하면 구해진다. 이 때 2대째의 펌프는 압입운전이 되기 때문에 그 흡입관부는 내압에 대하여 유의할 필요가 있다. 저항곡선이 R일 때의 운전점은 A이고, 단독인 펌프는 각각 H_1을 부담하고 있다.

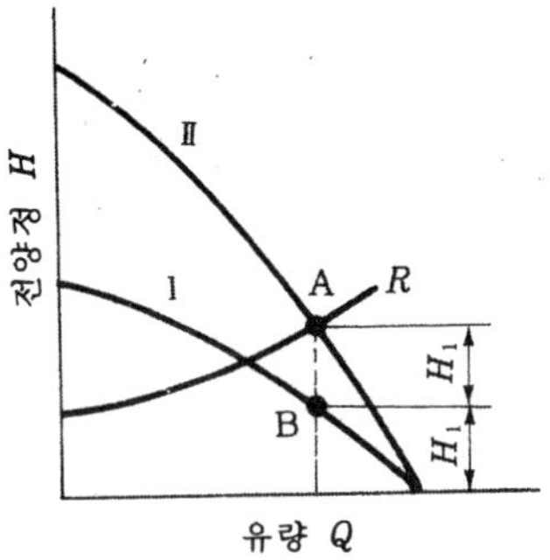

그림 2-90 직렬운전일 때의 합성 특성곡선
(2대의 특성이 동일한 펌프의 합성)

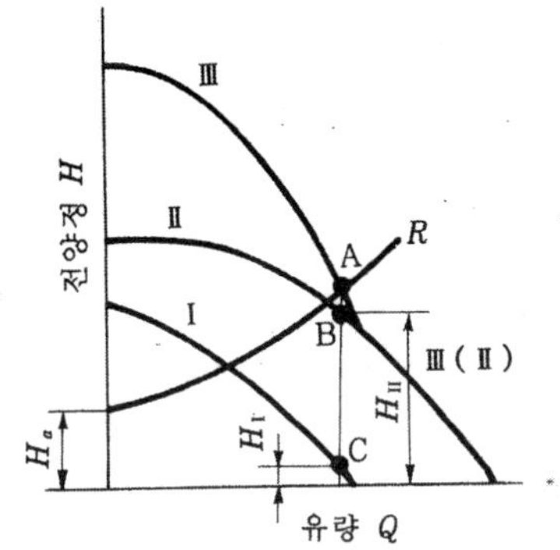

그림 2-91 직렬운전일 때의 합성 특성곡선
(2대의 특성이 다른 펌프의 합성)

b) 특성이 다른 펌프의 직렬운전 : 그림 2-91과 같이 Ⅰ인 펌프와 Ⅱ인 펌프를 직렬운전할 때의 합성 특성곡선은 Ⅲ과 같이 된다. Ⅲ은 Ⅰ, Ⅱ를 세로축 방향으로 합치면 된다. 저항곡선이 R일 때의 합성 운전점은 A이고, 각 펌프의 운전점은 B, C이다.

(2) 병렬운전

유량의 변화가 크고, 1대의 펌프로서는 유량이 부족할 때에는 2대 이상의 펌프를 병렬(parallel)로 연결하여 운전한다.

a) 특성이 동일한 펌프의 병렬운전 : 그림 2-92 에 있어서 Ⅰ을 단독인 경우의 특성곡선으로 하면, 동일 특성인 다른 Ⅰ대의 펌프를 병렬로 운전할 때의 합성 특성곡선은 Ⅱ와 같이 된다. Ⅱ는 Ⅰ을 가로축 방향으로 2배하면 구해진다. 저항곡선이 R일 때의 운전점은 A이다.

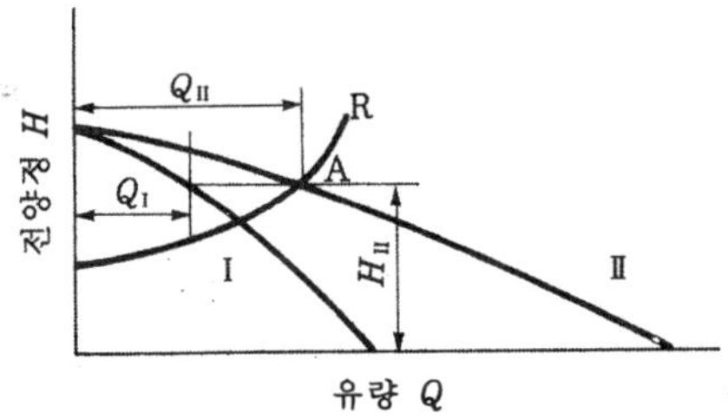

그림 2-92 병렬운전일 때의 합성 특성곡선
(2대의 특성이 동일한 펌프의 합성)

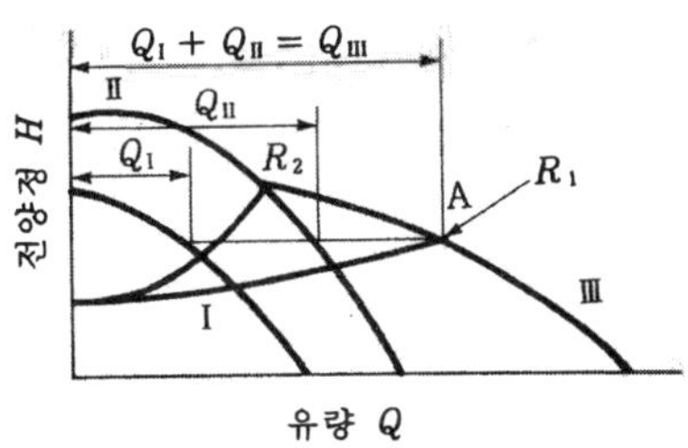

그림 2-93 병렬운전일 때의 합성 특성곡선
(2대의 특성이 다른 펌프의 합성)

b) 특성이 다른 펌프의 병렬운전 : 그림 2-93에서와 같이 특성이 다른 2대의 펌프 Ⅰ, Ⅱ를 병렬로 운전할 때의 합성 특성곡선은 Ⅲ과 같이 된다. Ⅲ은 Ⅰ, Ⅱ를 가로축 방향으로 합침으로

써 구해진다. 저항곡선이 R_1일 때의 운전점은 A로서 펌프 Ⅰ, Ⅱ의 유량은 Q_{I}, Q_{II}와 같이 된다. 저항이 R_2보다 크게 되면 Ⅰ의 펌프는 양수되지 않고, 이 펌프가 첵 밸브, 풋 밸브를 가지고 있다면 체절운전상태가 된다. 이들의 밸브가 없으면 Ⅰ의 펌프는 역류상태가 된다.

연 습 문 제

1. 펌프의 종류를 열거하고, 양수작용의 원리를 간단히 설명하여라.

2. 원심펌프의 구성요소를 들고, 각각을 설명하여라.

3. 원심펌프의 회전차의 재료를 용도별로 들고 그 성분을 조사하여라.

4. 와실의 위치와 그 역할을 설명하여라.

5. 원심펌프의 용도를 자세히 설명하여라.

6. 양흡입펌프는 어떤 때 사용하는가?

7. 다단펌프는 어떤 때 사용되는가?

8. 깊은 샘물을 양수할 때에는 어떤 형의 펌프가 적합한가?

9. 펌프의 크기는 무엇으로 표시하는가?

10. 와류실(케이싱)의 노즐 구경을 흡입구경보다 작게 하는 이유는 무엇인가?

11. 원심펌프의 흡입구에 있어서의 유속은 어느 정도가 알맞은가? 송출구에서의 유속과 비교하여라.

12. 전양정 25m, 유량 1.5m^3/min, 비속도 230인 원심펌프의 흡입구경과 송출구경을 구하여라.

13. 복잡하지 않은 배관계에서 실양정이 30m이다. 전양정은 얼마로 잡으면 되는가?

14. 그림 2-97과 같은 흡입쪽 배관을 가지는 원심펌프에 의하여 상온의 청수를 양수할 때, 유량이 1m^3/min일 때의 진공계의 읽음을 펌프 중심선의 값으로 환산하여라. 단, 흡입관의 지름 100mm의 가스관으로 하고, 흡입쪽의 전길이는 4m, 풋 밸브의 손실계수는 2.0, 관의 마찰손실계수는 0.02로 하여 계산하여라.

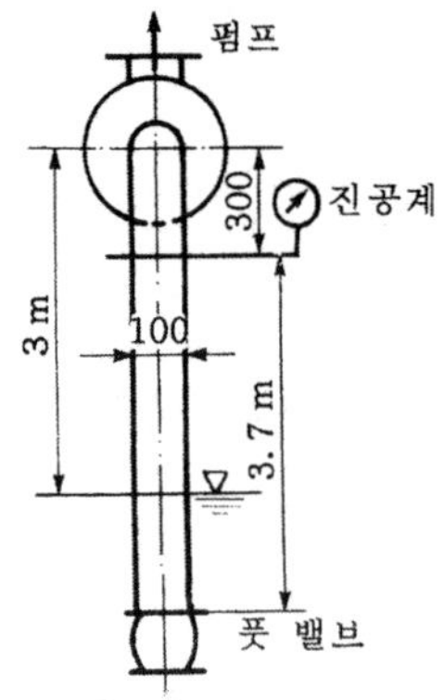

그림 2-94

15 아래와 같은 치수를 가지는 편흡입 1단 벌류트 펌프를 회전수 1450rpm으로 운전할 때의 깃수 무한인 경우의 이론수두 $H_{th\infty}$를 계산하여라. 단, 규정의 유량은 $4.0m^3/min$로 하고, 회전차에 유입할 때의 물의 방향은 반지름 방향이다.

회전차 출구의 지름 $D_2 = 300$ [mm]

회전차의 출구 폭 $b_2 = 33$ [mm]

회전차의 출구 각도 $\beta_2 = 25°$

16 양수장치를 계획하려고 한다. 취급하는 액체는 50℃의 청수이고, 흡수면에 미치는 압력은 대기압, 송수면에 작용하는 압력은 $5kg_f/cm^2$, gauge이다. 실양정은 30m, 정격 송출량을 낼 때의 전 관계의 손실수두는 5m일 때 전양정을 구하여라. 단, 흡입, 송출관 끝의 속도는 같다.

17 운전 중인 펌프의 압력계를 보니 지침이 38m를 가리키고 있고, 진공계는 2m였다. 압력계와 진공계와의 수직거리는 40cm이고, 송출관과 흡입관의 지름이 같을 때 양정은 얼마인가?

18 4극 3상 유도전동기를 펌프와 직결하여 운전할 때 펌프의 회전수를 결정하여라. 단, 미끄름률을 3.5%로 한다.

19 펌프를 써서 흡입면에서 50m 높은 수면의 못에 유량 $Q = 0.3m^3/s$의 물을 퍼올리는 데 필요한 수동력을 구하여라. 단, 수관의 안지름은 300mm, 전길이는 300m라 하고, 관 속의 마찰계수는 $\lambda = 0.028$로 한다.

20 전양정 211m, 유량 $7.9m^3/s$ 인 청수용 펌프의 수동력은 몇 kW인가? 또, 이 펌프의 축동력을 18,300kW라 하면 전효율은 몇 %가 되는가?

21 어떤 원심펌프가 매분 455회전하여 전양정 136m에 대하여 $5.7m^3/s$의 유량을 낸다. 축마력이 11,500PS일 때 수력효율은 몇 %가 되는가? 단, 체적효율, 기계효율은 다같이 92%이다.

22 어떤 원심펌프가 455회전하여, 전양정 136m에 대하여 $5.7m^3/s$의 유량을 낸다. 벨트걸이의 전동기의 마력이 16,100PS라고 하면, 전효율은 몇 %가 되는가? 단, 벨트걸이의 전동기의 마력과 축마력의 비는 1.20으로 한다.

23 펌프의 전효율 η는 다음 식으로 표시됨을 증명하여라.

$$\eta = \eta_m \eta_v \eta_h$$

단, η_m : 기계효율, η_v : 체적효율, η_h : 수력효율이다.

24 어떤 펌프가 매분 1420회전으로 14.6m의 전양정에 대하여 $7.2 \times 10^{-3} m^3/s$의 수량을 방출한다. 매분 1450회전인 경우 전양정은 몇 m가 되는가?

25 원심펌프의 회전차의 웨어링 링부에서 새는 누설량을 계산하여라. 단, 회전차의 바깥지름 300mm, 깃 입구경 175mm, 웨어링 링의 지름 185mm, 웨어링 링부의 반지름틈 0.15mm, 틈의 길이 30mm, 펌프의 회전수 1450rpm, 틈에 있어서의 마찰계수를 0.02로 한다.

26 회전차의 바깥지름이 200mm인 원심펌프가 1450rpm으로 회전할 때, 그 원판마찰손실은 대략 몇 마력이 되는가?

27 실물 펌프의 시방이 전양정 241.4m이고, 유량이 $18.6m^3/s$, 회전수가 300rpm, 축동력이 49,000kW이다. 이 펌프와 기하학적으로 상사한 모형비 10의 모형펌프를 만들 때 그 용량을 구하여라. 단, 모형펌프의 회전수는 3000rpm으로 한다.

28 회전수가 450rpm일 때 전양정이 122m, 양수량이 $5.66m^3/s$를 내는 1단의 원심펌프가 있다. 회전차의 바깥지름은 45.7mm이다. 이것과 상사로서 회전차의 바깥지름이 207.5mm인 모형펌프를 만들고, 전양정 98m, 유동상태를 동일하게 하려고 한다. 모형펌프의 매분 회전수를 구하여라.

29 비속도 $n_s = 320$ m, m^3/min, rpm을 [ft, gpm, rpm] 단위로 환산하여라. 단, gpm의 gal은 US gal을 쓴다.

30 펌프의 축심에서의 높이가 30m인 높은 곳에 있는 탱크로, 청수 $2.5m^3/min$를 펌프 축심에서 2m 아래에 있는 포트에서 급수하고자 한다. 배관계의 수력손실은 이 유량일 때 합계 1.5m라고 하면, 어떤 원심펌프를 선정하는 것이 좋은가? 단, 전원은 60Hz이다.

31 회전수 1450rpm일 때, 전양정 19.5m, 양수량 $2.6 m^3/min$의 용량을 내는 펌프의 축마력, 전동기 동력(직결) 및 회전차의 축지름을 구하여라. 단, 펌프의 전효율은 90%, 축의 허용 비틀림 응력은 $120\ kg_f/cm^2$, 안전계수는 1.1로 한다.

32 회전수가 1450rpm일 때, 전양정 19.5m, 양수량 $2.6 m^3/min$를 내는 벌류트 펌프의 회전차의 바깥 지름과 안지름을 구하여라.

33 매분 회전수가 1450rpm일 때, 전양정 19.5m, 양수량 $2.6 m^3/min$를 만족하는 벌류트 펌프의 회전차의 바깥지름은 276mm, 안지름은 139mm가 된다. 깃의 입구각도 β_1을 구하여라. 단, 회전차의 출구각도는 $\beta_2 = 22° 30'$(표준)으로 한다. 깃수는 몇 매가 적당한가?

34 회전차의 바깥지름이 280mm, 출구폭 18mm, 깃수 6매인 터빈 펌프의 입구경, 입구폭, 출구폭 및 깃수를 구하여라. 비속도가 200이면 안내깃의 바깥지름은 얼마인가?

35 비속도 140.6인 벌류트 펌프가 있다. 회전차의 바깥지름이 285mm, 유량 $1 m^3/min$, 출구폭이 27mm이다. 이 펌프의 케이싱에 있어서 기초원의 지름, 출구의 단면적, 입구폭 및 확대각도를 구하여라.

36 축추력을 평형시키는 방법을 설명하여라.

37 체절운전이란 무엇인가? 모든 펌프에서 체절운전은 가능한 것인가?

제3장

축류펌프

3-1 개 설

송출량이 매우 많아서 전양정이 낮고, 비속도 n_s가 크게 되면 표 2-5에 표시한 것과 같이 회전차의 형상이 원심펌프의 그것과는 달라진다. n_s가 낮은 원심펌프에 있어서는 축방향에서 유입한 흐름이 회전차 입구에서 직각으로 방향을 바꾸어 반지름 방향으로 유출하는 반경류형(radial flow type)이지만, n_s가 증가함에 따라 흐름방향이 기울어지게 된다. 혼류형(mixed flow type)에서 사류형(diagonal flow type), 축류형(axial flow type)으로 이행하여 간다. 표 2-5에서 보는 바와 같이 사류펌프는 $n_s = 700 \sim 1200$의 범위이고, 축류펌프는 $n_s = 1200 \sim 2200$의 범위에 있다.

회전차의 날개는 그림 3-1과 그림 3-2에서 보는 바와 같이 크고 넓으며, 마치 선풍기의 팬(fan), 선박의 스크루 프로펠러(screw propeller)와 같은 형상으로 되어 있다. 이 날개가 회전함으로써 발생하는 양력(lift)에 의하여 유체에 압력 에너지와 속도 에너지를 공급하고, 유체는 회전차 속으로 축방향에서 유입하여 회전차를 지나 축방향으로 유출한다. 회전차에서 나온 유체의 속도 에너지를 압력 에너지로 변화시키는 데에는 안내깃, 정익을 쓴다.

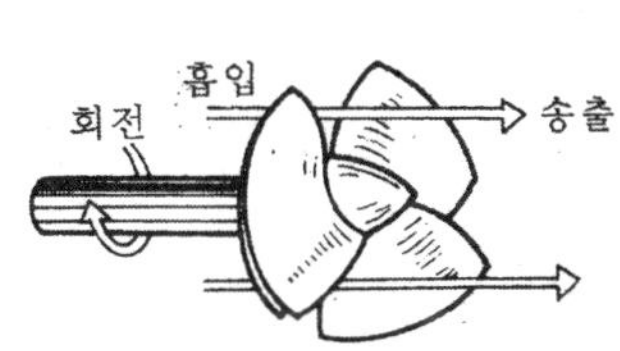

그림 3-1 축류펌프의 날개

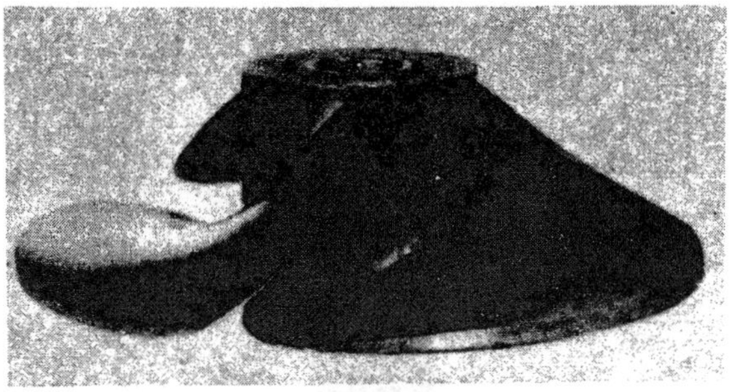

그림 3-2 프로펠러형 날개(3매)

축류펌프는 대 유량, 보통 10m 이하의 저 양정에 적합한 것이므로, 증기터빈의 복수기(condenser)의 순환수 펌프, 농업용의 양수 및 배수 또는 상수도, 하수도용 펌프 등에 사용된다.

3-2 축류펌프의 구조와 분류

축류펌프는 그림 3-3에 표시한 바와 같이 회전차, 축, 안내깃, 동체 및 베어링(보통 한 쪽은 수중 베어링)으로 구성된다. 그림 3-4는 운전 중에도 회전차의 날개의 각도를 조정할 수 있는 장치를 달고 있는 축류펌프인데, 전자를 고정익, 후자를 가동익 축류펌프(movable vane axial-flow pump)라고 한다. 후자에 대하여 전자를 그냥 축류펌프라고 할 때가 많다. 그림 3-3이나 그림 3-4에서는 회전차-안내깃의 순서로 배열되어 있으나, 그 반대인 경우도 있다.

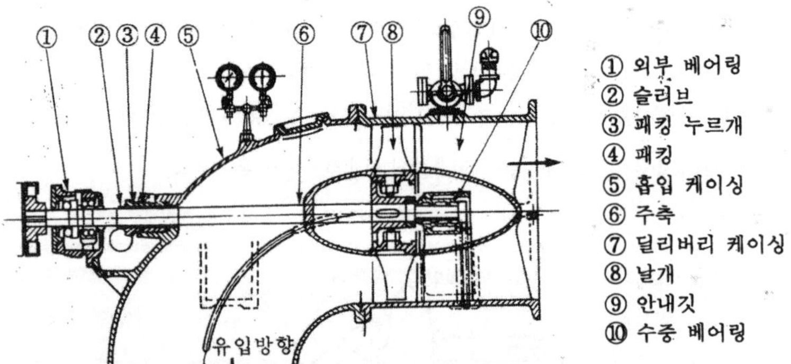

그림 3-3 횡축 고정익 축류펌프

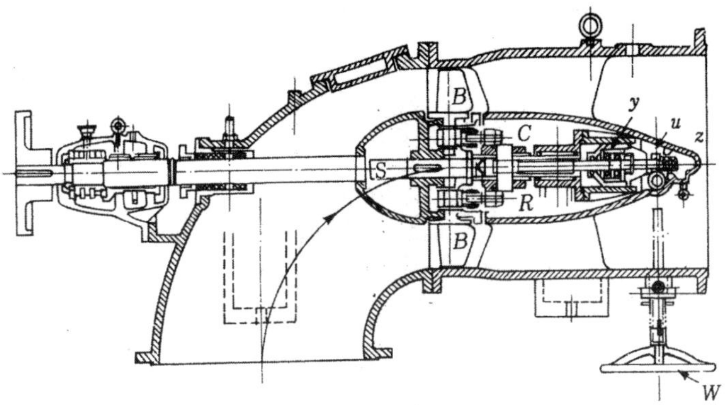

그림 3-4 횡축 가동익 축류펌프

축의 방향에 따라 횡축, 입축 축류펌프로 분류된다. 그림 3-5는 입축 축류펌프의 한 예인데, 구조상으로는 횡축형과 별차이가 없다.

축류펌프의 회전차는 그 단면이 익형(airfoil or aerofoil) 모양이고, 프런트 슈라우드(전면측벽)가 없으며, 날개수는 2～6매로서 보스에 방사상으로 붙어 있다. 고정익형에 있어서는 날개를 보스와 일체로 주조하거나 볼트 등으로 결합한다. 가동익형에서는 그 조작기구가 여러 가지로 연구되고 있다.

축류펌프에 있어서 안내깃은 필요불가결한 것이다. 그 깃은 주축단 베어링을 내장하는 보스와 케이싱을 결합하고 지지하는 중요한 역할을 한다. 안내깃의 매수는 3～8매로서, 회전차의 깃수보다 1내시 홀수매가 더 많은 것이 보통이다.

케이싱은 입축형에서는(그림 3-5) 나팔관, 안내깃 동, 송출곡동 등으로 구성되고, 횡축형에서는 송출곡동 대신에 흡입곡동이 나팔관의 부분에 붙게 된다. 입축형 펌프는 회전차가 항상 수중에 있고 시동이 쉬우며, 흡입조건이 좋기 때문에 캐비테이션(공동현상) 특성이 좋고, 회전차의 원주상의 위치에서 압력차가 없으며, 대 구경에 적합하고, 설치, 전동기의 배치 등에 뛰어난 이점을 가지고 있다. 이것에 대하여 횡축형은 분해, 수리, 점검이 용이하고 펌프실의 높이가 낮아도 되며, 전동기가 표준형으로 족한 점 등의 특징이 있다.

축류펌프의 장점을 들면 다음과 같다.

(1) 동일 유량을 내는 다른 형의 펌프에 비하여 형태가 작기 때문에 값이 쌀 뿐만 아니라 설치면적이 적게 들고 그 기초공사가 용이하다.

(2) 비속도가 크기 때문에 저양정에 대해서도 회전속도를 크게 할 수 있어 원동기와 직결이 가능하다.

(3) 양정의 변화에 대하여 유량의 변화가 적고, 효율의 저하도 적다.

(4) 구조가 간단하고 유로가 짧으며, 원심펌프에서와 같은 흐름의 굴곡이 작다.

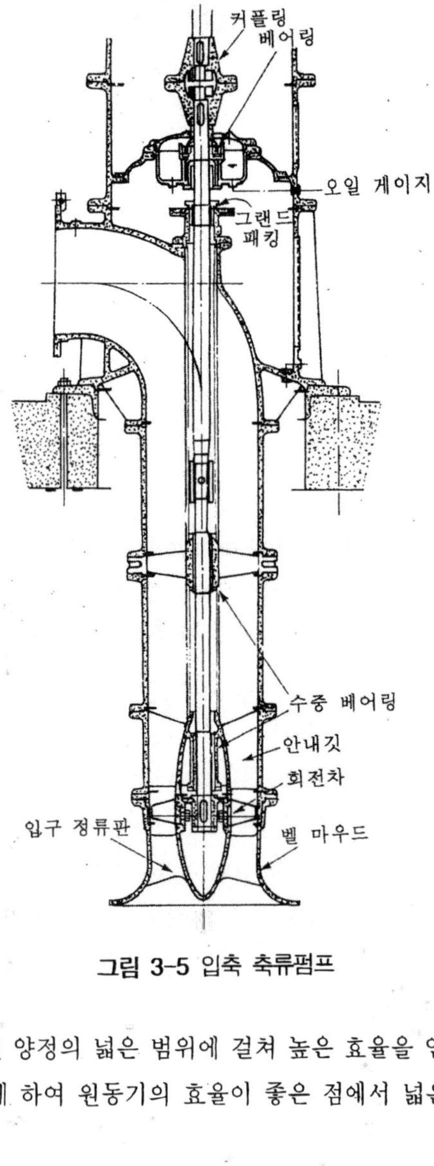

그림 3-5 입축 축류펌프

(5) 다시 가동익으로 하면 양정의 넓은 범위에 걸쳐 높은 효율을 얻을 수 있고, 양정의 여하에 관계없이 축동력을 일정하게 하여 원동기의 효율이 좋은 점에서 넓은 유량역에 걸쳐 사용할 수 있나.

3-3 익 형

축류펌프의 날개에 대한 이론은 보통 익형이론에 그 기초를 두고 있다. 회전차에 대하여 보스부에서 선단(tip)에 이르는 사이의 날개를 보통 펌프축을 중심으로 하는 원통면으로 4~5부분으로 분할한 후, 이것을 전개하여 얻는 각 익렬 중의 익소에 대하여 계산하는 방법을 취하고 있다.

그림 3-6은 축류펌프의 회전차를 축과 수직인 평면에 투상한 것이다. 보스와 날개 선단의 반지름을 각각 r_b, r_t라 한다. 지금 $r_b < r < r_t$인 임의의 반지름을 r의 원통면으로 회전차를 잘라 이것을 평면에 전개하면, 그림 3-10에 표시한 것과 같은 직선익렬이 된다. 이렇게 표시된 익렬의 각 날개의 단면형상을 익형(airfoil or aerofoil)이라고 한다. 익형은 r가 변하면 달라지게 되는데, 그림 3-10에서 지면과 직각인 방향으로 단위길이의 범위에서는 근사적으로 단면형상이 같다고 볼 수 있다. 이와 같이 dr의 익폭을 가진 것을 익소라 한다.

그림 3-7은 익형의 한 모양이다. 그림에서 익형의 선단과 후단을 맺는 직선을 익현(chord)이라

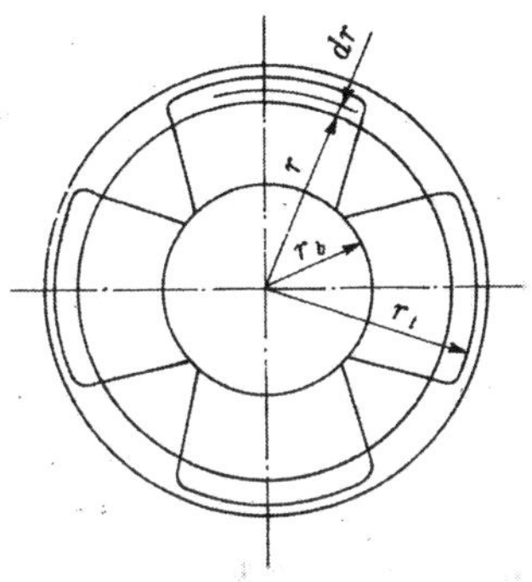

그림 3-6 축류펌프 날개의 단면도

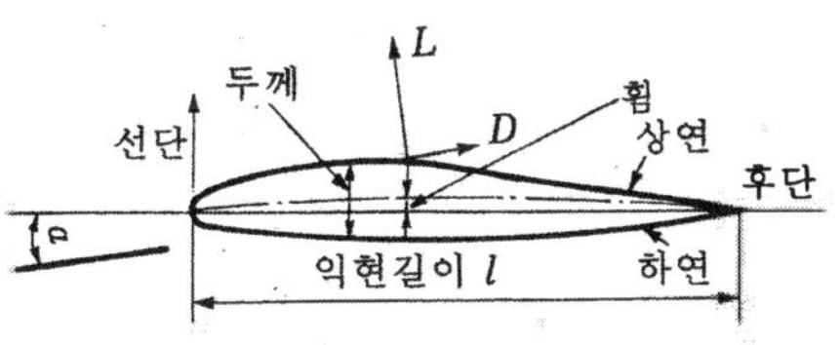

그림 3-7 익 형

하고, 이 길이를 익현길이 그냥 현길이(chord length)라 한다. 익형의 상연과 하연의 중앙을 지나는 선을 골격선(camber line)이라 하고, 이 선의 익현에서 잰 높이를 휨(camber)이라 한다. 익형의 상연과 하연 사이의 폭을 익형의 두께라 한다. 이들 휨과 두께는 그 익현상의 위치에 따라 변화하는 것으로서, 표 3-1에 그 한 예를 열거한다.

일반적으로 휨, 두께라 하면, 그 익현에 대한 최대값을 잡고, 익현길이에 대한 백분비로 표시한다. 익형은 그 성능을 조사한 연구기관의 명칭을 앞에 붙여서 부른다. 이를 테면 NACA(미국), RAF(영국), Göttingen(독일) 등이다. NACA의 익형의 호칭법에는 4행방법과 7행방법이 있다. 표 3-1은 전자의 예이다. 이 방식에서 첫 번째의 숫자는 휨 (c), 익현길이 (l)와의 비 c/l의 백분율(%), 두 번째의 숫자는 익선단에서 잰 휨의 위치 (x)와 익현길이와의 비 x/l의 10분율을 나타내고, 세 번째

와 네 번째의 숫자는 익형의 두께 (a)와 익현길이와의 비 a/l의 백분율(%)을 표시한다.

익폭 b(그림 3-7에서 지면과 직각방향으로 잡은 길이)와 익현길이 l과의 비 b/l를 종횡비(aspect ratio)라 한다. 익현과 유체의 흐름방향이 이루는 각을 영각(angle of attack) α라 한다.

지금 익형이 영각 α를 가지고 w_∞의 속도로 유체 속을 운동할 때, 유속 w_∞의 유체 속에 놓일 때(그림 3-8), 유체는 익형과 기울어진 윗쪽 빗방향으로 힘 R을 미친다. 이 힘의 흐름의 방향에 대한 분력을 편의상 항력(drag), 흐름과 수직방향의 흐름을 양력(lift)이라 하여 구별한다.

양력을 L, 항력을 D라 하면, 이들은 각각 유체의 밀도 $\rho=\gamma/g$, 속도의 제곱 $w_\infty{}^2$, 익형면적 s에 비례하므로 다음 식이 성립한다.

$$L=D_L\cdot\frac{\gamma}{2g}w_\infty{}^2 s,\qquad D=C_D\cdot\frac{\gamma}{2g}w_\infty{}^2 s$$

여기서 익현길이 l, 익폭 b에 대하여 날개의 투상면적은 $s=l\times b$가 되나 익폭을 단위길이

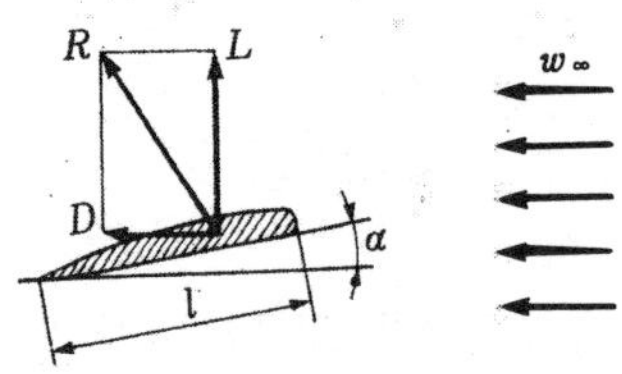

그림 3-8

($b=1$)로 잡으면, 그 때의 L과 D는 다음과 같이 된다.

$$L=C_L\cdot\frac{\gamma}{2g}w_\infty{}^2 l,\qquad D=C_D\cdot\frac{\gamma}{2g}w_\infty{}^2 l \tag{3-1}$$

가 된다.

윗식에서 C_L, C_D는 무차원의 상수로서 각각 양력계수(lift coefficient), 항력계수(drag coefficient)라고 한다. C_L, C_D는 영각 α의 값에 따라 변한다. 그림 3-9는 $C_L\sim\alpha$ 및 $C_L\sim\tan\alpha$의 관계도로서, 둘 다 실험에 의하여 구한 것이다. $\tan\lambda$는 다음의 관계를 표시한다.

$$\tan\lambda=\frac{C_D}{C_L} \tag{3-2}$$

λ가 작을 때 $\lambda\fallingdotseq C_D/C_L$이다. α가 증가함에 따라 C_L은 처음에 직선적으로 증대하지만 최대값에 이른 이후부터는 갑자기 감소한다. 이 상태를 실속(stall)이라고 한다.

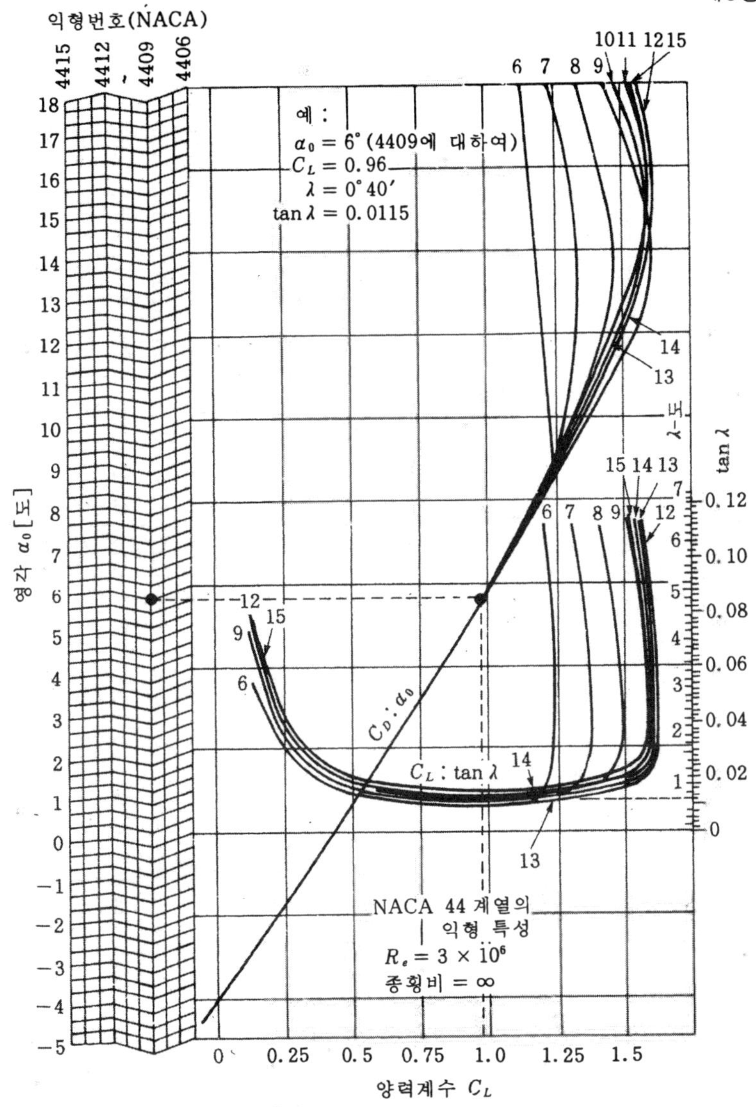

그림 3-9 익형 특성(NACA)

앞에서 설명한 것은 공간 속에 날개가 단독으로 놓여 있을 때였는데, 그림 3-10에 표시한 것과 같이 익형이 t의 간격으로 직선 익렬을 이루고 있는 경우에는, 양력 및 항력은 각각

$$L = k_L C_L \frac{\gamma}{2g} w_\infty{}^2 l$$

$$D = k_D C_D \frac{\gamma}{2g} w_\infty{}^2 l \tag{3-3}$$

로 표시된다. 여기서 k_L, k_D는 익렬의 간섭계수라 불리는 것으로서, 축류펌프와 같은 l/t의 범위에서는 $k_D = k_L = 1$로 잡아도 큰 차이는 없기 때문에 앞으로는 이것을 생략하기로 한다.

표 3-1 NACA의 익형

현길이에 따른 위치	익형 (현길이의 백분율로 표시한다)																			
	4406		4407		4408		4409		4410		4411		4412		4413		4414		4415	
	상연	하연	상연	하연	상연	하연	상연	하연	상연	하연	상연	하연	상연	하연	상연	하연	상연	하연	상연	하연
0	—	—	—	—	—	—	—	—	—	—	—	—	—	—	—	—	—	—	—	—
1.25	1.25	−0.64	1.44	−0.78	1.63	−0.92	1.81	−1.05	2.02	−1.27	2.23	−1.30	2.44	−1.43	2.65	−1.55	2.86	−1.67	3.07	−1.79
2.5	1.88	−0.79	2.12	−0.98	2.36	−1.17	2.61	−1.37	2.87	−1.57	3.13	−1.76	3.39	−1.95	3.65	−2.13	3.91	−2.31	4.17	−2.41
5	2.79	−0.82	3.11	−1.10	3.43	−1.38	3.74	−1.65	4.07	−1.93	4.40	−2.21	4.73	−2.49	5.07	−2.75	5.41	−3.01	5.74	−3.27
7.5	3.53	−0.73	3.90	−1.06	4.27	−1.40	4.64	−1.74	5.02	−2.08	5.39	−2.41	5.76	−2.74	6.14	−3.06	6.52	−3.38	6.91	−3.71
10	4.15	−0.60	4.55	−0.93	4.96	−1.36	5.37	−1.73	5.77	−2.10	6.18	−2.48	6.59	−2.86	7.01	−3.23	7.42	−3.61	7.84	−3.98
15	5.15	−0.25	5.61	−0.68	6.07	−1.11	6.52	−1.55	6.97	−2.00	7.43	−2.44	7.89	−2.88	8.35	−3.31	8.81	−3.74	9.27	−4.18
20	5.90	+0.12	6.38	−0.35	6.86	−0.82	7.33	−1.30	7.82	−1.78	8.31	−2.26	8.80	−2.74	9.28	−3.21	9.76	−3.68	10.25	−4.15
25	6.42	+0.46	6.91	−0.03	7.40	−0.52	7.90	−1.02	8.41	−1.52	8.91	−2.01	9.41	−2.50	9.91	−2.91	10.42	−3.48	10.92	−3.98
30	6.76	+0.74	7.25	+0.24	7.75	−0.26	8.25	−0.76	8.76	−1.26	9.26	−1.76	9.76	−2.26	10.26	−2.76	10.75	−3.26	11.25	−3.75
40	6.90	+1.10	7.38	+0.62	7.86	+0.14	8.35	−0.35	8.81	−0.84	9.32	−1.32	9.80	−1.80	10.28	−2.28	10.76	−2.76	11.25	−3.25
50	6.55	+1.24	6.99	+0.81	7.43	+0.38	7.87	−0.07	8.31	−0.52	8.75	−0.96	9.19	−1.40	9.64	−1.84	10.08	−2.28	10.53	−2.72
60	5.85	+1.27	6.23	+0.90	6.61	+0.53	7.00	+0.14	7.38	−0.24	7.76	−0.62	8.14	−1.00	8.53	−1.38	8.92	−1.76	9.30	−2.14
70	4.85	+1.16	5.15	+0.86	5.45	+0.56	5.76	+0.26	6.07	−0.05	6.38	−0.35	6.69	−0.65	7.00	−0.95	7.31	−1.25	7.63	−1.55
80	3.56	+0.91	3.78	+0.69	4.00	+0.47	4.21	+0.26	4.43	+0.05	4.66	−0.17	4.89	−0.39	5.11	−0.60	5.33	−0.81	5.55	−1.03
90	1.96	+0.49	2.08	+0.38	2.20	+0.27	2.33	+0.14	2.45	+0.02	2.58	−0.10	2.71	−0.22	2.83	−0.34	2.95	−0.46	3.08	−0.57
95	1.05	+0.24	1.12	+0.17	1.19	+0.10	1.26	+0.03	1.33	+0.04	1.40	−0.10	1.47	−0.16	1.54	−0.23	1.60	−0.30	1.67	−0.36
100	—	—	—	—	—	—	—	—	—	—	—	—	—	—	—	—	—	—	—	—

3-4 축류펌프의 이론

1. 가동익의 이론

그림 3-10은 그림 3-6과 같은 축류펌프의 가동익을 중심에서 반지름 r인 원통면으로 잘라 이것을 평면 위에 전개한 것이다. 지금 가동익의 익렬은 원주속도 u로서 오른쪽으로 진행한다고 하고, 익렬의 입구 ①, 출구 ②에 있어서의 유체의 상대속도를 각각 w_1, w_2라 한다. 유체가 날개에 미치는 영향을 생각할 때에는 w_1, w_2의 벡터적인 평균의 상대속도 w_∞[그림 3-10 (b) 참조]로 대신한다. 그림 3-10 (a)에 표시한 바와 같이 유체는 균일한 속도 w_∞로 날개에 부딪친다고 본다.

익렬 중의 한 날개의 양력과 항력을 식 (3-1)의 단일익의 그것과 근사하게 동일하다고 보고, 단위길이의 익폭에 대하여

$$L = C_L \cdot \frac{\gamma}{2g} w_\infty{}^2 l, \qquad D = C_D \cdot \frac{\gamma}{2g} w_\infty{}^2 l \tag{3-1}$$

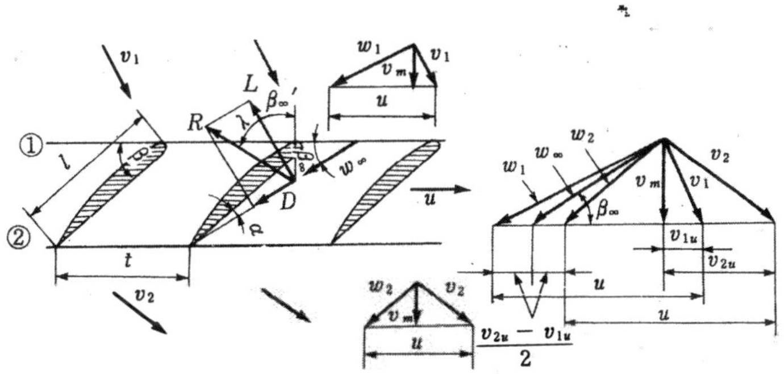

그림 3-10 축류펌프 날개에 대한 입구와 출구의 속도선도

으로 표시한다.

w_∞의 각도 β_∞는 그림 3-10 (b)에서 나타낸 바와 같이 다음 식으로 표시된다.

$$\tan\beta_\infty = \frac{v_m}{u - \{(v_{2u} + v_{1u})/2\}} \tag{3-4}$$

L과 D의 합력을 R이라고 하면, R의 회전방향성분 $R \cdot \sin(\beta_\infty + \lambda)$는 다음과 같이 변형된다.

$$R \cdot \sin(\beta_\infty + \lambda) = \frac{L}{\cos\lambda} \cdot \sin(\beta_\infty + \lambda)$$

$$= C_L \cdot \frac{\gamma}{2g} w_\infty{}^2 l \cdot \frac{\sin(\beta_\infty + \lambda)}{\cos\lambda}$$

그림 3-6에 표시한 회전차의 단면($2\pi r \cdot dr$)을 지나는 유량 dQ에 대하여 z매의 날개가 회전

방향에 미치는 힘 dF는 윗식에 zdr를 곱한 것과 같다.

$$dF = z\,dr \cdot C_L \cdot \frac{\gamma}{2g} w_\infty{}^2 l \cdot \frac{\sin(\beta_\infty + \lambda)}{\cos\lambda} \tag{3-5}$$

한편, 단면을 지나는 유량 dQ, 이론전압 수두 H_{th}에 대한 수동력 $\gamma H_{th} dQ$는 회전차의 이 부분에 필요한 동력 $dF \cdot u$와 같으므로

$$\gamma \cdot H_{th} \cdot dQ = dF \cdot u$$

가 된다. 이 식에 식 (3-5)를 대입하면

$$H_{th} = \frac{dF \cdot u}{r\,dQ} = \frac{dF \cdot u}{\gamma \cdot 2\pi r \cdot dr \cdot v_m} = C_L \cdot \frac{lz}{2\pi r} \cdot \frac{u}{v_m} \cdot \frac{w_\infty{}^2}{2g} \cdot \frac{\sin(\beta_\infty + \lambda)}{\cos\lambda}$$

가 된다. 지금 $2\pi r / z =$ 익렬의 피치 $= t$ 라 하면

$$H_{th} = C_{Lcdot} \frac{l}{t} \cdot \frac{u}{v_m} \cdot \frac{w_\infty{}^2}{2g} \cdot \frac{\sin(\beta_\infty + \lambda)}{\cos\lambda} \tag{3-6}$$

다음에 그림 3-10 (b)에서 $w_\infty = v_m / \sin\beta_\infty$이고, 제1편의 식 (2-24)에서

$$H_{th}\left(= \frac{H}{\eta_h}\right) = \frac{u}{g}(v_{2u} - v_{1u}) \tag{3-7}$$

이므로, 이 식을 식 (3-6)에 대입하면

$$C_L \cdot \frac{l}{t} = \frac{2(v_{2u} - v_{1u})}{v_m} \cdot \frac{\cos\lambda \cdot \sin^2\beta_\infty}{\sin(\beta_\infty + \lambda)} \tag{3-8}$$

을 얻는다. 설계를 할 때에는 익형이나 그 크기를 정해야 하나, 윗식에 의하여 양력계수 C_L과 l/t의 곱의 값을 알 수 있다.

익현길이 l과 익렬의 피치 t와의 비 l/t을 솔리디티(solidity)라 한다.

예제 3-1 회전수 300rpm인 1단의 축류펌프가 있다. 지름 530mm에 대한 익형을 관찰하니, 물이 4.05m/s의 속도로 회전차 입구에서 축방향으로 들어오고, 회전차 출구에서는 회전방향으로 3.85m/s의 분속도를 가지고 유출하고 있다. $C_L(l/t)$의 값을 구하라. 단, $\lambda = 1°$라 한다.

[풀이]

$$u = \frac{\pi DN}{60} = \frac{\pi \times 0.530 \times 300}{60} \fallingdotseq 8.3\,[\mathrm{m/s}]$$

$$\beta_\infty = \tan^{-1}\frac{v_m}{u - \left(\frac{v_{2u} - v_{1u}}{2}\right)} = \tan^{-1}\frac{4.05}{8.3 - \left(\frac{3.85 - 0}{2}\right)} = \tan^{-1}0.636 = 32°\ 30'$$

$$C_L(l/t) = \frac{2(v_{2u} - v_{1u})}{v_m} \cdot \frac{\cos\lambda \sin^2\beta_\infty}{\sin(\beta_\infty + \lambda} = \frac{2(3.85 - 0)}{4.05} \times \frac{\cos 1° \times \sin^2 32°\ 30'}{\sin(32°\ 30' + 1°)}$$

$$\fallingdotseq 0.97$$

2. 정익(안내깃)의 이론

가동익-안내깃의 배열로 된 경우를 예로 들어 설명한다. 그림 3-11에 있어서 가동익을 나온 흐름은 유속 v_2(회전방향 분속도는 v_{2u})를 가지고 그대로 정익입구의 유속이 되어 들어 오고, 정익 출구의 유속 v_3는 축방향의 유속 v_m만으로 되어 나가는 것으로 한다. 가동익도 같이 단면적

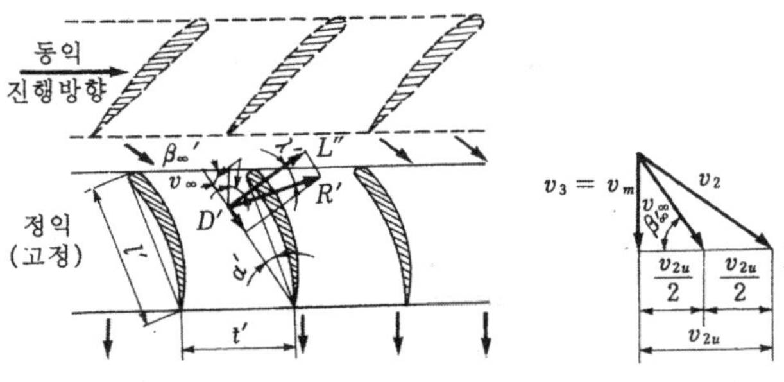

(a) (b)

그림 3-11

$2\pi r \cdot dr$을 지나는 유체에 대하여 생각한다. 이 단면적을 지나는 유체에 대한 정익의 원주방향의 항력을 dF'라 하면, 운동량의 법칙에 의하여(z'를 정익 수, t'를 피치 $=2\pi r/z'$라 하여)

$$dF' = \frac{\gamma}{g} \cdot 2\pi r \cdot dr \cdot v_m \cdot v_{2u} = \frac{\gamma}{g} t' z' \cdot dr \cdot v_m \cdot v_{2u} \tag{3-9}$$

그림 3-11에 있어서 정익 1매의 전 항력(L'와 D')의 원주방향 분력은

$$(L' \cdot \sin\beta_\infty' + D' \cdot \cos\beta_\infty')\,dr$$

과 같고, 이것과 정익 수 z'와의 곱은 dF'와 같다.

$$\begin{aligned} dF' &= z'(L' \cdot \sin\beta_\infty' + D' \cdot \cos\beta_\infty')\,dr \\ &= z'L' \cdot \sin\beta_\infty'\left(1 + \frac{\tan\lambda'}{\tan\beta_\infty'}\right) dr \end{aligned} \tag{3-10}$$

식 (3-9)와 식 (3-10)에서

$$\frac{\gamma}{g} t' v_m v_{2u} = L' \cdot \sin\beta_\infty'\left(1 + \frac{\tan\lambda'}{\tan\beta_\infty'}\right)$$

윗식에

$$L' = C_L' \cdot \frac{\gamma}{g} w_\infty{}^2 l' = C_L' \cdot \frac{\gamma}{2g}\left(\frac{v_m}{\sin\beta_\infty'}\right)^2 l'$$

를 대입하여 정리하면 다음 식을 얻는다.

$$C_L' \cdot \frac{l'}{t'} = \frac{2v_{2u}}{v_m} \cdot \frac{\sin\beta_\infty'}{1 + (\tan\lambda' / \tan\beta_\infty')} \tag{3-11}$$

여기서 $\lambda' = \tan^{-1}(C_D' / C_L') \fallingdotseq C_D' / C_L'$ 이다. 그림 3-11 (b)에서 명백한 바와 같이 β_∞'는 다음 식으로 표시된다.

$$\beta_\infty' = \frac{v_m}{v_{2u}/2} \tag{3-12}$$

예제 3-2 3000rpm으로 회전하고 있는 가동익-정익 배열의 1단의 축류펌프가 있다. 지름 530mm에 대한 익렬을 관찰할 때, 물은 4.05m/s의 속도로 회전차 입구에서는 축방향으로 들어 오고, 회전차 출구에서는 회전방향으로 3.85m/s의 분속도로 나가고 있다. 정익을 나온 곳에서 이 분속도를 없애자면 $C_L'(l'/t')$의 값을 얼마로 해야 하는가? 단, $\lambda = 1°$이다.

[풀이]

$$\tan\beta_\infty' = \frac{v_m}{v_{2u}/2} = \frac{4.05}{3.85/2} = 2.1 \qquad \therefore \beta_\infty' = 64°\ 35'$$

$$C_L' \cdot \frac{l'}{t'} = \frac{2v_{2u}}{v_m} \cdot \frac{\sin\beta_\infty'}{1 + \frac{\tan\lambda'}{\tan\beta_\infty'}} = \frac{2\times3.85}{4.05} \times \frac{\sin 64°\ 35'}{1 + \frac{\tan 1°}{\tan 64°\ 35'}} = 1.71$$

3-5 축류펌프의 성능과 관련된 요소

1. 가동익의 설치각(β)

그림 3-12에 표시된 각 β는

$$\beta = \beta_\infty + \alpha \tag{3-13}$$

가 되는데, 이것을 가동익의 설치각으로 정의하면, 축류펌프의 성능은 날개의 이 설치각에 따라 크게 좌우된다. 그림 3-13은 날개의 설치각을 여러 가지로 바꾸었을 때의 특성 곡선을 표시한다. 이 그림에 의하면 유량은 설치각에 비례하여 증대하지만, 양정(이를테면 최고 효율점의 양정)은 일정함을 알 수 있다. 단, 이 실험은 가동익-정익 배열의 경우이다.

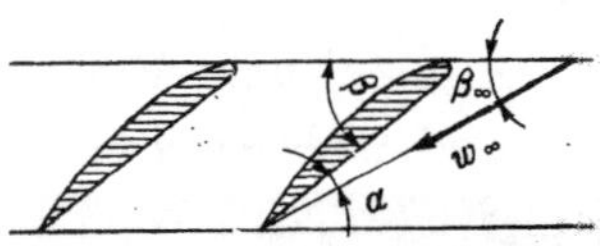

그림 3-12 날개의 설치각

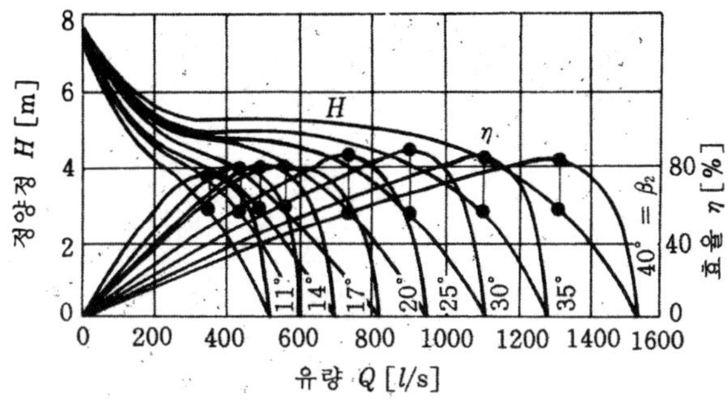

그림 3-13 축류펌프의 특성 곡선

2. 가동익의 날개 수

그림 3-14는 날개 수 z를 2~5매로 바꾸었을 때의 축류펌프의 특성 곡선에 대한 실험결과를 나타낸다. 이 그림에 의하면 날개 수의 증가에 따라 유량은 변하지 않지만 양정은 증가함을 알 수 있다.

그림 3-15는 회전차의 바깥지름에 대한 솔리디티 l/t의 값을 0.4에서 0.8로 바꾸었을 때의 특성 곡선을 나타낸다. 이 그림에 의하면 l/t이 증가함에 따라 유량은 변하지 않지만 양정은 변한다. 이 사실은 날개 수인 경우와 같다. 이것은 $z=(\pi D/l)\times(l/t)$이므로 l/t과 z는 비례한다는 것으로부터 알 수 있다.

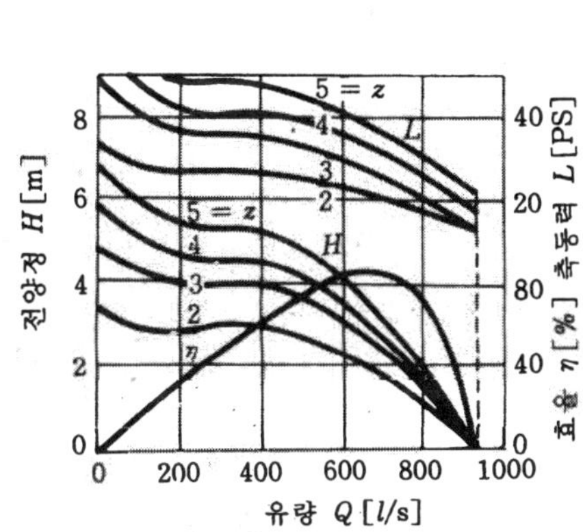

그림 3-14

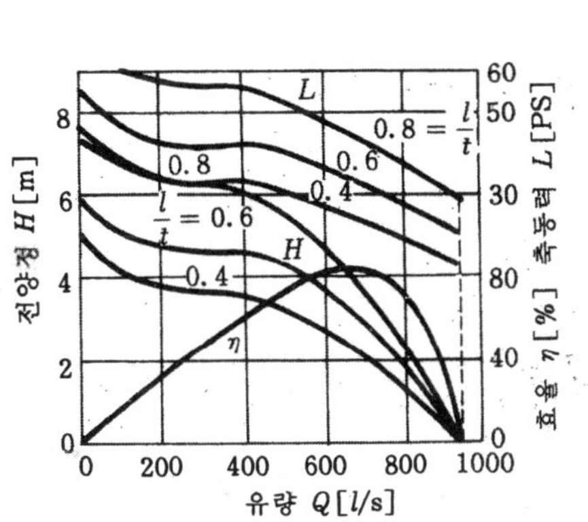

그림 3-15

그림 3-16은 비속도 n_s와 솔리디티 l/t(회전차의 바깥지름에 대한)과의 관계를 표시하고, 많은 축류펌프의 실험에서 구해진 것이다. 이 관계는 보스비 $\nu(=D_i/D_0)$에 따라서도 변함을 표시한다.

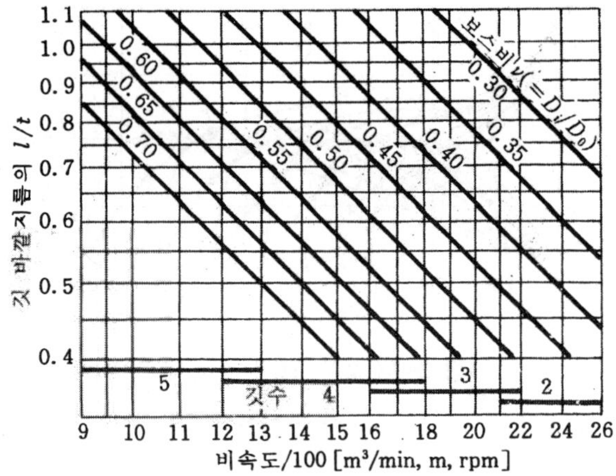

그림 3-16 축류펌프의 보스비, 깃 매수, l/t 선정선도

3. 정익의 설치각과 날개 수

정익의 설치각은 가동익의 설치각만큼 펌프의 성능에 큰 영향을 마치지 않는다. 정익의 날개 수 z'는 일반적으로 가동익의 날개 수 z보다 많게 잡고 서로 소가 되도록 한다. 이것은 공명진동을 피하기 위해서이다.

3-6 축류펌프의 설계

1. 회전차의 주요 치수와 비속도

원심펌프에서 설명한 바와 같이 하여, 축류펌프의 바깥지름 D_0를 다음 식으로 표시하면, 식 중의 K_u는 비속도 n_s에 따라 정해진다.

$$D_0 = \frac{60\,K_u\sqrt{2gH}}{\pi N} \tag{3-14}$$

여기서 H : 펌프의 전양정[m], N : 회전차의 회전수[rpm]이다. 그림 3-17은 많은 축류펌프의 실험에서 구한 $K_u \sim n_s$의 관계도이다.

다음에 회전차의 안지름(보스의 지름) D_i가 바깥지름 D_0에 비하여 작게 되고, 유로 단면적이 증가하면 유량은 증대하고 양정은 감소한다. 이 결과 비속도 $n_s(=NQ^{1/2}/H^{3/4})$는 커진다. 그림 3-18은 많은 축류펌프의 실험에서 얻은 보스비 $(D_i/D_0) \sim n_s$의 관계도를 표시한다.

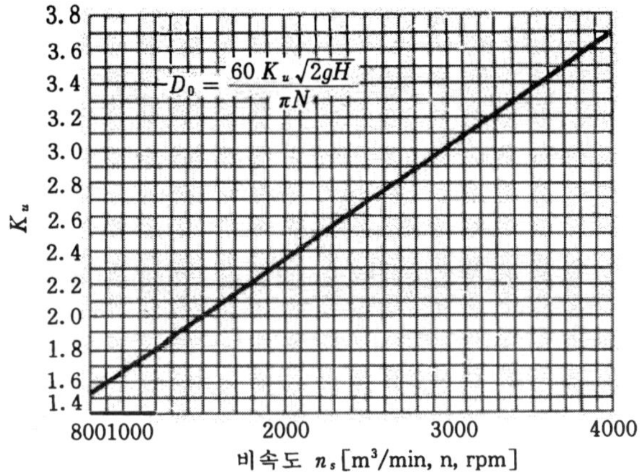

그림 3-17

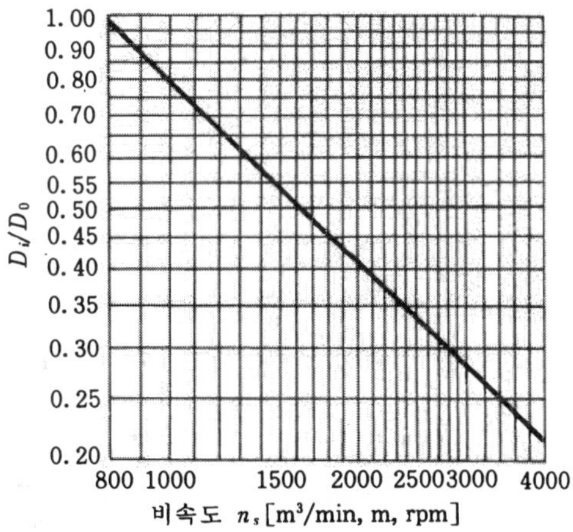

그림 3-18

2. 설계순서

설계의 순서를 실제로 예를 들어 설명하기로 한다.

(1) 설계시방

다음 시방에 따른 펌프를 설계한다.

a) 수송할 유체 : 상온의 물

b) 펌프의 양정 : 전양정=5.2m

c) 양수량 : 130m^3/min

d) 펌프의 회전수 : 전동기 직결로서 580rpm

(2) 비속도 n_s의 결정

$$n_s = N\frac{Q^{1/2}}{H^{3/4}} = 580\times\frac{130^{1/2}}{5.2^{3/4}} = 1920\ [\mathrm{m^3/min,\ m,\ rpm}]$$

(3) 펌프의 종류 결정

효율 η와 n_s와의 관계 : (제2장 그림 2-28)에서 $n_s=1920$은 축류펌프의 범위이므로, 펌프의 종류는 이것으로 결정한다. $n_s=1920$일 때 펌프의 효율은 $\eta=77\%$이나, 조금 작게 잡아 $\eta=75\%$로 한다.

(4) 회전차의 설계

a) 축동력(L)

$$L=\frac{\gamma HQ}{4500\eta}=\frac{1000\times5.2\times130}{4500\times0.75}=200\ [\mathrm{PS}]$$

b) 전동기 동력(L_d)

$$L_d=kL=1.2\times200=240\ [\mathrm{PS}]=176.5\ [\mathrm{kW}]$$

$k=1.2$는 표 2-3(제2장)에서 정한다. 전동기의 정격출력이 176.5kW짜리는 없으므로, 이것에 가깝고 보다 큰 것으로는 190kW=250PS짜리가 있다. 전동기의 출력은 190kW로 결정한다.

C) 회전차 축의 지름 (d)의 결정 : 먼저 회전차 축의 비틀림 모멘트 T를 구하면 다음과 같이 된다.

$$T=71,620\frac{L}{N}=71,620\times\frac{240}{580}=29,600\ [\mathrm{kg\cdot cm}]$$

축의 재료를 SM 30 C-3종으로 선택하면 부록 8에서 허용 비틀림 응력은 $\tau=205\,\mathrm{kg/cm^2}$이고, 키 홈의 영향을 생각한 때에는 제2장의 식 (2-47)에서 $\tau=0.75\times205=154\,\mathrm{kg/cm^2}$이다. 안전계수 c의 값은 축류펌프의 특성에서 유량이 0일 때 축동력이 최대가 되기 때문에, 원심식보다 크게 잡아서 $c=1.5$로 잡으면 회전차 축의 지름 d는 제2장의 식 (2-46)에 의하여

$$d=1.72c\sqrt[3]{\frac{T}{\tau}}=1.72\times1.5\times\sqrt[3]{\frac{29,600}{154}}=15\ [\mathrm{cm}]$$

d) 회전차의 바깥지름(D_0) : 그림 3-17에서 $n_s=1940$일 때 $K_u=2.30$, 이것을 식 (3-14)에 대입하면 회전차의 바깥지름은

$$D_0=\frac{60K_u\sqrt{2gH}}{\pi N}=\frac{60\times2.30\sqrt{2\times9.8\times5.5}}{3.14\times580}=0.765\ [\mathrm{m}]$$

이다. $D_0=765\,\mathrm{mm}$로 정한다.

e) 회전차의 안지름(D_i) : 그림 3-18에서 $n_s=1920$일 때 $D_i/D_0=\nu=0.43$이므로

$$D_i=\nu D_0=0.43\times0.765=0.329\ [\mathrm{m}]$$

$D_i=329\,\mathrm{mm}$로 정한다.

f) 축방향 유속(익렬내)(v_m)

$$v_m=\frac{Q/60}{(\pi/4)(D_0{}^2-D_i{}^2)}=\frac{130/60}{(\pi/4)(0.765^2-0.329^2)}=5.8\ [\mathrm{m/s}]$$

g) 가동익의 매수(z)와 바깥지름에 대한 l/t : 그림 3-16에서 $n_s=1940$일 때 $z=3$매, 또 $\nu=0.43$을 고려하면 같은 그림에서 솔리디티 $l/t=0.58$이 된다.

(5) 가동익(바깥지름 $D_0=765\,\mathrm{mm}$에 대한 치수)

회전차의 축심을 중심으로 하는 몇 개의 원통면으로서 가동익을 잘랐다고 가정하여 각 둘레 위의 여러 가지 요소를 구한다. 이하 회전차의 바깥지름에 대한 경우를 대표하여 기술한다.

a) 원주속도(u)

$$u=\frac{\pi DN}{60}=\frac{3.14\times0.765\times580}{60}=23.2\ [\mathrm{m/s}]$$

b) 원주방향의 유속증가($v_{2u}-v_{1u}$) : 이 설계에서는 가동익-정익의 배열로 하고, 물은 가동익에 대하여 축심방향으로 들어온다고 하여, $v_{1u}=0$으로 한다. 제 I 편의 식 (2-26)에서

$$v_{2u}=\frac{gH}{\eta_h u}=\frac{9.8\times5.2}{0.92\times23.2}=2.39\ [\mathrm{m/s}]$$

수력효율 η_h는 보통 90~97%의 범위인데, 여기서는 $\eta_h=92\%$로 잡았다.

c) 상대유속(w_∞)의 각도(β_∞) : 식 (3-4)에서

$$\beta_\infty=\tan^{-1}\frac{v_m}{u-(v_{2u}/2)}=\tan^{-1}\frac{5.8}{23.2-(2.39/2)}=14^\circ\ 48'$$

d) 양력계수(C_L) : 식 (3-8)에서

$$C_L\cdot\frac{l}{t}=\frac{2(v_{2u}-v_{1u})}{v_m}\cdot\frac{\cos\lambda\sin^2\beta_\infty}{\sin(\beta_\infty+\lambda)}$$

$$=\frac{2\times(2.39-0)}{5.80}\times\frac{\cos1^\circ\times\sin^2 14^\circ\ 48'}{\sin(14^\circ\ 48'+1)}=0.197$$

(4) g)의 항에서 $l/t=0.58$(회전차의 바깥지름 이외의 경우는 추정한다)이므로

$$C_L=\frac{0.197}{l/t}=\frac{0.197}{0.58}=0.34$$

e) 익형 : $C_L=0.34$에 대한 것으로서, 그림 3-9에서 NACA 4406으로 정한다.

f) 영각 : 그림 3-9에서 $C_L=0.34$일 때 $C_L=0.34$선상의 6(4406의 약)에 대한 것으로서, $\alpha=-36'$로 정한다.

g) 설치각

$$\beta=\beta_\infty+\alpha=14°\ 48'-36'=14°\ 12' \text{(그림 3-12 참조)}$$

h) 피치 : $t=\pi D/z=\pi\times 0.765/3=0.8\,[\mathrm{m}]$

i) 익현길이 : $l=0.58\,t=0.85\times 0.8=0.464\,[\mathrm{m}]$

(6) 정익(바깥지름 $D_0=765\,\mathrm{mm}$에 대한 치수)

동익과 같이 축심을 중심으로 하는 몇 개의 원통면으로 잘랐다고 가정하여, 각 둘레 위의 여러 가지 요소를 구한다. 이하 바깥지름의 경우에 대하여 설명한다.

a) 상대유속에 대한 각(β_∞') : 식 (3-12)에 의하여

$$\beta_\infty'=\tan^{-1}\frac{v_m}{v_{2u}/2}=\tan^{-1}\frac{5.8}{2.39/2}=78°\ 22'$$

b) $C_L'\cdot\dfrac{l'}{t'}$의 값 : 식 (3-11)에 의하여

$$C_L'\cdot\frac{l'}{t'}=\frac{2v_{2u}}{v_m}\cdot\frac{\sin\beta_\infty'}{1+(\tan\lambda'/\tan\beta_\infty')}$$

$$=\frac{2\times 2.39}{5.8}\times\frac{\sin 78°\ 22'}{1+(\tan 1°/\tan 78°\ 22')}=0.805$$

c) 정익의 수(z') : z'는 가동익의 수 z보다 많고, 서로 소가 되도록 선정한다(일반적으로 7~15매). $z'=10$으로 한다.

d) 솔리디티 : $l'/t'=1.0$(추정)

e) 양력계수 : $C_L'=\dfrac{0.805}{l'/t'}=\dfrac{0.805}{1}=0.805$

f) 익형 : $C_L'=0.805$에 대한 것으로서, 그림 3-9에서 9(NACA 4409)로 정한다.

g) 영각 : $\alpha'=4°\ 20'$(그림 3-9에서 $C_L'=0.805$선상의 9에 대한 것으로서 정한다)

h) 설치각 : $\beta'=\beta_\infty'+\alpha'=78°\ 22'+4°\ 20'=82°\ 44'$(그림 3-11 참조)

i) 익현길이(l') : $l'/t'=1.0$에서

$$l'=1\times\frac{\pi D}{z'}=1\times\frac{\pi\times 0.765}{10}=0.24\,[\mathrm{m}]$$

3-7 축류펌프의 운전

원심펌프와는 달리 고정익의 축류펌프에서는 체절상태에서 가장 큰 축동력을 필요로 하기 때문에 체절운전이 불가능한데, 이것이 하나의 특징이다. 보통 축류펌프에서는 시동할 때 송출부에 바이패스(by-pass)를 설치하여 흡입쪽으로 환류시키거나, 펌프축의 회전속도가 변화하도록 하여 두고, 시동은 저속으로 걸어서 점차 증속하는 방법을 취한다. 경우에 따라서는 송출밸브를 전개해 놓고 시동하는 방법을 쓸 때가 있으나, 밸브를 전개해 놓더라도 관속의 흐름을 곧 따를 수는 없으므로, 일마동안은 큰 축동력이 걸린다는 것을 예기하지 않으면 안 된다.

가동익의 축류펌프에서는 송출량이나 양정에 따라 날개의 각도를 조정할 수 있으므로, 축동력은 송출량과 관계없이 일정하게 할 수 있으며, 그림 3-19에 표시한 바와 같이 된다.

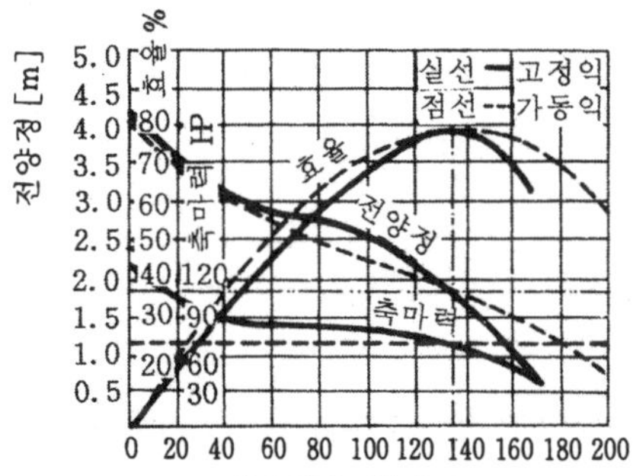

그림 3-19 고정익 및 가동익 축류펌프의 특성 곡선

가동익의 축류펌프에서는 송출밸브를 잠근 채 시동하여도 무방하다. 그림에 표시된 바와 같이 송출량의 넓은 범위에 걸쳐 효율이 좋아지기 때문에 좋은 조건이다. 날개의 설치각을 변화시키기 때문에 그림 3-4에 표시한 것과 같은 장치를 하지 않으면 안 되므로 고정익에 비하여 값이 비싸게 된다.

횡축의 경우에는 시동할 때 진공펌프를 사용하여 동체 내에 물을 채워야 하나, 입축에서는 회전차가 물 속에 잠겨 있기 때문에 물받이장치를 필요로 하지 않는다.

연 습 문 제

1 익폭 10m, 익현길이 1.8m인 날개를 가지는 비행기가 112m/s의 속도로 날고 있다. 이 때 날개의 영각은 1°로서 양력계수는 0.326, 항력계수는 0.0761이면 양력과 항력은 얼마로 되는가? 단, 비행기 본체의 영향은 무시하고, 공기의 비중량은 $1.2kg_f/m^3$로 한다.

2 중량 10t인 비행기가 270km/h 속도로 수평 비행할 때, 추력과 이에 필요한 동력을 구하여라. 단, (양력)/(항력)의 비는 5이다.

3 300rpm로서 회전하고 있는 1단의 축류펌프가 있다. 지름 980mm의 익렬에 있어서 물은 $v_1=4.01\,m/s$의 속도로 회전차 입구에서 축심방향으로 유입하고, $v_2=4.48\,m/s$의 속도로 회전차 출구로 유출한다. 다음을 구하여라.

(1) 이론 전압수두(H_{th})

(2) 입구, 출구의 상대속도의 각도 변화($\beta_2-\beta_1$)

4 단의 축류펌프가 있다. 회전차의 반지름 76mm에 있어서 회전차 입구의 유체의 절대속도는 축방향에서 들어 오고, 출구의 유체의 상대속도는 축방향으로 유출한다. 유량 $70m^3/min$, 회전차 50rpm이라 하고, 이론 전압수두는 회전차의 전반지름을 통하여 일정하다고 하여 다음을 구하여라.

(1) 이론 전압수두

(2) 이론 수동력

5 회전수 300rpm일 때 전양정 3m, 수량 $130m^3/min$를 내는 펌프를 설계하려고 한다. 그림 2-28을 이용하여 펌프의 종류와 효율을 구하여라

6 N, H, Q가 문제 3-5와 같은 펌프의 축마력, 전동기(벨트걸이)의 마력, 회전차의 축지름을 계산하여라. 단, 펌프의 전효율 $\eta=74\%$, 축의 허용비틀림응력 $150kg_f/cm^2$, 안전계수를 1.5로 한다.

7 N, H, Q가 문제 3-5와 같은 축류펌프의 설계에 있어서 회전차의 안지름, 바깥지름, 바깥지름에 대한 익현길이와 피치의 비 l/t를 구하여라.

8 전양정 2.5m, 유량 $11.5m^3/min$, 회전수 1000rpm인 축류펌프의 회전차의 바깥지름이 280mm이

다. 이 부분에 대한 익형의 $C_L \cdot l/t$를 구하여라. 난, 수력효율 $\eta_h = 0.95$, 보너스비 0.5, $\tan^{-1}(D/L) = \lambda = 1°$로 한다.

9 회전수 300rpm, 전양정 3m, 수량 130m^3/min를 내는 축류펌프(가동익-정익 배열)의 설계에서 회전차의 바깥지름이 980mm, 안지름이 530mm, 수력효율이 92%일 때, 익열 내에 있어서의 축방향유속 v_m, 익렬출구의 바깥지름에 있어서의 회전방향유속 v_{2u}를 구하여라.

10 전양정 3m, 유량 130m^3/min, 회전수 300rpm인 축류펌프의 설계에 있어서 회전차의 바깥지름에 있어서의 날개의 양력계수 C_L, 익현길이 l, 날개의 설치각 β를 구하여라. 단, $D_0 = 980$ mm, $D_i = 530$ mm, $z = 4$매, $l/t = 0.6$, $u = 15.4$ ms/, $u_m = 4.05$ m/s, $v_{2u} = 2.08$ m/s, $\lambda = 1°$, 익형 NACA 4409로 한다.

제4장

왕복펌프

4-1 왕복펌프의 구조와 분류

왕복펌프(reciprocating pump)는 흡입밸브와 송출밸브를 장치한 실린더 속을 피스톤(piston), 플런저(plunger)를 왕복운동시켜 송수하는 펌프로서, 물에 대하여 정역학적으로 에너지를 전달한다.

왕복펌프에는 피스톤형(piston type)과 플런저형(plunger type)이 있다. 전자는 저압의 경우, 후자는 고압의 경우에 사용되며, 이 2종류가 공업용으로 많이 쓰인다. 그밖에 가정용 수동펌프로 쓰이는 것에 버킷형(bucket type)이 있다. 이것은 피스톤의 중앙부에 구멍을 뚫어, 여기에 밸브를 설치한 것이다.

피스톤과 플런저의 구별은 미국의 JIC(The Joint Industry Conference)에 의하면, 피스톤은 작동부의 단면이 피스톤 로드의 단면보다 큰 것, 플런저는 양쪽이 동일한 치수의 것으로 규정하고 있다. 그림 4-1에서 (a), (b)는 피스톤형이고, (c), (d)는 플런저형이다. (b)는 (a)에 비하여 피스톤 로드가 상당히 굵으므로 이것을 복동식의 차동펌프로 사용할 때에는 지름 d의 로드는 플런저의 역할을 하게 된다.

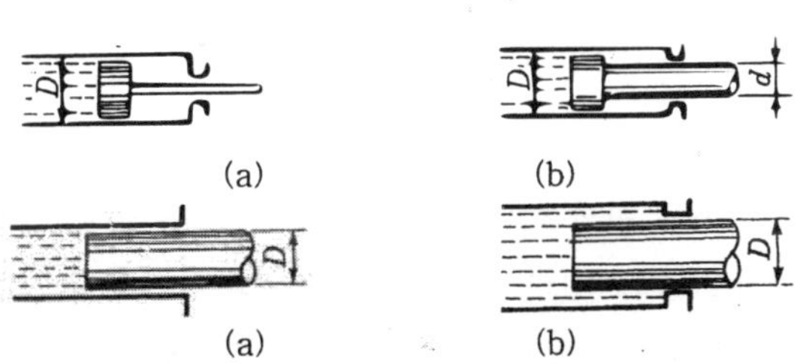

그림 4-1 피스톤과 플런저

왕복펌프의 주체는 피스톤, 실린더, 흡입밸브 및 송출밸브로 구성되고 여기에 흡입관, 송출관, 공기실(흡입부와 출구부에 위치), 풋 밸브, 스트레이너 등이 부속된다. 그림 4-2는 왕복펌프의 개략도이다. 피스톤 P는 실린더 속을 왕복운동한다. 피스톤은 L의 거리를 상하운동하는데, 이것을 행정(stroke)이라고 한다. 피스톤이 올라가면 실린더 속은 진공이 되고, 흡입밸브(suction valve) V_s가 열려 흡입관으로부터 흡수한다. 다음에는 피스톤이 내려가면 송출밸브(delivery valve) V_d가 열리고 물을 송출한다. 이렇게 왕복운동에 의하여 불연속적으로 물이 배출된다.

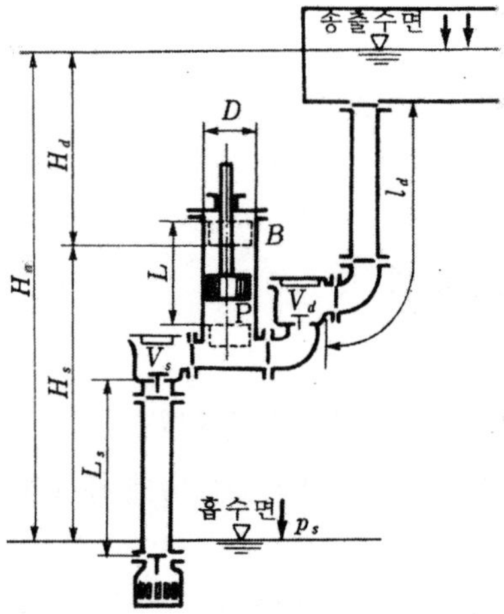

그림 4-2 왕복펌프의 배관도

그림 4-2에서 피스톤이 실린더의 최고부까지 올라갔을 때 그 밑면에서 흡수면까지의 높이를 흡입수두 H_s, 송출면까지의 높이를 송출수두 H_d라 하고, $H_s+H_d=H_a$를 실양정이라 한다. 흡입관 및 송출관에 있어서의 마찰손실수두, 각종 밸브의 저항수두를 H_a에 더한 것을 전양정 H라 함은 터보형 펌프인 경우와 같다. 흡입수면과 송출수면에 있어서의 압력을 각각 p_s와 p_d라 하면, 전양정 H는

$$H=\frac{p_d-p_s}{\gamma}+H_a+h_l \tag{4-1}$$

로 표시된다. 여기서 h_l은 손실수두의 합을 표시한다.

왕복펌프는 그 구조상으로 볼 때 저속운전이 될 수 밖에 없고, 같은 유량을 내는 원심펌프에 비하면 대형이 된다. 송출압력은 원심펌프와 같이 회전수에 제한을 받지 않고, 이론적으로는 송출쪽의 압력에 얼마든지 따라갈 수가 있다. 유량은 적어도 되나 양정이 원심펌프로서는 미칠 수 없을 만큼 고압을 요구하는 경우에는 왕복펌프가 적합하다. 송출압력이 매우 커서 피스톤 로드로서 감

당할 수 없는 경우에는 피스톤 대신에 플런저를 사용한다.

왕복펌프는 양수작용에 따라 분류하면 단동(single acting), 복동(double acting) 및 차동(differential acting)펌프로 구분된다.

지금 그림 4-2와 같은 단동펌프에서는 피스톤 또는 플런저의 지름을 D라 하고, 행정을 L(반지름 r인 크랭크의 회전에서 운동거리를 잡으면 $L=2r$가 된다)이라 하면, 크랭크가 1회전함으로써 $\frac{\pi}{4}D^2L$의 체적에 상당하는 수량이 송출되므로[이것을 행정용적이라 하고 $V_0\mathrm{m}^3$로 표시한다], 크랭크의 매분 회전수를 N이라고 하면, 이론상의 배수량 $Q_{th}\mathrm{m}^3/\mathrm{min}$는

$$Q_{th}=\frac{\pi}{4}D^2LN \tag{4-2}$$

으로 표시된다. 이 때 피스톤은 1행정만 배수를 하므로, 이것을 단동식이라 한다.

이것에 대하여 피스톤의 반대쪽을 이용하여 교대로 배수하는 것이 복동식이다. 그림 4-3에서와 같이 플런저의 좌우에 1조의 실린더를 장치하면, 플런저의 우향행정에서는 왼쪽 실린더 속은 진공이 되고, 물은 흡입밸브를 열어 실린더 속으로 흡입됨과 동시에 오른쪽 실린더 속의 물은 송출밸브를 열어 외부로 송출된다. 반대로 플런저의 좌향행정에서는 오른쪽 실린더 속은 진공이 되고 여기에 물이 흡입되며, 한편왼쪽 실린더 속의 물은 송출밸브를 밀어서 열고 물은 외부로 송출된다. 플런저의 각 행정마다 흡수와 송수가 동시에 이루어지므로, 단동식에 비하여 송수가 균일하게 되어 실용상 편리한다. 이와 같은 작동방식을 복동식이라 한다.

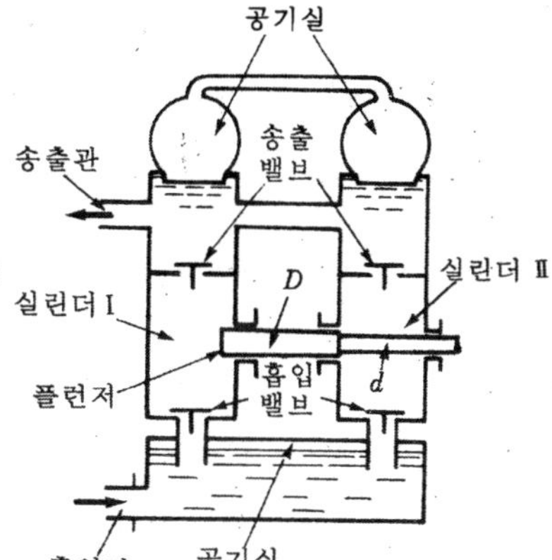

그림 4-3 복동식 펌프

지금 플런저의 지름을 D, 행정을 L, 로드의 지름을 d라 하면, 우향행정에서 플런저의 왼쪽 실린더 내에는 $\frac{\pi}{4}D^2L$의 물이 흡입되고, 오른쪽 실린더 내에서 $\frac{\pi}{4}(D^2-d^2)L$의 물이 송출된다.

좌향행정에서는 오른쪽 실린더 내에 $\frac{\pi}{4}(D^2-d^2)L$의 물이 흡입되고, 왼쪽 실린더에서 $\frac{\pi}{4}D^2L$의 물이 송출되므로, 플런저의 1왕복에 의하여 송수되는 배수량은

$$\frac{\pi}{4}(D^2-d^2)L+\frac{\pi}{4}D^2L=\frac{\pi}{4}(2D^2-d^2)L$$

그러므로 단위시간의 배수량 Q_{th}는 다음 식과 같이 된다.

$$Q_{th}=\frac{\pi}{4}(2D^2-d^2)LN \qquad (4\text{-}3)$$

그림 4-4와 같이 실린더 Ⅰ의 송출밸브 뒤에 밸브를 달지 않고 실린더를 연결하여 지름이 다른 것을 가진 플런저를 좌우로 왕복운동시키면, 플런저의 우향행정에 있어서는 실린더 Ⅰ속이 진공이 되어 물은 흡입밸브를 열고 실린더 속에 흡입된다. 이 때 실린더 Ⅱ내에 있어서는 대소 두 개의 플런저의 면적의 차에 행정을 곱한 만큼의 용적이 감소하므로, 이에 맞먹는 물은 송출관으로 배출된다.

플런저의 좌향행정에서는 실린더 Ⅰ의 흡입밸브가 닫히고, 물은 송출밸브를 열어 실린더 Ⅱ쪽으로 송출된다. 이 때 실린더 Ⅱ내의 용적은 대소 2개의 플런저 면적의 차에 행정을 곱한만큼

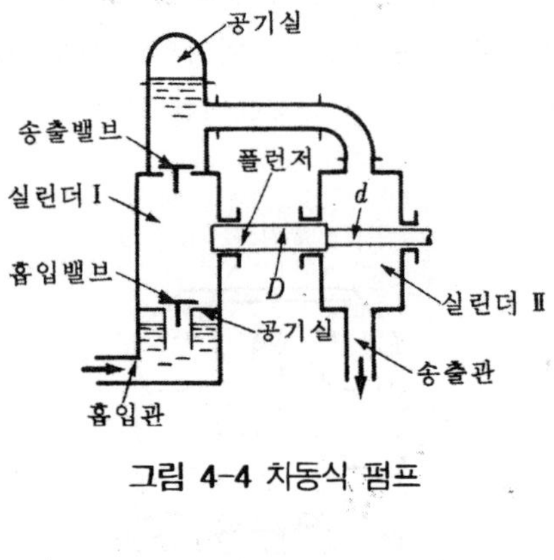

그림 4-4 차동식 펌프

증대되므로, 실린더 Ⅰ에서 송출되는 물 가운데 이 증대량에 맞먹는 분량은 실린더 Ⅱ속에 축적되고, 그 나머지가 송출관으로 배출된다. 이와 같은 행정방식을 차동식이라 한다. 이 때에는 플런저가 1왕복하는 사이에 1회의 흡수와 2회의 송수를 하게 되어, 단동식에 비하여 송수상태는 균일화된다.

지금 플런저의 큰 쪽 지름을 D, 작은 쪽의 것을 d, 행정을 L이라 하면, 플런저의 우향행정에서 실린더 Ⅰ에서 $\frac{\pi}{4}D^2L$의 물이 흡입되고, 실린더 Ⅱ에서 $\frac{\pi}{4}(D^2-d^2)L$의 물이 송출된다. 플런저의 좌향행정에서는 실린더 Ⅰ에서 $\frac{\pi}{4}D^2L$의 물이 송출되는데 그 중 $\frac{\pi}{4}(D^2-d^2)L$만큼의

물은 실린더 속으로 흡입되므로, 결국 송출관으로 배출되는 배수량은 다음과 같이 된다.

$$\frac{\pi}{4}D^2L-\frac{\pi}{4}(D^2-d^2)L=\frac{\pi}{4}d^2L$$

플런저의 1왕복 사이에 송출되는 양은

$$\frac{\pi}{4}(D^2-d^2)L+\frac{\pi}{4}d^2L=\frac{\pi}{4}D^2L$$

이다. 단위시간의 이론배수량은 다음 식으로 구해진다.

$$Q_{th}=\frac{\pi}{4}D^2LN \tag{4-4}$$

만일 $d/D=1/2$로 잡으면, 플런저의 왕복 각각의 행정에서 유량 $\left(\frac{\pi}{4}D^2L\right)/2$가 송출되는 것이 되어 송수상태는 역시 균일하게 된다.

피스톤, 플런저의 구동에는 전동기나 내연기관 등이 사용되는데, 증기압이나 공기압을 직접 이용하는 경우도 있다. 전자에서는 피스톤 또는 플런저가 원동기와 직접 또는 감속한 크랭크축으로 구동된다. 이 방식을 쓸 때에는 크랭크축의 동력이 충분하면 압력이 광범하게 변화하더라도 피스톤 또는 플런저의 속도가 불변으로 유지되고 일정량의 물을 수송할 수가 있다.

단동식 펌프를 크랭크 기구로 구동할 때에는, 송출압력이 높으면 피스톤의 왕복행정 중에 크랭크축에 걸리는 힘이 현저하게 변동하므로 기계에 진동을 일으킨다. 이것을 피하기 위해서는 일반적으로 복수개의 피스톤을 적당한 각도로 크랭크축에 장치한다. 이 때 실린더의 수에 따라 단식, 복식(이연식), 삼연식 등으로 구분한다.

증기압을 직접 이용하여 구동할 때에는 증기 피스톤과 물 피스톤을 공통인 로드로 연결한다. 수압이 높아지면 피스톤의 속도는 감소하고, 역으로 낮아지면 피스톤의 속도는 빨라진다. 물 피스톤에 미치는 전압력이 증기 피스톤에 미치는 전압력과 같게 되면, 피스톤은 이동하지 않게 된다. 압력이 변동하더라도 일정속도로 피스톤을 운동시키기 위해서는 자동적으로 증기압을 조정하는 장치를 설치하지 않으면 안 된다.

왕복펌프에는 실린더가 수직인 입형과 수평인 횡형이 있고, 용도에 따라 적당한 형식이 선정된다.

4-2 왕복펌프의 송출량의 변화

그림 4-2에서 행정용적 V_0는 피스톤의 단면적을 A라 할 때

$$V_0=\frac{\pi}{4}D^2L=AL \tag{4-5}$$

로 표시됨은 앞서 설명한 바와 같다. 이론배수량은 식 (4-2)와 같이 표시된다. 실제의 배수량 Q는 Q_{th}에서 피스톤과 실린더 사이의 누설량, 흡입밸브와 송출밸브가 피스톤 운동에 충실하게 작동하지 않기 때문에 생기는 역유량, 잔류한 기체 등에 의한 감량 등을 뺀 것이다. 이 감량을 Q_l이라고 하면

$$Q = Q_{th} - Q_l \tag{4-6}$$

이 된다. Q_{th}는 일정시간 내의 평균값을 표시하고 있지만, 실제로 왕복펌프의 배수는 연속적인 것이 아니므로 어떤 시각에 있어서의 배수량은 이 평균값과 다르다. 이론배수량의 순간값 $q\,\mathrm{m^3/s}$는 피스톤의 속도와 단면적을 $u\,\mathrm{m/s}$와 $A\,\mathrm{m^2}$라 하면

$$q = A \times u \tag{4-7}$$

가 된다. 그림 4-5에 표시한 단동펌프(크랭크 기구를 가진 것)에 있어서 크랭크 암의 길이를 $r\,\mathrm{m}$, 각속도 ω, 연결봉의 길이를 $l\,\mathrm{m}$라 하면, 크랭크 축의 중심 O에서 피스톤 핀 p까지의 거리 x는 다음과 같이 된다.

$$x = \sqrt{l^2 - r^2 \sin^2\theta} - r\cos\theta = l\left[1 - \left(\frac{r}{l}\sin\theta\right)^2\right]^{1/2} - r\cos\theta \tag{4-8}$$

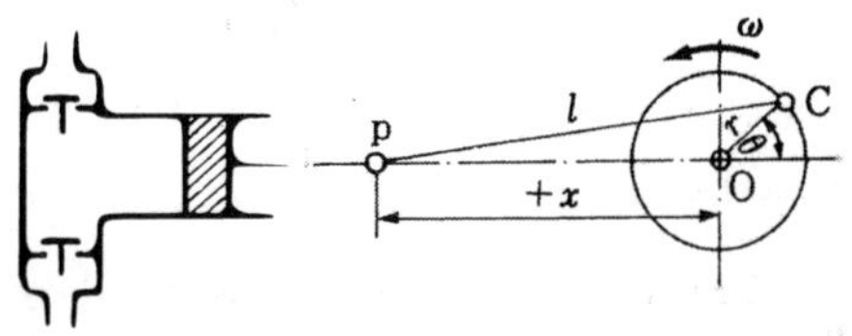

그림 4-5 단동펌프의 크랭크 각과 피스톤의 운동

여기서 $\theta\,\mathrm{rad}$는 배수행정의 처음 위치(사점)에서 잰 크랭크 암의 각도이다. 식 중 [ ]속의 값을 2항정리에 의하여 풀면

$$\left(1 - \frac{r^2}{l^2}\sin^2\theta\right)^{1/2} = 1 - \frac{1}{2}\cdot\frac{r^2}{l^2}\sin^2\theta + \frac{1}{8}\cdot\frac{r^4}{l^4}\sin^4\theta \cdots$$

그런데 왕복펌프에 있어서는 $(r/l) < (1/4)$이므로, $(r/l)^4$은 매우 적기 때문에 이 이상의 고차의 항은 생략해도 무방하다. 이 결과를 식 (4-8)에 대입하면

$$x = l\left(1 - \frac{1}{2}\cdot\frac{r^2}{l^2}\sin^2\theta\right) - r\cos\theta$$

가 된다. 그리고, 피스톤 속도 u는

$$u = \frac{dx}{dt} = \frac{dx}{d\theta}\cdot\frac{d\theta}{dt} = \frac{dx}{d\theta}\,\omega$$

$$= r\omega\left(\sin\theta - \frac{1}{2}\cdot\frac{r}{l}\sin 2\theta\right) \tag{4-9}$$

가 된다. $L=2r$이므로, 크랭크가 등속각운동을 하는 단동, 단일 실린더의 순간 이론배수량 q는 다음과 같이 된다.

$$q = A\frac{L}{2}\omega\left(\sin\theta - \frac{1}{2}\cdot\frac{r}{l}\sin 2\theta\right) \tag{4-10}$$

l이 r에 비하여 충분히 길 때에는

$$q = \frac{AL}{2}\omega\sin\theta \tag{4-11}$$

으로 간주해도 좋다. $r/l=1/4$일 때에는 식 (4-10)과 (4-11)에 의한 결과의 차이는 3% 정도이다.

$\omega=2\pi N/60$이므로, 이것을 식 (4-11)에 대입하면

$$q = \frac{AL\pi N}{60}\sin\theta \tag{4-12}$$

가 된다. 순간의 최대 배수량 q_{max}은 $\theta=90°$일 때 일어나고, $(ALN/60)$은 이론 배수량의 평균값이므로, 이것을 q_{mean}[식 (4-2)의 Q_{th}와 같으나, 여기서는 순간값을 잡고 있으므로]이라 하면

$$q_{max} = \frac{\pi ALN}{60} = \frac{\pi V_0 N}{60} = \pi q_{mean} \tag{4-13}$$

이 된다.

그림 4-6에 표시한 바와 같이 단동식으로서 단일 실린더(단식)인 경우에는 $\theta=0\sim\pi$사이에서는 액체를 송출(배수행정)하고, $\theta=\pi\sim 2\pi$사이에서는 액체를 흡입(흡입행정)하고 배수는 정지된다.

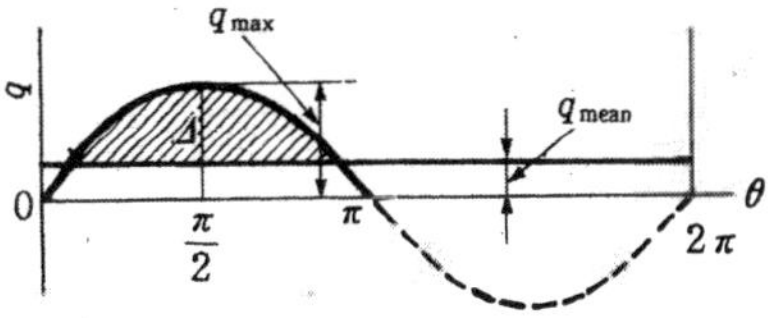

그림 4-6 배수량 곡선

이와 같이 송출관 내의 흐름은 매우 변화가 크다. 이것을 방지하기 위해서는 복동 단식, 다시 복동 복식, ……으로 실린더의 수를 늘여 나가면 된다(그림 4-7 참조).

그림 4-6에 있어서 평균 배수량 q_{mean}을 넘어서 배수되는 양을 적산한 과잉배수체적을 Δ라 하여

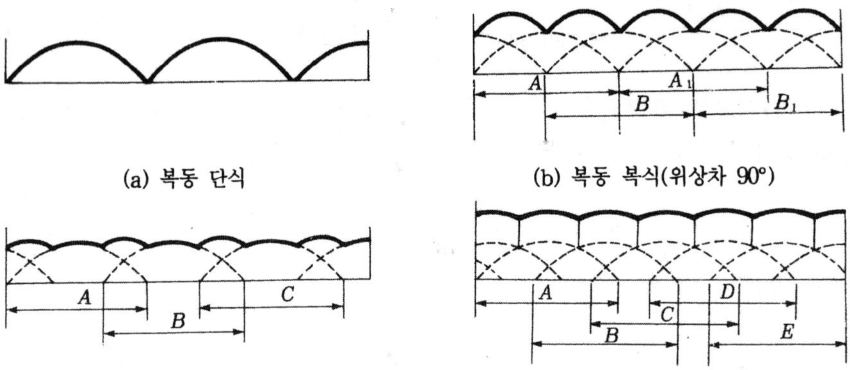

(a) 복동 단식 (b) 복동 복식(위상차 90°)

(c) 단동 3연식(위상차 120°) (d) 단동 5연식(위상차 72°)

그림 4-7 왕복펌프의 형식과 배수량 곡선

$$\delta = \frac{\Delta}{AL} = \frac{\Delta}{V_0} \tag{4-14}$$

로 놓으면, δ는 배수량의 변동의 정도를 나타내는 척도로 볼 수 있다. 이 δ를 과잉배수체적비라 한다.

표 4-1은 각종 펌프에 대한 과잉배수 체적비 δ와 1왕복에 대한 배수곡선의 산의 수 k의 값을 표시한다.

표 4-1 과잉배수 체적비 δ와 배수곡선의 산의 수 k

펌 프 형 식		δ				k	
플런저 수	위상차	$l/r=\infty$	10	6	4	∞	4
단동 플런저 1		0.551	0.552	0.552	0.554	1	1
〃 2	90°	0.355	0.356	0.358	0.360	1	1
〃 2	180°	0.105	0.106	0.107	0.110	2	2
복동 피스톤 1		0.105	0.106	0.107	0.110	2	2
〃 2	90°	0.011	0.021	0.028	0.040	4	3
단동 플런저 3	120°	0.003	0.006	0.008	0.012	6	3
복동 피스톤 3	120°	0.003	0.006	0.008	0.012	6	3

예제 4-1 그림 4-8에 표시한 단동 3연 왕복펌프의 이론배수량 및 최대 순간 이론배수량을 구하여라.

[풀이]

단동펌프의 이론배수량 Q_{th}는 $Q_{th}=ALN/60$이다. 3연인 경우의 배수량 Q_{th}'는

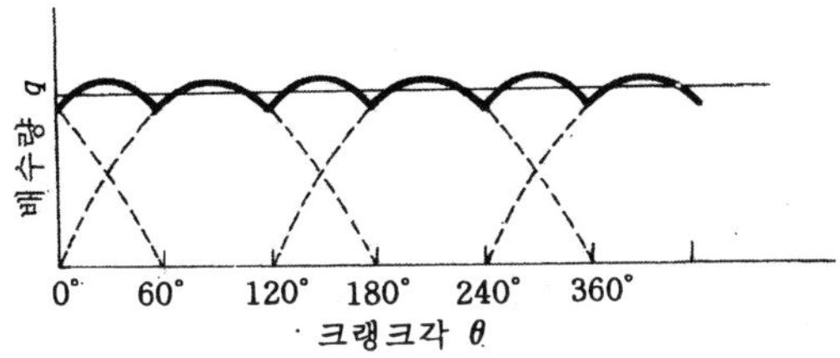

그림 4-8 단동 3연 왕복펌프의 배수곡선

$$Q_{th}' = 3Q_{th} = \frac{3ALN}{60} = \frac{ALN}{20}$$

이 된다. 3연펌프의 피스톤은 그림 4-8과 같이 서로 120°의 위상차를 가지고 크랭크축과 연결되어 있는 것으로 한다. 제1의 피스톤 크랭크각 $\theta=0$에서 출발하면, 이 피스톤의 배수량은 $q_1 = \pi Q_{th} \sin\theta$이다. $\theta = 0 \sim 60°$의 사이에서는 제3의 피스톤에 의한 배수량이 첨가된다.

$$q = q_1 + q_3 = \pi Q_{th} \{ \sin\theta + \sin(\theta + 120°) \}$$

가 된다. $\theta = 60 \sim 120°$의 사이에서는 q_1뿐이다. $\theta = 120 \sim 180°$의 사이는 q_1에다가 제2의 피스톤에 의한 배수량

$$q_2 = \pi Q_{th} \sin(\theta + 240°)$$

가 더해지므로

$$q' = \pi Q_{th} \{ \sin\theta + \sin(\theta + 240°) \}$$

로 된다. $\theta = 0 \sim 60°$에 대한 최대값은 $\theta = 30°$에서 일어나고

$$q = \pi Q_{th} \left(\frac{1}{2} + \frac{1}{2} \right) = \pi Q_{th}$$

이다. $\theta = 60 \sim 120°$사이의 최대값은 $\theta = 90°$일 때 일어나고

$$q = \pi Q_{th} \times 1$$

이 되며, $\theta = 120 \sim 180°$사이에 있어서는 $\theta = 150°$일 때 최대값을 잡고

$$q' = \pi Q_{th} \left(\frac{1}{2} + \frac{1}{2} \right) = \pi Q_{th}$$

가 된다.

4-3 공 기 실

피스톤 또는 플런저에서 송출되는 유량의 변동을 일정하게 하기 위하여 실린더의 바로 뒷쪽에 공기실(air chamber)을 설치한다. 공기실은 그림 4-9에 표시하는 바와 같이 상부가 공기로 충만된 밀폐용기이다. 평균배수량을 넘은 과잉배수체적 Δ는 이 공기실 내의 공기를 압축하여 저장하고, 피스톤의 순간배수량이 평균배수량 q_{mean}보다 적게 되었을 때에 저장된 물이 송출관으로 송

수되는 것이다.

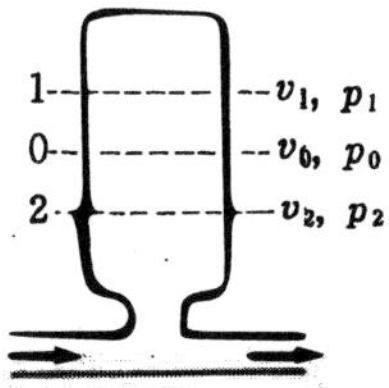

그림 4-9 공 기 실

지금 피스톤 정지 중의 공기실 내의 압력을 p_0(이 때의 체적을 v_0), 피스톤 작동 중의 공기실 내의 최고 압력을 p_1(체적을 v_1), 최저 압력을 p_2(체적을 v_2)라 하면, 물(또는 액체)은 비압축성으로 볼 수 있기 때문에

$$v_2 - v_1 = \varDelta \tag{4-15}$$

이다. 공기실 내의 공기량이 v_2에서 v_1으로 변화할 때 등온압축변화를 한다고 하면

$$v_2 = v_0 + \frac{\varDelta}{2}, \qquad v_1 = v_0 - \frac{\varDelta}{2} \tag{4-16}$$

$$p_0 v_0 = p_1 v_1 = p_2 v_2 \tag{4-17}$$

의 관계가 있다. 지금 공기실 내의 압력변동률 β를 다음과 같이 정의한다.

$$\beta = \frac{p_1 - p_2}{p_0} \tag{4-18}$$

식 (4-17)에 식 (4-16)을 대입하면

$$p_1 = \frac{p_0 v_0}{v_0 - (\varDelta/2)}, \quad p_2 = \frac{p_0 v_0}{v_0 + (\varDelta/2)}$$

가 되고, 이것을 식 (4-18)에 대입하면

$$\beta = \frac{p_1 - p_2}{p_0} = \left(\frac{p_0 v_0}{v_0 - (\varDelta/2)} - \frac{p_0 v_0}{v_0 + (\varDelta/2)} \right) \frac{1}{p_0} = \frac{v_0 \varDelta}{{v_0}^2 - (\varDelta/2)^2}$$

$(\varDelta/2)^2$은 ${v_0}^2$에 비하여 작으므로 생략하면

$$\beta = \frac{p_1 - p_2}{p_0} = \frac{\varDelta}{v_0} = \frac{\delta AL}{v_0} \tag{4-19}$$

이 된다. 우변의 값은 식 (4-14)에서 유도된다. 식 (4-19)에서

$$v_0 = \frac{\delta AL}{\beta} \tag{4-20}$$

을 얻는다.

예제 4-2 복동의 피스톤 펌프(위상차 90°인 2피스톤)에 대한 공기실의 공기의 체적을 결정하여라. 단, 피스톤의 지름은 $D=200\,\text{mm}$, 행정은 $L=300\,\text{mm}$, 연결간과 크랭크 암의 비는 $l/r=4$, 압력변동률은 $\beta=0.02$이다.

[풀이]

이 때의 δ는 표 4-1에서 $\delta=0.04$이므로

$$v_0=\frac{\delta AL}{\beta}=\frac{\delta(\pi/4)D^2L}{\beta}=\frac{0.04\times\pi\times0.2^2\times0.3}{4\times0.02}=0.0188\,[\text{m}^3]$$

4-4 실린더내의 압력과 인디케이터 선도

그림 4-10에 있어서 흡입행정 중의 실린더 속의 압력 p_1을 계산한다. 피스톤이 이동할 때 그 속도 u가 변화함에 따라 흡입관 내의 유속 v_s도 변화한다. 흡입관 내의 수주에 가속도를 줄 필요가 있다. 피스톤의 가속도를 $\alpha=du/dt$라 하면, 수주에 부여할 가속도 α_w는 흡입관의 단면적을 a_s라 하면

$$\alpha_w=-\frac{A}{a_s}\cdot\frac{du}{dt}$$

가 된다. 이 가속도를 부여하는 데 필요한 힘 F는 흡입관의 길이를 l이라 하면

$$F=-\frac{\gamma a_s l_s}{g}\cdot\frac{A}{a_s}\cdot\frac{du}{dt}$$

가 된다. 이것을 압력으로 고치면

$$p_r=\frac{F}{a_s}=-\frac{\gamma l_s}{g}\cdot\frac{A}{a_s}\cdot\frac{du}{dt} \tag{4-21}$$

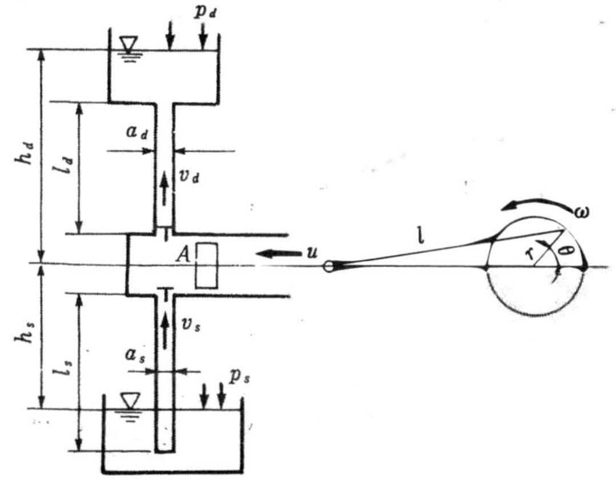

그림 4-10 왕복펌프의 흡입측과 송출측의 배관

이 된다. 실린더 내의 압력 p_1은

$$p_1 = p_s - p_r - \gamma(h_{ls} + h_s) \tag{4-22}$$

로 표시된다. 여기서 p_s는 흡입수면의 압력, h_{ls}는 흡입관 및 밸브의 손실수두, h_s는 그림의 수직 높이를 표시한다. 같은 방법으로 배수행정 중의 실린더 내의 압력 p_2는 다음식으로 표시된다.

$$p_2 = p_d + p_r' + \gamma(h_{ld} + h_d) \tag{4-23}$$

단,

$$p_r' = \frac{\gamma l_d}{g} \cdot \frac{A}{a_d} \cdot \frac{du}{dt}$$

이다. du/dt는 식 (4-9)에서

$$\frac{du}{dt} = r\omega^2\left(\cos\theta - \frac{r}{l}\cos 2\theta\right)$$

가 된다. $p_s = p_d = p_a$(대기압)라 하면

$$p_1 = p_a + \frac{\gamma l_s}{g} \cdot \frac{A}{a_s} r\omega^2\left(\cos\theta - \frac{r}{l}\cos 2\theta\right) - \gamma(h_{ls} + h_s) \tag{4-24}$$

$$p_2 = p_a + \frac{\gamma l_d}{g} \cdot \frac{A}{a_d} r\omega^2\left(\cos\theta - \frac{r}{l}\cos 2\theta\right) + \gamma(h_{ld} + h_d) \tag{4-25}$$

를 얻는다. 지금 손실을 무시하고 p_1, p_2를 도시하면 그림 4-11과 같은 변화를 나타낸다. 왕복펌프의 피스톤이 1왕복하는 사이에 실린더 내의 수압이 변화하는 상태를 선도로써 나타낸 것을 인디케이터 선도(indicator diagram)라고 한다. 그림 4-12에서 종축의 p, 횡축의 V는 각각 실린더 내의 액체의 압력, 체적으로 하고, ABCD는 실린더 내의 피스톤의 행정을 표시한다. AB는 액체의 압축행정(흡입밸브 : 폐, 배수밸브 : 폐), BC는 액체의 배수행정(흡입밸브 : 폐, 배수밸브 : 개), CD는 액체의 팽창행정(흡입밸브 : 폐, 배수밸브 : 폐), DA는 액체의 흡입행정(흡입밸브 : 개, 배수밸브 : 폐)을 표시한다. 이 사이클은 실제로는 실린더에 인디케이터를 붙여서 그린다. 실제의 인디케이터 선도는 abcd로 표시된다.

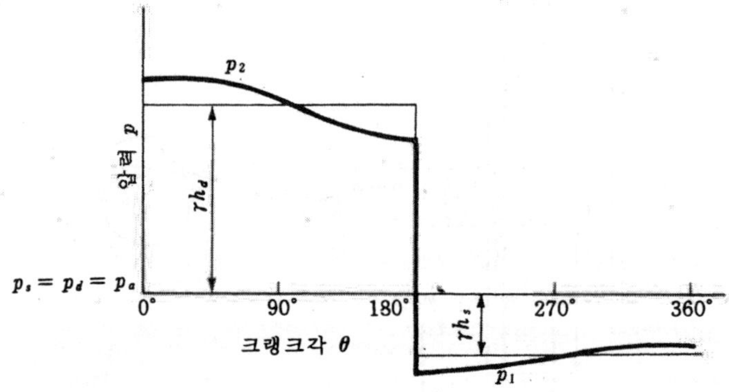

그림 4-11 실린더 내의 압력 변화($l/r = 4$로 하여 손실을 무시)

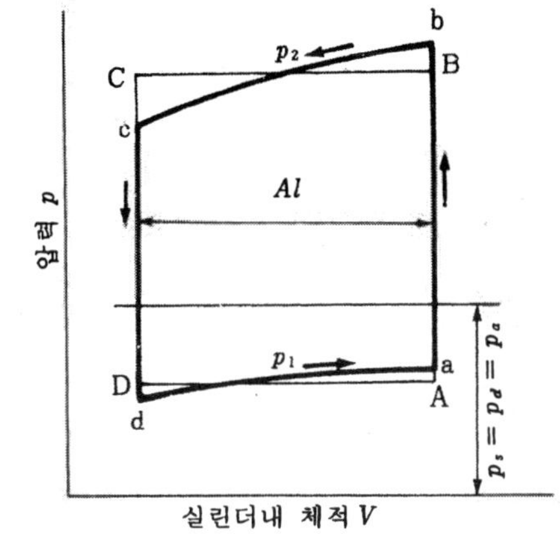

그림 4-12 인디케이터 선도

예제 4-3 단동 피스톤 펌프에서 피스톤의 지름이 140mm, 행정은 150mm로서 흡입관의 안지름을 125mm, 길이가 10m인 직관으로 하고, 왕복횟수 80rpm으로 운전할 때 흡입관의 수주를 가속하는 데 필요한 압력은 얼마인가? 단, 크랭크 각도는 흡입행정의 처음에 있고, r/l을 0.2로 한다.

[풀이]

식 (4-21)에서 가속에 필요한 압력 p_r은 그림 4-10에 있어서

$$p_r = -\frac{\gamma l_s}{g}\cdot\frac{A}{a_s} r\omega^2\left(\cos\theta - \frac{\gamma}{l}\cos 2\theta\right)$$

가 된다. 크랭크 각도는 제의에 의하여 $\theta = 180°$로 한다.

$$A = \frac{\pi}{4}\times 0.14^2 = 1.0154\,[\mathrm{m}^2]$$

$$l_s = 10\,[\mathrm{m}],\quad \omega = \frac{2\pi\times 80}{60} = 8.38\,[\mathrm{s}^{-1}],\quad r = \frac{L}{2} = \frac{0.15}{2} = 0.075\,[\mathrm{m}]$$

$a_s = \frac{\pi}{4}\times 0.125^2 = 0.0123\,\mathrm{m}$의 수치를 윗식에 대입하면

$$p_r = \frac{1000\times 10\times 0.0154\times 8.38^2\times 0.075\times 1.2}{9.8\times 0.0123} \fallingdotseq 8075\,[\mathrm{kg/m^2}]$$

4-5 왕복펌프의 효율

왕복펌프의 체적효율 η_v는 식 (4-6)에서 다음과 같이 된다.

$$\eta_v = \frac{Q}{Q_{th}} = \frac{Q_{th} - Q_l}{Q_{th}} = 1 - \frac{Q_l}{Q_{th}} \tag{4-26}$$

보통 η_v는 0.90~0.97의 범위이다. 왕복펌프의 전양정 H는 식 (4-1)에서 구해지는데, 펌프의 입구와 출구에 있어서의 전수두를 H_1, H_2라 하면 $H=H_2-H_1$이 된다. 펌프의 수력효율을 η_h라 하면

$$\eta_h=\frac{\gamma H}{(p_2-p_1)_{mi}}=\frac{p}{p_m} \tag{4-27}$$

로 표시된다. 식 중 $p_m=(p_2-p_1)_{mi}$는 인디케이터 선도에서 구한 배수 및 흡입행정 중에 피스톤의 작동면에 작용하는 평균압력차[kg_f/m^2]로서, 이것을 평균유효압력이라고 한다. p는 펌프에 의하여 최종적으로 얻는 압력증가량이다. 피스톤에서 물에 주는 동력, 도시동력 L_1은 $L_1=p_m\times Q_{th}$ $kg_f\cdot m/s$이므로, 도시효율 η_i는

$$\eta_1=\frac{\gamma QH}{Q_{th}(p_2-p_1)_{mi}}=\frac{pQ}{p_m Q_{th}} \tag{4-28}$$

가 되고, 펌프의 축동력은 L $kg_f\cdot m/s$이라고 하면, 기계효율 η_m은

$$\eta_m=\frac{Q_{th}(p_2-p_1)_{mi}}{L}=\frac{p_m Q_{th}}{L} \tag{4-29}$$

이 된다. 펌프의 효율을 η라 하면

$$\eta=\eta_m\cdot\eta_h\cdot\eta_v=\eta_m\cdot\eta_i \tag{4-30}$$

이 된다. 보통 η=0.77~0.90이다.

예제 4-4 단동 왕복펌프의 플런저 지름이 18cm, 행정 25cm, 매분 왕복횟수 80, 체적효율 90%일 때, 펌프의 양수량을 구하여라. 펌프의 전양정 30m, 효율 85%일 때의 축동력은 몇 마력인가?

[풀이]

양수량 Q는 η_v를 고려하여

$$Q=\eta_v\cdot\frac{\pi}{4}\cdot D^2LN=0.90\times\frac{\pi}{4}\times0.18^2\times0.25\times80=0.458\,[m^3/min]$$

축동력 L은

$$L=\frac{\gamma HQ}{75\times60\,\eta}=\frac{1000\times30\times0.458}{4500\times0.85}=3.6\,[PS]$$

4-6 왕복펌프의 설계

1. 이론흡입유량(Q_{th})

식 (4-26)에 의하여 Q_{th}를 구한다.

2. 피스톤의 평균속도(u_m)

$u_m = 2LN/60$으로 표시되는 u_m을 피스톤의 평균속도라고 한다. u_m과 Q_{th}사이에는 실제에 있어서 그림 4-13에 표시된 것과 같은 관계가 있고, 이것으로부터 u_m이 구해진다.

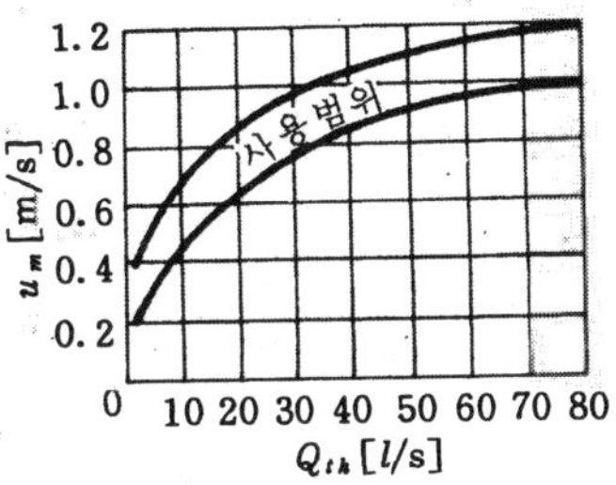

그림 4-13 피스톤의 평균속도

3. 피스톤의 지름(D)

$Q_{th} = (\pi/4)D^2 u_m$에서 D를 구한다.

4. 행정(L)

$L = kD$에서 L을 구한다.

k의 값은 피스톤 펌프인 경우 1.3~2, 플런저 펌프인 경우 2~3으로 잡고, 회전이 빠른 것일수록 작은 값을 취한다.

5. 크랭크 회전수(N)

$u_m = 2LN/60$에서 N을 구한다.

6. 공기실의 공기 체적(v_0)

식 (4-20)에서 v_0를 구한다. 압력변동률은 용도에 따라 다르나, 일반적으로 $\beta=0.01\sim0.03\leqq0.05$로 한다.

예제 4-5 단동 1실린더로서 $400\,l/\min$를 내는 왕복펌프의 주요 치수를 결정하여라.

[풀이]

$$Q_{th}=\frac{Q}{\eta_v}=\frac{0.400}{60\times0.93}=0.00717\,[\mathrm{m^3/s}]$$

u_m은 그림 4-13에서 $u_m=0.5\mathrm{m/s}$로 한다.

$$D=\sqrt{\frac{4Q_{th}}{\pi u_m}}=\sqrt{\frac{4\times0.00717}{\pi\times0.5}}=0.135\,[\mathrm{m}]$$

$$A=\frac{\pi}{4}D^2=\frac{\pi}{4}\times0.135^2=0.143\,[\mathrm{m^2}]$$

$$L=kD=1.5\times0.135=0.203\,[\mathrm{m}]$$

$$N=\frac{60\,u_m}{2L}=\frac{60\times0.5}{2\times0.203}=74\,[\mathrm{rpm}]$$

$\beta=0.03$으로 한다. 표 4-1에서 $l/r=4$로 하여 $\delta=0.554$로 한다.

$$\therefore\ v_0=\frac{\delta AL}{\beta}=\frac{0.554\times0.0143\times0.203}{0.03}=0.0535\,[\mathrm{m^3}]$$

4-7 왕복펌프의 밸브

밸브는 펌프의 부품 가운데 특히 중요한 것임과 동시에 특히 고장이 일어나기 쉬운 부분이다. 그 설계와 제작에는 특별한 주의를 요한다. 밸브의 개폐장치는 보통 기구에 의한 강제작동을 시키는 것이 아니라, 밸브의 자동이나 스프링의 힘으로 닫고 유수의 힘으로 열게끔 설계하여야 한다. 설계상의 유의점은 다음과 같다.

(1) 밸브의 개폐가 정확해야 할 것

(2) 물이 밸브를 지날 때의 저항을 최소한으로 할 것

(3) 누설을 정확하게 방지할 것

(4) 폐쇄작동이 신속하고 고장이 적을 것

(5) 내구성이 있을 것

그러나 이들 조건이 양립하기는 힘들기 때문에 설계하기 곤란해진다. 밸브의 동작에 대해서는 밸브좌에 손상이 가지 않아야 하고 불쾌한 소음도 나지 않으며, 필요에 따라서는 밸브의 리프트

(lift)를 가감할 수 있는 구조가 바람직하다. 이러한 이유로 밸브좌에 접하는 부분에는 고무나 가죽을 사용한다. 밸브와 밸브좌가 너무 높은 압력으로 접하게 되면 빨리 손상을 가져오므로 재료에 따라 최대 안전내압 σ_c를 대략 표 4-2와 같이 잡고 있다.

표 4-2 재질과 안전내압

재 질	청 동	인 청 동	주 철	경질고무가죽
σ_c [kg_f/cm^2]	150	200	80	50

밸브좌와 밸브 사이를 흐르는 물의 유속은 보통 흡입관 속의 유속과 거의 같게 잡는데, 대략 1m/s 안팎이며 압력에 따라 좀 다르고 저압펌프에서는 1～2m/s, 중압펌프에서는 3～5m/s, 고압펌프에서는 5～8m/s이다. 일반적으로 밸브는 열릴 때보다도 닫힐 때가 더 중요하다. 고속펌프에서는 밸브가 닫히는 시간이 중요시되고 있다. 밸브가 빨리 닫히도록 하자면 밸브를 가볍게 하여 스프링의 힘을 이용하고, 밸브에 정지장치를 하여 최대 리프트를 제한할 필요가 있다. 이와 같이 펌프 밸브의 동작에 대해서는 까다로운 요구가 있다. 밸브의 종류나 구조 등은 각각의 목적에 따라 가지각색이므로 펌프의 크기, 압력, 사용목적 등에 따라 적당한 것을 선택해야 한다.

1. 원판밸브(disc valve)

밸브의 설계에서는 물의 통로면적을 결정하는 것이 중요한 일이다. 그림 4-14는 가장 간단한 원판밸브의 통로의 모양을 나타낸 것이다.

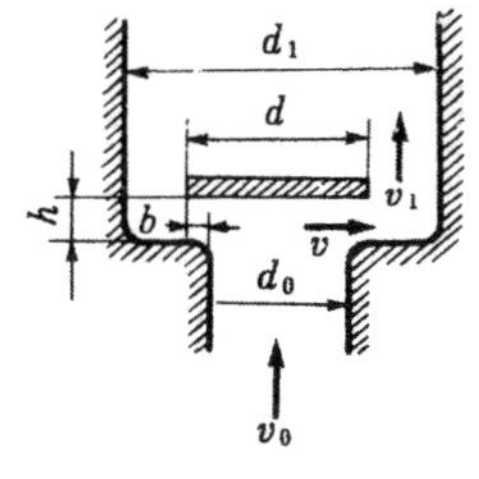

그림 4-14 원판밸브의 원리

지금 $v \fallingdotseq v_0$라 하면

$$\pi d_0 h v = \frac{\pi}{4} d_0{}^2 v_0$$

$$\therefore h = \frac{d_0}{4} \qquad (4\text{-}31)$$

리프트 h가 크면 체적효율이 나빠지기 때문에, 고속펌프에서는 $h=\frac{1}{8}d_0$로 하여 밸브가 잘 닫히도록 한다.

지금 밸브실의 지름을 d_1, 밸브와 밸브실 사이의 유속을 v_1이라고 하면

$$\frac{\pi}{4}d_0{}^2 v_0=\pi d_0 vh=\frac{\pi}{4}(d_1{}^2-d^2)v_1$$

의 관계가 성립한다. $v_0=v=v_1$이면

$$d_1=\sqrt{d_0{}^2+d^2},\qquad d_0=\sqrt{d_1{}^2+d^2} \tag{4-32}$$

으로서, $v_0=1\sim2\text{m/s}$이므로 유량이 정해지면 d_0가 결정된다.

밸브가 접촉하는 면적을 표시하는 폭 b는

$$b=\frac{1}{2}(d-d_0) \tag{4-33}$$

으로서 d_0의 $\frac{1}{5}\sim\frac{1}{10}$이 적당하다.

밸브의 스프링의 세기는 경험상, 스프링의 힘 $F\,\text{kg}_\text{f}$, 밸브의 중량 $W\text{kg}_\text{f}$, 밸브구 단위면적당의 힘을 p라 하면

$$F=\frac{\pi}{4}d^2p-W=\frac{\pi}{4}d^2\frac{7v^2}{100}-W \tag{4-34}$$

여기서 d는 cm, v는 m/s이다.

2. 원추밸브(conical valve)

원추밸브는 그림 4-15와 같이 원판밸브에 대하여 밸브좌가 경사하고 있으므로, 물의 저항이 적고 닫힘도 빠르며 확실하다. α는 보통 45°로 잡고, 접촉폭 $b=\left(\frac{1}{5}\sim\frac{1}{10}\right)d_0$로 취한다.

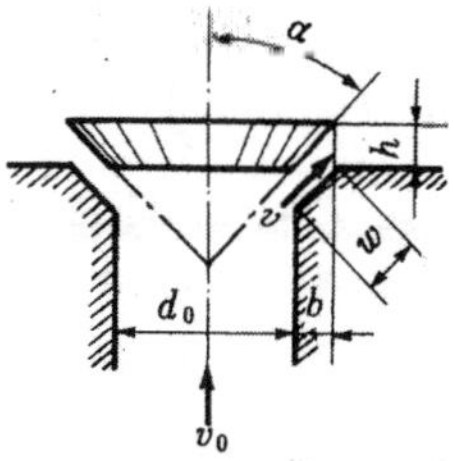

그림 4-15 원추밸브의 원리

접촉길이 w의 치수는 1.5mm 전후이다. 리프트를 h, 접촉부를 지나는 유속을 v라 하면

$$\pi d_0 h \sin\alpha \times v = \frac{\pi}{4} d_0^{\,2} v_0 \tag{4-35}$$

인 관계에서 $\alpha = 45°$, $v_0 = v$ 라 하면

$$h = \frac{d_0}{4\sin 45°} = 0.35\, d_0 \tag{4-36}$$

가 된다. 실제로는 $h = (0.1 \sim 0.5)\, d_0$로 잡는다.

3. 윤형밸브(ring vavle)

펌프가 커져서 유량이 많아지면 보통의 밸브로서는 리프트가 커져서 적합하지 않다. 이 때 밸브좌와 밸브 몸체를 윤형으로 하여 개구부가 내외 두 방향으로 흐르는 구조를 갖는 윤형밸브가 사용된다. 그림 4-16은 그 원리를 나타낸다. 그림에서 홈의 안지름, 바깥지름을 각각 d_0, d_2라 하고, 보통의 원판밸브와 같이 생각하여

$$\frac{\pi}{4}(d_2^{\,2} - d_0^{\,2})\, v_0 = \pi(d_2 + d_0) h v \tag{4-37}$$

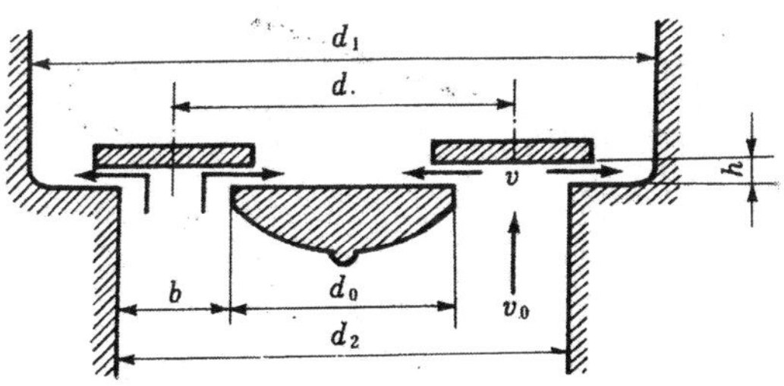

그림 4-16 링 밸브의 원리

인 관계에서 $v_0 = v$라 하면

$$h = \frac{1}{4}(d_2 - d_0) = \frac{1}{2} b \tag{4-38}$$

이 되어 밸브의 리프트는 작아도 된다.

4. 나비꼴 밸브(hinged or flap vavle)

나비꼴 밸브는 구조가 간단하고 제작비가 싸며, 유체의 통로에 방해가 되는 것이 없으므로 하수펌프 등에 적당하다. 결점으로는 운동이 경쾌하지 못하고, 닫혀 있을 때의 누설이 많다. 일반적으로는 저속도의 펌프에 사용되고, 흡입관의 하단에 붙는 풋 밸브에서는 거의 이 밸브가 사용된다. 그림 4-17은 그 원리를 나타낸다. 지금 밸브좌구의 구경과 밸브의 지름을 같다고 생각하여 이것을

d_0라 하고, 밸브의 최대 개각을 θ rad이라 한다. 밸브의 중심부의 평균 리프트 l을 $\frac{1}{2}d_0\theta$로 생각하여 밸브의 출구면적을 $\pi d_0 \times \frac{1}{2}d_0\theta = \frac{1}{2}\pi d_0{}^2\theta$로 가정하고, 이것을 밸브좌구의 면적 $\frac{1}{4}\pi d_0{}^2$과 같다고 놓으면, 이것으로부터 $\theta = \frac{1}{2}$ rad, 약 29°를 얻는다. 실제로는 밸브가 열려 있는 쪽은 흐름에 대하여 유효하지만, 그 반대쪽은 흐름에 대하여 상당한 저항이 있으므로 이 가정에는 조금 무리가 있다. 설계에서는 $\theta = 30 \sim 40°$로 한다. 다음에 밸브실의 지름을 d_1이라고 하면, 밸브에서 밸브실로 흐르는 면적을 $\frac{\pi}{4}(d_1{}^2 - d_0{}^2\cos\theta)$로 생각하여 이것을 $\frac{\pi}{4}d_0{}^2$과 같다고 놓으면 $d_0 = \frac{d_1}{\sqrt{1+\cos\theta}}$이 되고, $\theta = 30°$로 하면 $d_0 = 0.73d_1$이 된다. 실제로는 0.75정도로 한다. 지금 밸브를 지나는 유속을 v라 하면, 이 부분의 손실수두는 $\zeta\frac{v^2}{2g}$의 꼴로 표시되고, ζ의 값은 θ에 따라 변하며 Weisbach에 의하면 표 4-3과 같이 된다.

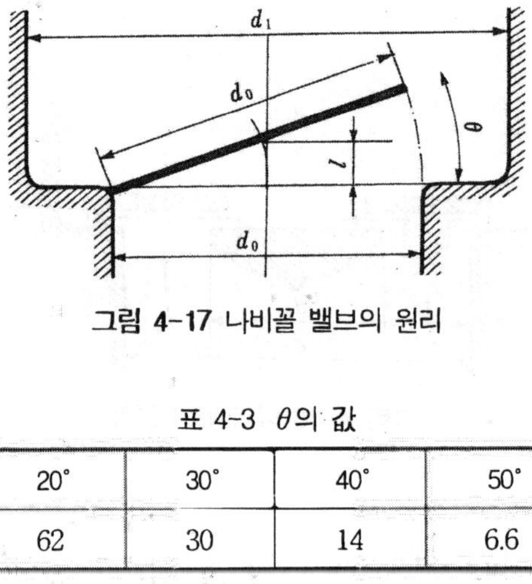

그림 4-17 나비꼴 밸브의 원리

표 4-3 θ의 값

θ	15°	20°	30°	40°	50°	60°	70°
ζ	90	62	30	14	6.6	3.2	1.7

5. 구형밸브(ball valve)

이것은 밸브 몸체가 구형인 것으로서, 그림 4-18은 여러 개의 구를 모은 구조의 형이고, 구조가 간단하다. 이 밸브는 당밀이나 중유와 같은 고 점도액용에 적합하고, 구는 보통 강구를 사용한다. 밸브와 밸브좌와의 피트가 곤란하고, 누설에 대해서는 그리 확실하지 않으므로, 고 양정의 펌프에는 부적당하다. 구가 큰 것은 중공으로 하여 가볍게 한다. 납, 철의 구에 10~15mm의 고무를 덮어 씌운 것도 있다. 밸브의 중심에서 밸브좌의 접촉부(그림 4-19)에 그은 각도 α는 45° 정도로 하고, 구의 지름 d는 $\left(\frac{3}{2} \sim \frac{8}{5}\right)d_0$로 잡는다. 밸브의 리프트 및 접촉부의 폭 b 등은 원추밸브의 경우와 같이 생각하여 정한다.

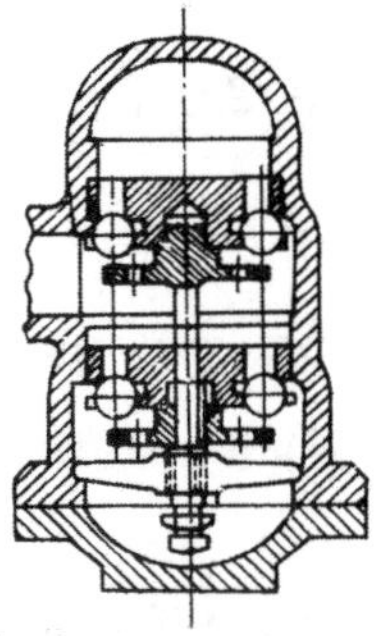

그림 4-18 구형 밸브

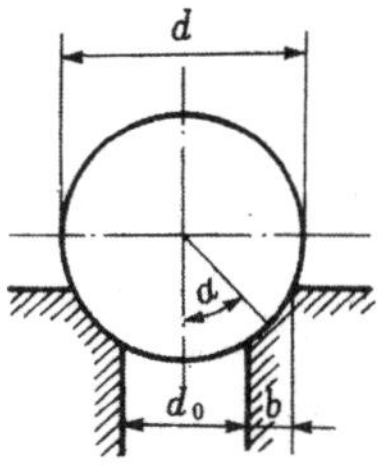

그림 4-19 구형 밸브

연 습 문 제

1 양수작용에 따라 왕복펌프를 분류하고, 각각에 대하여 피스톤 또는 플런저가 1왕복할 때의 이론 배수량을 구하여라.

2 단실린더 왕복펌프로서 배수량 $0.02\text{m}^3/\text{min}$를 얻자면, 피스톤의 지름 D와 행정 L을 얼마로 해야 하는가? 단, 크랭크 축의 회전수는 100rpm, L/D는 2, 체적효율은 0.9로 한다.

3 복동 왕복펌프의 플런저 지름 15cm, 행정 30cm, 매분 왕복횟수 80, 체적효율 90%일 때, 이 펌프의 양수량을 구하여라. 이 펌프의 전양정 150m, 효율 80%일 때 축마력을 구하여라.

4 단동의 플런저 폼프에서 지름 $D=169\,\text{mm}$, 행정 $L=254\,\text{mm}$로 플런저 2(위상차 80°) 인 경우, 공기실의 크기 v_0를 계산하여라. 단, 압력변동률은 $\beta=0.03$으로 하고, 커넥팅 로드의 크랭크 암의 비는 $l/r=4$로 한다.

5 왕복펌프의 인디케이터 선도를 설명하여라.

제5장

회전펌프

5-1 회전펌프의 개념

회전펌프(rotary pump)란 1개, 2개, 3개의 회전자(rotor), 회전하는 피스톤류, 기어, 나사 등을 써서 흡입·송출밸브없이 액체를 밀어 내는 형식의 펌프를 총칭하는 것이다. 그림 5-1은 2개의 기어를 사용한 경우이고, 그림 5-2는 여러 개의 차단판을 붙여서 피스톤 작용을 시킨 경우를 나타낸다. 전자를 기어 펌프(gear pump)라 하고, 후자를 베인 펌프(vane pump)라 하는데, 베인 펌프에는 이외에 여러 가지의 구조로 된 것들이 있다. 기어 대신에 1개 또는 여러 개의 나사를 조합한 것이 있는데, 이것을 나사펌프(screw pump)라 한다.

어느 것이나 일정량의 유체를 저압의 흡입쪽에서 고압의 송출쪽으로 운송하는 것으로서, 원심펌프나 축류펌프에 있어서 회전차가 액체에 에너지를 공급하면서 액체를 수송하는 것과는 근본적으로 다르다. 이것이 왕복펌프와 함께 용적펌프로 불리는 이유이다. 왕복펌프와 같이 소 유량,

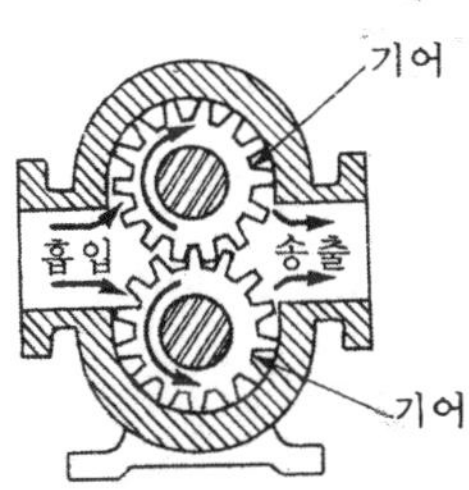

그림 5-1 기어 펌프

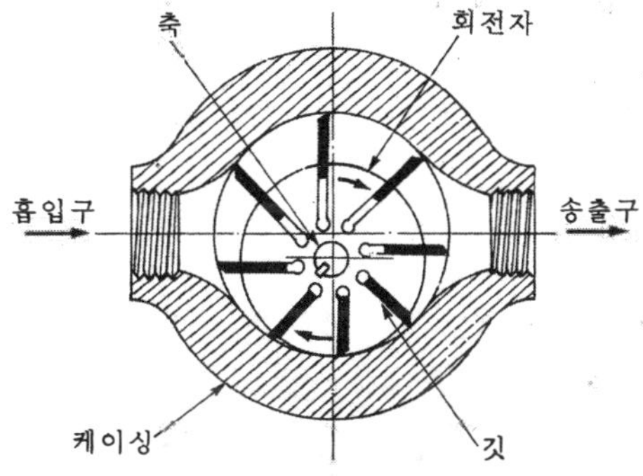

그림 5-2 베인 펌프

고압의 양정을 요구하는 경우에 적합하다. 더구나 회전펌프는 연속적으로 유체를 운송하므로 일반적으로 왕복펌프와 같이 송출량이 맥동하는 일은 거의 없다. 특징으로서는 구조가 간단하고 취급도 용이하며, 밸브가 없어도 되며, 액체에 공급되는 에너지가 주로 정압력이기 때문에 비교적 점도가 높은 액체에 대해서도 상당히 좋은 성능을 발휘하는 것이 많다. 일반적으로 원동기로서 역작용을 시킬 수 있고, 사용목적에 따라서 유압펌프로서 이용되고 있다.

1. 기어 펌프

그림 5-1은 기어 펌프를 표시한다. 맞물려서 회전하는 이(齒)가 흡입쪽에서 떨어질 때, 이 홈에 흡입된 액체는 기어의 회전과 함께 그대로 송출쪽으로 운송되고, 여기에서 이의 맞물림에 의하여 압출된다. 원리상으로는 왕복동 피스톤 펌프에서 피스톤이 실린더 내에서 액체를 압출하는 것과 같다. 운동은 회전이므로 밸브가 필요하지 않다. 왕복펌프보다도 고속도로 운전할 수 있으므로 소형으로도 많은 송출량을 낼 수 있고, 점도가 높은 액체에 대하여 왕복운동식에서는 밸브의 개폐가 신속하게 안 되는 결점이 있으나 이 펌프에서는 그런 염려가 없다. 원심펌프에서는 점액이 회전차에 따라 붙음으로써 송출량이 감소될 우려가 있으나, 이 펌프에서는 이런 염려도 없는 것 등의 특수한 장점이 있다.

기어의 물림에는 그림 5-2와 같이 외접형 외에 내접형도 있다. 치형에는 인벌류트(involute) 치형과 특수치형이 있다. 인벌류트 치형은 치형의 가공에 특수한 공구가 필요없고, 공작정도도 높으며 검사도 용이하므로 가장 널리 사용되고 있다. 특수치형에는 정현곡선(sine curve) 치형, 슈크로이드 기어 펌프(사이클로이드 곡선에 특수한 화법을 써서 만든 치형), 트로코류투 기어 펌프(인벌류트와 트로코이드의 치형을 조합한 것) 등이 있다.

이들의 펌프는 소형, 경량으로서, 값이 싸고 과격한 운전, 이를테면 오염된 기름, 유온의 상승, 과부하 등에 대하여 잘 견디기 때문에 건설기계, 하역기계, 산업용, 차량용 등의 유압구동에 상용되고 있다. 유온의 한계는, 공작기계에서는 65℃ 정도이나, 건설용에는 80℃, 짧은 시간이면 100℃까지 사용된다. 작동압력은 20～175kg/cm^2 정도가 많은데, 최근에 이르러 트로코이드형 펌프에서는 300kg/cm^{2}에 이르는 것이 개발되었다. 회전수는 700rpm 정도까지의 것이 있고, 펌프 효율도 75～90%에 이르고 있다. 이 기종의 펌프는 시동할 때 미리 액체를 펌프에 채울 필요가 없다. 자급작용을 가지고 있다. 결점으로는 비교적 소음이 높은 점이다.

기어 펌프의 1회전당의 송출량은 치형 사이의 용적에서 맞물림부분으로 폐입되어 흡입쪽으로 되돌아가는 양만큼을 뺀 것이다. 지금 치형과 치형 사이에 낀 부분의 면적(기어의 축과 직각인 단면적)을 a, 이의 폭(기어의 축방향으로의 이의 길이)를 b, 잇수(치수)를 z라 하면, 한쪽 기어의 1회전으로 송출되는 양은 abz이므로, 서로 맞물리는 기어의 지름이 같은 경우 펌프 전체로서의 이론 송출량 V_{th}는

$$V_{th}=2\,abz \tag{5-1}$$

가 된다. 기어의 매분 회전수를 N이라 하면, 1분간의 송출량은

$$V_{th}=2\,abz\,N \tag{5-2}$$

으로 표시된다. 물론 이것을 역송량이나 치형의 선단, 측벽 등의 틈으로 새는 누설량은 고려하지 않은 것이다.

보다 더 간단한 가정으로서, 그림 5-3에 표시한 치형의 공간 abcd가 치형의 면적 cdef와 같다고 생각하면

$$2\,az=\frac{\pi}{4}(d_0{}^2-D_i{}^2)$$

이 되므로, 매분의 송출량은

$$V_{th}=\frac{\pi}{4}(D_0{}^2-D_i{}^2)\,bN \tag{5-3}$$

으로 표시된다. 여기서 D_0는 이끝원의 지름, D_i는 이뿌리원의 지름이다. 실제로는 그림 5-4에서 빗금으로 표시한 부분에 고인 액은 흡입쪽으로 역으로 돌아가기 때문에, 한쪽 기어에서의 송출량

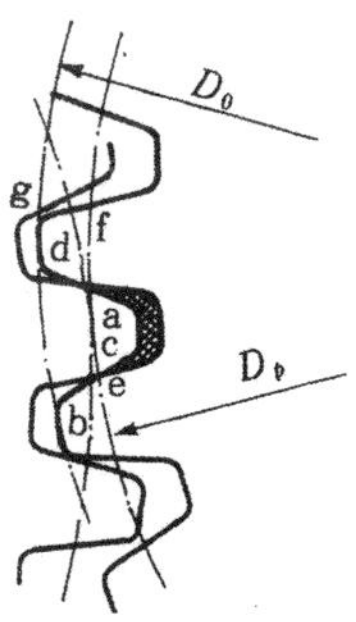

그림 5-3 기어 펌프의 치형

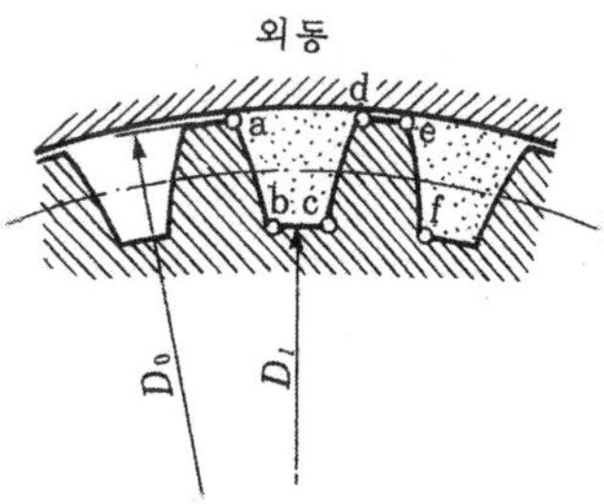

그림 5-4 이의 맞물림

을 $\frac{\pi}{4}(D_0{}^2-D_p{}^2)\,b$로 생각하면 매분의 송출량 V_{th}는 이론적으로 다음과 같이 된다. 단, D_p는 기어의 피치원 지름이다.

$$V_{th}=2\times\frac{\pi}{4}(D_0{}^2-D_p{}^2)\,bN$$

$$=\frac{\pi}{2}(D_0{}^2-D_p{}^2)\,bN \tag{5-4}$$

이것은 아주 간단한 약산이다. 일반적으로 지름이 다른 2개의 기어가 맞물릴 때의 평균 이론송출량 V_{th}를 산출하는 데에는 다음 식이 사용된다.

$$V_{th} = \pi b N \Big\{ R_2{}^2 \pm i R_2'{}^2 - (R_g{}^2 \pm R_g'{}^2) \sec^2\alpha - \frac{1}{12j}(1 \pm i) t_0{}^2 - \frac{B^2}{12}(1 \pm i) \tan^2 \beta_g \Big\} \tag{5-5}$$

여기서 R_2, R_2'는 각 기어의 이끝원의 반지름, R_g, R_g'는 기초원의 반지름, $i = z/z'$로서 잇수비, t_0는 축 직각단면의 치형의 법선피치($= 2\pi R_g/z = 2\pi R_g'/z'$), α는 축 직각단면의 물림압력각, β_g'는 기초 원통상의 헬리컬각, $\pm$의 부호는 $+$는 외접, $-$는 내접인 경우를 표시한다. 뒷틈(backlash)이 있을 때에는 $j=1$, 없을 때에는 $j=4$이다.

2개의 기어의 바깥지름을 D_0, D_0'라 하고 그 중심거리를 e라 하면, $D_0 = 2R_2$, $D_2' = 2R_2'$, $e = (R_g \pm R_g')\sec\alpha$, $R_g / R_g' = z/z' = i$의 관계로부터 식 (5-5)는

$$V_{th} = \pi b N \Big\{ \frac{D_0{}^2 \pm i D_0'{}^2}{4} - e^2 \Big(\frac{i}{i \pm 1} \Big) - \frac{1}{12j}(1 \pm i) t_0{}^2 - \frac{b^2}{12}(1 \pm i) \tan^2 \beta_g \Big\} \tag{5-6}$$

이 된다. 외접형에서는 보통 동일 지름의 기어를 사용하므로 $D_0 = D_0'$, $i = 1$이 되고, 식 (5-6)은 다음과 같이 된다.

$$V_{th} = \frac{\pi b N}{2} \Big(D_0{}^2 - e^2 - \frac{t_0{}^2}{3j} - \frac{b^2}{3} \tan^2 \beta_g \Big) \tag{5-7}$$

기어의 잇수가 적을 수록 치형간의 공간용적은 증대한다. 1회전 마다의 송출량은 증대한다. 송출량을 일정하게 하면 잇수가 적을수록 펌프는 소형이 된다.

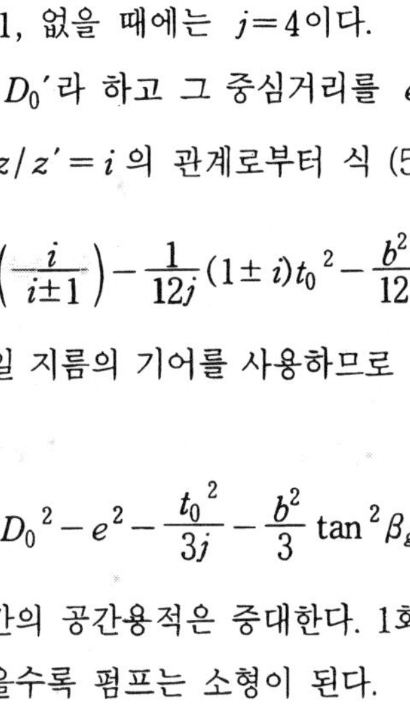

그림 5-5 내접형 기어 펌프

내접형의 기어 펌프에는 치형이 인벌류트 곡선인 것, 트로코이드 곡선인 것 등 여러 가지가 있다. 그림 5-5는 트로코이드 치형을 가진 펌프로서, 외치기어는 내치기어보다 잇수가 1개 적고, 항상 1점 접촉을 유지하면서 회전하기 때문에 전술한 폐입작용은 없다. 내접형은 외접형에 비하면 흐름의 맥동도 적고, 양 기어의 상대속도도 작으므로 이의 마모도 적다. 그런 까닭으로 수명도 길고, 고속도 회전에 적합하다. 그림 5-6은 내접형 기어 펌프의 사진 단면도이다.

그림 5-6 내접형 기어 펌프의 단면

2. 로브형 기어 펌프

기어 펌프와 똑같은 원리로 액체를 압출하는 것에 로브 펌프(lobular pump)가 있다. 이것은 기어 펌프의 잇수를 적게 한 것이라고 볼 수 있는데, 그림 5-7은 2로브형이고, 그림 5-8은 3로브형을 표시한다. 4로브형도 있다. 기어 펌프에 비하여 잇수가 적기 때문에 송출량의 맥동은 피할 수

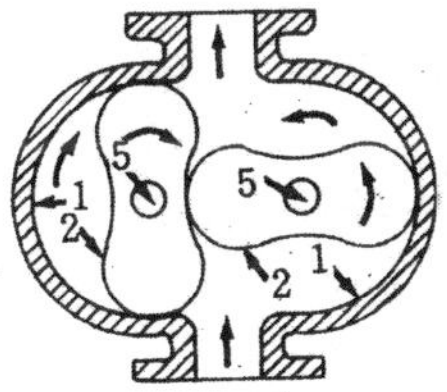

그림 5-7 2로브 기어 펌프

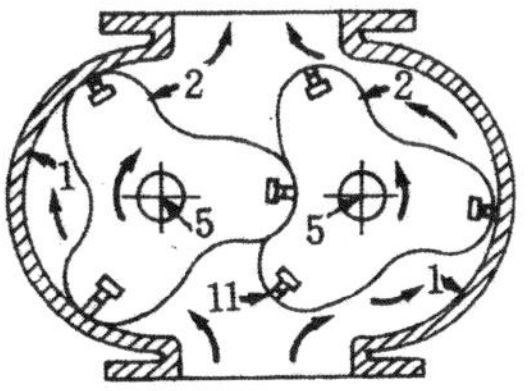

그림 5-8 3로브 기어 펌프

없다. 이 펌프는 한편의 로터가 맞물림으로써 상대방을 회전시킬 수 없으므로, 외부에 있는 별도의 기어에 의하여 상대방을 구동한다.

3. 나사펌프

나사봉의 회전에 의하여 액체를 밀어 내는 펌프를 총칭하여 나사펌프(screw pump)라 한다. 나사봉의 수는 1개, 2개, 3개의 종류가 있고, 1개의 경우는 그림 5-9와 같이 한 축에 나사를 깎고 이것에 끼워진 원통 내에서 축을 회전시키는 것으로서, 이것은 점성펌프로서의 작용을 한다. 일반적으로 나사펌프란 나사봉이 둘 또는 셋의 경우를 말한다. 그림 5-10은 두 개의 나사봉을 맞물려서 서로 반대방향으로 회전함으로써 한쪽 나사골 안의 액체를 다른 나사산으로 밀어내는 방식이다. 이것의 대표적인 것으로서는 미국의 큄비 펌프(Quimby pump)가 있다. 동체의 중앙에 액체의 입

구가 있고, 액은 좌우로 갈라져서 봉의 양 단으로 가며 여기에서 양 나사봉의 물림에 들어가 나사봉의 회전과 함께 다시 중앙에 모여 반대쪽으로 나간다.

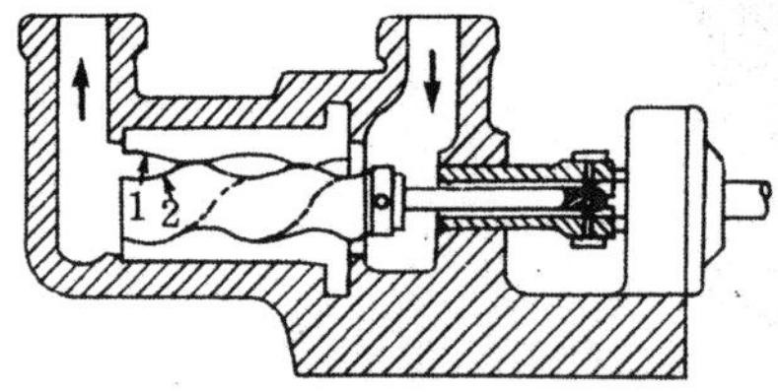

그림 5-9 나사펌프

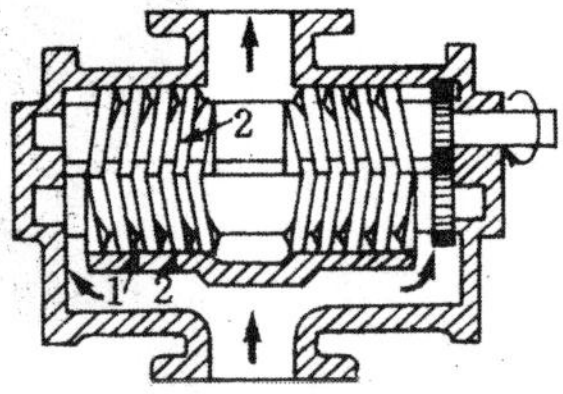

그림 5-10 평행 2축형 나사펌프

그림 5-11은 스웨덴의 IMO펌프인 평행 3축형 나사펌프를 표시한다. 주나사 ②와 이것에 물리는 2개의 종나사 ①이 대칭적으로 조합되어 있어서, ①과 ②는 반대방향으로 회전함으로써 나사골 안에 있는 액을 밀어 낸다. 이 때 종나사는 액압에 의한 회전력을 받지 않도록 설계되어 있기

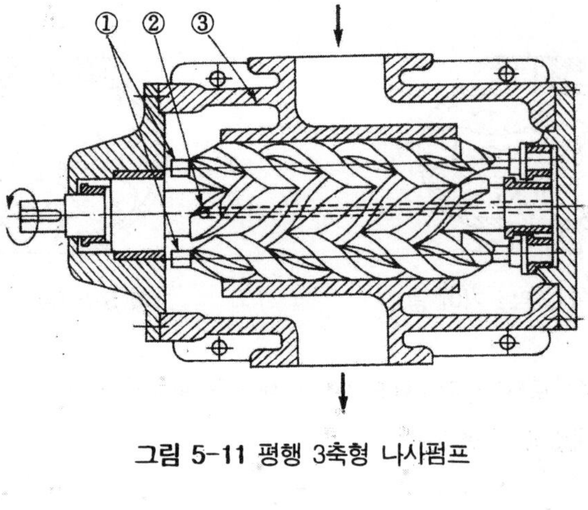

그림 5-11 평행 3축형 나사펌프

때문에, 주나사에서 종나사로의 힘의 전달은 이루어지지 않는다. 두 나사 사이에 기어장치를 할 필요가 없다.

이 형에 속하는 것으로는 전기한 2종 외에 여러 가지 명칭으로 제작되고 있으며, 그 특징은 다음과 같다.

(1) 나사봉 상호간, 나사와 외동 간에 금속적인 접촉이 없으므로 수명이 길다.

(2) 양축이 좌우나사이므로 수압이 평형되어 추력이 생기지 않는다.

(3) 왕복동부분이 없으므로 흐름은 정적이고 소음, 진동이 적다.

(4) 자급작용이 있으므로 펌프에 액을 채울 필요도 없다.

(5) 고속회전이 가능하므로 소형이 되고 값이 싸다.

(6) 다른 펌프에 비하여 체적효율이 비교적 좋다.

유압용으로서는 윤활유 펌프, 연료유 이송용, 수차조속기의 유압펌프, 그 밖에 우유, 당밀, 비스코스와 같은 점액용으로 적합하다.

4. 베인 펌프

베인 펌프(vane pump)는 케이싱과 그 속에 편심되게 장치된 회전자(rotor)로 구성되고, 회전자에는 반지름 방향으로 여러 가닥의 홈을 파고 그 속에서 자유롭게 움직이는 직사각형의 베인을 끼워 넣은 구조로 되어 있다. 그림 5-12는 베인 펌프를 표시한다. 회전자의 회전에 따라 베인은 원심력에 의하여 케이싱에 밀어 붙여지게 되고 케이싱에 접하면서 회전한다. 이 때 초승달형의 공간에 액체를 흡입하여 반대쪽으로 송출한다. 베인의 수는 10～12매가 많고 구조도 여러 가지가 있다.

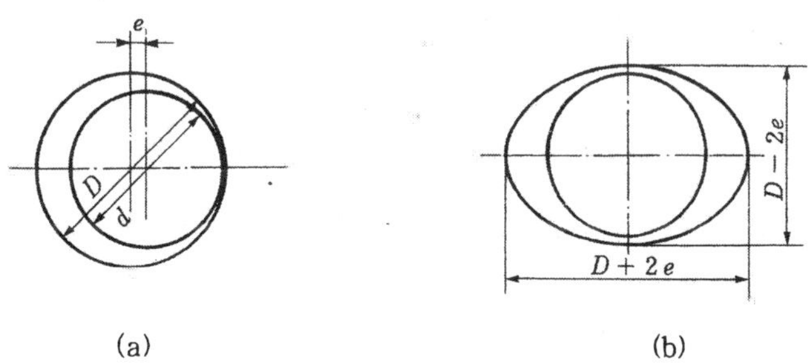

그림 5-12 베인 펌프의 원리

그림 5-12는 베인 펌프의 회전자와 케이싱과의 내부단면을 표시한 것이다. 그림 (a)에 표시한 바와 같이 1회전 중에 흡입하고, 송출을 1회씩 하는 것에 있어서는 케이싱의 안지름을 D, 회전자의 지름을 d, 그 편심량을 e, 회전자의 폭을 b라 하고 깃의 두께를 무시하면 1회전당의 이론송출량 V_{th}는

$$V_{th}=\left[\left\{\pi\left(\frac{D}{2}+e\right)^2-\pi\left(\frac{d}{2}\right)^2\right\}-\left\{\pi\left(\frac{D}{2}-e\right)^2-\pi\left(\frac{d}{2}\right)^2\right\}\right]b=2\pi Deb \qquad (5\text{-}8)$$

가 된다. 그림 (b)에 표시하는 바와 같이 1회전 중에 2회 흡입하고, 송출하는 것에 있어서 이론송출량은 다음 식으로 표시된다.

$$V_{th}=4\pi Deb \qquad (5\text{-}9)$$

그림 5-12의 (a), (b)는 각각 저압, 고압용에 적합하다.

예제 5-1 상승압력 $100\text{kg}_f/\text{cm}^2$, 유량 $0.1\text{m}^3/\text{min}$를 만족하는 베인 펌프의 케이싱의 안지름 D와 회전자의 지름 d를 결정하여라. 단, 그림 5-12 (a)의 꼴로 하고, 같은 그림에서 $e=4\,\text{mm}$, 안지름과 회전자의 최소틈 $c=1\,\text{mm}$, 회전자의 폭 $b=40\,\text{mm}$, 회전수 1500rpm, 체적효율을 95%로 한다.

[풀이]

$$V_{th}=\frac{V}{\eta_v}=\frac{Q}{\eta_v N}=\frac{0.1\times10^6}{0.95}\times1500=70\,[\text{cm}^3]$$

$$D=\frac{V_{th}}{2\pi eb}=\frac{70}{2\times\pi\times0.4\times4}=7\,[\text{cm}]$$

그림 5-12 (a)에 있어서 $D/2=(d/2)+e+c$이므로

$$d=2\left(\frac{D}{2}-e-c\right)=2\left(\frac{7}{2}-0.4-0.1\right)=6\,[\text{cm}]$$

5-2 회전펌프의 동력과 효율

회전펌프의 실제상의 1회전당의 유량을 V라 하면, V는 1회전당 이론송출량 V_{th}에서 누설량 ΔV를 뺀 것으로 표시되고, 체적효율 η_v는 다음 식으로 표시된다.

$$\eta_v=\frac{V}{V_{th}}=\frac{V_{th}-\Delta V}{V_{th}} \tag{5-10}$$

다음에 이론 송출유량 $Q_{th}(=V_{th}N)$(N은 매분 회전수)를 압력 p까지 높이는 데 필요한 이론동력을 $L_{th}(=pQ_{th})$라 하고, 기어 옆면, 이끝에 있어서의 마찰, 베어링이나 글랜드 등의 마찰에 의한 동력의 손실을 포함하여 실제상의 축동력을 L이라고 하면, 기계효율 η_m은 다음 식으로 표시된다.

$$\eta_m=\frac{L_{th}}{L}=\frac{pQ_{th}}{L}=\frac{pV_{th}N}{L} \tag{5-11}$$

전효율 η는 η_v와 η_m의 곱으로서 다음 식으로 표시된다.

$$\eta=\eta_v\eta_m=\frac{V}{V_{th}}\cdot\frac{pV_{th}N}{L}=\frac{pVN}{L}=\frac{pQ}{L} \tag{5-12}$$

여기서 Q는 실제의 송출유량이다. 그림 5-13은 나사펌프의 특성 곡선의 한 예를 표시한다.

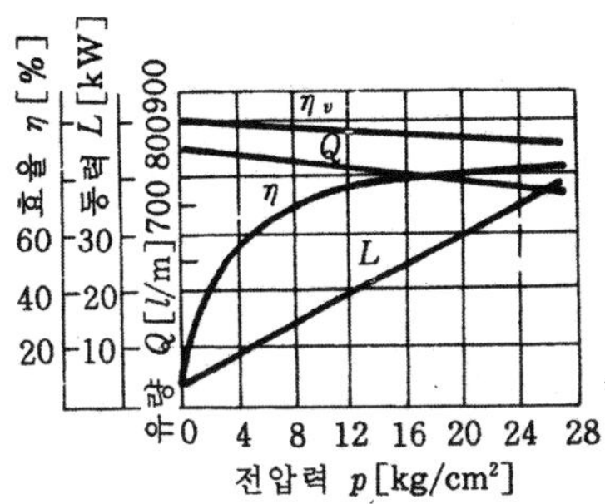

그림 5-13 나사펌프의 효율과 동력

예제 5-2 압력 150 kg/cm^2, 유량 14 l/ min, 전효율 80%의 유압펌프의 축동력은 몇 kW인가?

[풀이]

$$L=\frac{pQ}{\eta}\ [\text{kg}\cdot\text{m/min}]=\frac{pQ}{102\times 60\,\eta}\ [\text{kW}]$$

$$=\frac{150\times 10^4\times 14\times 10^{-2}}{6120\times 0.80}=4.3\ [\text{kW}]$$

연 습 문 제

1. 회전펌프의 원리와 종류를 설명하여라.

2. 기어 펌프의 장점을 들어라.

3. 기어 펌프의 치형인 인벌류트 곡선과 토로코이드 곡선의 작도법을 조사하여라.

4. 내접기어의 작동원리를 설명하여라.

5. 나사펌프의 장점과 용도를 설명하여라.

6. 상승압력 $70 kg_f/cm^2$, 유량 $0.15 m^3/min$를 만족하는 기어 펌프의 축동력을 구하여라. 단, 전효율은 80%이다.

7. 상승압력 $70 kg_f/cm^2$, 유량 $0.15 m^3/min$를 만족하는 기어 펌프의 기어의 피치원 지름 D_p와 바깥지름 D를 결정하여라. 단, 잇수 $z=16$, 이 폭 b는 D_p의 0.4배, 체적효율은 97%, 회전수는 1000rpm으로 한다.

제6장

특수펌프

6-1 재생펌프

재생펌프(regenerative pump, periphery pump)란 그림 6-1에 표시한 것과 같은 원판의 둘레에 다수의 짧은 반지름 방향의 직선 깃을 가진 로터(반지름 방향으로 가늘고 긴 홈을 다수 판 것이라 해도 좋다)를 동심원의 외동의 내부에서 회전하여 액체를 송출하는 펌프이다. 재생펌프는 일명 마찰펌프(friction pump), 와류펌프(vortex pump), 제작 회사명을 따서 웨스코 펌프(Wesco pump)라고도 한다.

그림 6-1 재생펌프의 회전차

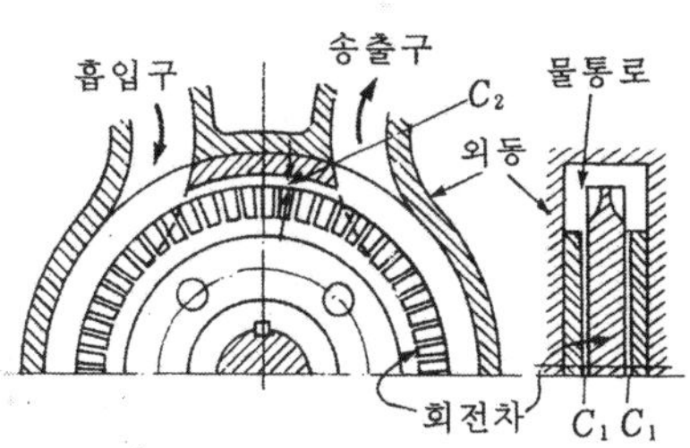

그림 6-2 재생펌프의 구조

외동의 형태를 그림 6-2에서 보는 바와 같이 흡입구와 송출구가 동일 원주상에서 접근하여 위치하고, 흡입구와 송출구 사이에는 격벽을 설치하여 역류를 방지한다. 이 펌프의 작동원리는 두 가지로 생각할 수 있다. 첫째는 그림 6-3과 같이 다수의 깃에 의하여 연속적으로 와류를 만들어 그 에너지에 의하여 양수한다고 생각하는 방법, 둘째는 홈이 헝클어져 마찰을 일으킴으로써 액체

를 선회작용시키고, 액체가 습동해 간다고 생각하는 방법이다. 첫째 방법은 1개의 로터로서 다단

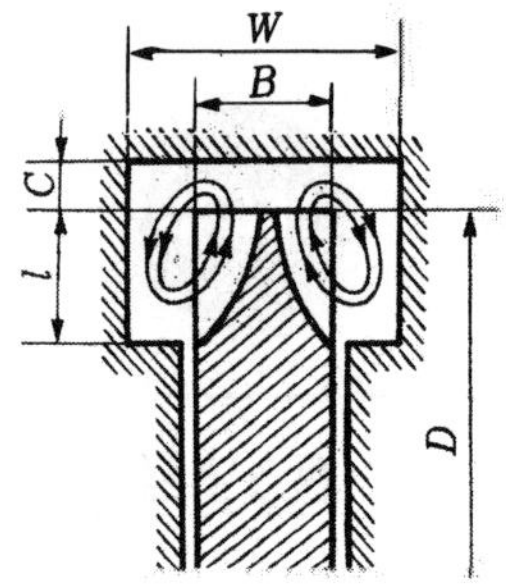

그림 6-3 재생펌프의 원리

원심펌프의 작용을 하는 것이고, 둘째 방법은 한 종류의 마찰을 이용하는 것으로 볼 수 있다.

1개의 소형 로터로서 우수한 여러 단의 원심펌프에 필적하는 양정을 낼 수 있으므로 소 용량, 고 양정에 널리 쓰인다. 이를테면 고온수나 휘발하기 쉬운 석유, 화학약품의 수송, 가정용의 샘물 펌프 등에 사용된다. 일반적으로 횡축 1단 펌프이나, 특히 고 양정을 요구할 때에는 다단식으로 하기도 한다.

그림 6-4는 재생펌프의 특성 곡선을 표시한다. 원심펌프에 비하면 고 양정을 얻을 수 있으나, 최고 효율은 떨어진다. 현저하게 다른 점은 양정 및 운전토크가 어느 것이나 송출량이 0일 때 최대가 되고, 양정곡선은 유량의 증가와 함께 대체로 직선적으로 변화하는 것이다. 이 펌프를 운전하는 원동기는 체절양정일 때 필요한 동력을 기본으로 삼지 않으면 안 된다. 효율은 물인 경우 30~40%로서, 효율이 낮은 원인은 유로 내에서 액체의 난류가 심해지는 것과 로터의 홈이나 벽 사이의 틈에 충격이나 마찰이 생기므로, 이것은 마찰펌프로써 마찰을 이용하는 것이기 때문이다.

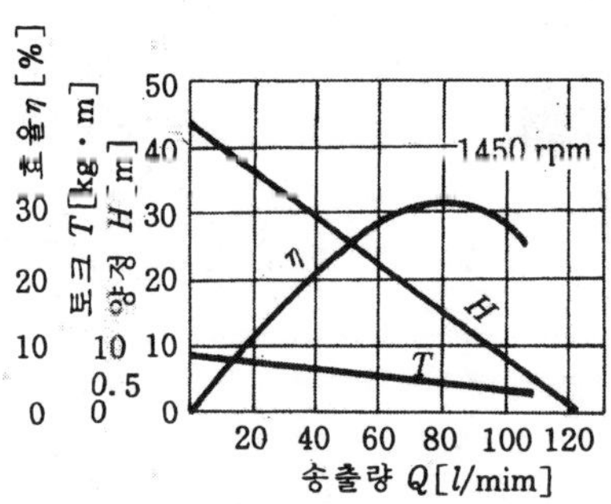

그림 6-4 재생펌프의 특성 곡선

6-2 점성펌프

점도가 높은 액체의 점성을 이용하여 층류마찰작용으로 펌프작용을 일으키는 것을 점성펌프(viscosity pump)라 한다. 그림 6-5는 그 원리를 나타낸 것이다. 지금 이 그림에서는 축이 베어링의 내부에서 회전하고 있는 경우이다. 축과 베어링 구멍과의 공간은 초승달형이 되고, 이 부분에는 윤활유가 들어 있다. 축이 회전함에 따라 기름은 점성으로 인하여 운동을 하게 되고, 점차 회전방향으로 밀려서 면적이 좁은 부분으로 운송된다. 그림 A점 부근에는 매우 높은 압력이 생성된다. 실제로 축은 이 고압의 기름에 의하여 지지되고 있는데, 이 부분에 세관을 달면 이 유압에 의하여 기름은 높은 곳으로 운송된다. 일반적으로 유량은 적으나 구조가 극히 간단하기 때문에 윤활유 펌프 등에 이용되며, 비교적 높은 양정을 얻을 수 있다.

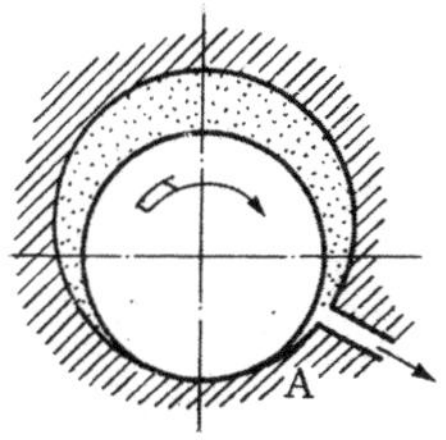

그림 6-5 점성펌프

1. 원통형 점성펌프

그림 6-6에 표시한 바와 같이 원통형의 로터 R과 펌프요소 B가 주체로서, B는 원통면 위에 형성되는 회전유체를 긁어내리는 역할을 한다. B는 스프링 S에 의하여 로터에 압착하게 되고, 양자 사이에는 틈이 있다. 이 틈은 공작이 가능한 한 작게 하는 것이 좋지만, 너무 작으면 축동력이 증가하여 효율이 나빠진다.

2. 나사형 점성펌프

그림 6-7 (a)와 같이 회전축에 나사골을 파고, 이것에 끼이는 슬리브 내에서 축을 회전하든가(축 나사꼴), 그림 (b)와 같이 역으로 슬리브 내면에 나사골을 만들어 그 속에서 축이 회전하도록 하든가(통 나사꼴) 어느 것에 의하여 펌프작용을 하도록 한 것이다. 원통형과 같은 펌프요소가 필요없고, 나사골의 길이를 나사의 권수에 따라 임의로 증가할 수 있으며, 구조가 간단하다. 유량은 축의 회전수에 비례하여 거의 직선적으로 변하며, 나사골의 깊이에도 비례한다. 양정이 낮을 때에는 점성에 대한 차이가 그렇게 많지 않으나, 송출밸브를 닫아 양정을 높게 하면 액체의 점성이

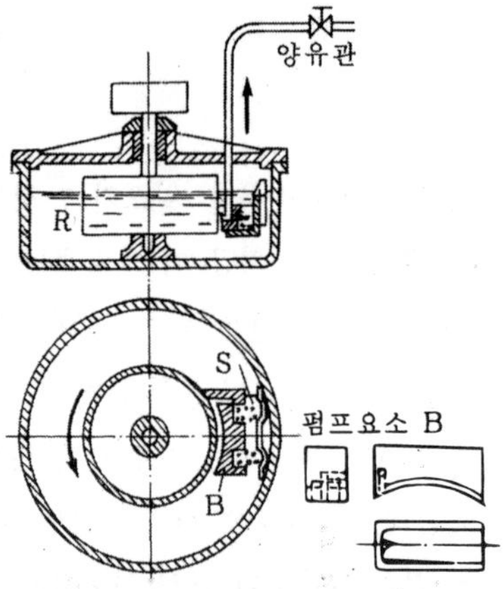

그림 6-6 원통형 점성펌프

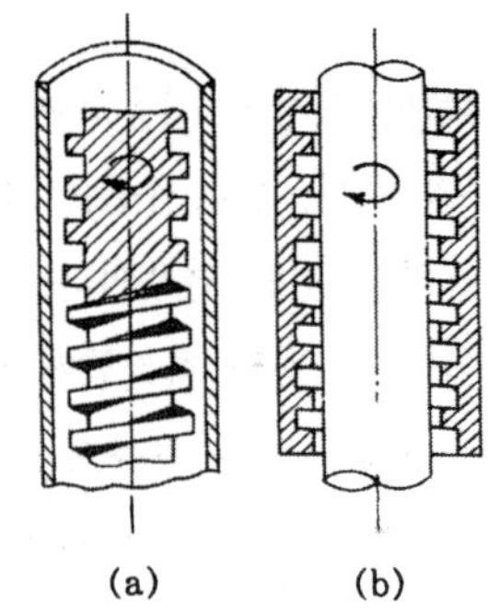

그림 6-7 나사형 점성펌프

영향을 미치게 된다. 이 성능은 베어링용 윤활유 등 소 유량의 펌프로서 이용하는 데 좋다.

3. 나선형 점성펌프

이 펌프는 그림 6-8에 표시한 것과 같이 고정대에 나선형의 골을 파고 그 위에 밀착하여 원판을 회전시키면, 골을 통하여 밖에서 중심으로 액체를 보내게 되고 다시 높은 곳으로 송출하는 작용을 하는 것이다. 펌프의 특성으로서 양정은 유량의 증가와 함께 직선적으로 저하하고, 축동력은

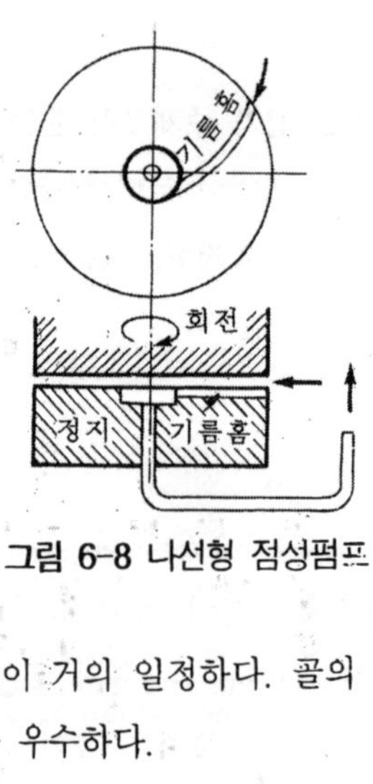

그림 6-8 나선형 점성펌프

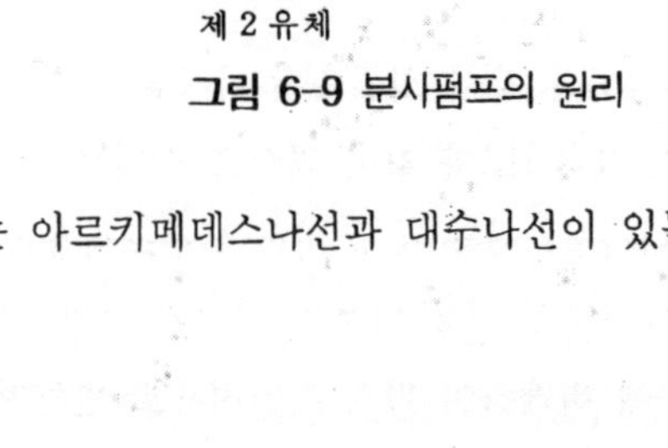

그림 6-9 분사펌프의 원리

유량과 관계없이 거의 일정하다. 골의 종류에는 아르키메데스나선과 대수나선이 있는데, 양정은 전자의 경우가 우수하다.

6-3 분사펌프

그림 6-9는 분사펌프(jet pump)의 원리를 표시한 것이다. 지금 고압의 구동유체(제1유체)를 노즐로 압송하고, 여기에서 목(throat)을 향하여 고속으로 분사시키면, 분류의 압력은 저압이 된다(Bernoulli의 정리). 여기에서 분류 주위의 보조유체(제2유체)는 분류에 흡입되고, 이들 제1, 제2유체는 혼합, 충돌하면서 흡입작용을 높이고 목부분을 통과해 나간다. 다시 확대관(diffuser)에 들어가면 잉여 운동 에너지는 압력 에너지로 회수되면서 송출구로 나간다. 취급되는 유체는 제1, 제2유체 모두 가스, 증기, 액체 등 목적에 따라 다종다양하다. 이를테면 제1, 제2유체가 모두 액체인 경우 그 효율은 다음 식으로 표시된다(그림 6-10 참조).

$$\eta = \frac{\gamma_2 H_2 Q_2}{\gamma_1 H_1 Q_1} \tag{6-1}$$

여기서 γ는 액체의 비중량, H_1, H_2는 수두, Q_1, Q_2는 유량이다(그림 6-10 참조). 일반펌프에 비하여 효율 η는 뒤떨어지는데, 12～20% 정도이며 35%까지 도달하는 경우는 거의 없다. 구조에 있어서는 동적 부분이 없고 간단하며, 제작비가 싸고 취급도 용이하다. 전체를 내식성 재료의 구조로 하는 것도 간단히 되므로, 부식성 유체의 처리에도 널리 이용된다.

그림 6-11은 분사펌프를 원심펌프와 조합해서 사용하는 경우의 구조를 표시한다. 지상의 원심펌프의 송출관에서 분지한 관에 의하여 송출수량의 일부를 노즐로 보낸다. 아래 흡입관에서 들어오는 물과 혼합하여 디퓨저(확대관)로 보내고, 가압하여 지상에 있는 원심펌프의 흡입구로 접속한다. 이렇게 하면 원심펌프만의 $H \sim Q$특성에 대하여 약 50%가 높은 양정으로 작용하게 되고, 동력특성이 과부하가 되지 않는 이점이 있다. 최대 효율은 분사펌프만의 효율보다 좋아지지만, 원심펌프 단독의 효율에는 미치지 못한다. 같은 용량일 때에는 원심펌프의 효율 정도이거나 아니면 그 이상의 효율로 작용한다. 가정용으로 10～40 l/min 정도의 것에 사용된다. 그 밖에 분사펌프 단독으로서는 대형 펌프의 시동시의 만수용, 소화용의 분사소화전(injector hydrant), 발전소의 회의 처리용 방사기(ash ejector), 모래나 구정물 등의 흡상에 사용된다.

액체의 분류로 기체를 수송하는 것을 공기펌프(air pump)라 하고, 진공을 만드는데 이용된다. 이를 테면 증기 터빈의 복수기(condenser)에 붙여서 복수기의 내부를 고도의 진공으로 만드는 경우이다.

증기의 분류로 액체를 수송하는 것에는 증기분사펌프(steam jet pump), 증기이젝터(steam ejector, 방사기)가 있다. 실제로 쓰이고 있는 것을 보면 구경이 20～30mm, 양수량 3～30m^3/h 정도의 것이 많다. 용도는 건축물 지하실의 오수의 흡상, 난방용의 온수 수송, 목욕탕, 세탁장 등으로 보내는 온수의 공급 등에 이용된다. 소형의 보일러에 급수할 때에는 이 종류의 펌프가 사용되고, 이것을 특히 증기주수기, 인젝터(steam injector)라 한다. 이것은 보일러 내의 고압증기를 써

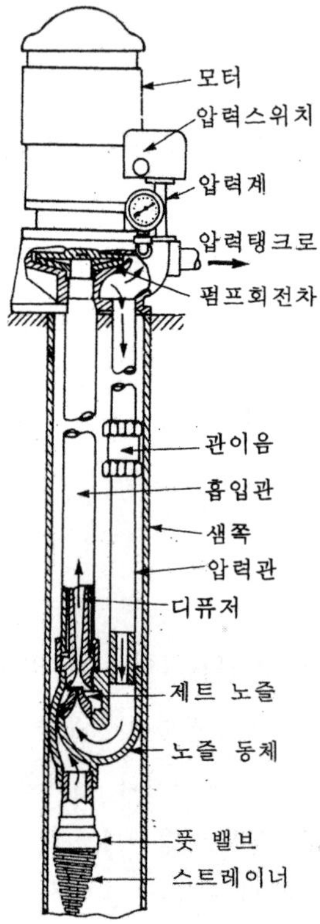

그림 6-11 분사펌프의 응용 예

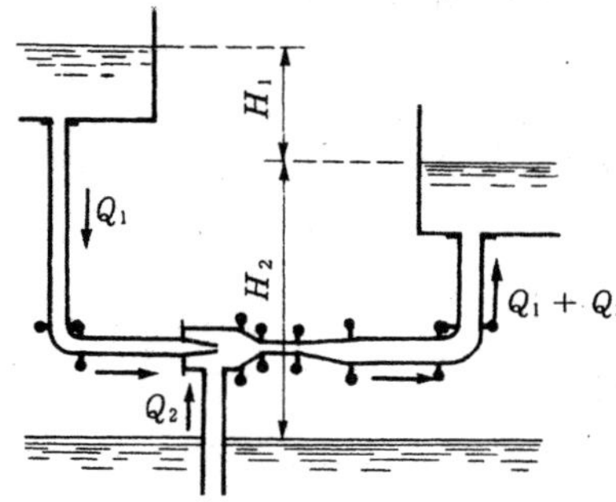

그림 6-10 분사펌프의 응용 예

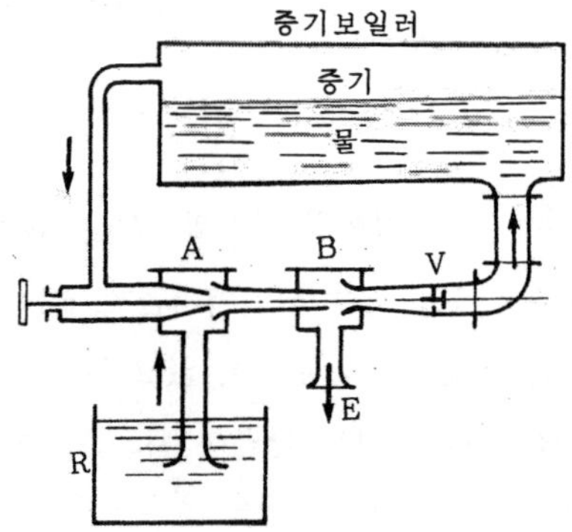

그림 6-12 인젝터의 원리

서 자신의 보일러 내로 물을 주입하는 장치이다. 그림 6-12는 그 작용의 원리를 표시한다. 보일러 내의 고압증기는 A실내의 노즐에서 분사하여 A실을 대기압 이하로 만든다. 이렇게 하여 탱크 R에서 물을 흡상한다. 이 양자가 합체되어 B실로 들어간다. 처음에는 운동량이 적기 때문에 보일러 내로 돌입할 수는 없다. 그러므로 E관에서 대기중으로 유출하는데, 수분이 지나면 A실내의 공기를 모두 배제할 수 있기 때문에, 운동량이 커져서 첵 밸브 V를 밀어 열고 보일러 내로 진입한다. 이와 동시에 E에서의 유출은 정지된다.

예제 6-1 상류와 하류의 낙차가 3m, 유량이 7.5m^3/min인 물을 분사펌프로 작동한 결과, 상류에서 8m 아래에 있는 물을 하류로 유량 0.9m^3/min의 비율로 양수할 수 있었다. 이 때의 효율을 구하여라.

[풀이]

$$H_1 = 3\,[\mathrm{m}],\quad H_2 = 8 - 3 = 5\,[\mathrm{m}]$$

$$\eta = \frac{H_2 Q_2}{H_1 Q_1} = \frac{5 \times 0.9}{3 \times 7.5} = 0.2 = 20[\%]$$

6-4 기포펌프

그림 6-13은 기포펌프(air lift pump)의 구조와 원리를 표시한다. 압축공기를 공기관을 통하여 양수관 속으로 혼입시키면, 양수관 속은 물보다 가벼운 기-액 혼합체로 되므로 부력의 원리에 따라 관 외의 물에 의하여 양수관 입구의 물을 밀어올리게 된다. 이 펌프는 구조가 간단하고 수리의 염려가 적으며, 수중에 다른 이물이 포함되어 있어도 상관이 없는 장점이 있으나

$$\eta = \frac{\text{수동력}}{\text{공기압축기의 축동력}} = \frac{\gamma HQ}{L} \qquad (6\text{-}2)$$

으로 표시되는 효율이 낮은 것(15~30%)이 결점이다. 여기서 γ는 액체의 비중량, H는 양정, Q는 양수량이다. 보통 공기관과 양수관과의 면적비는 1/4~1/6, 양수관의 수면하 길이는 양정의 1.5~2배로 하고 양수관 내의 물(공기를 포함하지 않는다)의 유속은 1.5m/s 정도로 잡으면 효율면으로 보아 좋다고 한다.

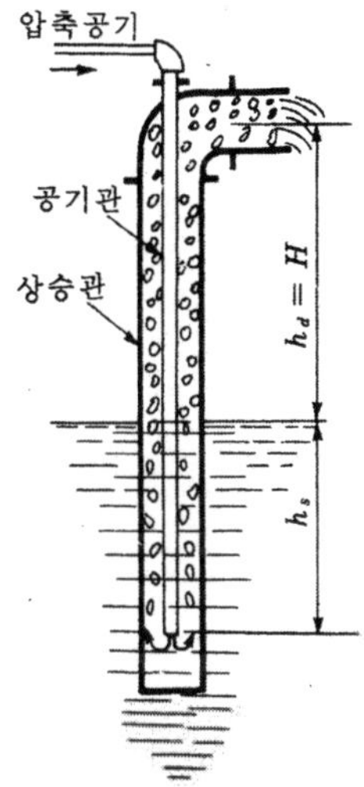

그림 6-13 기포펌프의 구조

예제 6-2 기포펌프를 써서 유량이 0.25m³/min인 물을 흡수면보다 45m 높은 곳으로 양수하자니, 공기량이 1.9m³/min, 압축기의 소요 동력이 14PS나 소요되었다고 한다. 기포펌프의 효율을 구하여라.

[풀이]

$$\eta = \frac{\gamma HQ}{L} = \frac{1000 \times 45 \times 0.25}{75 \times 60 \times 14} = 17.9[\%]$$

6-5 수격펌프

수격작용을 이용하여 낮은 곳의 물을 높은 곳으로 양수하는 펌프를 수격펌프(hydraulic ram pump)라 한다. 그림 6-14에 있어서 낙차 H_1의 물 1은 수관 2, 3을 거쳐서 밸브 4로부터 유출한

다. 수관을 지나는 물의 속도가 증대하면 밸브 4는 압상되어 자동적으로 닫히며, 그 속의 수압은 급히 상승한다. 수격작용에 의하여 물은 밸브 5를 압상하고, 공기실 6, 양수관 7을 거쳐서 낙차 H_2인 수면 8까지 양수한다. 다만 이 상승압력수두가 H_2보다 클 동안에는 이 현상이 계속되나, H_2보다 작게 되면 밸브 5는 닫히고, 양수는 정지된다. 한편 밸브 4에 작용하는 압력도 감소하므로 밸브 4는 열리고, 다시 수관 2−3−4로 유동이 일어나고, 전기한 동작을 반복한다. 이렇게 하여 단속적으로 양수작업을 한다. 수관 2를 지나는 유량을 Q_1, 수관 7을 지나는 양수량을 Q_2라고 하면, 이 펌프의 효율은 다음 식으로 표시된다.

$$\eta = \frac{H_2 Q_2}{H_1 Q_1} \tag{6-3}$$

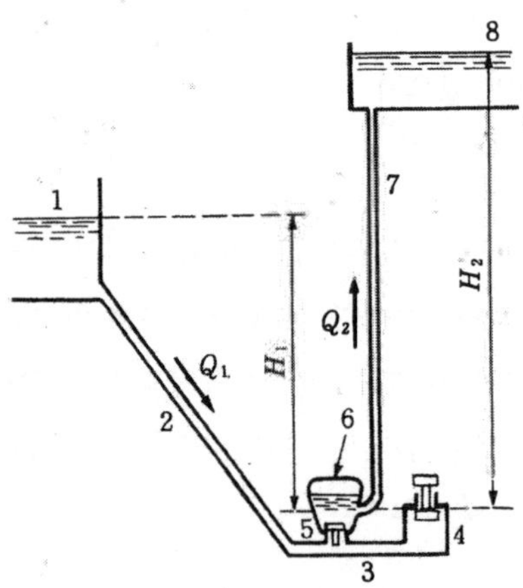

그림 6-14 수격펌프

제7장

펌프에서 일어나는 제현상

펌프 속에서 발생하는 캐비테이션(cavitation ; 공동현상), 수격작용(water hammering) 및 서징(surging ; 맥동현상)이 있다. 어느 것이나 소음과 진동을 동반하는 것이지만, 이들은 각각 전연 다른 원인에 의하여 생기는 것이다. 이하 이들의 각각에 대하여 설명하기로 한다.

7-1 공동현상

1. 캐비테이션

그림 7-1에서 보는 바와 같이 유체가 넓은 유로에서 좁은 곳으로 고속으로 유입할 때, 벽면을 따라 흐를 때 벽면에 요철이 있거나 만곡부가 있으면 흐름은 직선적이 못되며, A 부분은 B 부분

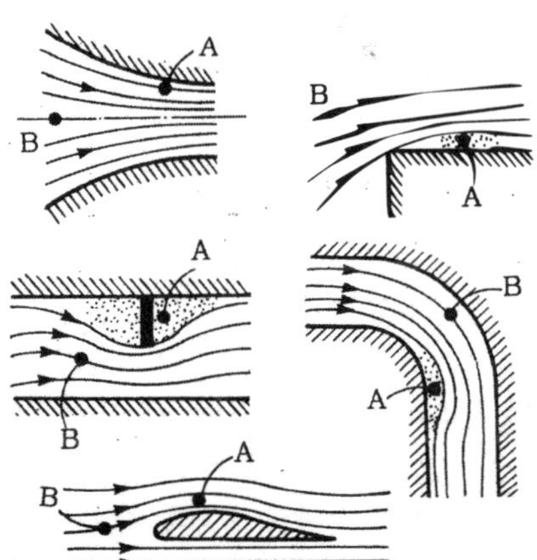

그림 7-1 캐비테이션의 발생부

보다 저압이 되어 여기에 캐비티(공동)가 생긴다. 이 부분의 압력이 그 수온의 포화증기압보다 낮아지면 수중에 증기가 발생한다. 수중에는 압력에 비례하여 공기가 용입되어 있는데, 이 공기가 물과 분리되어 기포로 나타난다. 이와 같은 현상을 캐비테이션, 공동현상이라고 한다.

캐비테이션으로 인하여 생긴 기포는 고압의 영역에 이르렀을 때 갑자기 파괴되어 다시 수중으로 말려들어 소멸하고 만다. 기포가 파괴될 때에는 심한 충격을 동반하고 소음과 진동을 초래한다. 이 진동은 대체로 600～3000사이클 정도나 된다. 이 현상은 흡입관에 공기를 흡입시킴으로써 정지시킬 수 있다. 다만 이 조치는 펌프인 경우에는 그렇게 채용되지 않고 있지만, 수차에서는 많이 이용되고 있다.

기포가 파괴될 때 기포의 표면에 밀어 붙이는 액체의 압력은 기포 체적의 급격한 축소에 따른 기초 표면적의 격감에 의하여 그 압력강도가 매우 커진다. 실측에 의하면 300기압이나 될 때도 있다. 이와 같은 큰 힘의 충격 때문에 벽면은 침식(erosion)하게 된다. Stepanoff는 이것을 특히 점침식(pitting)이라 하여 취급하는 액체 중에 포함되는 사립이나 그 외의 세립의 고체에 의한 침식과 구별하였다. 점침식의 현상은 물론 부식의 일종이긴 하나 조금 양상이 다르다. 캐비테이션이 발생하면 처음에는 벽면이 귤껍질과 같은 모양이 되고, 이것이 심해지면 벽속이 경석처럼 퍼석퍼석해진다.

펌프에 있어서의 캐비테이션은 여러 곳에 발생하는데, 가장 문제가 되는 곳은 깃입구 부근에 발생하는 것으로 펌프의 성능을 저하시키고, 효율도 나빠진다.

2. 특성곡선과 캐비테이션

그림 7-2는 펌프의 특성 곡선으로서 정상상태에서는 유량 Q에 대한 양정 H와 효율 η는 각각 1－2－3, 4－5－6의 곡선과 같이 된다. 펌프와 흡수면 사이의 수직거리가 부적당하여 너무

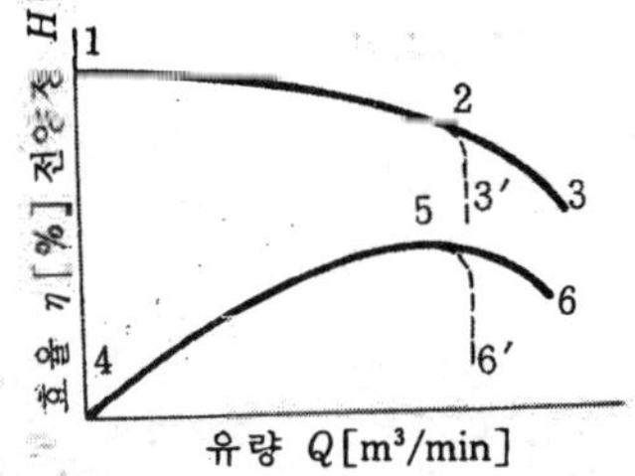

그림 7-2 캐비테이션에 의한 H, η곡선의 저하

길다든지, 회전차의 회전이 너무 빠르면 유량의 증가와 더불어 회전차내에 캐비테이션을 일으키고, 어느 유량 Q에 있어서 양정은 2에서 3′로 급감하며, 유량도 그 이상 증대할 수 없게 된다. 그

결과 효율도 5에서 6′로 급히 떨어진다.

3. 펌프에서 캐비테이션이 발생하는 원인

그림 7-3의 (a)에 표시한 바와 같이 회전차의 입구 A부분에서는 어느 곳에서나 유입속도가 같다. 회전차의 곡률 반지름 r부분과 r'부분에 있어서는 그 반지름이 다르기 때문에 자연히 유입속도가 각각 달라진다. 회전차의 입구 A부분의 유속 v는 r부분에 와서 v_1이 되고, r'부분에서는 v_1'로 변화한다.

r부분을 지나는 유체의 속도 v_1이 증대함에 따라 압력은 떨어져서, r'부분의 유체압보다 ΔH m만큼 낮아진다.

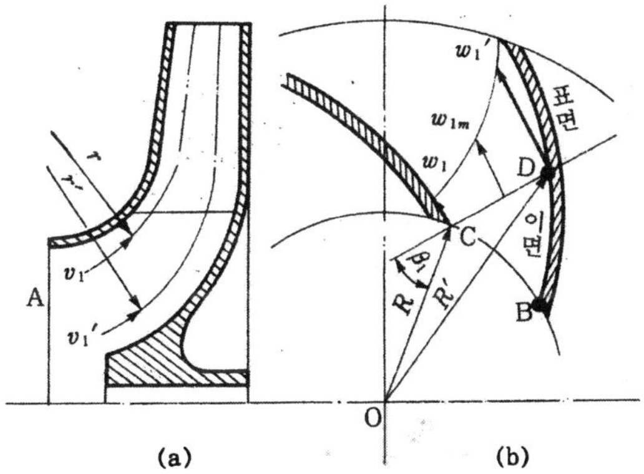

그림 7-3 캐비테이션의 설명도

그림 7-3의 (b)에 표시한 깃 입구의 원호 BC 사이를 지나는 유체의 속도는 어디에서나 같지만, BC를 지나 깃의 출구방향으로 갈수록 각부에 있어서의 유속은 각각 달라지게 된다.

점 B에서 점 D(D점은 깃의 이면)에 이를 때까지 유체의 속도는 w_1에서 w_1'로 증가되어 간다. C점은 B점과 같은 상태이므로 유속은 B점의 유속과 같다. 만일 w_1이 커지면 아울러 w_1'도커지기 때문에, 동시에 압력은 떨어지고 D점의 압력이 더욱 낮아진다. D점을 지나면 깃의 반지름 R'가 커지고, 이와 동시에 양액이 회전되므로 원심력에 의하여 차차 압력이 높아진다.

이와 같이 압력이 가장 낮은 곳은 D점이고, B점의 압력과의 차를 $\Delta H'$m라 하면, B점에 캐비테이션이 발생하지 않더라도 D에서는 발생하기 쉬운 상태가 된다.

r쪽의 D점에서는 A부분보다 압력이 $\Delta H+\Delta H'$m만큼 낮아지므로, 회전차 입구에서는 캐비테이션이 발생하지 않더라도 깃의 이면 D점에서는 발생하기 쉽다.

4. 펌프의 최대 설치높이

펌프의 송출양정은 펌프의 종류와 출력에 따라 얼마든지 높일 수 있지만, 흡입양정은 흡입액면상의 기압과 펌프의 회전차 중심에 대한 압력의 차에 의하여 정해지기 때문에 그 때의 상태에 따라 일정한 한도가 있다. 이것을 펌프의 최대 설치높이라고 한다.

그림 7-4에 표시한 펌프를 회전시킬 때 회전차의 내부가 진공되어 흡입관 내의 압력이 대기압보다 낮아졌다고 가정한다. 흡입액면은 항상 대기압 p_a $(H_a$ [mAq])에 의하여 전면이 균일하게 눌리고 있으므로, 액은 흡입관 속을 h m만큼 상승한다. 액체의 비중량을 γ, 흡입관 속의 압력을 p라 하면

$$p_s = p + \gamma h$$

의 관계에서

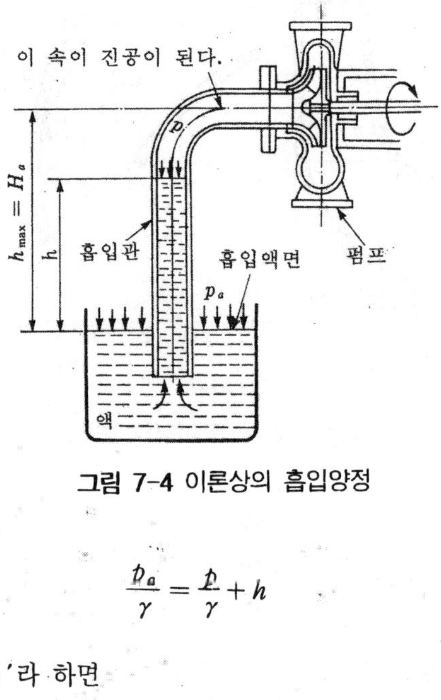

그림 7-4 이론상의 흡입양정

$$\frac{p_a}{\gamma} = \frac{p}{\gamma} + h$$

가 되고, $\frac{p_a}{\gamma} = H_a$, $\frac{p}{\gamma} = h'$라 하면

$$h_a = h' + h \tag{7-1}$$

이 된다. 계속하여 펌프를 돌려 회전차 내부의 압력, 다시 말하면 흡입관 속의 압력이 완전진공 $(p=0)$이 되면, 이 때가 액이 흡입관을 상승하는 최대높이 h_{max}이 될 것이므로

$$h_{max} = \frac{p_a}{\gamma} = H_a \tag{7-2}$$

가 된다.

대기압 p_a는 표고에 따라 다른데, 이것을 표 7-1에 표시한다.

표 7-1 표고와 대기압

표 고 [m]	0	100	200	300	400	500	1000	1500
대기압 p_a [mAq]	10.33	10.20	10.08	9.97	9.83	9.7	9.0	8.6

보통 평지인 경우에는 $p_a = 10.33\,\text{mAq}$로 생각할 수 있으므로 액체가 물인 경우 $\gamma = 1$(압력의 단위를 mAq로 쓸 때에는 γ는 비중의 값과 같다)로 하여 h_{max}을 구하면, 식 (7-2)에 의하여

$$h_{max} = \frac{p_a}{\gamma} = \frac{10.33}{1} = 10.33\ [\text{m}]$$

가 된다. 이와 같은 h_{max}의 값을 흡입양정이라 하고, 이것을 이론상의 최대 설치높이라고 한다.

이론상의 최대 설치높이는 식 (7-2)에서 알 수 있는 바와 같이 유체의 비중에 따라 다른데, 알코일인 경우에는 $\gamma = 0.79$이므로

$$h_{max} = \frac{10.33}{0.79} = 13.1\ [\text{m}]$$

가 되고, 비중이 큰 수온인 경우에는 $\gamma = 13.6$이므로

$$h_{max} = \frac{10.33}{13.6} = 0.76\ [\text{m}]$$

가 된다.

그러나 실제에 있어서 펌프의 내부를 완전진공이 되도록 하는 것은 구조상 불가능하고 흡입관 속의 손실수두, 양액의 증기압, 설치위치의 표고 등의 영향을 받기 때문에 h_{max}의 값은 이론값보다 낮아진다. 양액이 물인 경우 실제의 설치높이는 7m정도가 한도이다. 만일 8m의 높이에 펌프를 설치하였다고 하면, 물은 흡상되지 않거나 흡상되더라도 회전차의 입구에 캐비테이션이 발생하여 운전이 불가능하게 된다. 펌프를 설치하기 전에 펌프의 최대 설치높이를 충분히 검토하지 않으면 안 된다.

이와 같은 사실로부터 캐비테이션의 발생 여부는 흡입양정에 따라 정해짐을 알 수 있다.

회전차의 깃에 양액이 유입할 때에는, 회전차의 회전에 의하여 생긴 진공압을 대기압에서 빼고도 양액의 증기압까지 내려가지 않도록 할 만한 압력이 펌프의 흡입구에 필요하다. 이 압력을 알기 위하여 흡입양정을 정하는데, 이 때에는 흡입양정보다도 제동유효흡입양정(Net Positive Suctio Head ; NPSH라 한다)을 쓰면 편리하다.

그림 7-5는 펌프의 흡입상태가 다른 세 가지의 배관계를 표시한다. 여기서 H_s는 펌프의 흡입 실양정을 표시하고, 그 부호는 압송일 때 (+), 흡상할 때를 (−)로 한다. 흡입관로의 총손실수두

를 $h_l = \sum \zeta (v_s{}^2/2g)$ (ζ는 손실계수), 흡입액면에 작용하는 절대압력을 p, 흡입관 속의 유속을 v_s라 한다. 회전차 중심에 있어서 흡입직전[그림 7-5의 (a) 참조]의 흡입전양정 H_1은

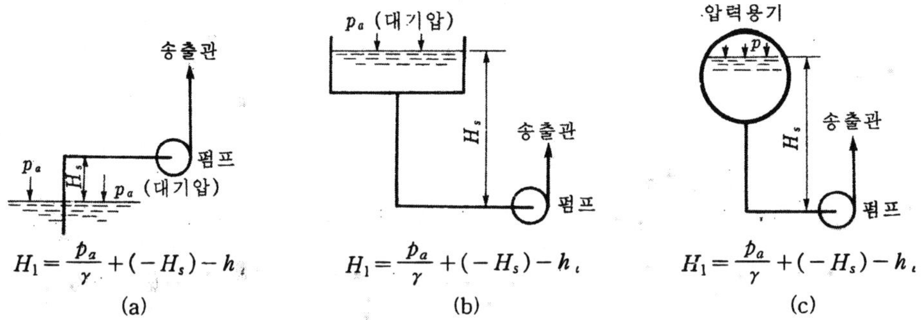

그림 7-5 흡입양식에 따른 흡입양정

$$H_1 = \frac{p_a}{\gamma} + (-H_s) - h_l \tag{7-3}$$

으로 표시할 수 있다. 이 H_1에서 양액의 온도에 대한 증기압 H_v를 뺀 값을 이용 가능한 (available) 제동유효흡입양정이라 하고, Av NPSH로 표시한다. 지금 Av NPSH의 값을 H_{sv}로 표시하면

$$H_{sv} = H_1 - H_v \tag{7-4}$$

가 되고, 식 (7-3)을 여기에 대입하면

$$H_{sv} = H_a - H_s - h_l - H_v \text{(흡상 때)} \tag{7-5}$$

$$H_{sv} = H_a + H_s - h_l - H_v \text{(압송 때)} \tag{7-6}$$

로 표시된다. 흡입액면에 증기압이 작용하고 있을 때에는 $H_a = H_v$이므로

$$H_{sv} = H_s - h_l \tag{7-7}$$

의 값을 가진다. 식 (7-3)에서 알 수 있는 바와 같이 h_l은 v_s의 함수, 송출량 Q의 함수이므로 H_{sv}도 Q의 함수로서 흡입관로의 특성을 표시하는 양이다.

3항에서 설명한 바와 같이 깃의 이면 D점에서는 속도의 증대로 인하여 압력이 저하하는데, 이 국소적인 압력강하는 깃의 형상과 깃에 대한 액체의 상대속도와 관계가 있다. 이것을 $\lambda_1(w_1{}^2/2g)$으로 표시하기로 한다. 이 때 λ_1은 깃의 형상에 따라 정해지는 압력강하계수이다. 펌프의 입구에서 절대속도를 가진 유체가 펌프의 깃에 유입하였을 때 v_1으로 변하였다고 하면

λ_2를 깃에 따라 변하는 특성수로 하여 $\lambda_2\,(v_1{}^2/2g)$(λ_2의 값은 보통 1이다)를 생각할 수 있다. 지금

$$\Delta h = \lambda_1 \frac{w_1{}^2}{2g} + \lambda_2 \frac{v_1{}^2}{2g} \tag{7-8}$$

을 생각할 때, 이 Δh를 필요로 하는(Required) 제동유효흡입양정(Re NPSH)이라 한다. 이 Δh는 펌프가 캐비테이션을 일으키지 않고 운전하는 데 필요한 흡입양정으로서 역시 송출량 Q의 함수이다.

그림 7-6에서 Av NPSH와 Re NPSH의 곡선을 표시한다. 그림에서 알 수 있는 바와 같이

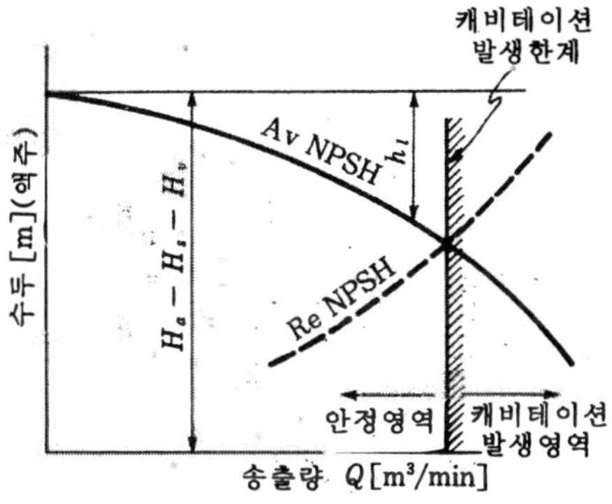

그림 7-6 Av NPSH와 Re NPSH의 곡선

Av NPSH와 Re NPSH가 교차하는 점을 한계로 하여 송출량이 많은 쪽에서는 깃에 있어서의 가장 낮은 압력이 증기압 이하로 되는 것을 표시하고, 캐비테이션이 발생하므로 깃에 의하여 정해지는 Re NPSH Δh에 대하여 흡입관계에 의하여 정해지는 Av NPSH H_{sv}를 요구되는 송출량의 범위에 대하여 충분한 여유가 있도록 계획을 세우지 않으면 안 된다.

이상의 사실을 종합하면, 캐비테이션의 발생 한계조건은

$$\text{Av NPSH} = \text{Re NPSH} \tag{7-9}$$

라고 말할 수 있고

$$\text{Av NPSH} > \text{Re NPSH} \tag{7-10}$$

일 때에는 캐비테이션이 발생하지 않는다. 펌프의 설치높이를 정할 때 붙이는 여유는 보통 다음과 같은 정도로 취한다.

$$(\text{Av NPSH}) \geq 1.3 \times (\text{Re NPSH}) \tag{7-11}$$

5. Thoma의 캐비테이션 계수

Re NPSH를 구하기 위하여

$$\sigma=\frac{\Delta h}{H}=\frac{H_{sv}\text{의 최저 한계치}}{H} \tag{7-12}$$

으로 표시되는 이 σ를 Thoma의 캐비테이션 계수라 한다. 여기서 H는 전양정이다. σ는 펌프의 크기나 회전수와는 관계가 없고, 구조 n_s에 의하여 정해지는 무차원상수이다. 미국의 Hydraulic Institude에서 발표한 것을 보면

$$\sigma=7.88\times10^{-5}n_s^{4/3} \text{ (편흡입)} \tag{7-13}$$

$$\sigma=5.00\times10^{-5}n_s^{4/3} \text{ (양흡입)} \tag{7-14}$$

으로 되어 있다. 그림 7-7은 편흡입인 경우의 n_s와 σ와의 관계를 표시한다.

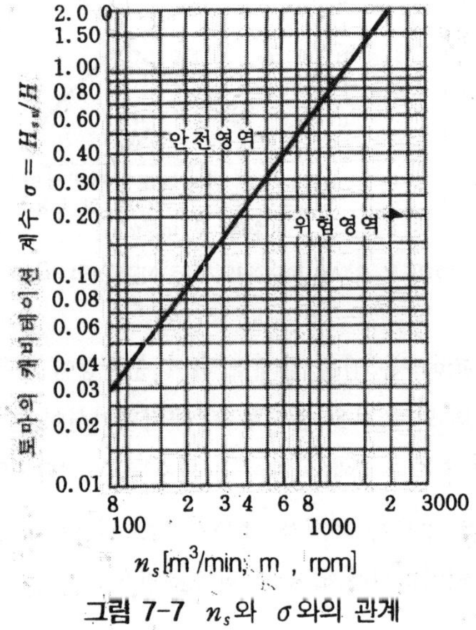

그림 7-7 n_s와 σ와의 관계

6. 흡입 비속도

흡입 비속도 S는

$$S=\frac{N\sqrt{Q}}{(\Delta h)^{3/4}} \tag{7-15}$$

로 정의되고, σ와 같이 동일 회전차 또는 상사의 회전차에 있어서도 그 값이 같게 되므로 캐비테이션이 일어나는 상태도 같다.

S의 값은 실험에 의하면 퍽 광범위한 회전차의 비속도 n_s에 대하여 일정하다. stepanoff에 의

하면 편흡입일 때 $S=1200$, 양흡입일 때 $S=1700$ 정도가 가장 적당하다. 식 (7-15)에 이 값을 대입하여 Δh, Re NPSH를 구하면

$$\text{Re NPSH}=\left(\frac{N\sqrt{Q}}{S}\right)^{4/3} \tag{7-16}$$

$$=\left(\frac{N\sqrt{Q}}{1200}\right)^{4/3} \text{ (편흡입)} \tag{7-17}$$

$$=\left(\frac{N\sqrt{Q}}{1700}\right)^{4/3} \text{ (양흡입)} \tag{7-18}$$

이 된다.

예제 7-1 편흡입 단단 벌류트 펌프를 설치하려고 한다. 전양정 20.6m, 양수량 1m^3/min, 회전수 1450rpm, 흡입실양정 3m, 액온에 대한 증기압 0.752mAq, 흡입관 속의 총손실수두가 1.587m일 때 캐비테이션 발생 여부를 검토하고, 펌프의 설치높이가 적당한가를 판정하여라. 단, 액면에는 대기압이 작용하고 있고 흡상관로이며, 풋 밸브는 수면 밑 2m에 있다.

[풀이]

(1) Av NPSH의 계산 : 식 (7-5)에서

$\text{Av NPSH}=H_a-H_s-h_l-H_v=10.33-3-1.587-0.752=4.99\,[\text{m}]$

(2) Re NPSH의 계산 : (a) σ를 구하기 위하여 n_s를 계산한다.

$$n_s=\frac{1450\times\sqrt{1}}{20.6^{3/4}}=140.6$$

그림 7-7에서 $n_s=140.6$일 때 $\sigma=0.06$을 얻는다. 식 (7-12)에서

$$\text{Re NPSH}=\sigma\cdot H=0.06\times20.6=1.236\,[\text{m}]$$

(b) 흡입 비속도에서 편흡입이므로 $S=1200$을 식 (7-17)에 대입하면

$$\text{Re NPSH}=\left(\frac{N\sqrt{Q}}{1200}\right)^{4/3}=\left(\frac{1450\sqrt{1}}{1200}\right)^{4/3}=1.286\,[\text{m}]$$

Re NPSH=1.286m로 정한다.

(3) 캐비테이션 발생 여부의 검토 : 식 (7-11)에 의하여

$$\frac{\text{Av NPSH}}{\text{Re NPSH}}=\frac{4.99}{1.286}=3.88>1.3$$

가 되어 여유가 충분하므로 캐비테이션은 일어나지 않는다. 설치높이는 문제가 되지 않는다.

7. 캐비테이션의 방지법

캐비테이션의 발생을 예방하는 방법을 열거하면 다음과 같다.

(1) 펌프의 설치높이를 될 수 있는 대로 낮추어 흡입양정을 짧게 한다.

(2) 입축펌프를 사용하고, 회전차를 수중에 완전히 잠기게 한다.

(3) 펌프의 회전수를 낮추어 흡입 비속도를 적게 한다.

(4) 양흡입펌프를 사용한다.

(5) 2대 이상의 펌프를 사용한다.

(6) 펌프의 설치높이를 낮추어도 흡입관의 손실수두나 부차적인 손실이 크면 실질상 흡입양정이 그리 짧아지지 않으므로, 이런 때에는 흡입관의 바깥 지름을 크게하고, 밸브, 플랜지 등 부속의 수를 적게 하여 손실수두를 줄인다.

7-2 수격현상

1. 수격작용

그림 7-8에 표시하는 바와 같이 관로 속을 흐르고 있는 유체를 관단의 밸브로써 갑자기 닫으면, 유체의 감속된 양의 운동 에너지로 변하기 때문에 밸브의 직전 A에서 고압이 발생하고, 이 고압의 영역은 수관 속의 압축파의 전파속도(음속)로 상류의 탱크의 관구 B를 향하여 진행하며, B에 도달하면 다시 A로 되돌아 온다. 다음에 음압이 되어 다시 A, B사이를 왕복한다. 이후 이것이 반복되는데, 이와 같은 현상을 수격작용(water hammering)이라고 한다. 이 현상은 관 속의 유속이 빠를수록, 밸브를 닫는 시간이 짧을수록 격심하고, 때로는 관이나 밸브를 파괴하는 수도 있다. 수격작용은 수차에서는 옛부터 다루어졌지만, 최근 펌프가 대형화됨에 따라 이방면에도 문제가 되고 있다.

그림 7-8 수격작용의 원리

2. 수관 속의 압축파의 전파속도(음속)

전술한 음속 a는 관의 재질에 따라 다르고, 다음 식으로 표시된다.

$$a=\sqrt{\frac{K/\rho}{1+\frac{K}{E}\cdot\frac{D}{\delta}}}\ [\mathrm{m/s}] \tag{7-19}$$

여기서 K : 물의 체적탄성계수[kg_f/m^2], ρ : 물의 밀도 $=\gamma/g$ [$kg_f \cdot s/m^4$], E : 관의 종탄성계수[kg_f/m^2](주철 $1.0\times10^{10}kg_f/m^2$, 동 $2.0\times10^9kg_f/m^2$, 흄관 $2.0\times10^9kg_f/m^2$), D : 관의 안지름[m], δ : 관벽의 두께[m]이다.

실용상 $K=2.07\times10^8 \mathrm{kg_f/m^2}$, $\rho=102 \mathrm{kg_f \cdot s^2/m^4}$ 이라고 하면 다음 식을 얻는다.

$$a=\frac{1425}{\sqrt{1+\frac{2.07\times10^8}{E}\cdot\frac{D}{\delta}}} \ [\mathrm{m/s}] \tag{7-20}$$

여기서 E, D, δ의 단위는 각각 $\mathrm{kg_f/m^2}$, m, m이다.

예제 7-2 안지름 $D=3\mathrm{m}$, 두께 $\delta=20\mathrm{mm}$인 철관 속에 있는 수중의 음속은 몇 m/s가 되는가? 단, (1) 철관은 연강으로서 영률 $E=2.15\times10^{10}\mathrm{kg_f/m^2}$인 경우, (2) 철관이 강성체인 경우로 나누어 계산하여라.

[풀이]

(1) $$a=\frac{1425}{\sqrt{1+\frac{2.07\times10^8}{E}\cdot\frac{D}{\delta}}}=\frac{1425}{\sqrt{1+\frac{2.07\times10^8\times3}{2.15\times10^{10}\times0.02}}}=910\ [\mathrm{m/s}]$$

(2) 철관이 강성체인 경우 영률 E는 ∞가 되므로

$$a=\frac{1425}{\sqrt{1+\frac{2.07\times10^8}{E}\cdot\frac{D}{\delta}}}=\frac{1425}{\sqrt{1+0}}=1425\ [\mathrm{m/s}]$$

7-3 서징현상

펌프, 송풍기 등이 운전 중에 한숨을 쉬는 것과 같은 상태가 되어, 펌프인 경우 입구와 출구의 진공계, 압력계의 침이 흔들리고 동시에 송출유량이 변화하는 현상을 서징(surging)이라고 한다. 송출압력과 송출유량 사이에 주기적인 변동이 일어나는 현상이다. 이 서징현상이 일단 일어나면 그 변동의 주기는 비교적 거의 일정하고, 송출밸브의 개도를 바꾸어 인위적으로 운전상태를 바꾸지 않는 한 이 상태가 계속된다. 서징현상이 일어나는 과정을 구체적으로 설명해 보자.

그림 7-9와 같이 펌프의 특성 곡선이 n_s가 낮은 펌프에서 볼 수 있는 산고의 $H\sim Q$곡선이고, 배관장치를 그림 7-10과 같이 송출관의 도중에 물탱크, 공기탱크가 있으며, 유량은 물탱크의 뒷쪽에 있는 밸브 V_2로 조절한다(펌프 직후의 밸브 V_1은 개방)고 한다. 그림 7-9에서 Q_c의 유량으로 운전 중 밸브 V_2를 잠금으로써 Q_1이 되었다고 하면, 그림 7-10에서 물탱크의 헤드는 H에서 H'로 한때 상승하여 펌프의 저항을 증가한다. 한편 펌프의 능력인 헤드(그림 7-9)는 H_c에서 Q_c의 유량으로 운전 중 밸브 V_2를 잠금으로써 Q_1이 되었다고 하면, 그림 7-10에서 물탱크의 헤드는 H에서 H'로 한때 상승하여 펌프의 저항을 증가한다. 한편 펌프의 능력인 헤드(그림 7-

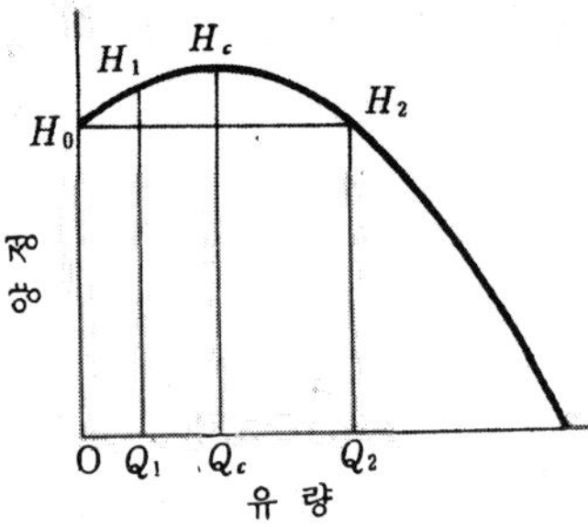

그림 7-9

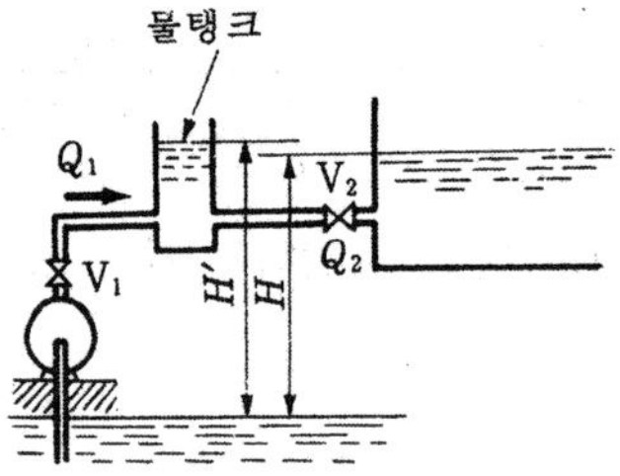

그림 7-10

9)는 H_c에서 H_1으로 떨어지므로, 펌프에서 물탱크로 가는 유량은 점점 감소하고 종말에 이르러서는 0이 된다(헤드는 H_0가 된다). 그 결과 물탱크의 헤드도 동시에 저하한다. 펌프는 H_1, Q_1의 능력을 가지고 있으므로 유량은 0에서 많은 쪽으로 옮겨지지 않으면 안 된다. 이 때 유량 0과 Q_2에서는 헤드가 동일하므로($H_0=H_2$), 펌프의 작동점은 단번에 H_2, Q_2로 바뀐다. Q_2는 펌프 능력이 Q_1보다 매우 작기 때문에 H_2, Q_2는 H_c, Q_c를 거쳐 H_1, Q_1으로 되돌아 오고, 다시 앞서와 같은 작동이 반복된다. 이와 같이 유량~헤드는 주기적인 변동을 계속하게 된다.

이와 같은 서징현상은 관로계가 단순하지 않은 펌프장치일 때가 대부분이고, 송출량을 조절하는 밸브의 설치개소가 서징 발생의 유무에 크게 관계된다.

서징의 발생은 (1) 펌프의 양정곡선이 산고곡선이고 이 곡선의 산고상승부에서 운전할 것, (2) 배관 중에 물탱크나 공기탱크가 있는 것, (3) 유량조절의 밸브가 탱크의 뒷쪽에 있을 것의 세 조건이 모두 갖추어졌을 때이다. 서징을 피하자면 이와 같은 조건이 갖추어지지 않도록 하면 된다.

(1) 회전차나 안내깃의 형상치수를 바꾸어 그 특성을 변화시킨다. 특히 깃의 출구 각도 β_2를 적게 하거나 안내깃의 각도를 조절할 수 있도록 배려한다.

(2) 송출밸브 등을 써서 펌프 속의 양수량을 서징할 때의 양수량 이상으로 증가시키거나 무단변속기 등을 써서 회전차의 회전수를 변화시킨다.

(3) 관로에 있어서 불필요한 공기탱크나 잔류공기를 제거하고, 관로의 단면적, 양액의 유속, 저항 등을 바꾼다.

연 습 문 제

1. 펌프에서 물을 흡상할 때, 흡입 실양정이 5m, 그 흡입관 내의 손실수두가 1m이다. NPSH를 구하여라. 단, 수온은 20℃, 흡상면상의 대기압은 1.033kg_f/cm^2 이다.

2. 7-2 2장 13절 2항의 설계시방의 양수장치에 대하여 캐비테이션의 발생 여부를 검토하여라.

3. 매분 2910회전일 때, 전양정 55m, 양수량 1.5m^3/min를 만족하는 편흡입 벌류트펌프가 있다. 이 펌프로 샘물을 퍼올릴 때 흡입 실양정이 몇 m가 되면 캐비테이션이 발생하는가? 단, 수면의 기압은 1.033kg_f/cm^2, 수온은 60℃, 흡입관 속의 손실수두는 1m로 한다.

4. 안지름 1.2m, 두께 12mm, 길이 5000m인 철관 속을 매초 5.5m^3의 물이 흐르고 있다. 이 물속의 음파는 몇 m/s인가? 단, (a) 철관은 연강으로서 영률 $E=2.10\times10^{10}kg_f/m^2$인 경우, (b) 철관이 강성체인 경우로 나누어 계산하여라.

5. 안지름 0.5mm, 두께 5mm, 길이 1000m인 강관 속을 물이 2.0m/s로 흐르고 있을 때, 출구의 밸브를 1초만에 잠그면 최고 상승압력은 얼마가 되는가? 단, 강관의 종탄성계수는 $E=2.15\times10^{10}$ kg_f/m^2 이다.

6. 안지름 0.5m, 두께 5mm, 길이 1000m인 강관 속을 물이 2.0m/s로 흐르고 있다. 출구의 밸브를 5초만에 잠글 때, 최고 상승압력은 몇 kg_f/cm^2가 되는가? 단, 수관 속의 압력은 5kg_f/cm^2이고 강의 종탄성계수는 $E=2.15\times10^{10}kg_f/m^2$로 한다.

제 3 편

수　차

제1장

개 론

1-1 수력의 이용

물이 가지고 있는 에너지를 기계적 에너지로 변환시키는 기계를 일반적으로 수력원동기(hydraulic prime mover)라 한다. 수차(hydraulic turbine)는 그 대표적인 것으로서, 특히 물의 위치 에너지를 이용하여 기계적 에너지를 발생하게 한 것이다. 위치 에너지[수차에서는 이것을 낙차(head)라 한다]를 가진 물이 수차에 들어올 때에는 속도 또는 압력 에너지로 변환되고, 수차는 이 에너지를 받아서 동력을 발생하는 것이다. 보통 수차는 발전기와 직결되어 수차가 발생한 동력을 다시 전기 에너지로 변환시킨다.

수력을 이용하여 동력을 얻는 경우에는 낙차와 유량이 요소가 된다. 낙차는 인공적인 설비를 시공하여 만들어야 하는데, 그 방식에는 (1) 수로식, (2) 댐식, (3) 댐-수로식, (4) 양수식 등이 있다.

수로식은 하천의 상류에서 기울기가 큰 지점에 적합한데, 산간의 고 낙차(200m 이상), 중 낙차(50~200m)의 발전소에 많다. 하천에 댐을 만들어 취수하고, 수로(channel)를 거쳐 물탱크(head tank)에 물을 유도한다. 수로의 기울기는 1/1500~1/2000 정도가 보통이다. 물탱크에서 수압관(penstock)을 거쳐 터빈실(turbine room)로 송수함으로써 수차를 운전하여 발전기를 돌린다. 수차에서 나온 물은 방수로(tailrace)를 지나 하천으로 유출한다. 그림 1-1은 그 경로를 표시한다.

댐식은 저수지 또는 조정지를 자연의 하천의 흐름과 직접 관계가 없도록 설치하여 필요에 따라 물을 수차에 공급하는 방식으로서 중, 저 낙차(50m 이하)의 발전소에 많다. 그림 1-2에서 보는 바와 같이 댐의 바로 밑에 터빈실을 둔다.

댐-수로식은 수로식과 댐식과의 중간적인 것으로서 수로가 압력수로가 되고, 일반적으로 서지탱크를 설치한 점이 특징이다.

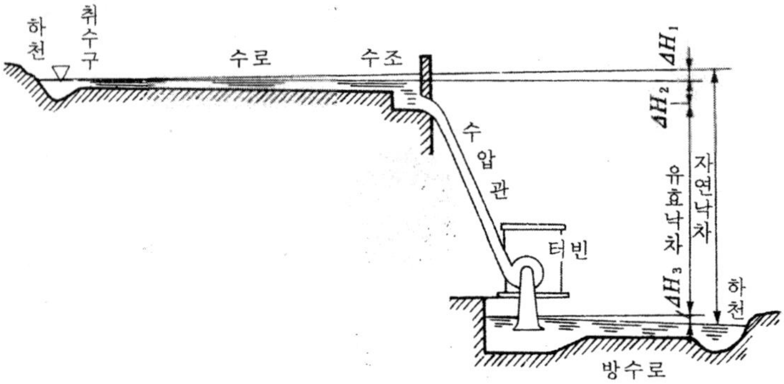

그림 1-1 수로식 발전소

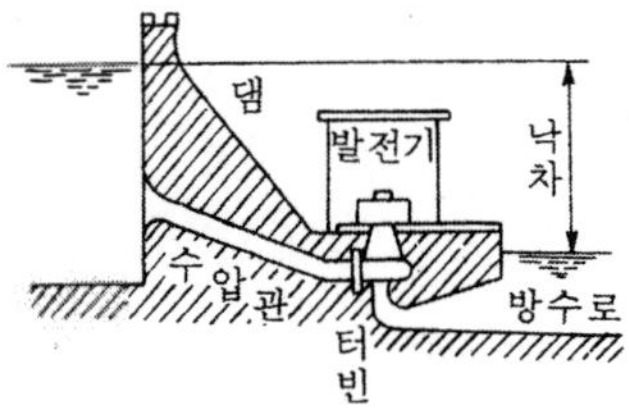

그림 1-2 댐식 발전소

양수식은 근년에 채용되기 시작한 것으로서, 하천에 물이 많을 때 남은 전력을 써서 펌프로 높은 저수지에 양수해 두었다가 갈수기에 이용하는 방식이다.

1-2 유효낙차의 출력

그림 1-1의 수로식의 경우 취수구와 방수로와의 고저차를 자연낙차(natural head), 총낙차(gross head ; H_g)라고 한다. 총낙차에서 수로, 수압관, 방수로에 있어서의 손실수두(각각 ΔH_1, ΔH_2, ΔH_3)를 뺀 것을 유효낙차(effective head ; H)라 한다.

$$H = H_g - (\Delta H_1 + \Delta H_2 + \Delta H_3)\ [\mathrm{m}] \tag{1-1}$$

이 된다. 이 식에서 알 수 있는 바와 같이 수차에 유입하는 유량이 변하면 수압관내의 유속이 변하고, ΔH_2의 값이 변하므로 유효낙차도 변한다.

지금 발전소의 유효낙차가 H m로서 사용유량이 Q m^3/s이면, 비중량 γ kg/m^{3}인 물이 가지는 에너지를 전부 출력으로 이용한다고 할 때

$$\left.\begin{aligned} L_{th} &= \gamma HQ[\text{kg}\cdot\text{m/s}] \\ &= \frac{\gamma HQ}{102}[\text{kW}] = \frac{\gamma HQ}{75}[\text{PS}] \end{aligned}\right\} \quad (1\text{-}2)$$

로 표시되는 L_{th}를 이론출력(또는 이론수력)이라고 한다.

식 (1-2)를 보면 이론출력은 $H\times Q$에 비례하므로 낙차가 클수록 적은 유량으로 동일 출력을 낼 수 있다. 수차의 크기는 사용되는 유량에 달려 있으므로 낙차가 클수록 수차는 소형으로 족하다.

발전기의 출력(L_g)은 수차의 효율을 η, 발전기의 효율을 η_g라 할 때

$$L_g = \frac{\gamma HQ}{102}\cdot\eta\cdot\eta_g = 9.8HQ\eta\eta_g[\text{kW}] \quad (1\text{-}3)$$

이다.

1-3 수차의 분류

수차의 형식을 종합하면 다음 표와 같다.

- 수차
  - 중력수차
    - 상괘수차
    - 흉괘수차
    - 하괘수차
  - 충동수차
    - 접선수차 — 펠톤 수차(펠톤씨, 1870, 미)
    - 복류수차
      - 지라르 수차(지라르씨, 1856, 불)
      - 빵끼 수차(빵끼씨, 1915, 헝가리)
    - 축류수차 — 지라르 수차
  - 반동수차
    - 복류수차
      - 외향류형—프르네이롱 수차(프르네이롱씨, 1827, 불)
      - 내향류형—톰린 수차(톰린씨, 1851, 영)
    - 혼류수차 — 내향류형—프란시스 수차(프란시스씨, 1849, 미)
    - 축류수차
      - 종바르 수차(종바르씨, 1843, 불)
      - 프로펠러 수차
      - 카플란 수차(카플란씨, 1912, 오스트리아)

수차는 물이 가지는 에너지와 방향에 따라 분류하면

1. 수차 내에서 작용하는 물의 에너지의 종류에 의한 분류

(1) 중력수차(gravity water wheel)

(2) 충동수차(impulse water turbine)

(3) 반동수차(reaction water turbine)

그림 1-3에서 수차에 물이 유입하는 위치를 ①, 유출하는 위치를 ②라 하고, ①, ② 사이의 수직거리를 H_t라 하자. ①, ②에 있어서의 물의 속도와 압력을 각각 v_1, v_2 및 p_1, p_2라 한다. 지금 ②를 기준으로 할 때 수차입구에 유입하는 물 1kg$_f$이 가지는 전수두 H_1은

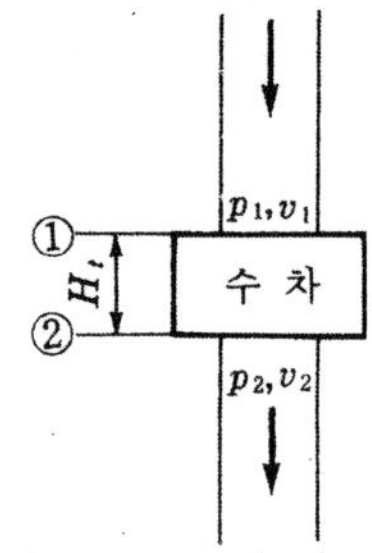

그림 1-3

$$H_1 = \frac{v_1^2}{2g} + \frac{p_1}{\gamma} + H_t$$

이고, 수차 내에서 회전차(runner)에 일을 주고 출구에서 유출할 때 1kg$_f$의 물이 가지고 있는 전수두 H_2는

$$H_2 = \frac{v_2^2}{2g} + \frac{p_2}{\gamma}$$

이므로, 수차가 얻게 되는 수두 H는 H_1과 H_2의 차이므로

$$H = H_1 - H_2 = H_t + \frac{v_1^2 - v_2^2}{2g} + \frac{p_1 - p_2}{\gamma} \tag{1-4}$$

가 된다.

식 (1-4)를 위의 분류에 적용시켜 보면

(1) 중력수차

제1항이 주된 요소이고, 따라서 H를 크게 할 수 없다. 이것엘 속하는 것으로서는 옛부터 농촌 등에서 사용되고 있는 하괘수차(물레방아)의 형식으로서, 현대적 큰 마력의 수차에서는 볼 수 없다.

(2) 충동수차

제2항이 H의 대부분을 차지하는 것으로서, 이 종류의 대표적인 것으로서는 펠톤수차(Pelton turbinc)가 있다.

(3) 반동수차

제2항과 제3항의 합이 관계된다. 물이 수차의 회전차 속을 통과하는 사이에 그 압력 및 절대속도가 함께 감소하고, 이 때 반동에 의하여 회전차를 회전시킨다. 프란시스 수차(Francis turbine)와 프로펠러 수차(propeller turbine)가 여기에 속한다.

2. 물이 수차에 미치는 방향에 의한 분류

(1) 접선수차(tangential wheel)
(2) 복류(반경류)수차(radial flow turbine)
(3) 혼류수차(mixed flow turbine)
(4) 축류수차(propeller turbine)

접선수차는 분류가 수차에 접선방향으로 작용하여 회전차를 회전시키는 것으로서, 펠톤 수차가 그 대표적인 것이다.

복류수차는 내향류형(radial inward flow type)과 외향류형(radial outward flow type)으로 구분되고, 후자는 요즘 쓰이지 않는다. 전자의 대표적인 것은 프란시스 수차이다.

혼류수차는 내향의 반경류형과 축류형의 합성형으로서, 비속도 n_s가 큰 프란시스 수차가 그 대표적인 것이다.

축류수차는 보통 프로펠러 수차라 불리며, 물은 거의 회전차의 축방향으로 흐른다. 고정익의 프로펠러 수차와 가동익의 카플란 수차가 이에 속한다.

프란시스 수차, 프로펠러 수차 및 카플란 수차는 각각 원심펌프, 축류펌프와 원리 및 구조가 유사하고, 에너지의 수수가 반대인 것이 차이점이다. 그러나 펠톤 수차에 해당하는 펌프는 전연 없다. 펠톤 수차를 제외한 다른 수차에 대해서는 펌프에서 설명한 원리적인 것은 간단하게 취급하기로 한다.

1-4 수차의 효율

프란시스 수차, 사류수차, 프로펠러 수차의 효율은 다음과 같다.

1. 수력효율(η_h)

케이싱, 회전차, 흡출관(draft tube) 속의 수력손실, 회전차에 물이 들어올 때의 충돌손실, 흡출관에서 있어서의 배기손실(=흡출관 출구의 속도수두) 등의 전손실수두를 ΔH_i라 하면 수력효율은 다음 식으로 표시된다.

$$\eta_h = \frac{\text{수차 내의 물이 회전차에 미치는 출력수두}}{\text{유효낙차}}$$

$$= \frac{H - \Delta H_i}{H} \tag{1-5}$$

2. 체적효율(η_v)

회전차와 케이싱 사이에서 새는 유량을 ΔQ라 하면, 체적효율은 다음 식으로 표시된다.

$$\eta_v = \frac{\text{회전차를 지나는 유량}}{\text{수차에 공급되는 유량}} = \frac{Q-\Delta Q}{Q} \tag{1-6}$$

물이 수차의 회전차에 주는 동력을 수동력(water horse power ; L_w)이라 하고, 이것은 $Q-\Delta Q$와 H에 비례한다.

$$L_w = \frac{\gamma H(Q-\Delta Q)}{102\eta_h} \tag{1-7}$$

3. 기계효율(η_m)

기계효율은 기계손실, 베어링, 회전 차축의 패킹 등 개소의 마찰저항, 회전부분의 공기저항, 수중에 있어서의 회전차의 물의 마찰저항 등의 손실에 관한 효율이다. 기계적 손실에 상당하는 동력(ΔL_m)을 수동력에서 뺀 것을 제동동력(shaft horse power or brake horse power ; L)이라고 한다. 기계효율은 다음 식으로 표시된다.

$$\eta_m = \frac{L}{L_w} = \frac{L}{\gamma(H-\Delta H_i)(Q-\Delta Q)}$$

$$= \frac{\gamma(H-\Delta H_i)(Q-\Delta Q)-\Delta L_m}{\gamma(H-\Delta H_i)(Q-\Delta Q)}$$

$$= \frac{\text{제동출력}}{\text{수차 내의 물이 회전차에 미치는 출력}} \tag{1-8}$$

여기서, 제동동력 L은

$$L = L_{th}\cdot\eta_h\cdot\eta_v - \Delta L_m \tag{1-9}$$

이다.

4. 전효율(η)

수차의 전효율(gross or total efficiency)은 다음 식으로 표시된다.

$$\eta = \eta_h\eta_v\eta_m = \frac{L}{\gamma HQ} = \frac{L}{L_{th}} = \frac{\text{제동출력}}{\text{이론출력}} \tag{1-10}$$

예제 1-1 유효낙차 70m, 유량 95m³/s의 하천을 이용하여 58,600kW의 출력을 내는 수차가 있다. 이 수차의 효율을 구하여라.

[풀이]

$$\eta = \frac{L[\text{kg} \cdot \text{m/s}]}{\gamma HQ[\text{kg} \cdot \text{m/s}]} = \frac{58,600 \times 102}{1000 \times 70 \times 95} = 0.899 = 89.9[\%]$$

5. 펠톤 수차의 효율(η_b)

펠톤 수차의 전효율은 다른 수차와 그 내용이 조금 다르다. 이것은 후에 설명하기로 한다.

1-5 수차의 비속도

펌프와 같이 수차에 대해서도 상사측이 성립한다. 2대의 구조가 상사인 수차에 있어서 각각의 특성곡선상에서 서로 대응하는 위치(이를테면 최고 효율점), 흐름도 상사가 되는 위치에 있어서의 각각의 유량을 Q_1, Q_2 [m^3/min], 유효낙차를 H_1, H_2 [m], 제동출력을 L_1, L_2 [kW]라 하면, 이들 사이에는 펌프의 상사측과 똑같이 다음식이 성립한다.

$$\frac{Q_1}{D_1{}^3 N_1} = \frac{Q_2}{D_2{}^3 N_2} \tag{1-11}$$

$$\frac{H_1}{D_1{}^2 N_1{}^2} = \frac{H_2}{D_2{}^2 N_2{}^2} \tag{1-12}$$

$$\frac{L_1}{\gamma_1 D_1{}^5 N_1{}^3} = \frac{L_2}{\gamma_2 D_2{}^5 N_2{}^3} \tag{1-13}$$

여기서 D_1, D_2는 그림 1-4에 표시한 것과 같이 상사인 두 수차(회전차)의 크기(회전차의 바깥지름)[m], N_1, N_2는 매분 회전수[rpm], γ_1, γ_2는 액체의 비중량[kg/m^3]으로서 보통 양쪽 모두 물이므로 $\gamma_1 = \gamma_2$이다.

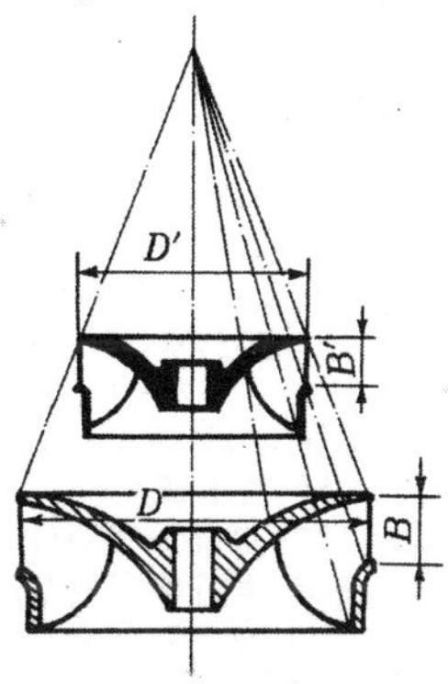

그림 1-4 상사형인 회전차

식 (1-12), (1-13)에서 D_1/D_2를 소거하면

$$N_1\frac{L_1^{1/2}}{H_1^{5/4}}=N_2\frac{L_2^{1/2}}{H_2^{5/4}}$$

이 된다. 이것을 수차의 비속도(specific speed)라 하고, n_s로 표시한다.

$$n_s=N\frac{L^{1/2}}{H^{5/4}} \tag{1-14}$$

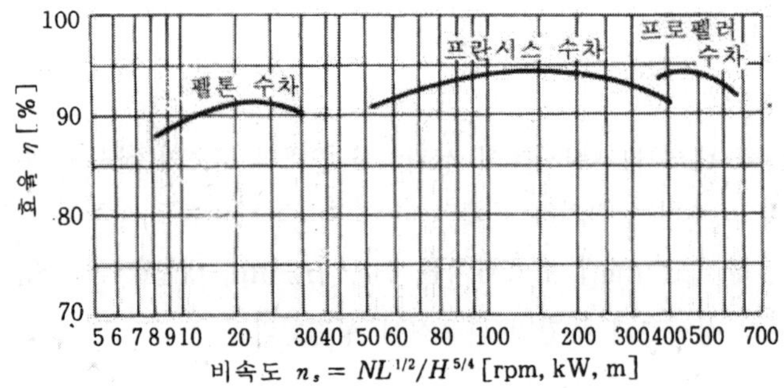

그림 1-5 각종 수차의 n_s와 η와의 관계

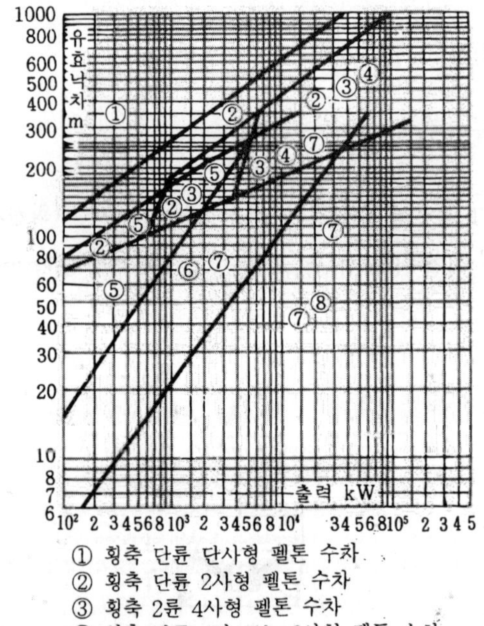

① 횡축 단륜 단사형 펠톤 수차
② 횡축 단륜 2사형 펠톤 수차
③ 횡축 2륜 4사형 펠톤 수차
④ 입축 단륜 4사 또는 6사형 펠톤 수차
⑤ 횡축 단륜 단사형 프란시스 수차
⑥ 횡축 단륜 복사형 프란시스 수차
⑦ 입축 단륜 단사형 프란시스 수차
⑧ 입축 카플란 수차

그림 1-6 수차의 선정도표

비속도 n_s란 "원형의 수차와 같은 운전상태하에서 단위낙차에 작용시켜 단위출력을 발생하게 하는 상사직 모형수차를 만들었을 때, 이 수차의 회전수"이다. 수차의 제동출력은 $L=n\gamma HQ/102$ kW이므로, 이 비속도 n_s내에는 수력의 전효율이 포함되어 있다. 식 중의 출력 L은 펠톤 수차에서는 제트(jet) 1가닥에 대하여, 프란시스 수차에서는 러너 1개에 대한 값을 잡는다.

n_s는 무차원이 아니므로 단위를 잡는 방법에 따라 그 값이 달라진다. 단위를 N [rpm], H [m], L [kW] 로 한 것을 n_s [kW]라 하고, 출력을 kW대신에 PS로 표시한 것을 n_s [PS]라 하면

$$n_s\,[\mathrm{PS}]=1.166\,n_s\,[\mathrm{kW}] \tag{1-15}$$

가 된다.

그림 1-5는 각종 수차의 비속도 n_s와 전효율 η와의 관계를 표시한다. 일반적으로 어떤 유효낙차에 대하여 n_s가 큰 것을 잡을수록 수차와 발전기는 소형이 되어 형편이 좋다.

예제 1-2 유효낙차가 95m인 곳에 매분 300회전으로 10,000kW의 동력을 발생하는 수차를 만들려고 한다. 어떤 수차가 적당한가?

[풀이]

비속도 n_s를 구하면

$$n_s=N\frac{L^{1/2}}{H^{5/4}}=300\times\frac{10,000^{1/2}}{95^{5/4}}=101$$

그림 1-5의 $n_s\sim\eta$관계도에서 $n_s=101$일 때에는 프란시스 수차가 알맞다. η는 94%이다.

그림 1-6은 L, H를 알 때 수차의 형식을 선정하는 도표이다. $L=10,000$ kW, $H=95$ m는 ⑤의 범위이므로 횡축 단류 단사형 프란시스 수차가 적당하다.

연 습 문 제

1. 유효낙차 100m, 유량 190m^3/s인 물의 수력발전소에 있어서의 수차의 제동출력을 계산하여라. 단, 수차의 전효율은 85%로 한다.

2. 정낙차 5m, 유량 27m^3/s, 출력 1200kW의 반동수차가 있다. 흡출관의 출구 단면적을 20m^{3}로 할 때 유효낙차 및 효율을 구하여라. 단, 상수조와 물탱크 입구 사이의 손실은 무시한다.

3. 저수조 수면 밑 180m되는 곳에 수차를 설치하여 이론출력 122kW를 내자면 방수량은 얼마가 되어야 하는가? 단, 수로의 전손실수두는 60m로 한다.

4. 유효낙차 65m인 곳에 회전수 150rpm으로서 40,000kW의 동력을 발생하는 수차를 만들자면 어떤 형의 수차가 적당한가?

5. 유효낙차 580m, 출력 95,000kW, 회전수 360rpm의 입축 6노즐의 펠톤 수차의 비속도를 구하여라.

6. 유효낙차 55m인 곳에서 매분 160회전하여 18,000kW를 내는 수차가 있다. 이 수차가 유효낙차 60m 인 곳에서는
   (1) 매분 회전수는 얼마가 되는가?
   (2) 동력은 몇 kW가 되는가?

제2장

충동수차

2-1 충동수차의 구조와 작동원리

현재 실용되고 있는 충동수차(impulse turbine)에는 펠톤 수차(Pelton turbine)뿐이다. 펠톤 수차는 200～1800m의 고낙차 지점에 적용된다. 수차와 발전기의 설치상태에 따라 횡축형과 입축형으로 구분된다. 펠톤 수차의 형식은 러너와 노즐 수의 조합에 의하여 분류된다. ⓘ 횡축 단륜 단사형(single runner single jet : 러너 1개, 노즐 1개), ⓘⓘ 횡축 단륜 2사형(러너 1개, 노즐 2개), ⓘⓘⓘ 횡축 이륜 2사형, ⓘⓥ 횡축 이륜 4사형, ⓥ 입축 단륜 2사형, ⓥⓘ 입축 단륜 4사형, 6사형 등이다.

그림 2-1은 횡축 단륜 2사형을 표시한다. 수압철관 및 입구밸브를 지나 수차 입구까지 유도된 고압수는 ① 케이싱을 지나 ② 노즐에서 가속되고, 그 분출구에서 분류로 되어 분출한다. 이 분류는 ③ 러너의 바깥둘레에 있는 버킷(bucket)에 충돌하여 이것에 에너지를 전달한 후, 세력을 잃고 ④ 하우징(housing)으로 배출되어 낙하함으로써 방수로로 흐르게 된다. ③ 러너는 물과 상대운동을 하면서 물의 에너지를 흡수하고 기계적 에너지로 변화하여 ⑤ 주축에 의하여 이것을 발전기에 전달한다.

수차에 걸리는 부하가 변하면 수차의 조속기(governer)의 배압밸브에서 압유의 공급을 받아 ⑦ 서보모터의 피스톤이 작동하고, ② 노즐 내의 니들(needle)이 움직여 개도가 변하며, 유량이 부하에 대응한 값으로 변하게 된다. 벼락이 떨어지는 등의 사고가 생길 때 수차를 급정지할 경우에는 ⑧ 디플렉터(deflector)를 작동(약 2～3초 내)시켜 분류를 러너에서 벗어나게 하고, 러너의 속도 상승을 억제한 후 서서히(약 10～40초 내) 수압철관 속의 상승압력을 억제하면서 노즐의 개도를 줄여 물을 정지시킨다.

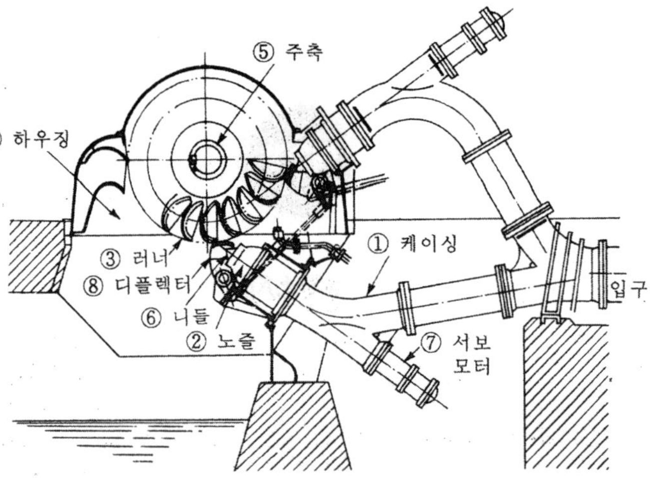

그림 2-1 횡축 단륜 2사형 펠톤 수차

회전차를 깃차, 러너(runner), 버킷차(bucket wheel)라 하고, 디스크(disk)의 바깥둘레에 다수의 버킷을 볼트로 죄고 있으나, 최근에는 디스크와 버킷을 합쳐 주조한 것이 많이 쓰이고 있다. 그림 2-2는 그 사진이다.

그림 2-2 펠톤 수차의 러너

버킷의 수는 제트의 지름 d_0와 러너의 지름 D의 비에 따라 변하는데, 대체로 다음 표 2-1의 범위와 같다.

표 2-1 펠톤 수차의 버킷의 수

D/d_0	8	12	16	20	24
버킷의 수	18~22	20~24	22~26	24~28	26~30

2-2 펠톤 수차의 이론

1. 압력수두와 속도수두의 변화

펠톤 수차에 있어서 도수관을 포함한 물이 가지는 에너지의 변화는 그림 2-3과 같다. 물이 상수조에 있을 때에는 주로 위치 에너지만을 가지는데, 수압관에 v_p의 속도로 흐르는 동안에는 그 단면적과 유량이 정해지는 속도 에너지와 각각 수압관의 위치에 따라 정해지는 위치 에너지와 압력 에너지를 가진다. 물이 수압관을 내려감에 따라 위치 에너지가 감소하는 대신 압력 에너지가 증대하고 노즐 입구에 이르러서는 위치 에너지가 0이 된다. 노즐입구에 있어서의 자연낙차 H_g는

$$H_g = \frac{p}{\gamma} + \frac{v^2}{2g} + \Delta H \tag{2-1}$$

이 된다. 여기서 p와 v는 노즐 입구의 압력과 속도이며, ΔH는 $(\Delta H_1 + \Delta H_2)$로서 상수조에서 수압관으로 유입할 때의 입구손실수도 및 수압관의 마찰손실수도이다.

식 (2-1)의 제1항과 제2항의 합은 펠톤 수차의 유효낙차 H이다.

$$H = \frac{p}{\gamma} + \frac{v^2}{2g} \tag{2-2}$$

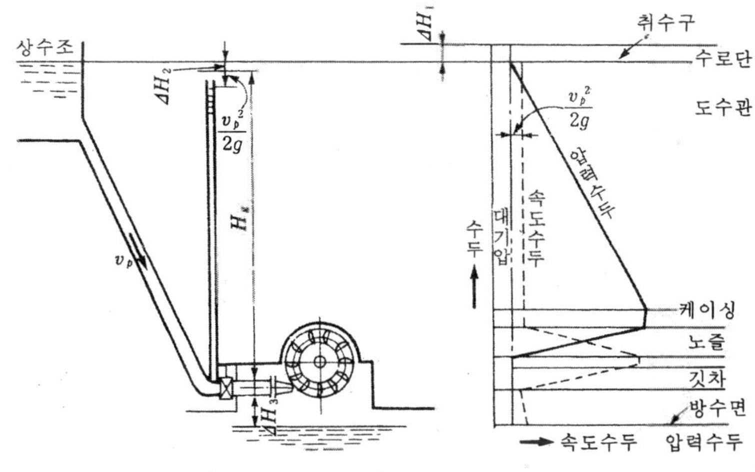

그림 2-3 펠톤 수차의 배치와 에너지의 변화

2. 수압관 속의 손실

관속으로 유입할 때의 입구손실을 h_a, 관 속의 마찰손실을 h_p, 곡관 등에 의한 손실을 h_l이라고 하면, 흐름은 난류이기 때문에 손실수두는 다음과 같이 된다.

$$h_a=0.5\frac{v_p^2}{2g}, \qquad h_p=\lambda\frac{l}{d}\cdot\frac{v_p^2}{2g}, \qquad h_l=\zeta\frac{v_p^2}{2g} \tag{2-3}$$

여기서, λ는 관마찰계수, l은 관의 길이, d는 관의 지름, ζ는 손실계수이다. 실제로는 유효낙차 H에 대하여 $h_a+h_p+h_l$은 1%도 되지 않는 적은 값이다.

3. 노즐의 효율과 유량

노즐 입구의 유효낙차를 H[m][식 (2-2)], 분류의 수축부에 대한 속도를 v_0[m/s], 노즐의 속도계수를 C_v, 수축계수를 C_c, 노즐 한 가닥의 유량을 Q[m^3/s], 노즐의 효율을 η_n, 분류의 축류부의 지름을 d_0[m], 노즐의 출구면적을 A[m^2]라 하면

$$v_0=C_v\sqrt{2gH} \tag{2-4}$$

로서 $C_v=0.95\sim0.98$이다. 축류부에서 v_0의 속도를 가지는 분류는 버킷에 부딪칠 때까지 공기의 저항때문에 1% 가량 적게 된다고 생각하면 $v_1=0.99\,v_0$이나, 이 공기저항에 의한 손실은 노즐에서 일어난다고 하여 $v_1=v_0=C_v\sqrt{2gH}$로 함으로써 C_v의 값을 가감한다.

$$Q=\frac{\pi}{4}d_0^2 v_1 \tag{2-5}$$

이 되고, η_n은

$$\eta_n=v_1^2/2gH=C_v^2 \tag{2-6}$$

및

$$C_c=\pi d_0^2/4A$$

가 된다. η_n의 범위는 0.90~0.96이다.

예제 2-1 유효낙차 300[m], 수압관 속의 평균유속이 3.5[m/s]일 때 속도수두는 압력수두의 몇 %가 되는가?

[풀이]

속도수두는

$$\frac{v_p^2}{2g}=\frac{3.5^2}{2\times9.8}=0.63\text{ [m]}$$

그러므로 식 (2-2)에 의하여

$$\frac{p}{\gamma}=H-\frac{v_p^2}{2g}=300-0.63=299.37\ [\mathrm{m}]$$

$$\text{따라서}\quad \frac{v_p^2/2g}{p/\gamma}=\frac{0.63}{299.37}=0.2\ [\%]$$

예제 2-2 노즐 입구의 지름이 400[mm]이고 이 부분의 정압이 330[m], 유량이 0.85[m^3/s], 제동 출력이 2300[kW]인 깃차의 제트의 지름과 효율을 구하여라. 단, 노즐의 속도계수 $C_v=0.97$로 한다.

[풀이]

$$H=\frac{p}{\gamma}+\frac{v^2}{2g}=\frac{p}{\gamma}+\frac{\left(\frac{Q}{\pi d^2/4}\right)^2}{2g}$$

$$=300+\left(\frac{0.85}{\pi\times0.4^2/4}\right)^2\Big/2\times9.8=332.33\ [\mathrm{m}]$$

$$v_0=C_v\sqrt{2gH}=0.97\sqrt{21\times9.8\times332.33}=78\ [\mathrm{m/s}]$$

$$\frac{\pi}{4}d_0^{\ 2}=\frac{Q}{v_0}=\frac{0.85}{78}=0.0109\ [\mathrm{m}^2]$$

$$\therefore\ d_0=\frac{4\times0.0109}{\pi}=0.118\,[\mathrm{m}]\fallingdotseq12\,[\mathrm{cm}]$$

수차의 효율 η는

$$\eta=\frac{L}{\gamma HQ}=\frac{2300}{9.8\times332.33\times0.85}=83.5\ [\%]$$

4. 버킷의 형상

그림 2-4에서와 같이, 분류가 고정곡판 AB를 따라 흐를 때 유입속도를 v_0, 유출속도를 v_1, 유량을 $Q[\mathrm{m}^3/\mathrm{s}]$라 하면, 운동량의 법칙에 의하여 R_0의 R방향에 대한 분력은

$$R=\frac{\gamma}{g}Q(v_0\cos\theta_0-v_1\cos\theta_1) \tag{2-7}$$

이 되고, θ_0, θ_1은 v_0, v_1이 R의 방향과 이루는 각도이다. 그림 2-5와 같이 $\theta_1=180°$일 때

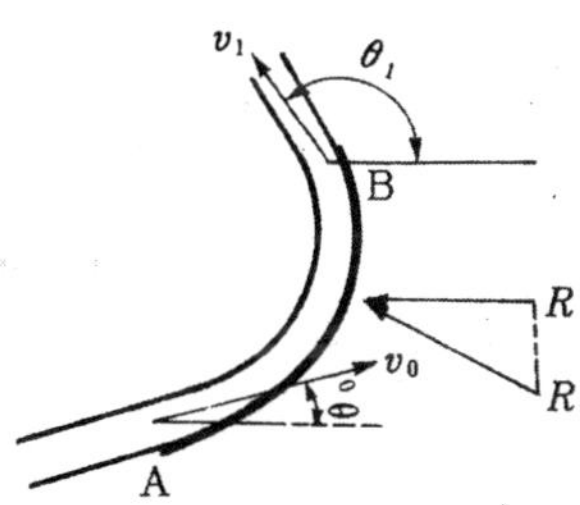

그림 2-4 곡판을 따라 흐르는 분류

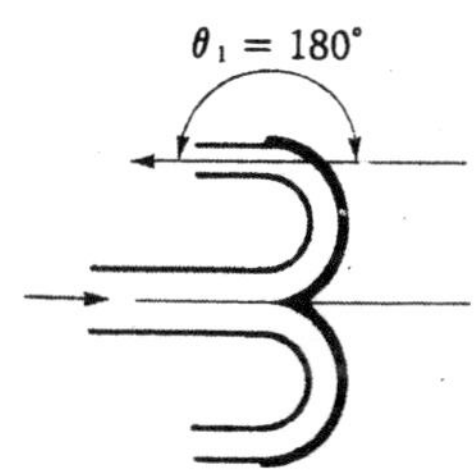

그림 2-5 곡판에 충돌하는 분류

$\cos\theta_1 = \cos 180° = -1$이므로 $R = 2\times\frac{\gamma}{g}Qv_0$가 된다. 펠톤 수차의 버킷은 이런 형상을 취한다. 실제에 있어서는 버킷 u의 속도로 움직인다. 이 때 힘의 관계는 그림 2-6에서 v_0와 u의 합벡터 v_0'가 물의 유입시의 절대속도이고 유출시에도 같이 하여 v_1'가 절대속도가 되므로, 반동력 R은

$$R = \frac{\gamma}{g}Q(v_0'\cos\alpha_0 - v_1'\cos\alpha_1) \tag{2-8}$$

이 된다. 여기서 α_0, α_1은 v_0', v_1'가 원주속도 u의 방향과 이루는 각이다. 그림에서

$$v_0'\cos\alpha_0 = v_0\cos\theta_0 + u$$
$$v_1'\cos\alpha_1 = v_1\cos\theta_1 + u \tag{2-9}$$

이므로, 이것을 식 (2-8)에 대입하면

$$R = \frac{\gamma}{g}Q(v_0\cos\theta_0 - v_1\cos\theta_1)$$

이 되어 식 (2-7)과 똑같은 식이 된다. 곡판이 받는 반동력은 판이 고정되었거나 움직이건 간에 같은 값이 된다. 분류에 의하여 판이 단위시간에 하는 일의 양(L_b)은

$$L_b = R\times u = \frac{\gamma}{g}Qu(v_0\cos\theta_0 - v_1\cos\theta_1) \tag{2-10}$$

이 된다.

그림 2-7과 같이 곡판이 이동할 경우에는 물이 상대속도가 $(v_0 - u)$가 되고, 판이 받는 유량은 $a(v_0 - u)$가 된다. 여기서 a는 분사수의 단면적이다. 이때 반동력은

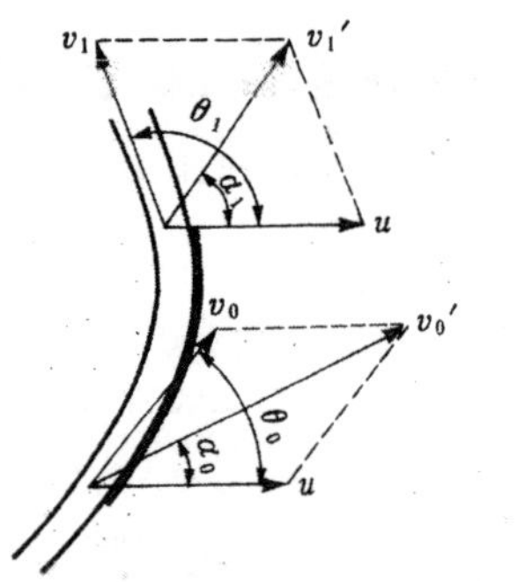

그림 2-6 버킷의 속도선도

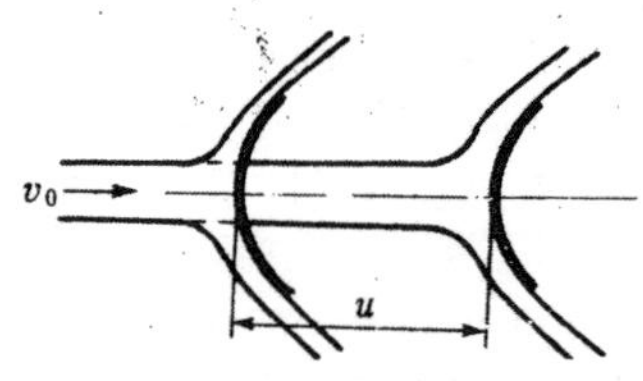

그림 2-7 이동하는 곡판에 충돌하는 제트

$$R = \frac{\gamma}{g}a(v_0 - u)\{(v_0 - u) - (v_0 - u)\cos\theta_1\}$$
$$= \frac{\gamma}{g}a(v_0 - u)^2(1 - \cos\theta_1) \tag{2-11}$$

펠톤 수차의 깃차는 1개의 버킷이 직선상을 이동하는 것이 아니고, 원주상에 배치되어 차례로 제트를 받게 되므로 $Q=av_0$이고, 반동력은

$$R=\frac{\gamma}{g}av_0(v_0-u)(1-\cos\theta_1)$$

$$=\frac{\gamma}{g}Q(v_0-u)(1-\cos\theta_1) \tag{2-12}$$

이 되며, 분류가 수차에 준 일의 양은 다음과 같이 된다.

$$L_b=\frac{\gamma}{g}Qu(v_0-u)(1-\cos\theta_1) \tag{2-13}$$

예제 2-3 그림 2-8과 같은 펠톤 수차의 버킷에서 $\theta_1=160°$, 제트의 지름이 38[mm], 속도가 15[m/s], 버킷의 후퇴속도가 6[m/s]일 때 수차의 이론출력은 얼마인가?

[풀이]

분류의 단면적 a는

$$a=\pi\times\frac{0.038^2}{4}=0.00113\,[\mathrm{m}^2]$$

이것을 식 (2-12)에 대입하면

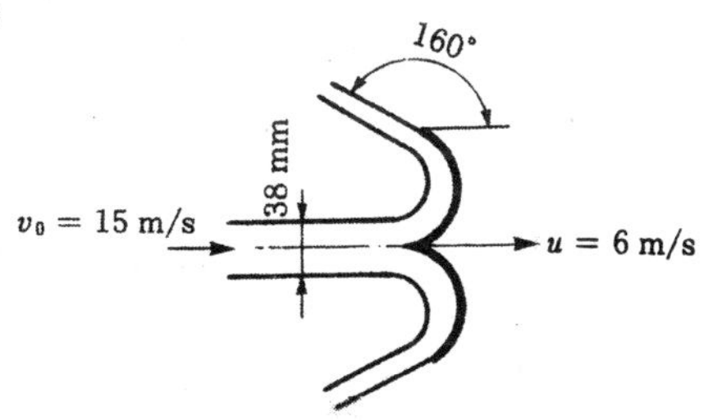

그림 2-8

$$R=\frac{1000}{9.8}\times0.00113\times15\times(16-6)(1-\cos160°)=30.2\,[\mathrm{kg}]$$

$$\therefore L_b=30.2\times6=181\,[\mathrm{kg\cdot m/s}]$$

5. 버킷의 효율(η_b)

η_b는 버킷이 받는 일과 버킷이 준 일과의 비이다. 버킷이 받는 일은 식 (2-13)이고 분류의 에너지는 $\frac{1}{2}\cdot\frac{\gamma}{g}\cdot Qv_0{}^2$이므로

$$\eta_b = \frac{\frac{\gamma}{g} Qu(v_0 - u)(1-\cos\theta_1)}{\frac{1}{2}\cdot\frac{\gamma}{g} Qv_0^{\,2}} = \frac{2u(v_0 - u)(1-\cos\theta_1)}{v_0^{\,2}} \tag{2-14}$$

식 (2-13)에서 Q를 일정하게 하였을 때, u와 v_0가 주어져서 최대 일의 양을 얻기 위한 θ_1은 $dL_b/d\theta_1 = 0$에서 구해진다.

$$\frac{dL_b}{d\theta_1} = \frac{\gamma Q}{g} u(v_0 - u)\sin\theta_1 = 0$$

$$\therefore \sin\theta_1 = 0, \quad \theta_1 = 180°$$

Q와 v_0와 θ_1을 일정하게 하였을 때 L_b가 최대가 되기 위한 u의 값은 $dL_b/du = 0$에서 구해지므로 그 값은 다음과 같이 된다.

$$\frac{dL_b}{du} = \frac{2\gamma Q}{g}(v_0 - 2u) = 0 \qquad \therefore u = \frac{1}{2}v_0$$

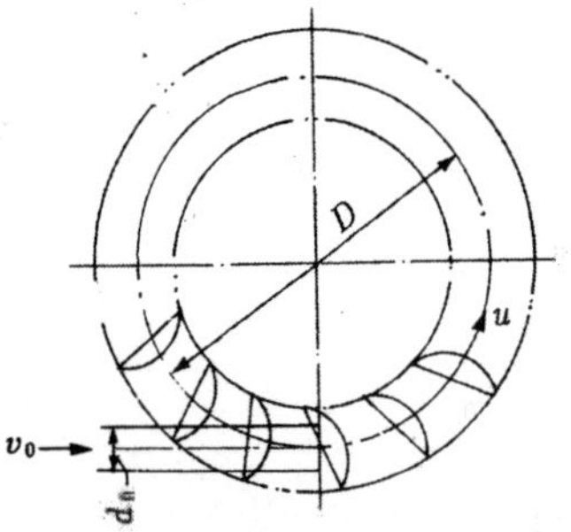

그림 2-9 깃차의 지름

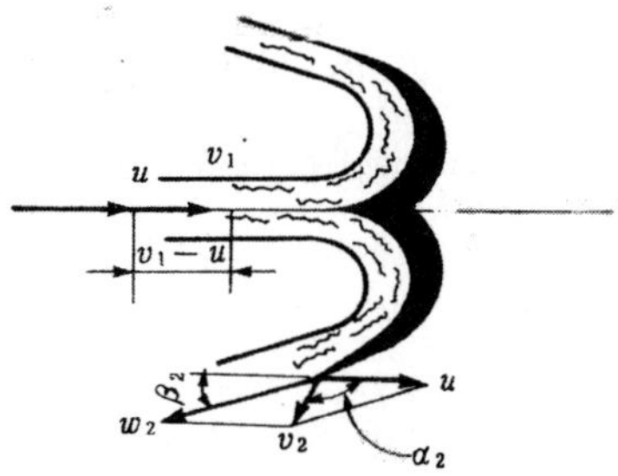

그림 2-10 제트의 속도 4변형

6. 회전차의 출력(L_b)

회전차의 지름은 그림 2-9에 표시한 바와 같이 분류의 중심선에 접하는 원의 지름 D로 나타낸다. 지금 물이 절대속도 v_1[m/s]로 버킷에 뷰사되고(v_0와 같다) v_2[m/s]로 버킷을 떠날 때, 그 상대속도를 각각 w_1, w_2[m/s], 깃차의 지름 D에서 잰 원주속도를 u[m/s], 회전치의 회전수를 N이라 하면

$$u = \frac{\pi DN}{60} \tag{2-15}$$

이 되고, 물은 $w_1 = (v_1 - u)$로 유입하나 버킷을 따라 흐르는 사이에 손실이 생겨 나갈 때의 속도는 w_1보다 작은 값의 w_2가 된다. 이 손실을 $\zeta\frac{w_2^{\,2}}{2g}$으로 표시하면 회전차 내의 분류 흐름의 손실수두 h_b는

$$h_b=\left(\frac{w_1^{\,2}}{2g}\right)-\left(\frac{w_2^{\,2}}{2g}\right)=\zeta\frac{w_2^{\,2}}{2g} \tag{2-16}$$

또는
$$\frac{(v_1-u)^2}{2g}=\frac{w_2^{\,2}}{2g}+\zeta\frac{w_2^{\,2}}{2g} \tag{2-17}$$

이 된다.

$$(v_1-u)^2=w_2^{\,2}(1+\zeta) \tag{2-18}$$

이 되고, 회전차를 돌리는 데 필요한 주분력을 P라 하면, 그림 2-10에서

$$P=\frac{\gamma}{g}Q(v_1-v_2\cos\alpha_2)=\frac{\gamma}{g}Q(v_1-u+w_2\cos\beta_2) \tag{2-19}$$

식 (12-18)에서

$$w_2=\frac{w_1}{\sqrt{1+\zeta}}=\frac{v_1-u}{\sqrt{1+\zeta}}$$

이므로

$$P=\frac{\gamma}{g}Q\left(1+\frac{\cos\beta_2}{\sqrt{1+\zeta}}\right)(v_1-u) \tag{2-20}$$

차체에 미치는 토크 M_b는 P에 $\frac{D}{2}$를 곱하여

$$M_b=\frac{\gamma Q}{g}(v_1-u)\frac{D}{2}\left(1+\frac{\cos\beta_2}{\sqrt{1+\zeta}}\right) \tag{2-21}$$

이 된다. 회전차의 각속도 ω는 $\omega=\frac{2\pi N}{60}=\frac{2u}{D}$ 이므로 1초 동안에 버킷에 준 에너지, 수동력 L_b는

$$L_b=M_b\cdot\omega=\frac{\gamma Q}{g}u(v_1-u)\left(1+\frac{\cos\beta_2}{\sqrt{1+\zeta}}\right) \tag{2-22}$$

버킷에 들어오는 물의 에너지는 $\gamma Q v_1^{\,2}/g$이므로, 이것을 가지고 식 (2-22)를 나누면 버킷의 수력효율 η_{hb}는 다음과 같이 된다.

$$\eta_{hb}=2\frac{u}{v_1}\left(1-\frac{u}{v_1}\right)\left(1+\frac{\cos\beta_2}{\sqrt{1+\zeta}}\right) \tag{2-23}$$

회전차의 수력효율 η_h는

$$\eta_h=\eta_{hb}\cdot\eta_n=2\frac{u}{v_1}\left(1-\frac{u}{v_1}\right)\left(1+\frac{\cos\beta_2}{\sqrt{1+\zeta}}\right)C_v^{\,2} \tag{2-24}$$

으로 표시된다. η_n은 노즐의 효율로서 식 (2-6)과 같다.

실제의 설계에서는 $\beta_2=5\sim15°$를 잡는다. 만일 ζ가 u/v_1의 값에 따라 변하지 않는다고 하면,

η_{hb}의 최대값은 식 (2-23)을 미분한 후 0으로 놓음으로써 구할 수 있다. 그 결과 $\frac{u}{v_1}=\frac{1}{2}$이 되고, 그 최대값은

$$\eta_{hb(\max)}=\frac{1}{2}\left(1+\frac{\cos\beta_2}{\sqrt{1+\zeta}}\right) \tag{2-25}$$

2-3 펠톤 수차의 효율(η)

펠톤 수차의 전효율 η는 다른 수차에 있어서와 같이

$$\eta=\frac{L}{L_{th}}=\frac{L}{\gamma HQ} \tag{2-26}$$

으로 표시되나, η의 내용은 다른 수차와 조금 다른데, 다음 식으로 표시된다.

$$\eta=\eta_h\,\eta_m=\eta_{hb}\,\eta_n\,\eta_m \tag{2-27}$$

여기서 η_{hb} : (버킷의 수력효율) $=\dfrac{L_b}{\gamma Q({v_1}^2/2g)}$ (2-28)

η_n : (노즐의 수력효율) $=\dfrac{{v_1}^2/2g}{H}=\dfrac{L_b}{L_{th}}$ (2-29)

η_m : $\dfrac{\text{제동출력}}{\text{버킷의 수동력}}=\dfrac{L}{L_b}$ (2-30)

예제 2-4 제동출력 100kW를 내는 펠톤 수차를 만들자면, 이론출력을 몇 kW로 해야 하는가? 단, 노즐의 효율은 92%, 버킷의 효율은 93.6%, 기계효율은 95%로 한다.

[풀이]

식 (2-26)에 의하여

$$L_{th}=\frac{L}{\eta}=\frac{L}{\eta_{hb}\,\eta_n\,\eta_m}=\frac{100}{0.92\times0.936\times0.95}=122\ [\mathrm{kW}]$$

예제 2-5 4사형 펠톤 수차의 유효낙차가 400m, 노즐의 구경 $d_0=100$ mm, 분류속도 v_1과 원주속도 u와의 비가 1 : 0.46, $\beta_2=10°$일 때 깃차의 출력 L_b와 그 효율 η를 구하여라.

[풀이]

$$v_1=C_v\sqrt{2gH}=(0.95\sim0.98)\sqrt{2\times9.8\times400}=84\sim86.8\ [\mathrm{m/s}]$$

$v_1 = 85$ m/s로 한다. 그러면 분류의 유량은 4사형에 대하여

$$Q=4 \cdot \frac{\pi}{4} d_0{}^2 v_1 = \pi \times 0.1^2 \times 85 = 2.67 \; [\text{m}^3/\text{s}]$$

그런데

$$L_b = \frac{\gamma Q}{g} u(v_1 - u)\left(1 + \frac{\cos\beta_2}{\sqrt{1+\zeta}}\right)$$

여기에 $u=0.46$, $v_1 = 39.1$ m/s, 버킷 내의 손실계수 $\zeta = 0.3$으로 하여 윗식에 대입하면

$$L_b = \frac{1000 \times 2.67}{9.8} \times 39.1 \times (85 - 39.1) \times \left(1 + \frac{\cos 10°}{\sqrt{1+0.3}}\right)$$

$$= 2.73 \times 10^2 \times 3.34 \times 10^3 = 9.12 \times 10^5 \, [\text{kg} \cdot \text{m/s}] = 8950 \, [\text{kW}]$$

또 $\eta = \dfrac{L_b}{L_{th}} = 2\dfrac{u}{v_1}(v_1 - u)\left(1 + \dfrac{\cos\beta_2}{\sqrt{1+\zeta}}\right) = \dfrac{2}{85^2} \times 3.34 \times 10^3 = 0.92$

2-4 펠톤 수차의 설계

1. 회전차의 지름(D)

D는 분류의 지름 d_0의 10~20배로 잡는다. $D/d_0 = m$이라 하면 식 (2-4), (2-5)에서

$$Q = \frac{\pi}{4} d_0{}^2 v_1 = \frac{\pi}{4} d_0{}^2 C_v \sqrt{2gH}$$

$$D = \sqrt{\frac{4m^2 Q}{C_v \pi \sqrt{2gH}}} \tag{2-31}$$

여기서 $C_v = 0.97$이라 하면

$$D = 0.545 \frac{m\sqrt{Q}}{H^{1/4}} \tag{2-32}$$

그런데 $u = \pi DN/60 = k\sqrt{2gH}$이므로

$$D = \frac{60k\sqrt{2gH}}{\pi N} = \frac{84.6k\sqrt{H}}{N} \tag{2-33}$$

이 된다. k의 값은 이론상 0.5이지만 실제에 있어서는 0.42~0.48의 범위를 잡는다. 지금 $k = 0.45$로 하면

$$D = \frac{38\sqrt{H}}{N} \tag{2-34}$$

2. 회전수(N)

식 (2-34)에서

$$N=\frac{38\sqrt{H}}{D} \tag{2-35}$$

이 되는데, 이것을 식 (2-32)에 대입하면

$$N=\frac{70H^{3/4}}{m\sqrt{Q}} \tag{2-36}$$

이 된다. 여기서 Q는 분류 한 가닥에 대한 유량이다.

3. 비속도(n_s)

분류의 지름을 d_0, 회전차의 지름을 D, 회전수를 N, 유량을 Q, 유효낙차를 H, 효율을 η라 하면

$$Q=\frac{\pi}{4}d_0{}^2v_1=\frac{\pi}{4}d_0{}^2C_v\sqrt{2gH}=\frac{\pi}{4}D^2\left(\frac{d_0}{D}\right)^2C_v\sqrt{2gH}$$

여기서 $u=k\sqrt{2gH}=\pi DN/60$을 대입하면

$$Q=\frac{\pi}{4}\cdot\frac{60^2\cdot k^2\cdot 2gH}{\pi^2N^2}\left(\frac{d_0}{D}\right)^2C_v\sqrt{2gH} \tag{2-37}$$

이것을 $L=9.8HQ\eta$에 대입하여 m·kW의 단위로 표시하면

$$L=9.8\times\frac{\pi}{4}\times\frac{60^2\times 2g\sqrt{2g}\cdot k^2C_v\eta}{\pi^2}\left(\frac{d_0}{D}\right)\frac{H^{5/2}}{N^2}$$

$$=\left[244,000\left(\frac{d_0}{D}\right)^2k^2C_v\eta\right]\frac{H^{5/2}}{N^2} \tag{2-38}$$

이 식에서 d_0/D, k, C_v, η의 값은 변하지 않는 것으로 하여, 기하학적으로 그 끝이 상사이고 또 유동의 상태도 상사라 하여 $L=1$, $H=1$로 두면, 이 때의 N은 n_s이므로

$$n_s=494k\left(\frac{d_0}{D}\right)\sqrt{C_v\eta} \tag{2-39}$$

이 된다. $(d_0/D)=\frac{1}{10}\sim\frac{1}{20}$, $C_v=0.97$, $\eta=0.9$, $k=0.45$라 가정하면 식 (2-39)에서 $n_s\fallingdotseq 21\sim 10$이 되고 이것이 펠톤 수차의 비속도의 범위이다.

4. 버킷 각부의 치수

이것은 d_0를 기준으로 하여 정한다(그림 2-11 참조).

(1) 폭 (b) : $b=(3.2\sim4.2)\,d_0$ (2-40)

으로 잡는다. $(2.8\sim3.5)\,d_0$로 잡을 때도 있다.

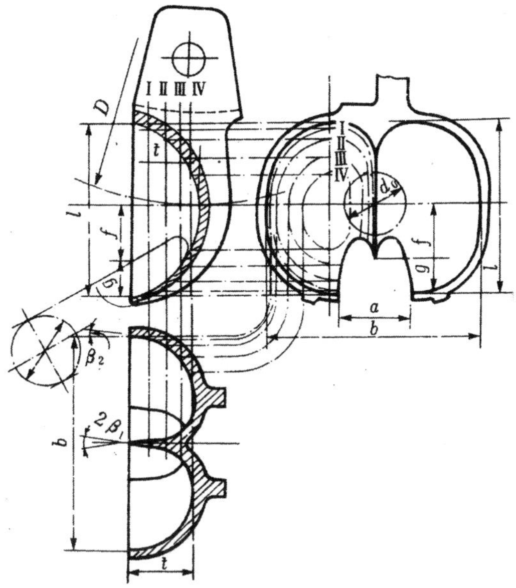

그림 2-11 버킷의 각부 치수

(2) 길이(l) : 버킷의 반지름 방향의 길이는

$$l=(2.4\sim2.7)\,d_0 \qquad (2\text{-}41)$$

의 범위에 있으나 3.0정도인 것도 있다.

(3) $f=(0.85\sim1.2)\,d_0$ (2-42)

(4) 선단의 노치부의 폭 a는 d_0보다 조금 크게 잡는다. 그 길이는 $\frac{1}{2}d_0$정도로 정한다.

(5) 깊이(t) : $t=(0.25\sim0.3)\,b=(0.9\sim1.6)\,d_0$ (2-43)

(6) 중앙의 노치각(β_1) : $\beta_1=7\sim15^\circ$ (2-44)

(7) 출구각(β_2) : $\beta_2=5\sim15^\circ$ (2-45)

5. 버킷의 수(Z)

경험치에 의하면 Z는

$$Z=(1.2\sim1.5)\left\{0.35\frac{D}{d_0}+12\right\} \qquad (2\text{-}46)$$

의 범위에 있다(표 2-1 참조).

제3장

반동수차

3-1 반동수차의 작용원리

현재 실용되고 있는 반동수차에는 40~600m의 고낙차 지점에 적용되는 프란시스 수차, 40~180m의 중낙차 지점에 적용되고 있는 사류수차, 3~70m의 저낙차 지점에 적용되는 프로펠러 수차의 3종류가 있다.

반동수차에서는 회전차 깃의 입구에 있어서의 충동작용(물이 부딪치는 작용)과 출구에 있어서의 반동작용(물이 차 내버리는 작용)에 의하여 수동력이 회전차에 전달된다. 반동작용 대 충동작용의 비는 비속도가 큰 수차가 될수록 크게 된다.

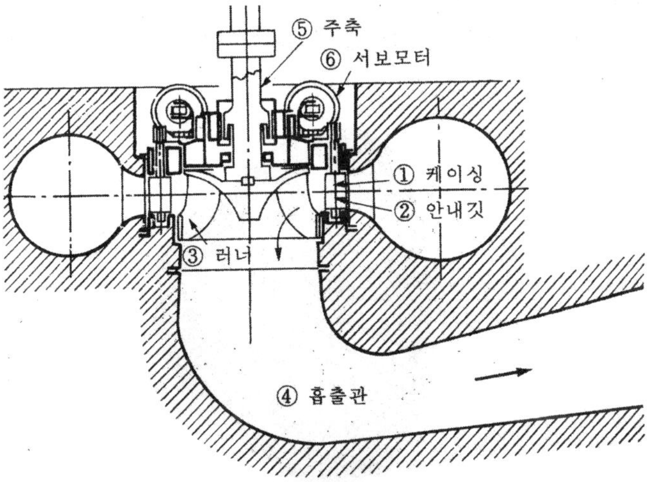

그림 3-1 반동수차

그림 3-1은 반동수차의 구조를 표시한다. 입구까지 유도된 고압수는 ① 케이싱을 지나 ② 안내깃에서 가속되고, 그 출구에서 유출하여 ③ 회전차로 유입한다. 이 물은 회전차 깃에 의하여 방향과 속도가 바뀌어지고 ③ 회전차에 동력을 전달한 후 세력을 잃고 ④ 흡출관으로 방류된다. ③ 회전차는 물과 상대운동을 하면서 물의 에너지를 흡수하여 기계적 에너지로 변화하고, ⑤ 주축에 의하여 이것을 발전기에 전달한다. 유수에 의하여 회전차 깃의 표면에는 고압, 이면에는 저압이 생겨 그 압력차로 인하여 회전차에는 회전력이 생긴다.

수차에 걸리는 부하가 변하면, 조속기의 배압밸브에서 유압에 의한 압유의 공급을 받아 ⑥ 서보모터(servomotor)의 피스톤이 작동하고, ② 안내깃의 개도가 바뀌게 되어 유량은 부하에 대응한 값으로 변하게 된다.

회전차 깃이 가동인 사류수차, 프로펠러 수차에서는 회전차 깃이 안내깃과 연동하고, 부하가 변하더라도 효율은 별로 변하지 않아서 항상 좋은 값을 유지할 수 있다.

3-2 프란시스 수차

1. 구조와 형식

프란시스 수차의 주요 부분은 (ⅰ) 회전차(runner), (ⅱ) 안내깃(guide vane, wicket gate), (ⅲ) 스피드 링(speed ring : 고정날개), (ⅳ) 스파이럴 케이싱(spiral casing), (ⅴ) 흡출관(draft tube) 등이다. 형식에 따라서는 (ⅲ)과 (ⅳ)를 생략한 것이 있다. 회전차의 모양은 그림 3-2와 같이 곡면의 깃을 디스크(차반)에 붙인 것으로서, 대개는 깃과 디스크를 일체로 주조한다. 깃수는 소형이 8~9매, 대형에서는 20~24매이다. 안내깃의 수는 회전차 깃의 수보다 1매 적게 한다. 안내깃은 조속기의 동작을 받아 개폐운동을 함으로써 유량을 조정한다. 스피드 링은 안내깃의 바깥쪽

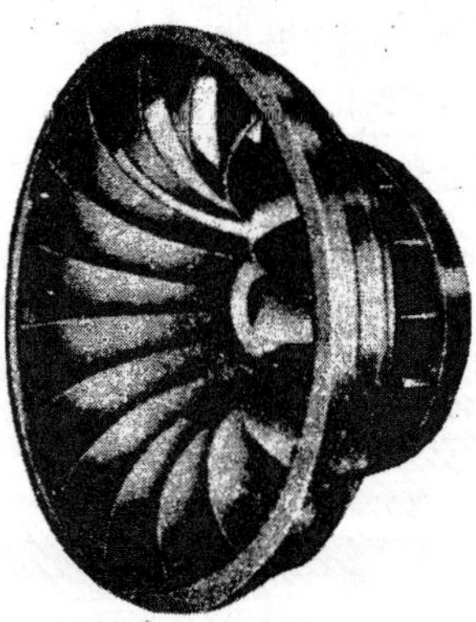

그림 3-2 프란시스 수차의 회전차

에 있는 원형으로 된 2매의 링인데, 여기에서 증속된다.

프란시스 수차는 적용되는 낙차 및 용량이 광범하기 때문에 수많은 형식으로 분류한다. 케이싱의 유무 및 형식에 따라 대별하면 노출형(open type), 전구형(frontal type) 및 횡구형(centrifugal type), 원심형(spiral type)으로 분류되나, 원심형 이외는 효율이 나쁘고 취급상 불편한 점 등이 있어서 현재 거의 쓰이지 않는다. 구조상으로 분류하면 (ⅰ) 횡축단륜단사형, (ⅱ) 횡축단륜복사형, (ⅲ) 횡축이륜단사형, (ⅳ) 입축단륜단사형 등이 있다(그림 3-3).

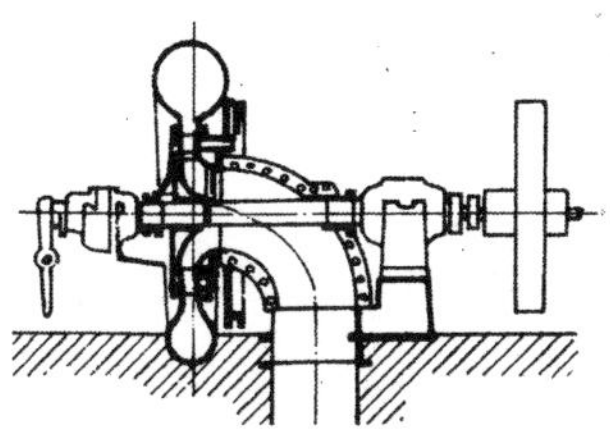

(a) 횡축 단륜 단사 원심수사

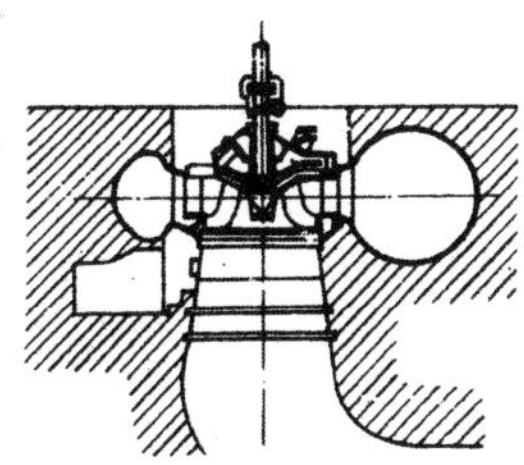

(b) 입축 단륜 단사 원심수차

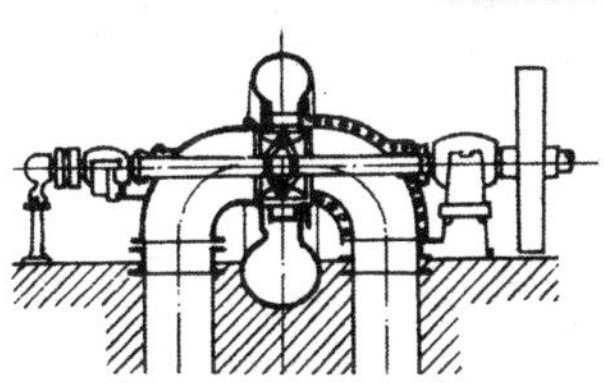

(a) 횡축 단륜 복사 원심수차

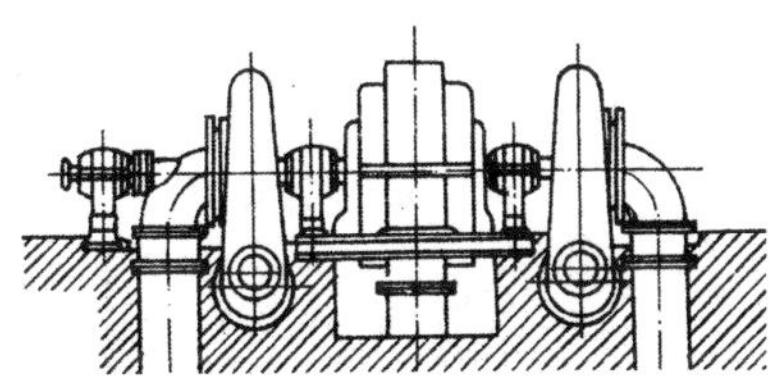

(b) 횡축 이륜 단사 원심양걸이수차

그림 3-3 프란시스 수차의 종류

2. 프란시스 수차의 이론

(1) 압력, 속도수두의 변화

그림 3-4는 프란시스 수차에서 도수관을 포함한 물이 가지는 에너지의 변화를 표시한 것이다. 도수관 내에 있어서 낙차의 감소와 함께 압력수두가 직선적으로 증가해 가고, 유효낙차 H로서 수차의 케이싱 안에 들어 온 물이 안내깃을 지나는 사이에 압력 에너지가 일부 속도 에너지로 변환하고, 회전차에 유입한다. 물이 회전차의 깃사이를 지나는 사이에 그 속도 에너지와 압력 에너지는 기계적 에너지로 변화되고, 압력은 대기압 이하로 떨어져서 흡출관으로 유입하며, 그 압력 회복작용에 의하여 미약한 속도 에너지만을 가지고 방수된다.

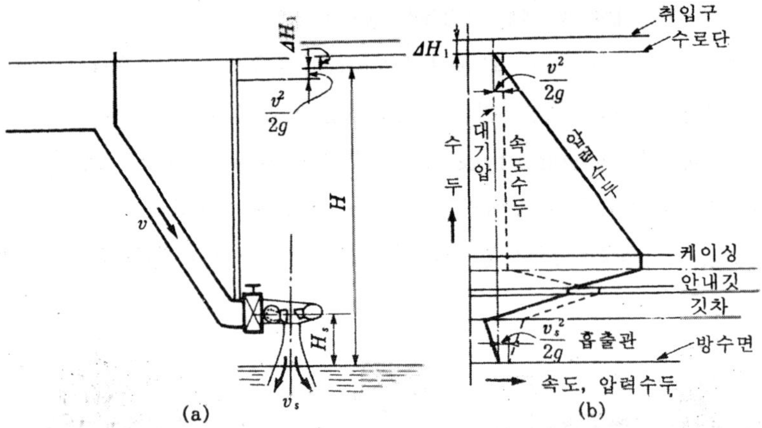

그림 3-4 프란시스 수차의 배치와 에너지의 변화

(2) 깃차의 출력

프란시스 수차에 있어서의 물의 작용은 원심 펌프의 경우와 같고 그 방향이 반대이다. 그림 3-5에서 물이 깃에 미치는 토크 $T[\mathrm{kg_f \cdot m}]$는 각 운동량의 원리에 의하여

$$T = \frac{\gamma}{g} Q(r_1 v_1 \cos\alpha_1 - r_2 v_2 \cos\alpha_2) \tag{3-1}$$

깃에 미치는 일의 양 $L[\mathrm{kg_f \cdot m/s}]$은

$$L = T \cdot \omega = \frac{\gamma Q}{g}(u_1 v_1 \cos\alpha_1 - u_2 v_2 \cos\alpha_2) \tag{3-2}$$

한편 유효낙차 $H[\mathrm{m}]$, 유량 $Q[\mathrm{m^3/s}]$일 때 입력 L_h는 회전차의 수력효율을 η_h라 하면

$$L_h = \eta_h \cdot \gamma H Q \tag{3-3}$$

따라서 식 (3-1), (3-2)의 관계에서

$$g \cdot \eta_h \cdot H = u_1 v_1 \cos\alpha_1 - u_2 v_2 \cos\alpha_2 \tag{3-4}$$

3각형의 성질에서

$$\left.\begin{aligned} w_1^{\,2} &= u_1^{\,2} + v_1^{\,2} - 2u_1 v_1 \cos\alpha_1 \\ w_2^{\,2} &= u_2^{\,2} + v_2^{\,2} - 2u_2 v_2 \cos\alpha_2 \end{aligned}\right\}$$

를 쓰면

$$\eta_h \cdot H = \left(\frac{u_1^{\,2} - u_2^{\,2}}{2g} + \frac{v_1^{\,2} - v_2^{\,2}}{2g} + \frac{w_1^{\,2} - w_2^{\,2}}{2g}\right) \tag{3-5}$$

의 관계를 얻는다. $\alpha_2 = 90°$일 때 최대의 일의 양을 얻게 되고, 이것은 다음과 같이 된다.

$$g \cdot \eta_h \cdot H = u_1 v_1 \cos\alpha_1 \tag{3-6}$$

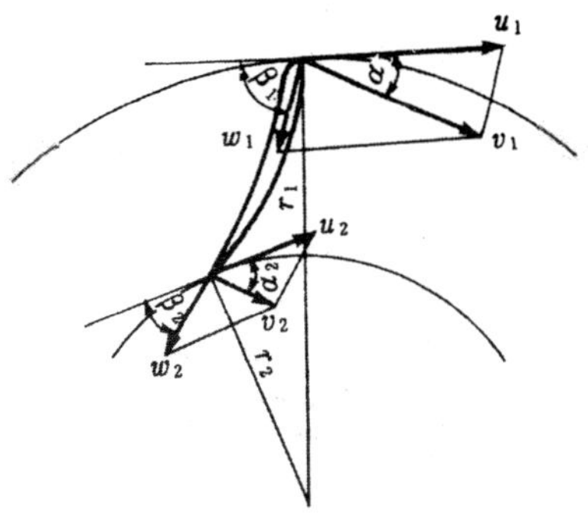

그림 3-5 프란시스 수차의 속도선도

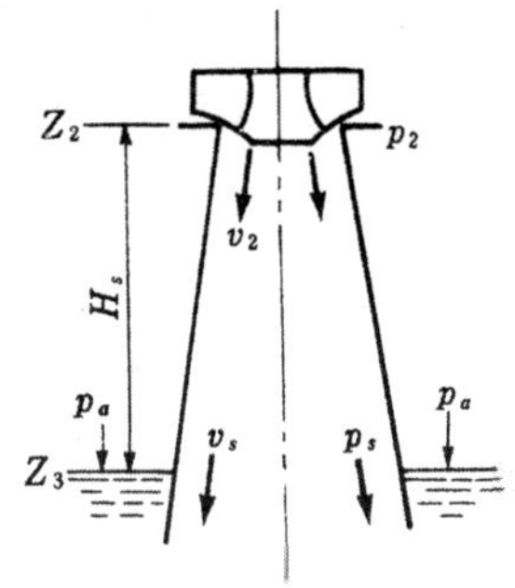

그림 3-6 흡출관의 작용

(3) 흡출관의 작용

회전차에서 유출된 물이 갖는 수두는 펠톤 수차에서는 유효낙차의 1~4%, 프란시스 수차에서는 4~25%, 축류 수차에서는 20~25%이다. 흡출관은 회전차 출구와 방수면 사이의 낙차 및 회전차에서 유출되는 물이 가지고 있는 속도수두를 유효하게 회전차를 회전시킬 목적으로 사용한 후 방출시키는 회전차 출구와 방수면 사이를 연결하는 관이다.

그림 3-6에서 회전차의 출구와 흡출관의 출구의 절대압력을 p_2, p_s라 하고, 흡출관을 흐르는 사이에 잃는 수두를 h_s, 임의의 기준면에서 높이를 Z_2, Z_3라 하면, 회전차 출구와 흡출관 사이에 Bernoulli의 정리를 써서

$$\frac{v_2^{\,2}}{2g}+\frac{p_2}{\gamma}+Z_2=\frac{v_s}{2g}+\frac{p_s}{\gamma}+Z_3+h_s \tag{3-7}$$

여기서 p_s는 대기압 p_a와 같다고 볼 수 있고, 또 $Z_2-Z_s=H_s$ 이므로, 윗식은 다음과 같이 된다.

$$\frac{p_2}{\gamma}=\frac{p_a}{\gamma}-H_s\left(\frac{v_2^{\,2}}{2g}-\frac{v_s^{\,2}}{2g}\right)+h_s \tag{3-8}$$

h_s의 값은 다른 항에 비하여 작다고 생각되고, p_2/γ의 값은 대기압 이하로 되어 H_s와 속도 에너지의 회수 $\left(\frac{v_2^{\,2}}{2g}-\frac{v_s^{\,2}}{2g}\right)+h_s$의 정도에 따라 그 값이 정해진다. 이것은 캐비테이션이 일어나지 않도록 정하면 되고 보통 7m이하이다.

흡출관의 효율 η_s는 다음 식으로 표시된다.

$$\eta_s=1-\frac{h_{sl}}{v_2^{\,2}/2g} \tag{3-9}$$

여기서 h_{sl}은 물이 회전차를 나온 후에 일어나는 총손실수두이다. 이 값은 그 모양에 따라 정

해지고, 흐름에 선회분속도가 있을 때에는 현저하게 저하한다. 현재 실용적으로 적용되고 있는 흡출관의 모양 및 효율을 그림 3-7에 나타내었다.

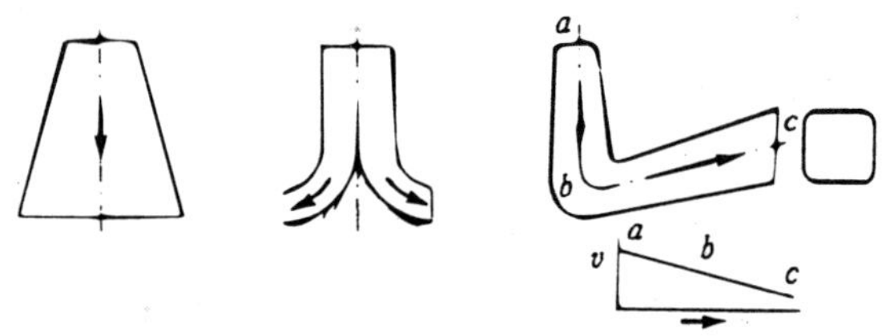

그림 3-7 흡출관의 모양

3. 프란시스 수차의 비속도

러너의 입구폭을 B, 입구경과 출구경을 D_1, D_2, 반지름 방향의 유입속도를 v_m이라고 하면 속도선도에서(그림 3-5)

$$\left.\begin{aligned} v_m &= v_1 \sin \alpha_1 = C_m\sqrt{2gH} \\ Q &= \pi D_1 B C_m \sqrt{2gH} \\ D_1 &= \frac{60}{\pi N} u_1 = \frac{60}{\pi N} k_1 \sqrt{2gH} \end{aligned}\right\} \tag{3-10}$$

이것을 $L = 9.8HQ\eta$에 대입하고 m · kW의 단위로 하여 $L=1$, $H=1$로 두면

$$L = 9.8H \times \frac{60^2\left(\frac{B}{D_1}\right)K_1{}^2 C_m (2gH)^{5/2}}{\pi N^2} \times \eta$$

$$n_s = \left\{ 9.8 \times \frac{60^2\left(\frac{B}{D_1}\right)k_1{}^2 c_m (2g)^{3/2} H^{5/2}}{\pi N^2} \times \eta \right\}^{1/2} \times H^{-5/4}$$

$$= 990 k_1 \sqrt{(B/D_1) C_m \eta} \tag{3-11}$$

이 된다. 깃차의 출구경을 흡출관의 입구경 D_3와 같다고 놓아 그 부분의 유속을 $v_3 = C_3 \times \sqrt{2gH}$로 표시하면, $Q = \frac{\pi}{4} \times D_3{}^2 C_3 \sqrt{2gH}$가 된다. 이 관계를 써서 n_s를 구하면

$$n_s = 494 k_1 \frac{D_3}{D_1} \sqrt{C_3 \eta} \tag{3-12}$$

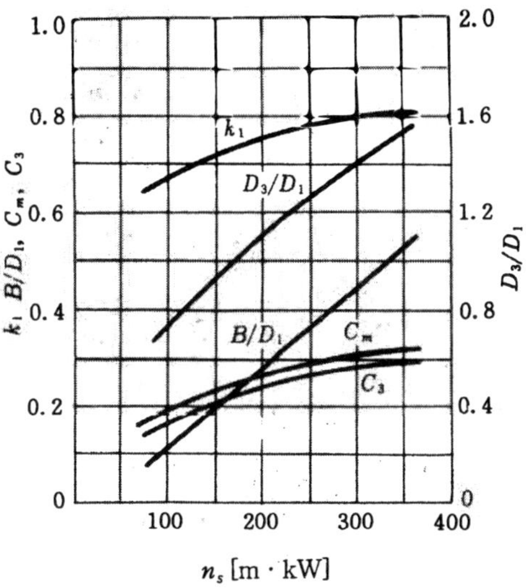

그림 3-8 n_s 계수의 관계

이 된다. 식 중의 D_3/D_1가 깃차의 형상을 결정한다.

3-3 프로펠러 수차

1. 프로펠러 수차의 구조와 형식

프로펠러 수차(propeller turbine)는 3~90m의 저낙차로서 유량이 큰 곳에 적용된다. 회전차는 고정익과 가동익이 있고, 후자는 낙차나 부하의 변동에 유리하도록 한 것으로서 이것을 특히 카플란 수차(Kaplan turbine)라 한다. 프로펠러 수차의 원리는 축류펌프와 같고, 다만 에너지의 수수가 반대일 뿐이다.

그림 3-9는 프로펠러 수차의 구조를 표시한다. 그 주요 부분은 회전차, 안내깃, 케이싱, 흡출관, 주축, 서보모터이다.

2. 프로펠러 수차의 이론

그림 3-10은 프로펠러 수차의 회전차와 안내깃을 표시한다. 지금 반지름 r인 원통면으로 회전차를 잘라 이것을 평면에 전개하면 그림 3-11과 같이 된다.

그림에서 v_0는 안내깃에 의하여 유도된 물의 절대속도이고, 입구와 출구의 속도선도는 그림과 같이 된다.

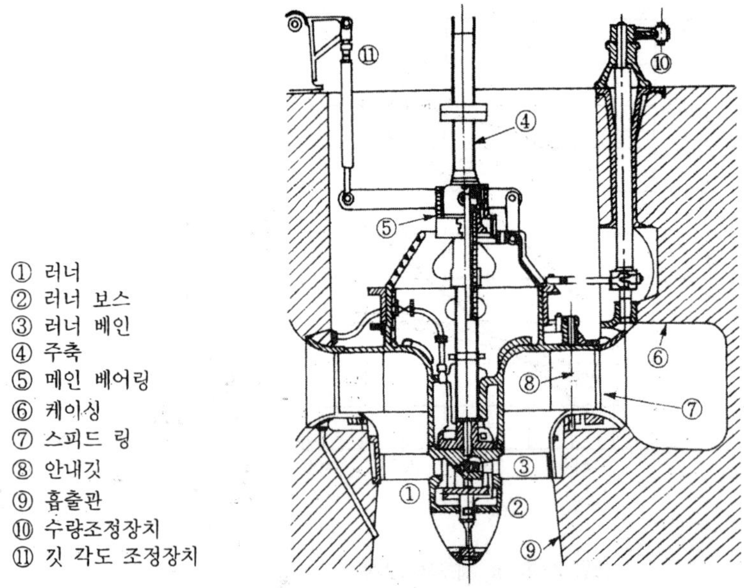

그림 3-9 프로펠러 수차의 구조

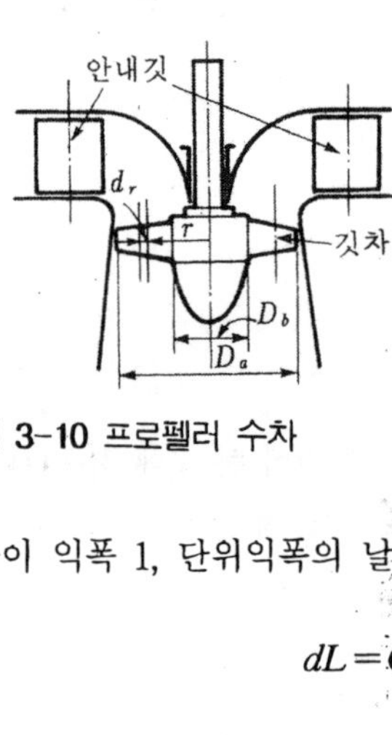

그림 3-10 프로펠러 수차

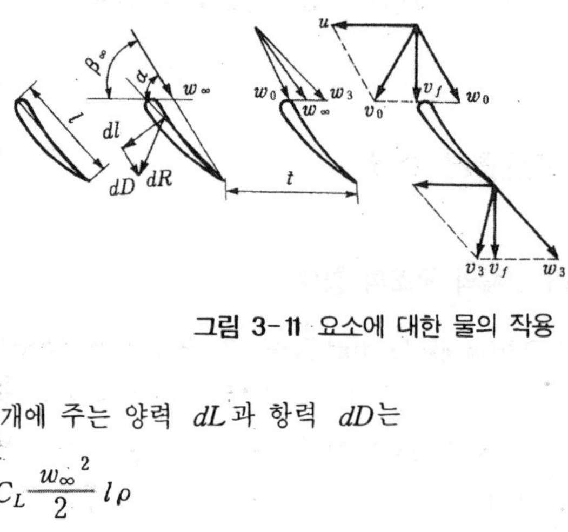

그림 3-11 요소에 대한 물의 작용

지금 물이 익폭 1, 단위익폭의 날개에 주는 양력 dL과 항력 dD는

$$dL = C_L \frac{w_\infty^2}{2} l\rho \tag{3-13}$$

$$dD = C_D \frac{w_\infty^2}{2} l\rho \tag{3-14}$$

여기서 C_L과 C_D는 양력계수와 항력계수로서, 익형의 종류와 영각 α의 함수로서 주어진다. ρ는 유체의 밀도, l은 익현의 길이, w_∞는 유효상대속도이다.

익폭 d_r, 익수 z매의 익렬에 대한 dL와 dD의 u방향의 합을 dF라 하면

$$\begin{aligned} dF &= (dL\sin\beta_\infty - dD\cos\beta_\infty)z\,dr \\ &= dL(\sin\beta_\infty - \tan\lambda\cos\beta_\infty)z\,dr \end{aligned} \tag{3-15}$$

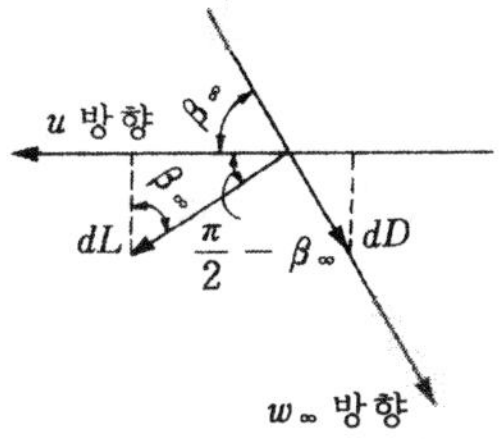

그림 3-12

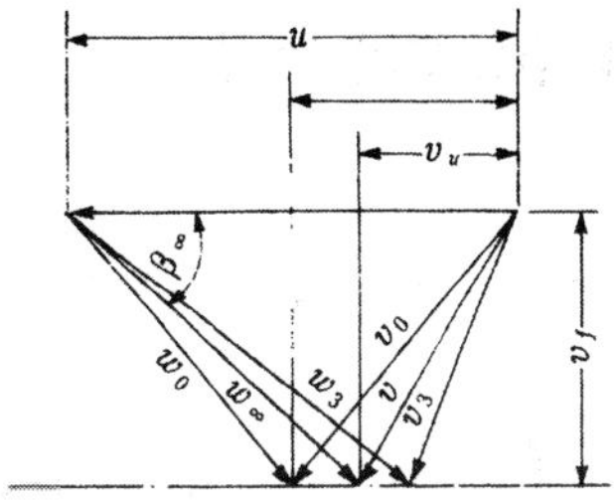

그림 3-13

여기서 $dD/dL=\tan\lambda$이다. 익폭 dr의 익렬에 주는 동력 dP는

$$dP=dF\cdot u=dL\cdot u(\sin\beta_\infty-\tan\lambda\cdot\cos\beta_\infty)zdr \tag{3-16}$$

이 된다. 그림 3-13의 속도선도에서 v_f를 축방향 속도라 하면

$$\sin\beta_\infty=\frac{v_f}{w_\infty}$$

$$\cos\beta_\infty=\frac{u-v_{uo}}{w_\infty}$$

를 얻어므로, 이것을 식 (3-16)에 대입하면

$$dP=dL\cdot u\left\{\frac{v_f}{w_\infty}-\tan\lambda\frac{u-v_u}{w_\infty}\right\}zdr \tag{3-17}$$

날개 둘레의 순환을 Γ로 표시하면, $dL=\rho w_\infty\Gamma$이므로

$$dP=\rho w_\infty\Gamma u\left\{\frac{v_f}{w_\infty}-\tan\lambda\frac{u-v_u}{w_\infty}\right\}zdr \tag{3-18}$$

으로 표시할 수 있다. 지금 날개의 피치는 $t=2\pi r/z$라 하면 상술한 동력 dP는 유효낙차 H하에서 $g\rho ztdrv_f$인 수량을 작용시켜서 얻는 것이므로, 회전차 내의 손실수두를 h_p라 하면

$$dP=g\rho ztdrv_f(H-h_p)$$
$$=g\rho ztdrv_f\eta_hH \tag{3-19}$$

을 얻는다. 여기서 η_h는 프로펠러 수차의 수력효율로서

$$\eta_h=\frac{H-h_p}{H}=1-\frac{h_p}{H} \tag{3-20}$$

이다. 식 (3-17)과 식 (3-19)에서 다음 식을 얻는다.

$$g\eta_hH=\frac{dLu}{\rho tv_f}\left\{\frac{v_f}{w_\infty}-\tan\lambda\frac{u-v_u}{w_\infty}\right\} \tag{3-21}$$

3-4 주요부의 크기

유효낙차 H_m, 유량 $Q[\mathrm{m^3/sec}]$가 주어지면 다음 순서에 의하여 각 주요부의 크기를 결정한다.

1. 수차의 출력

$$L = 9.8\eta Q H\ [\mathrm{kW}] \tag{3-22}$$

여기서 η는 수차의 전효율(全效率)이다.

2. 회전차의 비속도

$$n_s = \frac{2000}{H+20} + 50\ [\mathrm{rpm,\ kW,\ m}] \tag{3-23}$$

$$\text{회전수}\quad N = n_s \frac{H^{5/4}}{L^{1/2}} \tag{3-24}$$

$$\text{발전기의 회전수}:\ N_G = \frac{120f}{p}\quad (f:\ \text{주파수[Hz]},\ p:\ \text{극수}) \tag{3-25}$$

3. 회전차(runner)의 바깥지름

회전차 깃의원주 속도 : $u_a = K_a\sqrt{2gH}$

여기서 K_a는 그림 3-14에서 구한다. 따라서 회전차의 바깥지름

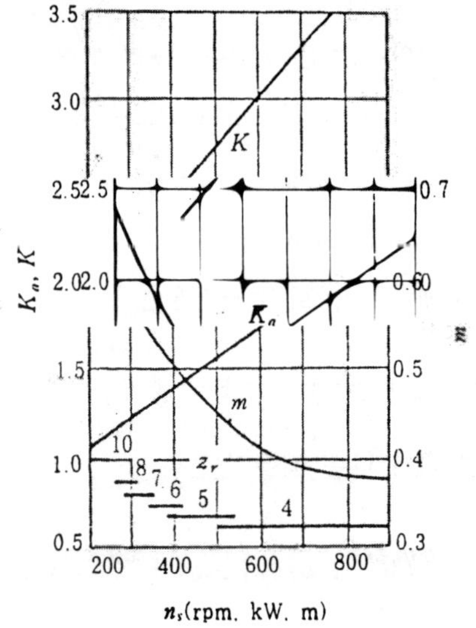

그림 3-14

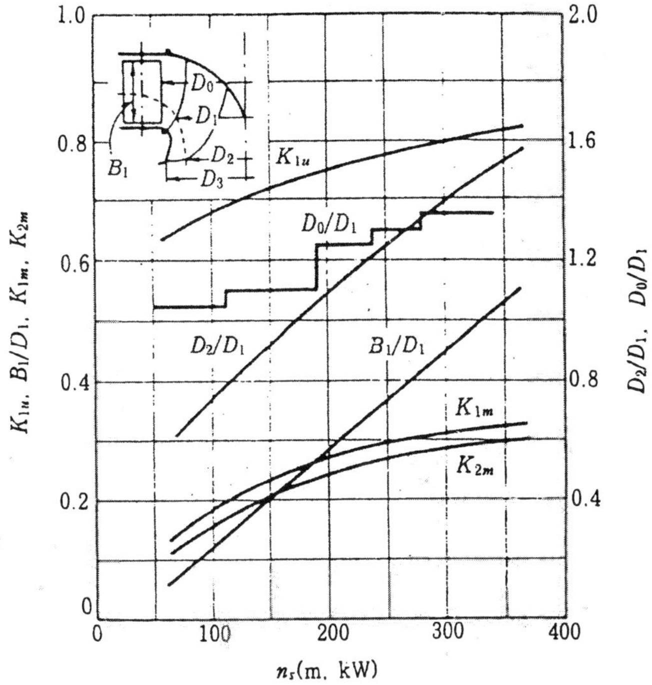

(a) 설계정수

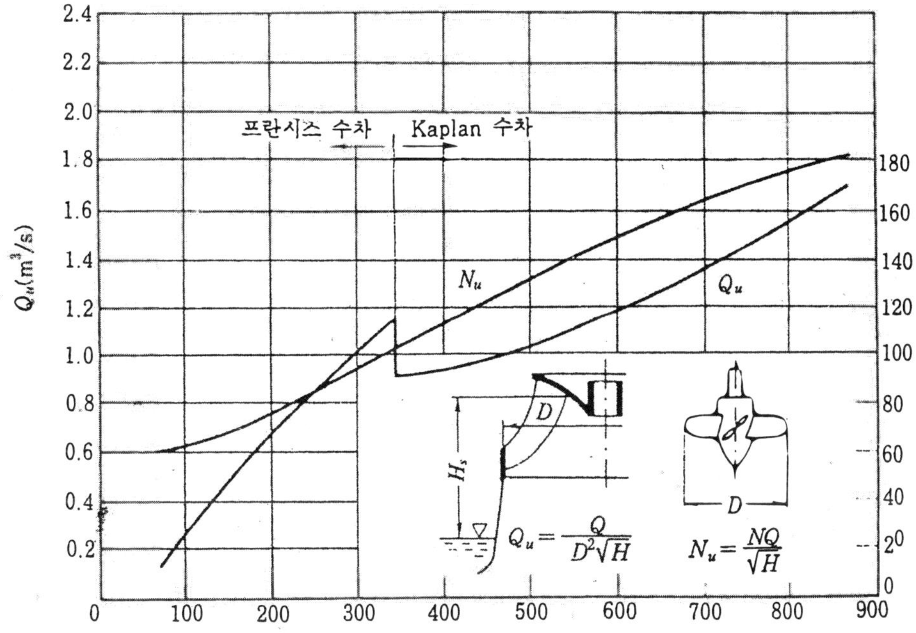

(b) 비속도와 단위속도 · 단위유량

그림 3-15

$$D_z = \frac{60u_2}{\pi N} \tag{3-26}$$

4. 회전차 보스(boss)의 지름, D_b

$$D_b = mD_2 \tag{3-27}$$

여기서 m은 보스비이다. m은 그림 3-14에서 구한다.

5. 축류속도(軸流速度), v_m

$$v_m = \frac{4Q}{\pi(D_2{}^2 - D_b{}^2)} = \frac{4Q}{\pi(1-m^2)D_2{}^2} \tag{3-28}$$

6. 깃각도와 깃수

$$\tan\beta_2 = \frac{v_2}{u_2} \tag{3-29}$$

회전차 깃수 z 및 두께 t : 회전차 깃수가 너무 적으면 깃틈새에서 선회류가 생기기 쉽고, 따라서 1매의 깃에 걸리는 하중이 크게 되어 공동현상(cavitation)이 일어나기 쉽다. 깃수가 너무 많으면 마찰면이 크게 되어 효율이 저하된다.

$$경험상 \quad z = \frac{10\sim12}{K_{1u}} \qquad (K_{1u} = u_1/\sqrt{2gH}) \tag{3-30}$$

$$t = 20\beta_1\sqrt{\frac{N}{z}} \tag{3-31}$$

◦ 안내깃

안내깃 출구의 직경 : D_0는 그림 3-15(a)에서 D_0/D_1을 구하여서 앞에서 구한 D_1으로부터 산출한다.

안내깃 출구 폭 : B_0는 B_0/D_0을 B_1/D_1(그림 3-15(a))에서 값을 선정한다.

깃수 : 경험상 안내깃수

$$z_g \approx \frac{1}{4}\sqrt{D_0} + (4\sim6)\ (D_0 : mm) \tag{3-32}$$

로부터 구하여 이 산출에서 가까운 짝수를 택한다.

보통 16, 20, 24 혹은 28매가 잘 쓰인다. 안내깃의 단면은 익형(翼型)으로 하고, 길이는 약 $0.3D_0$로 하며 두께는 강도를 고려하여 결정한다.

◦ 와류실 케이싱

와류실 케이싱의 단면은 평균유속이 모든 면에서 균일하게 되도록 단면적을 변화시킨다. 단면의 평균유속을 u_c라 하면

$$\text{저속형인 경우 : } u_c \approx 0.14\sqrt{2gH}$$

$$\text{고속형인 경우 : } u_C \approx 0.2\sqrt{2gH} \tag{3-33}$$

이며, 일반적으로 $u_c < 10$ [m/sec]로 한다.

예제 3-1 유효낙차 $H=35$ [m], 출력 $L=3000$ [kW], 효율 $\eta=82\%$인 프란시스수차가 있다. 회전차의 회전수 $N=300$ [rpm], 수력효율 $\eta_h=85\%$일 때 다음 값을 구하라.

(a) 안내깃의 각도 α_1, (b) 회전차 입구의 각 β_1

(c) 회전차 입구의 지름 D_1

[풀이]

(a) 회전차 입구 원주 속도 $u_1=0.9\sqrt{2\times9.8\times35}=23.57$ [m/sec], 회전차 입구에 있어서 선회(와류)속도성분 $v_{1m}=0.27\sqrt{2\times9.8\times35}=7.07$ [m/sec], 회전차 출구에 있어서 원주속도성분 $v_{2u}=0$으로 하면 $\eta_h gH=u_1 v_{1u}$의 관계에서 $u_1=23.57$ [m/sec], $N=35$ [m], $\eta_h=0.82$로 하면

$$v_{1u}=\frac{\eta_h \cdot gH}{u_1}=\frac{0.82\times9.8\times35}{23.57}=11.93\text{ [m/sec]}$$

안내깃 각도 α_1는

$$\tan\alpha_1=\frac{u_{1m}}{v_{1u}}=\frac{7.07}{11.93}=0.592 \qquad \therefore \alpha_1=30^\circ\ 39'$$

(b) 회전차 입구의 각 β_1은 속도삼각형으로부터 $v_{1u}=u_1-v_{1m}\cot\beta_1$

$$\cos\beta_1=\frac{{u_1}^2-\eta_h gH}{v_{1m}u_1}=\frac{(23.57)^2-0.85\times9.8\times35}{7.07\times23.57}=0.607$$

$$\therefore \beta_1=31^\circ\ 15'$$

(c) 원주속도 $u_1=\dfrac{\pi D_1 N}{60}$ 로부터

$$D_1=\frac{60u_1}{\pi N}=60\times23.57\,ove3.14\times300=1.501\text{ [m]}=1501\text{ [mm]}$$

제4장

펌프수차

4-1 펌프 수차의 내력

회전차의 회전을 정역으로 바꾸어 한 대로써 펌프의 작용도 하고, 수차의 역할도 하는 기계를 펌프 수차(pump-turbine)라고 한다. 이것과 연결되는 전력기계도 전동기와 발전기를 병용해야 하는데, 이것을 전동발전기라고 한다. 이와 같은 펌프 수차는 양수발전소에서 사용된다.

양수발전소란 야간, 풍수시에 값이 싼 전력을 사용하여 상부 저수지에 양수해두었다가 주간의 피크(peak) 때, 갈수기에 그 물을 이용하여 수 배나 비싼전력을 발생시키는 수력발전소이다. 전기의 값은 수요와 공급에 의하여 정해진다.

일반적으로 상술한 바와 같이 낮에는 밤에 비하여 수요가 많다. 이에 따라 전기의 값도 낮에는 밤에 비하여 비싸게 되고, 두 배, 세 배가 되는 수도 있다. 공업이 발달함에 따라 이 경향은 점점 현저해지고 있고, 전력공급에 적지 않은 불균형을 초래하여 발전경제의 큰 문제거리가 되고 있다. 이와 같은 수요의 과부족을 유력하게 해결하는 방안으로 펌프와 수차의 작용을 한 대로써 수행하고, 주기와 발전소 시설이 싼 값으로 해결되는 펌프 수차의 발달은 최근에 이르러 매우 성행해가고 있다.

4-2 펌프 수차의 구조와 형식

펌프 수차는 펌프와 수차의 두 가지 작용을 하는 것이므로 그 구조는 양자의 중간이 되고, 일반적으로 회전차는 펌프로서 설계되어 이것에 수차용으로서의 효율을 높이기 위한 설계가 가해진다.

펌프 수차의 펌프, 수차로서의 성능도 양자 병용의 구조이기 때문에, 단일한 펌프나 수차만으로서의 성능보다 어느 정도 뒤떨어지는 것은 어쩔 수 없다.

펌프 수차도 펌프나 수차와 같이 양정, 낙차에 따라 적용기종이 달라진다. 500m 이하의 양정, 낙차에는 프란시스형 펌프 수차, 30~150m의 양정, 낙차에는 사류형 펌프 수차, 20m 이하의 양정, 낙차에는 프로펠러형 펌프 수차가 적용된다. 이들의 구조는 각각 프란시스 수차(또는 펌프), 사류수차(또는 펌프), 프로펠러 수차(또는 펌프)와 비슷하다. 한 예로서 프란시스형 펌프 수차를 그림 4-1에 표시한다. 구조는 입축 프란시스 수차와 비슷하나, 회전차는 원심(혼류식)펌프와 같은 형태로 설계된다.

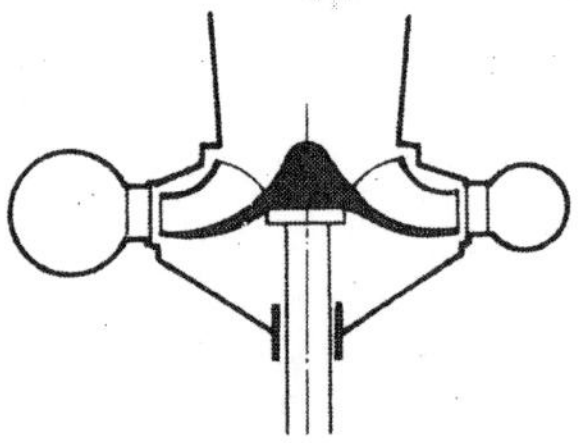

그림 4-1

프란시스형 펌프 수차의 회전차의 깃은 프란시스 수차보다 작고, 6~7매인 데, 그 길이는 수차의 2~3배로 잡는다. 케이싱과 흡출관의 형상은 프란시스 수차와 거의 같다. 안내깃은 대개의 경우 수차전용기와 같은 가동형으로 하나, 때로는 고정형으로 할 때도 있다.

겉보기에서는 펌프수차와 수차 사이에는 큰 차이가 없지만, 같은 크기나 효율면에서 수차와 비교하면 프란시스형 및 사류형 펌프수차 회전차의 바깥지름은 수차보다 20~30% 크다.

그림 4-2와 같이 펌프수차의 회전차 깃(runner vane)은 수차의 회전차 깃보다 길다.

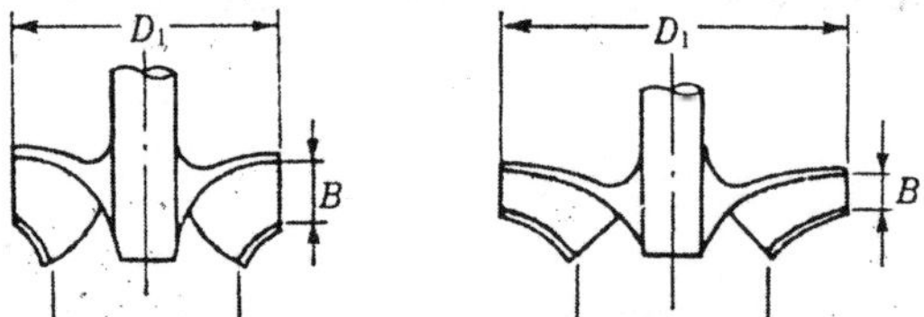

(a) 수 차 (b) 펌프수차

그림 4-2 수차 및 펌프수차의 회전차 형상

프란시스형 펌프 수차는 대용량기가 채용되어야 할 경우가 많고, 러너 입구경은 3m 이상이 되는 경우가 많다. 러너는 부품의 치수나 중량을 운송제한 속에 들게 하기 위하여 분할구조로 만들 때가 많다. 분할구조인 경우 차축을 포함하는 면에 의하여 러너 깃을 포함하여 2~3개로 분할되고, 분할면의 플랜지에 의하여 현지에서 일체로 조립된다.

사류형 펌프 수차의 러너는 사류수차와 같이 8~10매인 깃이 채용되고, 깃축은 거의 깃의 중앙에 설치된다.

프로펠러형 펌프 수차에서는 가동 러너 베인이 채용되고, 스파이럴 케이싱은 쓰이지 않고 원통 케이싱이 채용된다.

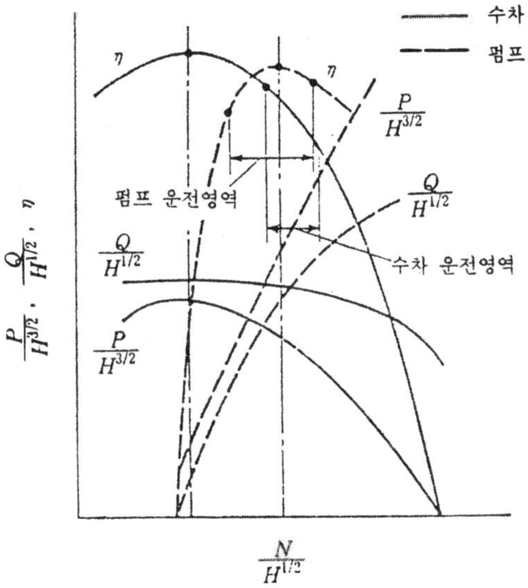

그림 4-3 펌프수차의 성능곡선

그림 4-3은 프란시스형 펌프수차의 성능곡선을 나타낸 것이다. 펌프수차에서 수차로서의 특성과 펌프로서의 특성은 각각 수차단독인 경우와 펌프단독인 경우와 같다. 펌프수차에서 이들 2개의 성능곡선은 최고효율의 범위에서 사용되는 것은 아니다. 일반적으로 펌프수차에서 펌프로 사용할 경우 최고효율점에 있어서 회전수 N_P와 수차로 사용할 경우 최고효율점에서 회전수 N_T는 일치하지 않으며 $\frac{N_P}{N_T} = 1.1 \sim 1.2$ 정도로 된다.

제5장

수차의 특성과 제현상

5-1 특성곡선

수차의 특성 곡선의 표시법은 다음과 같이 여러 가지가 있다.

(1) 회전수를 가로축으로 잡고 세로축에 출력, 효율, 토크, 유량, 안내깃, 니들 밸브의 개도를 파라미터로 하여 표시하는 방법

(2) 출력을 가로축으로 잡고, 세로축에 효율과 유량을 잡는 방법

(3) 안내깃 또는 니들 밸브의 개도를 가로축으로 잡고, 출력, 유량, 효율을 세로축으로 잡는 방법

그림 5-1은 출력을 가로축으로 잡고, 세로축에 각종 수차의 효율을 나타낸 것으로서, 일정한 낙차하에서 정격 회전수로 운전한 경우이다. 그림에서 볼 때 카플란 수차는 출력이 변하여도 효율은 거의 일정하고, 높은 값을 나타내는 데 반하여, 프로펠러 수차에서는 부분출력에 대한 효율

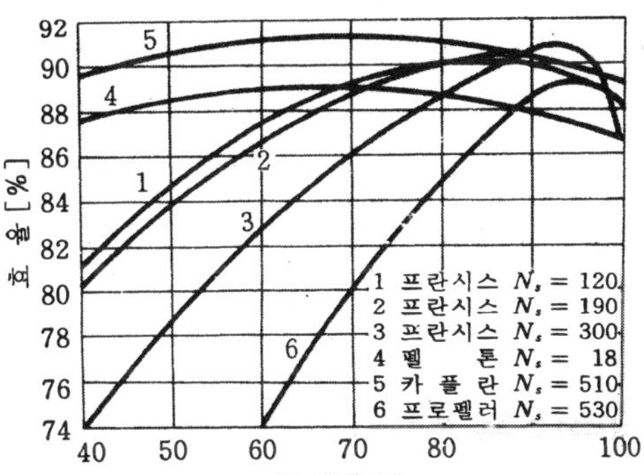

그림 5-1 각종 수차의 특성 곡선

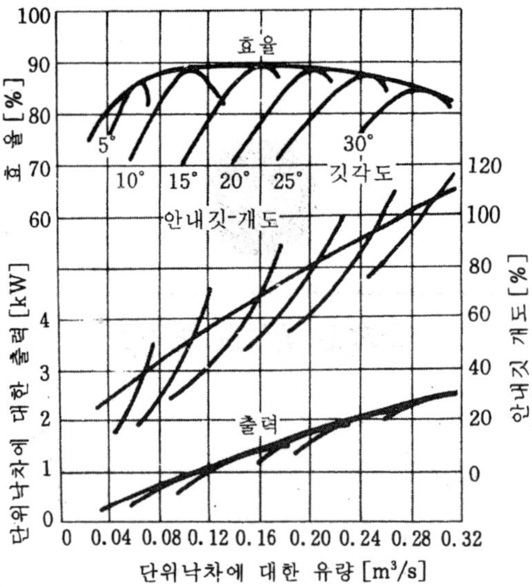

그림 5-2 카플란 수차의 특성 곡선

이 현저히 나쁘다. 펠톤 수차는 부분출력의 점에서도 효율은 저하하지 않으나, 최고 효율은 프란시스 수차에 비하여 낮다. 그림 5-2는 카플란 수차의 모형실험에 의한 특성 곡선의 한 예이다. 출력의 변화에 따라 깃 각도를 조정하여 부분출력에 있어서의 효율의 급격한 저하가 생기지 않도록 할 수 있다.

5-2 무구속속도

낙차 및 안내깃의 개도 등 유량의 가감장치를 일정하게 하여 수차의 부하를 감소시켜 가면 회전속도는 상승하고, 발전기를 무부하상태로 하면 수차 및 발전기의 기계손실과 맞먹는 출력만큼의 회전속도로 된다. 이 회전속도를 수차의 무구속속도(run away speed)라고 한다. 이 속도는 정격 회전속도에 대하여 펠톤 수차에서는 1.8~1.9배, 프란시스 수차에서는 1.6~2.2배, 프로펠러 수차에서는 2.0~2.5배 정도의 값이 된다.

5-3 수차의 캐비테이션

수차와 방수면 사이는 적당한 수직거리를 갖게 하여 홍수가 일어났을 때에도 기계가 물에 잠기지 않도록 한다. 펠톤 이외의 수차에서는 그 사이를 흡출관(draft tube)으로 연결하고, 그 수직거리 z_s를 흡출고(draft head)라 한다. 회전차에서 나온 물의 속도는 제법 크다. 이 운동 에너지를 압력 에너지로 회수하기 위하여 흡출관을 필요로 한다.

흡출관을 설치하면, 관 속의 회전차 출구 부근에서는 음압이 되고, z_s가 너무 커지면 여기에 공동, 캐비테이션이 일어난다. 이것이 심해지면 흡출관 속의 수주가 위아래로 진동하여 때로는 흡출관을 파괴해 버리는 경우도 있다. 캐비테이션 방지의 견지에서 z_s의 크기를 어느 값 이하가 되도록 하지 않으면 안 된다.

캐비테이션이 발생하기 쉬운 곳은 위에서 말한 흡출관 상부 외에 (1) 펠톤 수차에서는 버킷의 이면쪽, 버킷의 리지(ridge)의 선단, 노즐의 팁(tip) 부분, 니들의 선단부, (2) 프로펠러 및 카플란

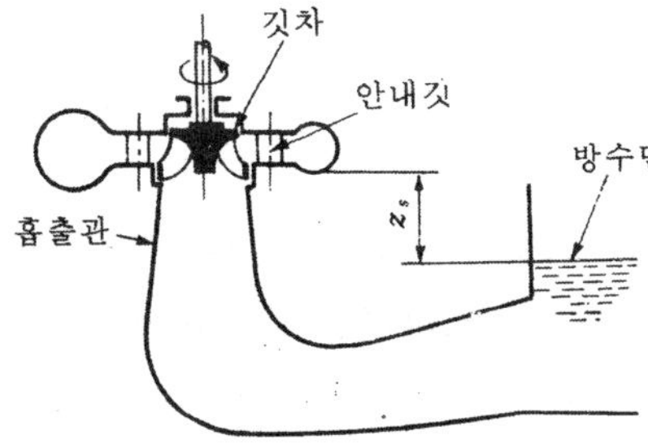

그림 5-3 수차의 흡출관

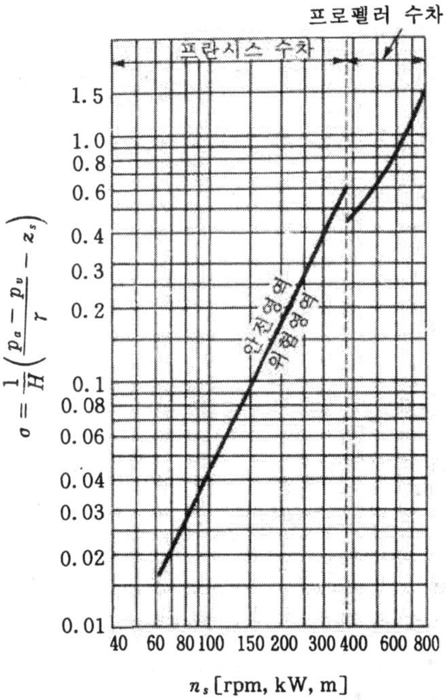

그림 5-4

수차에서는 회전차 바깥둘레의 깃 이면쪽 부분, 날개 부근의 보스면, (3) 프란시스 수차 중에서 n_s가 100이하의 저속도 수차에서는 깃 입구쪽의 이면, n_s가 100~200인 중속도 수차에서는 입구쪽 및 출구쪽 깃의 이면 등이다.

캐비테이션이 일어나기 시작하는 한계를 나타내는 것으로서는 펌프인 경우와 같이 Thoma의 캐비테이션 계수가 있는데, 이것을 σ로 표시하면 다음과 같다.

$$\sigma = \frac{\frac{p_0}{\gamma} - z_s - \frac{p_v}{\gamma}}{H} \tag{5-1}$$

여기서 p_0 : 대기압, z_s : 흡출고, p_v : 포화증기압, γ : 물의 비중량이다. 분모의 H는 유효낙차를 잡는다. σ는 이 값들을 실험으로 구하여 얻게 된다. 실험에 의하면 펌프인 경우와 같이, 이 σ와 수차의 비속도 $n_s(=NL^{1/2}/H^{5/4})$의 사이에는 그림 5-4와 같은 관계가 있다. 수차의 흡출고 z_s는 이상의 관계에서 구한 z_s의 값보다 작게 잡으면 캐비테이션이 일어나지 않는 것이 된다.

예제 5-1 유효낙차 70m일 때 2m³/s의 수량을 이용하여 1260kW를 발생하는 수차를 설계하려고 한다. 수차의 회전수가 960rpm일 때, 캐비테이션을 일으키기 시작하는 한계의 흡출고를 구하여라. 단, 이 때의 수온은 20℃이다.

[풀이]

$$n_s = N\frac{L^{1/2}}{H^{5/4}} = 960\times\frac{1260^{1/2}}{70^{5/4}} = 960\frac{35.5}{202.6} \fallingdotseq 168$$

$n_s=168$일 때 그림 5-4에서 $\sigma=0.12$

유체역학의 자료에서 수온 20℃일 때의 증기압은 $p_v=238\ \mathrm{kg/m^2}$, $\gamma=998.2\ \mathrm{kg/m^3}$이므로 식 (5-1)에서

$$z_s=\frac{p_0-p_v}{\gamma}-\sigma H=\frac{1.033\times10^4-238}{998.2}-0.12\times70=1.7\,[\mathrm{m}]$$

5-4 수격현상

수차나 펌프수차에서 기동(起動)이나 정지 또는 부하(負荷)가 갑자기 변화할 경우 유입수량이 급변함에 따라 관내에 큰 압력변동이 생겨서 소위 수격현상(水擊現象 ; water hammer)이 발생된다. 이 현상은 진동의 원인이 되고 경우에 따라서는 수관(水管)을 파괴시키는 일도 있다. 이런 현상을 방지하기 위하여 서지탱크(surge tank)를 설치하여 관내의 압력변화를 적게 한다. 수차케이싱에 압력소설기(pressure regulator)를 설치하여 부하가 급변(急變)할 때나 수차의 회전수가 변화할 때 조절기에 의해 방출유량을 조절시킨다. 그 외 ① 흡출관내에서 발생하는 캐비테이션, ② 프란시스수차의 회전차 하부에서 생기는 와류의 불안정, ③ 깃 뒷면에서 발생되는 와류와 깃과의 공진, ④ 안내깃의 후류와 회전차의 충돌에 의한 수압맥동 등의 비정상현상에 따라서 수차운전 중에 진동 등이 생긴다. 특히 수차의 기동(起動), 정지(停止), 부하변동(負荷變動) 등의 과도운전시(過度運轉時)에 심하기 때문에 이런 점에 주의를 요한다.

수차의 부하를 갑자기 제거하였을 때 수차의 속도상승을 억제하자면 밸브를 빨리 닫으면 된다. 그러나 닫는 시간이 너무 짧으면 수압관 내에 수격현상이 발생한다. 지금 H_r을 상승 수압수두, H를 유효낙차라 하면 H_r/H를 압력변동률(momentary pressure variation)이라 한다.

수격현상의 탄성이론에 의하면, 수압관의 지름 Dcm, 수압관의 두께를 d cm, 물의 체적탄성계수를 K kg/m^2, 관재의 종탄성계수를 E kg/m^2, 중력의 가속도를 g m/s^2, 물의 비중량을 γ kg/m^{2}로 할 때 압력파의 전파속도 a는 다음 식으로 구해진다.

$$a=\sqrt{\frac{1}{\frac{\gamma}{g}\left(\frac{1}{K}+\frac{D}{Ed}\right)}} \tag{5-2}$$

K의 값은 상온에서 2.07×10^8 1kg/m^2, E의 값은 강일 때 2.1×10^{10} kg/m^{2}이다.

다음에 관내에 물을 강체(탄성이 없고 신축하지 않는다)로 생각한 강체이론에 의한 수압상승의 근사식을 생각해 보자. 지금 수차 밸브의 폐쇄시간 t_c가 $t_c>2L/a$일 때(완만한 폐쇄) 수압상승 $\varDelta H$는 Alliévi의 근사식에 의하면 다음과 같이 된다.

$$\frac{\varDelta H}{H_0}=\frac{n}{2}(n+\sqrt{n^2+4}), \qquad n=\frac{LV_0}{gT_cH_0} \tag{5-3}$$

여기서 L : 수압관의 길이, V_0 : 밸브 폐쇄 전의 평균속도, H_0 : 밸브 폐쇄 전의 상수위와 방수위와의 차이다.

연 습 문 제

1 유효낙차 61m아래에서 1.56m^3/s인 수량을 이용할 수 있는 수력 터빈을 설계하려고 한다. 회전차는 방수면에서 높이 3.05m인 곳에 두고, 수온은 30℃, 터빈의 전효율은 93%로 한다.

(a) 터빈의 제동출력은 몇 [kW]가 되는가?

(b) 캐비테이션을 일으키기 시작하는 한계의 터빈의 회전수를 구하여라.

2 유효낙차 190m, 출력 137,000kW, 회전수 200rpm인 프란시스 수차의 허용 설치높이를 구하여라. 단, $\sigma_a = 1.3\sigma_c$로 한다.

[주] 일본전기학회에 의하면 수차의 성능이 저하하는 한계를 표시하는 Thoma의 캐비테이션계수, σ_c(critical σ)에 대하여 다음 식이 주어지고 있다.

프란시스 수차 : $\sigma_c = 3.46 \times 10^{-6} n_s{}^2$

프로펠러 수차 : $\sigma_c = 3.04 \times 10^{-6} n_s{}^{1.74}$

이 σ_c의 값은 모형에 있어서의 캐비테이션에 의한 성능저하의 한계치이다. 따라서 실물수차일 때에는 이 값의 10~50%의 여유를 두고 설치높이를 정한다.

$\sigma_a = (1.1 \sim 1.5)\sigma_c$로 잡는다. 미국의 Bureau of Reclamation에서는 $\sigma_a = 2.56 \times 10^{-5} n_s{}^{1.64}$을 추정하고 있다.

3 모형수차가 유효낙차 8m에서 운전 중 H_{sv}가 2.45m 이하까지 강하하였을 때 캐비테이션이 발생하기 시작하였다. 실물수차가 유효낙차 26m에서 운전될 때 캐비테이션이 일어나지 않게 하기 위해서는 흡출고를 얼마로 하면 되는가?

단, $H_{sv} = \dfrac{p_0}{\gamma} - z_s - \dfrac{p_v}{\gamma}$이고, $\dfrac{p_0}{\gamma} = 0.24$ m로 한다.

4 안지름이 2m이고 두께가 25mm인 강판제관로에 있어서의 압력파의 전파속도(음속)를 계산하여라.

5 유효낙차가 3000m에서 운전되고 있는 수차의 밸브를 4초만에 직선적으로 폐쇄하였을 때의 수압상승치를 개산하여라. 단, 수압강관의 길이는 600m, 지름 2m, 두께 30mm, 관내의 평균유속을 3.5m/s로 한다.

제 4 편

액체전동장치

제1장

개 론

회전운동을 전달하는 전동장치는 일반적으로 원동축(입력축), 종동축(출력축) 및 이들을 연결하는 것으로서 이루어진다. 연결체로서 액체를 사용하는 것을 액체전동장치라 한다. 이 장치는 (1) 전동이 확실하고 신속하게 이루어지며, (2) 두 축간의 회전비가 무단계로 선정되고, (3) 원동축의 회전에 진동이나 충격이 있더라도 그것을 흡수하여 출력축에 전달하지 않은 것 등의 이점이 있다.

액체전동장치는 용적형 펌프와 모터를 조합한 정압전동장치와 펌프와 터빈을 조합한 동수력전동장치로 분류된다. 전자는 액체로서 기름을 사용하기 때문에 유압전동장치라 불리며, (1) 시동토오크가 크고, (2) 무단계의 출력 회전수의 변화가 가능하며, (3) 역전이 용이하고, (4) 원격전동이 가능하며, (5) 각종의 제어가 가능한 것 등의 이점이 있다.

동수력전동장치는 입력축과 출력축에 토오크의 차가 생기지 않는 유체 커플링(fluid coupling)과 토오크의 차를 일으키는 액체 토오크 컨버터(torque converter)로 분류된다. 본편에서는 유체 커플링과 토오크 컨버터에 대하여 기술한다.

제2장

유체 커플링

2-1 구 조

그림 2-1에 표시한 바와 같이 입력축 Ⅰ에 펌프를 설치하고, 출력축 Ⅱ에 터빈을 설치한다. 펌프와 터빈의 회전차는 서로 맞서는 곡면 케이싱 내에서 다수의 깃을 반지름 방향으로 붙인 상태로 되어 있다. 이들 내부에 액체(주로 광물유)가 채워져 있다. 입력축을 회전하면 이 축에 붙어 있는 펌프의 회전차(impeller)가 회전하고, 액체는 임펠러에서 유출하여 출력축에 붙어 있는 수차의 회전차(runner)에 유입하여 출력축을 회전시킨다. 펌프와 수차로써 하나의 회로를 형성하고 있으므로, 일정량의 회류(순환류)가 일어나서 전동할 수 있게 된다.

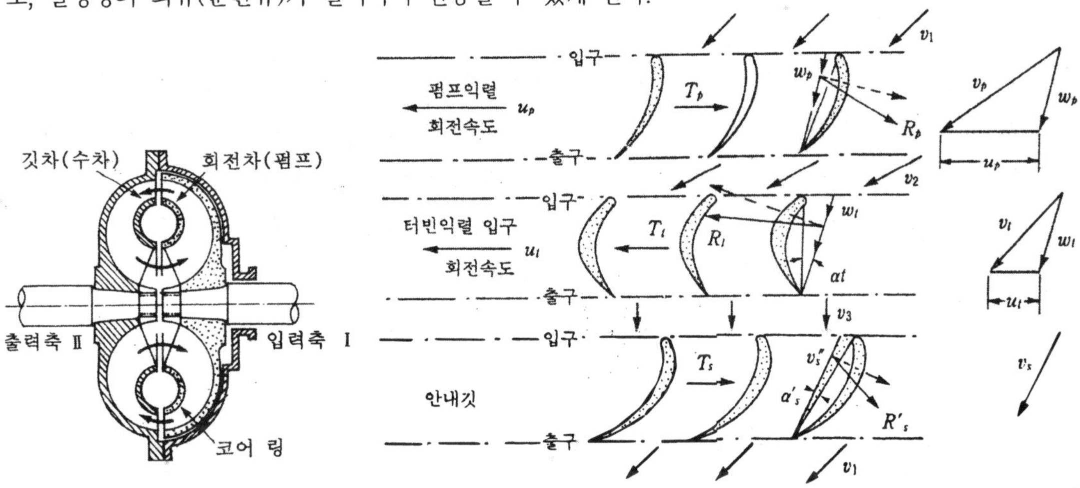

(a) (b)

그림 2-1 유체 커플링의 구조와 익렬

2-1 이 론

일반적인 전동장치에 대하여 생각한다. L_1을 입력축에 가해진 동력[kW], L_2를 출력축에 전달된 동력[kW], T_1, T_2를 입력축, 출력축의 토오크[$kg_f \cdot m$], ω_1, ω_2를 입력축, 출력축의 각속도[s^{-1}], n_1, n_2를 입력축, 출력축의 회전수[rpm], $e=n_2/n_1=\omega_2/\omega_1$을 속도비, $t=T_2/T_1$을 토크비, η를 전동효율이라고 하면

$$\eta=\frac{L_2}{L_1}=\frac{\omega_2 T_2}{\omega_1 T_1}=et \tag{2-1}$$

이 된다. 유체 커플링에서는 정상상태로 회류할 때 액체가 받는 토오크의 합은 0이다. 회전차가 주는 토크를 T_1, 회전차가 받는 토오크를 T_2라 하면, $T_1-T_2=0$이 된다. 따라서 $T_1=T_2$가 된다. 앞서 말한 바와 같이 유체 커플링에서는 토오크에 차가 생기지 않는다. 동력의 전달에 손실이 있다면 그것은 각속도(회전수)의 감소이므로, 출력축의 회전수는 입력축의 회전수보다 적다. 지금

$$\frac{n_1-n_2}{n_1}\times 100=s \tag{2-2}$$

로 표시하여, 이 s를 미끄름(slip)이라고 한다. 효율 η는 식 (2-1)에서 $T_1=T_2(t=1)$이라 두면

$$\eta=\frac{\omega_2}{\omega_1}=\frac{n_2}{n_1}=1-\frac{s}{100} \tag{2-3}$$

과 같이 된다. s가 클수록 효율은 저하한다. 유체 커플링 회로의 구성요소는 회전차가 주이고, 보통의 펌프, 수차와 같은 손실이 일어나기 쉬운 안내깃, 와류실이 없으므로 손실이 적고 보통 η는 97% 정도이다.

그림 2-2에 있어서 펌프 출구, 터빈 입구의 반지름을 r_0, 펌프 입구, 터빈 출구의 반지름을 r_i, 각각의 반지름에 대한 유로의 폭을 b_0, b_i, 회로에 대한 순환유속의 지름방향성분을 V_{m0}, V_{mi}, 펌프 출구에 있어서의 원주속도를 U_{i2}라 한다. 펌프 출구에 있어서의 전달력 F_0는 액체의 밀도를 ρ라 할 때 $F_0=\rho V_{m0}2\pi r_0 b_0 U_{01}$이 되고, 펌프 입구에 있어서의 전달력 F_i는 $F_i=\rho V_{mi}2\pi r_i b_i U_{i2}$가 된다. 유체 커플링의 전달토오크 T는 $T=F_0 r_0-F_i r_i$로 표시된다. 유로면적은 일정하다고 하면 $r_0 b_0=r_i b_i$로 되고, $V_{m0}=V_{mi}=V_m$으로 하여

$$T=\rho V_m 2\pi r_0 b_0(U_{01}r_0-U_{i2}r_i)$$

가 되고, $U=r\omega$의 관계를 대입하여

$$\begin{aligned}T&=\rho V_m 2\pi r_0 b_0({r_0}^2\omega_1-{r_i}^2\omega_2)\\&=\rho v_m 2\pi {r_0}^3 b_0\omega_1\left(1-\frac{{r_i}^2}{{r_0}^2}\cdot\frac{\omega_2}{\omega_1}\right)\end{aligned} \tag{2-4}$$

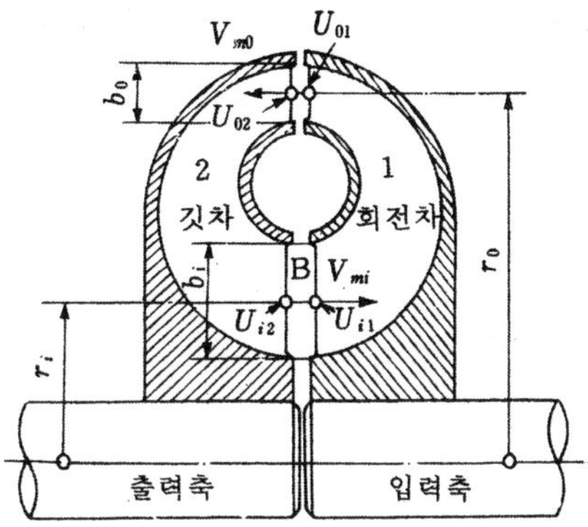

그림 2-2 유체 커플링 내의 치수와 유속

을 얻는다. 유체 커플링의 입력축의 동력 L_1은 다음과 같이 된다.

$$L_1 = \omega_1 T = 2\pi\rho V_m r_0{}^3 b_0 \omega_1{}^2 \left(1 - \frac{r_i{}^2}{r_0{}^2} \cdot \frac{\omega_2}{\omega_1}\right)$$

여기서 $V_m = (V_m / U_{01}) r_0 \omega_0$, $b_0 = (b_0 / r_0) r_0$라 하면, 윗식은

$$L_1 = 2\pi\rho\left(\frac{V_m}{U_{01}}\right)\left(\frac{b_0}{r_0}\right) r_0{}^5 \omega_1{}^3 \left(1 - \frac{r_i{}^2}{r_0{}^2} \cdot \frac{\omega_2}{\omega_1}\right) \tag{2-5}$$

으로 된다. 유체 커플링의 회로 내의 흐름은 복잡하기 때문에, 전술한 이론식으로 그 성능을 정량적으로 해석하기는 곤란하다. 이 식을 유도함에 있어서는 다음과 같은 가정과 조건이 성립함을 전제로 하고 있다. (1) 순환하는 유체의 유속의 지름방향성분은 평균유선상의 어떤 위치에 있어서도 같다(유로 단면적이 어느 장소에서든지 같다. 전술한 $b_0 r_0 = b_i r_i$, $V_{m0} = V_{mi}$를 뜻한다). (2) 깃과 상대적인 흐름은 깃이 이루는 기울기에 따른다. (3) 펌프와 터빈 모두 그 깃은 반지름 방향으로 직선 방사상이다. (4) 액체는 회로에 꽉차서 흐른다. 위의 이론식은 정성적인 경향을 나타내는 것이고, 보통 다음과 같은 실험식이 사용되고 있다. 입력축의 동력을 L_1 [PS]로 표시하면

$$L_1 = sK\left(\frac{n_1}{100}\right)^3 D^5 \tag{2-6}$$

이 된다. 여기서 s는 미끄름률[%], n_1은 입력축의 회전수[rpm], D는 회전차의 바깥지름[m], K는 회로내의 흐름상태, 유로의 형상, 액의 종류, 유량의 영향 등에 따라 다르고, 보통 커플링의 치수 미끄름, 순환류의 손실계수 등에 의하여 정해지는 계수이다. 그림 2-2와 같은 형식의 커플링에서 기름을 사용하였을 때에는 $K = 0.5 \sim 0.8$이 된다.

식 (2-4)에 있어서는 $\omega_2 = 0 (n_2 = 0)$일 때 토크 T는 최대가 된다. 이와 같이 입력축은 회전하고, 출력축은 정지한 상태를 실속상태(stall state)라 하고, 이 상태에 있어서의 토오크를 드래그 토오크(drag torque)라 한다. 유체 커플링의 드래그 토오크는 설계점(보통 s를 0.95~0.98로 잡

은 점)의 10배가 넘는 것도 있는데, 이 값이 큰 것은 불편하므로 될 수 있는 대로 드래그 토오크는 낮출 필요가 있다.

예제 2-1 유체 커플링의 입력축의 회전수가 1450rpm이고, 출력축의 회전수가 1410rpm일 때 효율은 얼마인가?

[풀이]

미끄름을 s라 하면

$$s = \frac{n_1 - n_2}{n_1} \times 100 = \frac{1450 - 1410}{1450} \times 100 = 2.7$$

이 된다. 따라서 효율 η는

$$\eta = 1 - \frac{s}{100} = 0.973 = 97.3[\%]$$

예제 2-2 유체 커플링의 회전차의 바깥지름이 372mm, 입력축의 회전수가 1450rpm, 출력축의 회전수가 1405rpm, 입력축의 토오크 10kg$_f$ · m일 때 계수 K의 값을 구하여라.

[풀이]

$$s = \frac{1450 - 1405}{1450} \times 100 = 43.1\,[\%]$$

입력축의 동력 L_1은

$$L_1 = T\omega = \frac{1450 \times 10}{60 \times 75} = 3.23\,[\mathrm{PS}]$$

가 된다. 식 (2-6)에서

$$K = \frac{L_1}{s\left(\frac{n_1}{100}\right)^2 D^5} = \frac{3.23}{3.1 \times \left(\frac{1450}{100}\right)^2 \times 0.372^5} = 0.7$$

제3장

액체 토오크 컨버터

3-1 구조와 이론

그림 3-1에 토크 컨버터 구조의 개략도를 표시한다. 유체 커플링과는 달리 입력축에 펌프(회전차), 출력축에 수차(회전차)가 설치되어 있고, 이들과는 별도로 안내깃(stator)이 고정되어 있다. 입력축의 회전에 의하여 펌프(회전차)에서 나온 작동유체는 수차(회전차)를 지나 출력축을 회전시키고, 다음에 안내깃을 거쳐서 펌프(임펠러)로 되돌아온다. 이 안내깃은 토오크를 받아 그 받은 토오크만큼 입력축과 출력축 사이에 토오크차를 생기게 한다.

그림과 같은 임펠러, 러너, 스테이터의 3요소로 구성되는 토오크 컨버터에 대하여 임펠러의 입구, 스테이터의 출구에 1, 임펠러의 출구, 러너의 입구에 2, 러너의 출구, 스테이터의 입구에 3, 펌프에 p, 터빈에 t, 스테이터에 s의 첨자를 붙이고, 입력축의 각속도를 ω_1, 출력축의 각속도를 ω_2로 한다. 임펠러가 작동유에 준 토오크 T_p는 $T_p=\frac{\gamma}{g}Q(U_2r_2-U_1r_1)$이 된다. 여기서 Q는 회로의 순환유량, U는 절대유속의 원주방향성분이다. 이와 같이 하여 러너가 받는 토오크 T_t는

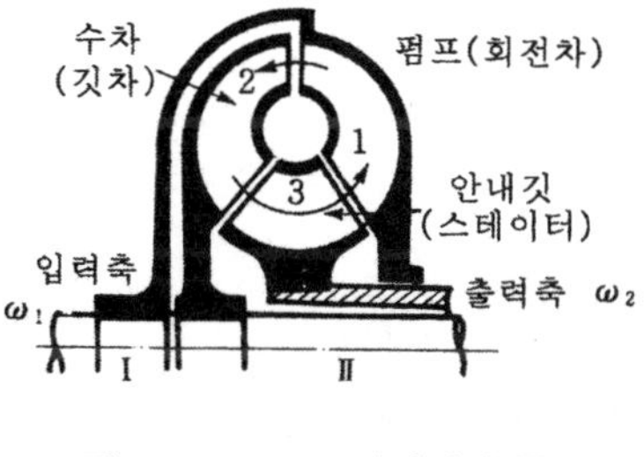

그림 3-1 토오크 컨버터의 구조

$$T_t = \frac{\gamma}{g} Q(U_2 r_2 - U_3 r_3)$$

이고, 스테이터가 작동유에 준 토오크 T_s는

$$T_s = \frac{\gamma}{g} Q(U_1 r_1 - U_3 r_3)$$

가 된다. 이 밖의 토오크는 없으므로 이들의 총합은 0이 된다.

$$T_p + T_s - T_t = 0$$

$$\therefore\ T_p + T_s = T_t \tag{3-1}$$

출력축의 토오크 T_t는 입력축의 토오크 T_p보다도 스테이터의 토오크만큼 크게 된다. 일반적으로 n개로 이루어지는 토오크 컨버터에 있어서 각 요소의 입구와 출구와의 Ur의 차를 ΔUr라 하면

$$\sum \Delta Ur = 0 \tag{3-2}$$

이 된다.

다음에 임펠러가 단위중량의 작동유에 준 에너지, 헤드 H_p는 임펠러 속의 손실을 H_{tp}라 하면

$$H_p = \frac{\omega T}{\gamma Q} = \frac{1}{g} \omega_1 (r_2 U_2 - r_1 U_1) - H_{tp} \tag{3-3}$$

이 된다. 러너에서 외부에 준 에너지는 러너 내의 손실을 H_{lt}라 하면

$$H_t = \frac{1}{g} \omega_2 (r_2 U_2 - r_3 U_3) - H_{lt} \tag{3-4}$$

이 된다. 스테이터의 손실을 H_{ls}라 하면

$$\frac{1}{g}\{\omega_1(r_2 U_2 - r_1 U_1) - \omega_2(r_2 U_2 - r_3 U_3)\} = H_{tp} + H_{lt} + H_{ls} \tag{3-5}$$

이 된다. 일반적으로 출구와 입구와의 $\omega r U$의 차를 $\Delta \omega r U$, 손실을 H_l이라 하면, 에너지 관계는

$$\frac{1}{g} \sum \Delta \omega r U - \sum H_l = 0 \tag{3-6}$$

이 된다.

토오크 컨버터의 효율 η는

$$\eta = \frac{T_y \omega_2}{T_p \omega_1} = te \tag{3-7}$$

여기서 $t = T_t / T_p$(토오크비), $e = \omega_2 / \omega_1 = n_2 / n_1$(속도비)이다. 식 (3-6)에서

$$\eta = 1 - \frac{g \sum H_l}{\omega_1 (U_2 r_2 - U_1 r_1)} \tag{3-8}$$

으로 된다. 손실은 각각의 유로 속을 흐를 때의 마찰손실과 깃 입구에 있어서의 충돌손실이다. 속도비가 작아지면 유량은 증대하므로 마찰손실은 증가한다. 설계점 부근의 속도비에서는 충돌손실

은 거의 없다고 볼 수 있으나, 그 점 이외의 속도비에서는 충돌손실이 일어난다. 토오크 컨버터의 특성 곡선은 그림 3-2와 같이 된다. 토오크비 T_t/T_p는 $\omega_2/\omega_1=0$일 때 최대로서 ω_2/ω_1이 증가하면 감소한다. 토오크비가 1이 되는 점을 클러치 점(clutch point)이라고 한다.

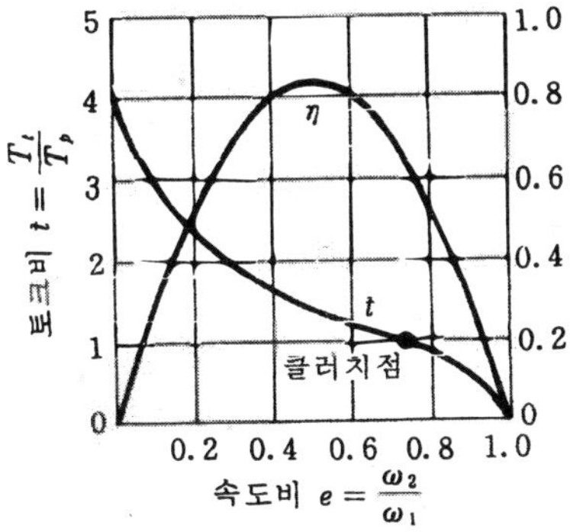

그림 3-2 토크 컨버터의 특성 곡선

3-2 효율개선

토오크 컨버터의 효율은 유체 커플링과는 달리 회로 내에 스테이터가 있어서 저항이 증가하므로 90%이상의 효율을 얻기는 힘들다. 유체 커플링에서는 출력축에 큰 토오크가 걸리면 입력축에도 이것과 같은 크기의 토오크가 작용하지만, 토오크 컨버터에서는 출력축의 토오크가 변화하면 회전수가 자동적으로 변하고, 더구나 입력축에는 그 영향이 미치지 않는다. 이 특색을 이용하면 예컨대 차량용으로 사용하면 기동 토오크는 크지만, 입력축의 토오크는 증가하지 않기 때문에 구동기관에 무리를 일으키지 않는다.

그림 3-2에 표시한 바와 같이 토오크 컨버터의 효율곡선은 일반적으로 포물선 꼴을 하고 있고, 최고 효율점의 속도비 이외는 효율의 저하가 현저하다. 특히 속도비가 큰 범위는 사용운전범위이므로, 이 부분의 효율을 높이기 위하여 여러 가지의 방법이 이용되고 있다. 이 범위에서는 토오크 컨버터를 쓰지 않고 기계적으로 직결해서 사용하는 방법, 유체 커플링과 조합하는 방법, 토오크 컨버터의 커플링을 사용하는 방법, 토오크 컨버터의 가동 안내깃에 의한 방법, 안내깃을 역전하는 방법, 그 밖의 방법이 있다.

연 습 문 제

1. 어떤 유체 커플링에 있어서 입력축, 출력축의 회전수가 각각 2200rpm, 1400rpm, 입력축의 토오크가 5.5$kg_f \cdot m$, 펌프와 터빈을 지나는 작동액(비중 0.85)의 유량이 0.24m^3/min라 하면, 손실수두는 몇 $kg_f \cdot m/kg_f$이 되는가?

2. 구조가 상사인 유체 커플링에 있어서 그 속을 흐르는 작동유체의 흐름의 상태가 상사인 경우, 펌프의 회전수 N, 유량 Q, 토오크 T 사이에 다음 식이 성립함을 증명하여라.

$$\frac{NQ^5}{T^3} = \text{const.}$$

3. 토오크 컨버터의 원동축의 동력을 50마력으로 한 바, 종동축은 매분 1200회전으로 150$kg_f \cdot m$의 토오크를 발생한다. 이 때 토오크 컨버터의 효율을 구하여라.

제 5 편

유체식 제어기기

제1장

개 론

유체식 제어기기는 작동유체의 종류에 따라 유압식과 공기식으로 대별된다. 유압기기(oil hydraulic equipment)는 비교적 역사도 오래되고 많은 분야에서 사용되고 있으나, 공기식 기기(pneumatic equipment)는 아직 역사가 짧고 사용분야도 유압식만큼 넓지 못하다. 공기식이라 하더라도 그 작동원리는 유압식과 원리적으로 같기 때문에, 본편에서는 유압기기에 대해서만 기술하기로 한다.

유압기기란 적당한 점성을 가지는 기름을 매체로 하여 고압을 내는 유압 펌프, 유압에 의하여 직선 또는 회전운동을 일으키는 유압 모터, 각종 제어 밸브, 그 밖의 이것과 관련되는 각 요소 및 그 조합을 말한다.

각 요소의 조합으로서 유압기기는 기계 에너지를 기름의 에너지로 바꾸어 이것을 다시 기계 에너지로 환원하는 점에 있어서는 유체 커플링이나 토오크 컨버터와 같다. 그러나 유체 커플링이나 토오크 컨버터가 오로지 동력전달장치로 사용되는 데 반하여, 유압기기는 동력 외에 압력이나 유량, 방향을 전달하는 데 널리 이용된다.

유압기기가 동력전달에 사용될 때 유체 커플링, 토오크 컨버터에 비하여 다시 다음과 같은 이점이 있다. 즉, (1) 입력쪽의 모든 속도에 대하여 출력쪽의 토오크는 유효하게 작용하며 부하의 변동과 관계없이 회전수를 일정하게 유지한다. (2) 실용변속비가 크고 역전과 브레이크 작용이 가능하다. (3) 원격전달이 가능하다.

제2장

유압펌프

2-1 유압펌프의 분류

유압펌프(oil hydraulic pump)의 형식은 여러 가지가 있으나, 원리적으로 대별하면 용적형(positive displacement type)과 비용적형(non-positive displacement type)으로 나눌 수 있다. 전자는 부하압력이 변화하더라도 송출량이 거의 일정하고, 후자는 일정하지 않다. 이들을 세분하면 표 2-1과 같다.

표 2-1

- 유압 펌프
  - 용적형 펌프
    - 回轉펌프
      - 기어 펌프
        - 외접 스퍼 기어 펌프(정용량)
        - 내접 스퍼 기어 펌프(정용량)
        - 특수 치형 기어 펌프(정용량)
        - 나사 펌프(정용량)
        - 로브 펌프(정용량)
      - 베인 펌프
        - 슬라이딩 펌프(정용량, 가변용량)
        - 수윙 잉 펌프(정용량)
    - 플런저 펌프
      - 회전플런저 펌프
        - 병렬형(axial) 펌프(정용량, 가변용량)
        - 성형(radial) 펌프(정용량, 가변용량)
      - 왕복동(직동)(plunger) 펌프(정용량)
    - 슬리브(sleeve) 펌프(정용량)
  - 非容積形펌프
    - 원심펌프(터빈 펌프, 벌류트 펌프)
    - 축류펌프
    - 혼류펌프

일반적으로 비용적형 펌프는 제어기기에는 사용되지 않으므로, 이하 구동용 유압 발생장치로서 사용되는 용적형 유압 펌프에 대해서만 설명하기로 한다. 유압 펌프의 작동압력 범위의 분류법은 여러 가지 있으나 JIC(Joint Industry Conference)규격에 바탕을 둔 분류를 표 2-2에 표시해 둔다.

표 2-2 유압펌프의 작동압력 범위

압력 \ 단위	psi[lb/in²]	kgf/cm²
저 압	0~200	0~14
중 압	200~500	14~35
중 고 압	500~1200	35~84
고 압	1200~3000	84~210
초 고 압	3000 이상	210 이상

2-2 기어 펌프

기어 펌프와 베인 펌프에 대해서는 이미 제2편 제5장에서 설명한 바 있으므로, 여기에서는 미비한 점을 보충 설명하기로 한다.

1. 구조와 작용

기어 펌프(gear pump)는 2편 5장에서 설명한 바와 같이 외접식와 내접식이 있다. 외접식의 압력은 20~175kg$_f$/cm^{2}이며, 유압용으로 널리 쓰이고 있다. 치형으로서는 인벌류트 치형의 스퍼 기어, 헬리컬 기어, 헤링보운 기어 외에 사인 커브, 트로코이드 등의 특수치형을 가진 기어도 있다.

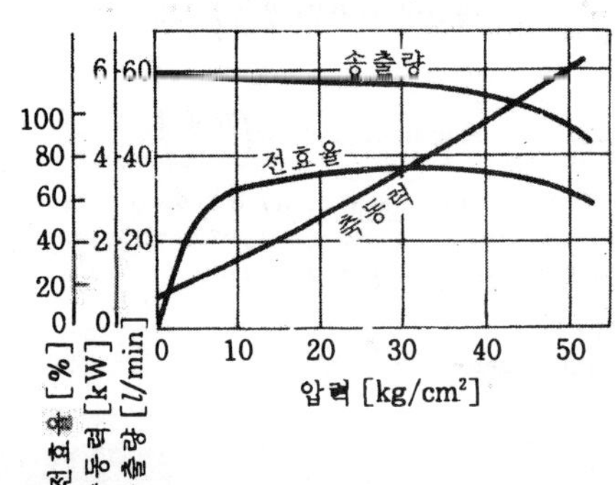

그림 2-1 기어 펌프의 특성 곡선의 한 예

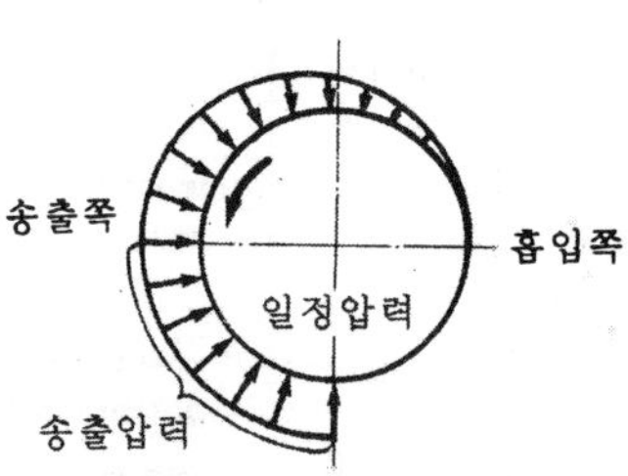

그림 2-2 기어 펌프의 압력분포

한 예로서 사인 커브 치형을 가지는 기어 펌프의 특성곡선을 그림 2-1에 표시한다. 내접식으로는 트로코이드 펌프(trochoid pump)(2편 그림 5-5)가 대표적인 것이다. 내 · 외 로터의 중심은 편심되어 있고, 보통 내 로터가 축에 끼인다. 내 로터의 치수는 외 로터의 그것보다 1매 적기 때문에 회전에 의하여 로터 사이의 공간이 넓혀졌다 좁혀졌다 하여 펌프작용을 하며, 저압에서 중압까지의 압력에 사용된다.

2. 압력분포

기어 펌프는 역학적으로 평형이 안 되고, 그림 2-2에 표시하는 것과 같은 압력분포를 하고 있으므로, 축은 송출쪽에서 흡입쪽을 향하여 밀리게 되고 베어링 하중이 커진다. 힘은 송출압력이 높아질수록 커진다. 고압의 기어 펌프에서는 베어링 하중을 경감하기 위하여 압력평형형의 기어 펌프를 사용하기도 한다.

2-3 베인 펌프

1. 구조와 작용

베인 펌프는 그림 2-3에 표시한 바와 같이 로터에는 수십 개의 방사상 골이 있고, 이 골에 지름방향으로 자유로이 활동할 수 있는 베인(깃)이 끼여 있다. 회전차(rotor)가 회전하면 베인은 원심력에 의하여 바깥쪽의 캠 링으로 밀리고, 캠 링의 안쪽을 문지르면서 회전한다. 이 펌프는 송출압력의 맥동이 적고, 캠 링의 안쪽이나 베인이 다소 마모하더라도 그 구조상 틈이 생기지 않기 때문

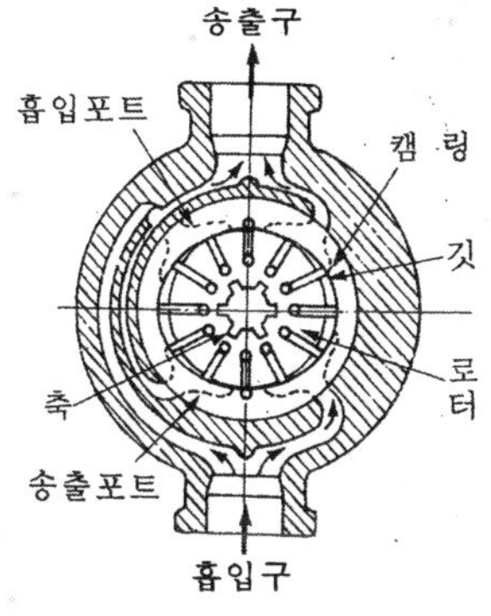

그림 2-3 베인 펌프의 구조

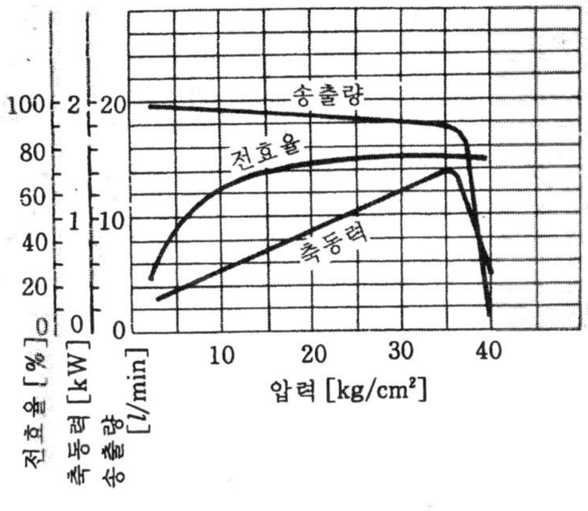

그림 2-4 베인 펌프의 특성 곡선

에 성능에 거의 영향을 미치지 않는다. 압력은 20~175kg$_f$/cm^{2}이다. 그림 2-4에 1단 베인 펌프의 특성 곡선의 한 예를 표시한다.

2. 종류

(1) 1단 베인 펌프

가장 많이 사용되는 베인 펌프로서 최고 70~100kg$_f$/cm^{2}의 송출압력을 낸다. 이것을 형식에 따라 분류하면 불평형형 베인 펌프(unbalanced vane pump)와 평형형 베인 펌프(balanced vane pump)로 대별된다.

전자는 제2편 그림 5-2에 표시한 바와 같이 로터가 캠 링(케이싱)에 대하여 편심하고 있는 구조이고, 송출쪽의 압력은 로터의 한 방향에만 걸리기 때문에 축은 한쪽으로 눌려서 큰 베어링 하

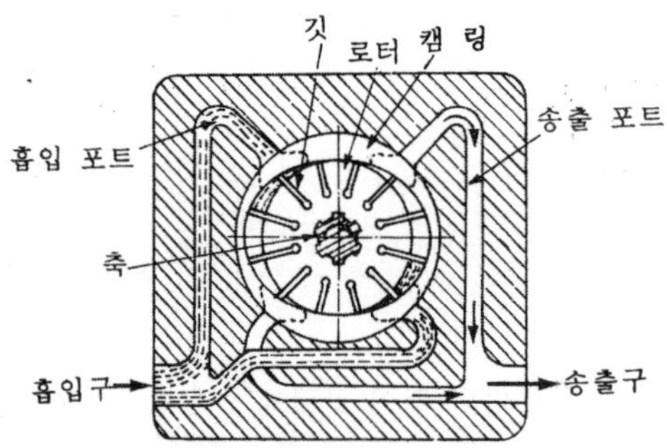

그림 2-5 평형형 베인 펌프

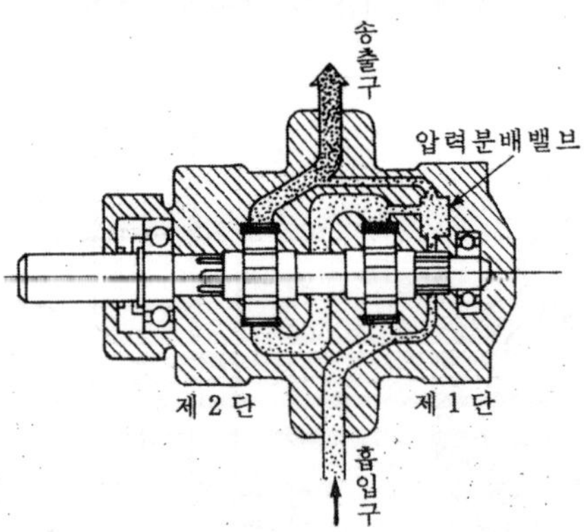

그림 2-6 2단 베인 펌프

중을 일으킨다. 현재 가장 많이 쓰이고 있는 것은 후자로서 원리는 불평형형과 같으나, 그림 2-5에 표시하는 바와 같이 흡입 포트와 송출 포트가 각각 축대칭으로 배치되어 있다. 유압의 평형이

유지되고 베어링 하중은 최소로 된다.

(2) 2단 베인 펌프

이것은 1단 베인 펌프를 2개 직렬로 이어 하나의 장치로 만든 것으로서, 최고 140~210kgf/cm^{2}까지의 압력을 낼 수 있다. 그 구조는 그림 2-6과 같고, 같은 축으로 2개의 펌프를 구동하게 되어 있다. 1단째 펌프와 2단째 펌프사이에는 압력분배 밸브를 설치하고, 2개의 펌프가 받는 부하가 균등하게 분배되도록 되어 있다.

(3) 더블 베인 펌프(double vane pump)

이것은 2단 베인 펌프와는 다르고, 성능이 다른 2대의 펌프(같은 종류라도 좋다)를 1개의 본체에 조립하여 동일축으로 구동하도록 한 것이다. 각 펌프는 각각 흡입구와 송출구를 가지고 있고, 따로따로의 회로에 쓰이나 때에 따라서는 2개를 조합하여 동일회로에 여러 가지의 유량을 공급할 수도 있다. 각각의 펌프는 전술한 1단 베인 펌프와 같다.

(4) 복합 베인 펌프(combination vane pump)

이것은 2대의 베인 펌프(이를테면 저압 대형 펌프와 고압 소형 펌프)와 릴리프 밸브, 언로드 밸브, 첵 밸브 등을 1개의 본체에 조립해 넣고, 1대의 전동기로써 구동할 수 있는 구조로 되어 있다.

(5) 가변용량형 베인 펌프(variable delivery vane pump)

이것은 부하압력의 변동에 따라 수동, 자동적으로 송출량을 변화시킬 수가 있다. 구조로서는 원형의 캠 링을 편심시켜서 송출량을 변화시키는 것과 로터의 회전중심을 움직여서 송출량을 변화시키는 것의 2종이 있다. 유량을 무단계로 제어할 수 있는 것이 특수한 장점으로 되어 있다. 그림 2-7에 그 특성 곡선의 상황을 나타낸다.

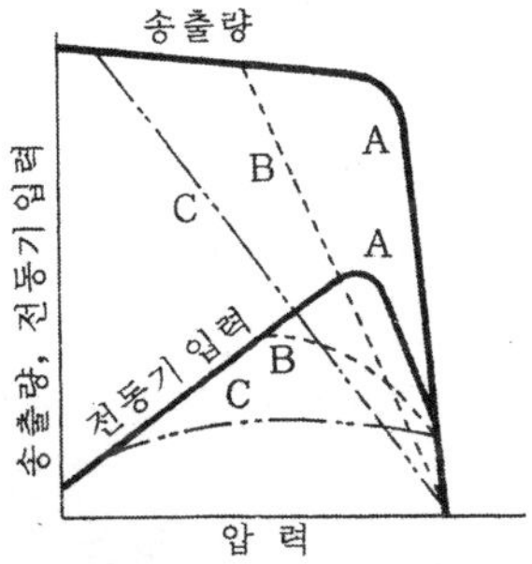

그림 2-7 가변용량형 베인 펌프의 특성 곡선

2-4 플런저 펌프

1. 분류와 구조

제Ⅱ편 제4장에서 설명한 플런저 펌프(plunger pump)는 플런저의 배열에 따라 레이디얼형과 액시얼형으로 나누어진다. 이들의 형식은 어느 것이나 구동축의 주위에 여러 개의 플러저가 배치되어 있고, 실린더에 대하여 편심시키든가 사판을 써서 플런저를 왕복운동시키는 것으로서, 이것을 로터리 플런저 펌프(rotary plunger pump)라 한다. 송출량에 따라 정용량 펌프와 가변용량 펌프로 분류된다. 로터리 플런저 펌프는 고속운전이 가능하고 설치면적이 적으며, 송출압력의 맥동도 적다. 또 송출압력은 100~350kg$_f$/cm^2, 간헐적인 성능으로서는 최고 800kg$_f$/cm^{2}이상의 것도 있다.

2. 레이디얼 플런저 펌프

이 펌프는 대부분이 가변용량형이고, 그림 2-8의 헬레 쇼오(Hele Shaw)형과 그림 2-9에 표시한 오일 기어(oil gear)형의 두 종류가 있다. 그림 2-8에서 피스톤은 구동축상의 편심 캠의 중심에 대하여 방사상으로 배열되어 있고, 편심 캠이 회전함으로써 피스톤에 왕복운동을 하게 된다. 이 때 캠의 편심량을 바꾸면 송출량은 변화한 다. 그림 2-9에 있어서는 반지름 r의 회전체가 피스톤을 끼운 채로 e만큼 편심한 반지름 R의 원의 안쪽을 회전함으로써 피스톤이 왕복운동을 하도록 한 것이다. 펌프의 송출량을 변화시키는 방법으로서는 수동륜형, 스템형, 실린더형, 전동기형 등이 있다.

레이디얼 플런저 펌프의 이론송출량 Q_{th}는 다음 식으로 표시된다.

$$Q_{th} = \frac{\pi d^2 nez}{2} \ [\text{cm}^3/\text{s}] \tag{2-1}$$

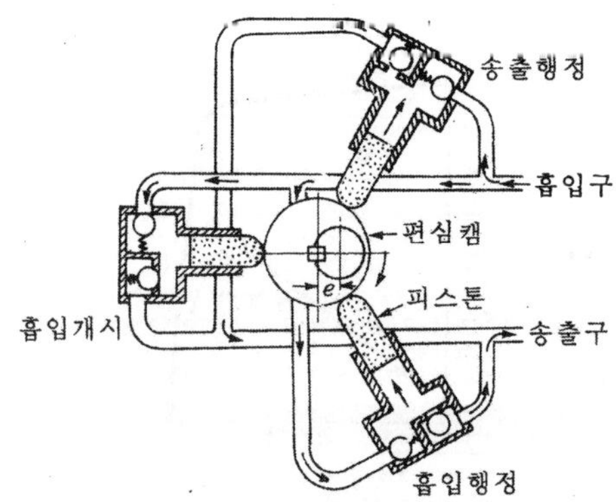

그림 2-8 레이디얼형 펌프(헬레 쇼오형)

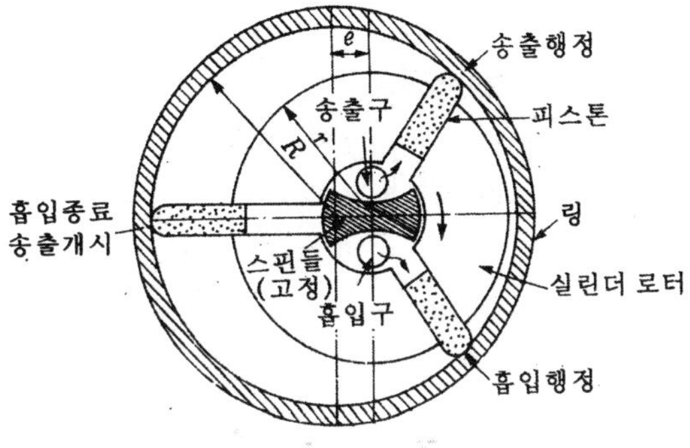

그림 2-9 레이디얼형 펌프(오일 기어형)

여기서 d : 플런저의 지름[cm], n : 회전수[rps], e : 편심량[cm], z : 플런저의 개수, 체적효율 η_v 는 85~95%이다.

3. 액시얼 플런저 펌프

이 펌프는 그림 2-10에서와 같이 구동축에 대하여 실린더 블록을 경사시켜 피스톤에 스트로크를 부여하는 것이다. 구동축의 중심선과 실린더 블록의 축선은 25° 또는 30°의 일정각도로 유지되고, 유니버설 조인트로 구동회전된다. 이 펌프는 구조가 복잡하고 정밀가공을 필요로 하나, 고속회전, 높은 송출압을 얻을 수 있기 때문에 소형으로 큰 마력을 낼 수 있는 이점이 있다.

다음에 그림 2-11에서 표시한 바와 같이 구동축의 중심과 실린더 블록의 축선이 이루는 각을 0에서 ±25° 또는 ±30°까지 연속적으로 변화시킴으로써 펌프의 송출량을 가변으로 할 수 있다. 이외에 구동축과 동시에 회전하고, 고동축과 동일축심상에 있는 실린더 블록과 이것과 일정한 각의 경사를 가지고 정지하고 있는 사판에 피스톤의 일단이 미끄러지는 구조를 하고 있는 사판식도 있다.

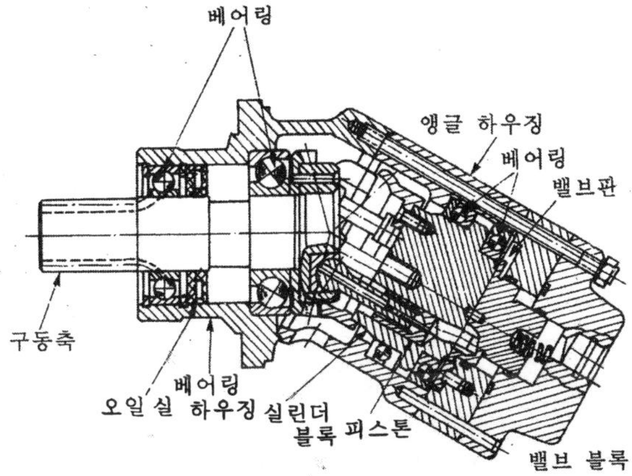

그림 2-10 액시얼형 정용량 펌프

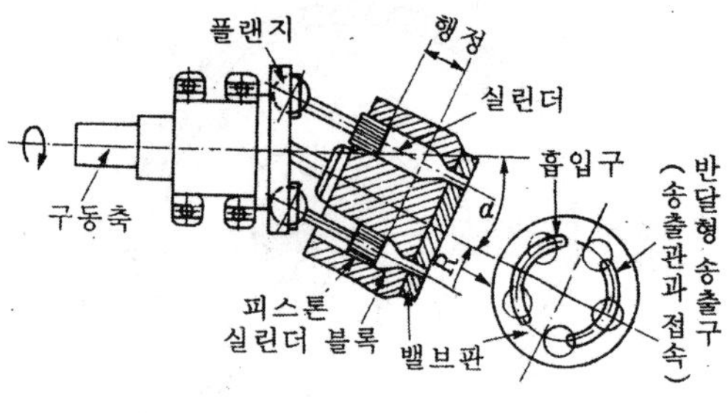

그림 2-11 액시얼형 가변용량 펌프

액시얼 플런저 펌프의 이론송출량 Q_{th}는 다음 식으로 표시된다.

$$Q_{th}=\frac{\pi d^2 nez}{2}\ [\mathrm{cm^3/s}] \tag{2-2}$$

여기서 d : 플런저의 지름[cm], n : 회전수[r계], e : $R\tan\alpha$[cm], R : 축심과 플런저 거리[cm], α : 경사각, 체적효율 η_v는 90~95%이다.

2-5 그 밖의 유압 펌프

전술한 기어, 베인 및 플런저 펌프 외에 특별한 목적으로 사용되는 펌프로서는 나사 펌프, 로브 펌프, 롤러 펌프, 다이어프램 펌프, 스퀴즈 펌프, 피토관형 펌프가 있다. 나사 펌프(screw pump)에는 모이노 펌프(Moyno pump), 큄비 펌프(Qimby pump), 이모 펌프(IMO pump) 등이 있음은 제2편 5장에서 이미 설명한 바 있다. 최고압력은 각각 12, 50, 210kg$_f$/cm^{2}이다.

제3장

유압 액튜에이터

3-1 분 류

유압 액튜에이터(hydraulic actuator)는 펌프로 공급된 기름의 에너지를 기계적 에너지로 변환하는 장치로서, 유압 펌프와 유압 액튜에이터는 발전기와 전동기의 관계와 흡사하다. 유압 액튜에이터는 운동방식에 따라 왕복운동을 시키는 유압 실린더와 회전운동을 시키는 유압 회전 모터로 분류되는데, 이밖에 요동 모터도 있다. 표 3-1은 유압 액튜에이터를 세분한 것이다.

표 3-1 유압 액튜에이터의 분류

- 유압 액튜에이터
  - 기어형 유압 모터(gear motor)
  - 베인형 유압 모터(vane motor)
  - 회전 피스톤형 유압 모터 (rotary piston motor)
    - 액시얼형(병렬형) 유압 모터(axial motor)
      - 정변위식
      - 가변위식
    - 레이디얼형(성형) 유압 모터(radial motor)
      - 정변위식
      - 가변위식
  - 요동형 유압 모터(rotary cylinder)
  - 단동형 조작 실린더(single rod cylinder)
  - 복동형 조작 실린더(double rod cylinder)
    - 편측 로드
    - 양측 로드
  - 다단 조작형 실린더(telescopic cylinder)

3-2 유압회전 모터

기어 펌프, 베인 펌프 또는 회전 피스톤 펌프 등의 흡입쪽에서 유압을 넣으면 원리상 이들 펌프는 회전한다. 이것이 유압 회전 모터의 원리이다.

1. 장단점과 형식

유압 회전 모터의 장점은 다음과 같다.

(1) 간단하게 역회전이나 회전수를 변화시킬 수 있다.

(2) 비교적 소형, 경량으로서 큰 출력을 낼 수 있다.

(3) 자동제어장치의 조작부로 사용할 때 전기 모터에 비하여 출력이 크지만 응답성이 우수하다.

(4) 전기를 쓰지 않으므로 내폭성이 좋다.

(5) 비교적 광범한 무단변속을 쉽게 할 수 있다.

(6) 기동, 정지, 역회전, 속도제어가 간단히 된다.

결점으로서는

(1) 작동유 속에 먼지나 공기가 침입하기 쉬운 곳에는 사용할 수 없다.

(2) 작동유의 점도변화에 따라 유압 모터의 특성이 변화하므로, 주위온도의 변화가 큰 곳에는 사용이 부적당하다.

(3) 석유계의 기름은 인화하기 쉬우므로 주의를 요한다.

(4) 보통은 수천 시간 이내에 오버 홀을 해야 한다.

등이 열거되어 있다.

유압 모터의 형식에는 정용량형과 가변용량형이 있다. 정용량형이란 유압 모터를 회전시키는데 필요한 유량이 일정한 것을 말하고, 기어형 모터, 베인형 모터, 플런저형 모터 등이 있다. 정용량형은 일정 압력과 일정 유량으로 출력 토오크를 변경할 필요가 적을 때에 사용된다. 가변용량형이란 유압 모터를 1회전시키는 데 필요한 유량을 변화할 수 있는 것으로서 피스톤형이 많다. 이것은 일정 압력, 일정유량으로 토오크를 변화시키는 경우에 사용된다.

2. 기어형 모터

기어형 모터(gear motor)는 출력 토오크 일정으로, 제어밸브에 의하여 정역회전이 가능한 유압 모터이다. 구조는 기어 펌프와 같이 한 짝의 기어가 하나의 하우징 안에서 맞물리고, 맞물림 부분의 두 기어가 교대로 종동, 구동의 역할을 하면서 회전하여 그 한쪽, 양쪽의 축으로부터 출력 토크를 얻는다. 일반적으로 스퍼 기어가 채용되고 있으나, 헬리컬 기어나 인터널 기어도 있고, 치형에 있어서도 인벌류트 및 다른 특수치형이 채용되고 있다. 작동압력은 10～175kg$_f$/cm^2, 회전수는

100~4000rpm이다.

유압 회전 모터의 회전수와 토오크와의 관계는 다음과 같다.

$$u = \frac{Q}{q_m} \text{[rps]} \tag{3-1}$$

$$T = \frac{(p_1 - p_2)p_m}{2\pi} \text{[kg·cm]} \tag{3-2}$$

여기서 u : 회전수[rps], T : 출력 토오크[kg_f·cm], Q : 유압 모터에 공급하는 급유량 [cm^3/s], q_m : 유압 모터 1회전에 필요한 유량[cm^3], p_1 : 유압 모터의 입구압력[kg_f/cm^2], p_2 : 유압 모터의 출구압력[kg_f/cm^2]이다.

정용량형의 기어형 모터에서는 윗식의 q_m이 일정하게 되고, 기어 펌프인 경우의 식과 같이 하여 2개의 기어가 동일한 경우에는 다음과 같이 된다.

$$q_m = \frac{\pi}{4}(d_2{}^2 - d_1{}^2)b\,[\text{cm}^2] \tag{3-3}$$

여기서 d_2 : 이끝원 지름[cm], d_1 : 이뿌리원 지름[cm], b : 이폭[cm], 기어형 모터의 토오크 효율은 80~95%, 전효율은 70~90%이다.

3. 베인형 모터

베인형 모터(vane motor)는 출력 토오크가 일정하고 역회전이 가능한 무단변속기로서 하용된다. 구조는 베인 펌프와 거의 같고, 베인을 스프링, 로킹 빔(locking beam) 등의 방법에 의하여 항상 캠 링에 접촉되도록 하고 있다. 로터가 정지하고 있을 때라도 베인의 선단과 캠 링의 내면과의 사이에는 틈이 없다. 작동압력이 10~175kg_f/cm^2, 회전수가 50~4000rpm, 토크 효율이 85~95%, 전효율이 75~90%이다.

4. 플런저형 모터(피스톤형 모터)

플런저형 모터에는 정용량형과 가변용량형의 액시얼 모터와 레이디얼 모터가 있다.

(1) 액시얼 모터

액시얼 플런저 모터(axial plunger motor)에는 액시얼 플런저 펌프와 같이 사축식과 사판식이 있다. 사축식 유압 모터는 실린더 블록의 축선과 출력축의 중심선이 이루는 각도가 일정, 가변으로 되어 있다. 이들은 정용량형 펌프, 가변용량형 펌프와 거의 같은 구조를 하고 있다. 사판식 유압 모터는 사판식 유압펌프와 같이 피스톤 스트로크를 주기 때문에 사판을 사용한 것이고, 사판을 고정한 정용량 유압 모터와 사판의 기울기를 가변용량으로 한 가변용량 유압 모터가 있다. 작동압력은 10~350kg_f/cm^2, 회전수 1~3000rpm이다.

(2) 레이디얼 모터

레이디얼 플런저 모터(radial plunger motor)는 오일 기어형의 레이디얼 플런저 펌프와 같은 구조로 되어 있고, 편심량을 바꾸면 플런저의 스트로크가 변하고, 회전속도를 바꿀 수가 있다. 작동압력은 10~200kg$_f$/cm^2, 회전수는 5~4000rpm이다.

일반적으로 플런저 모터는 구조가 복잡하고 값이 비싸지만, 매분 1회전 정도의 저속에서 매분 수천 회전이나 되는 고속에까지 원활하게 변속이 되고, 토오크도 크다. 토크 효율은 90~95%, 전효율은 80~93%이다.

3-3 유압 실린더

유압 실린더(oil cylinder)는 유압동력을 직선왕복운동으로 변환하는 것으로, 유압과 유량을 변환시켜서 추력과 속도를 제어한다.

1. 구조와 작용

유압 실린더의 작동형식에는 단동식과 복동식이 있다. 단동형 실린더는 피스톤, 플런저의 한쪽에만 압력유를 공급하여 한 방향으로 추진력을 주고, 되돌아올 때에는 중력이나 스프링의 힘을 이용한다. 이에 대하여 복동형 실린더는 피스톤의 양쪽에 교대로 압력유를 공급하여 양쪽 방향으로 추진력을 주도록 되어 있다. 작동압력은 1.5~350kg$_f$/cm이다.

유압 실린더를 장치할 때 축심을 고정하는 경우에는 풋형 및 플런저형으로 하고, 축심이 변할 때에는 그루비스형, 트라니온형 등으로 한다.

2. 실린더 속도, 추력 및 추력의 계산

유압 실린더의 실린더 속도 v, 추력 F 및 출력 L_e는 다음 식으로 표시된다.

$$v = 4Q/\pi D^2 \,[\text{cm/s}] \tag{3-4}$$

$$F = \pi D^2 p/4 \,[\text{kg}_f] \tag{3-5}$$

$$L_e = Qp/10,200\,\eta_c \,[\text{kW}] \tag{3-6}$$

여기서 Q : 유량[cm^3/s], D : 실린더의 안지름[cm], p : 기름의 작동압력[kg$_f$/cm^2], η_c : 유압 실린더의 전효율(96~98%)이다.

제4장

제어밸브

4-1 제어밸브의 분류

유압 펌프에 의하여 가압된 기름이 유압 모터나 유압 실린더에 수용되어, 이들을 정해진 조건에 맞추어 구동시키자면 유압이나 유량을 적당하게 제어하지 않으면 안 된다. 이런 목적으로 사용되는 제어밸브(control valve)를 분류하면 압력제어밸브(압력회로의 압력을 제어하는 것으로서, 릴리프 밸브, 안전 밸브, 감압 밸브, 언로드 밸브, 시퀀스 밸브, 카운터 밸런스 밸브 등), 유량제어밸브(유압회로의 유량을 제어하는 것으로서 드로틀 밸브, 슬로 리턴 밸브, 유량조절 밸브 등), 방향제어밸브(유압회로의 흐름의 방향을 제어하는 것으로서 첵 밸브, 감속 밸브, 방향변환 밸브, 스톱 밸브 등)로 구분된다.

4-2 압력제어밸브

압력제어밸브(pressure control valve)에는 다음과 같은 것이 있다.

1. 릴리프 밸브(relief valve)

이것은 유압회로의 압력이 밸브의 설정치 이상으로 되었을 때 기름의 일부, 전량을 반환쪽으로 흘림으로써 회로의 압력을 일정하게 유지하기 위한 밸브이다. 릴리프 밸브에는 그림 4-1에 표시한 직접 작동형 릴리프 밸브와 그림 4-2에 나타낸 밸런스 피스톤형 릴리프 밸브가 있다. 그림 4-1에서 피스톤은 스프링에 의하여 밸브좌에 눌려 있으나, 회로의 유압이 상승하여 스프링의 힘보다 커지면 피스톤은 위로 올라가고, 기름은 압력회로에서 밸브 포트를 지나 오일 탱크로 되돌아간다.

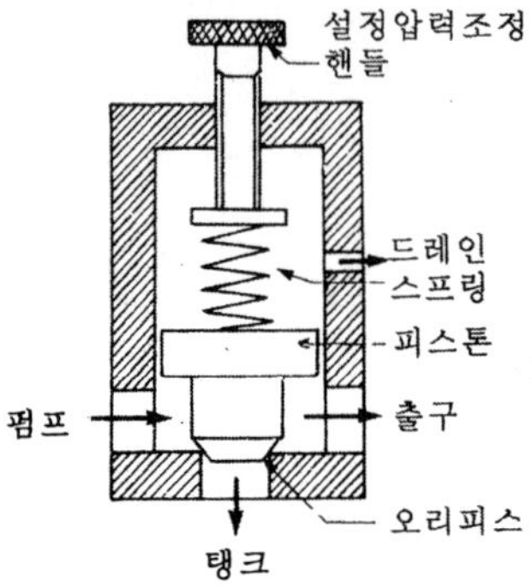

그림 4-1 직접 작동형 릴리프 밸브

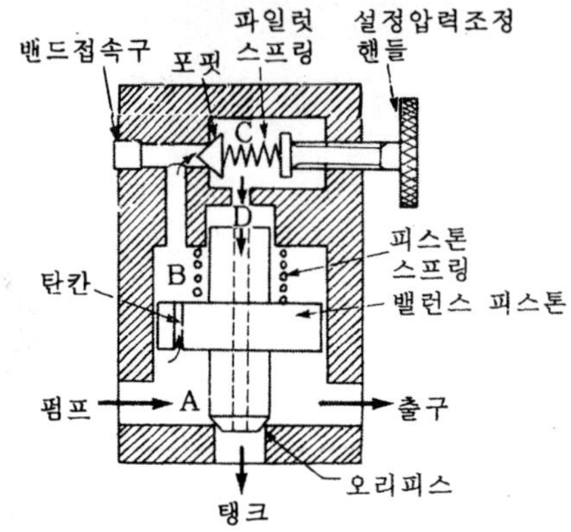

그림 4-2 밸런스 피스톤형 릴리프 밸브

스프링의 세기를 가감함으로써 임의의 압력으로 설정할 수 있다. 이 형식의 밸브에서는 압력이 증가함으로써 오리피스 부분이 열려 기름이 탱크로 흐르면, 피스톤 하부의 압력이 급히 저하하고 오리피스는 급속히 닫힌다. 닫히면 압력이 상승하고, 피스톤이 스피링과 유압에 의하여 상하운동을 반복하며, 피스톤이 밸브좌로 다시 왔을 때 작용한다는 채터링(chattering) 현상을 일으키기 쉽다. 이 결점을 없앤 것이 밸런스 피스톤형 릴리프 밸브로서, 그림 4-2에서 A의 압력이 상승하면 탄칸이라고 하는 피스톤의 작은 구멍을 지나 B의 압력도 상승하는데, 설정압력에 의하여 비로서 파일럿 밸브가 작동하고, 기름은 C에서 D를 거쳐 탱크로 흐른다. 이와 같이 흐르면 탄칸의 저항분만큼의 압력차가 피스톤의 위아래에 생기기 때문에 피스톤은 스프링의 힘을 이겨내서 위로 밀려 올라가고, 오리피스에서 탱크로 기름이 흘러 회로압력을 일정하게 유지한다.

2. 감압 밸브(pressure reducing valve)

이것은 1차 회로에서 2차 회로가 분기되고, 이 2차 회로의 압력을 1차 회로보다 작은 압력으로 유지하는 경우에 사용하는 것으로서, 구조는 그림 4-3과 같다. 밸런스 피스톤이 작동하는 원리는 그림 4-2와 같다. 이와 같이 밸런스 피스톤을 가진 밸브는 1차쪽 압력의 영향을 직접 받지 않고 2차쪽의 압력으로 작동하는 특수한 장점이 있다.

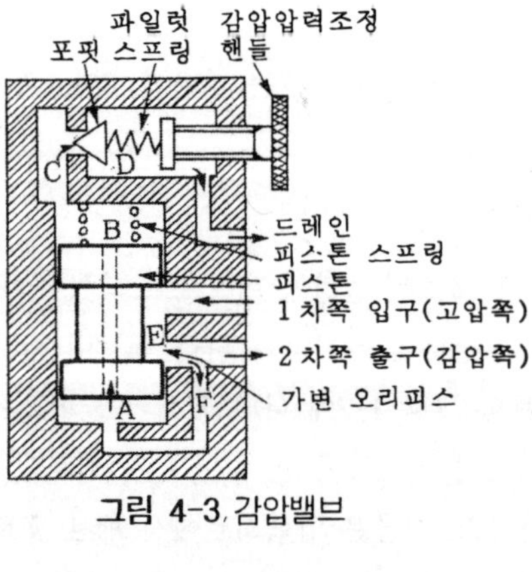

그림 4-3 감압밸브

3. 그 밖의 밸브

언로드 밸브(unloading valve)는 보통 고압 소용량 펌프와 저압력 대용량 펌프를 조합하여 사용하는 경우에 사용되고, 작동압력이 설정압력 이상으로 되었을 때, 저압펌프를 무부하로 하여 동력의 절약을 꾀할 때 등에 사용된다.

시컨스 밸브(sequence valve)는 둘 이상의 분기회로 사이에 끼워 조작순서를 제어하는 경우에 사용되고, 시컨스 첵 밸브(sequence check valve)는 시컨스 밸브에 첵 밸브를 병렬로 조립해 넣어 시컨스 밸브로써 작동 외에 2차쪽에서 1차쪽으로 역류할 수 있도록 한 것이다.

카운터 밸런스 밸브(counter balance valve)는 한 방향의 흐름에 대해서는 설정된 배압을 주고, 다른 방향의 흐름은 자유흐름으로 한 것이다.

4-3 유량제어밸브

1. 유량제어방법

유압회로에 있어서 유량을 제어하기 위해서는 가변용량 펌프를 사용하는 경우와 정용량 펌프와 릴리프 밸브 및 유량을 제어하는 밸브를 조합한 회로를 사용하는 경우가 있다. 전자는 회로의 효율이 좋으나 펌프의 구조가 복잡하여 값이 비싸다. 이에 반하여 후자는 펌프가 간단하고, 회로로서도 응용 범위가 넓기 때문에 일반적으로 잘 쓰인다.

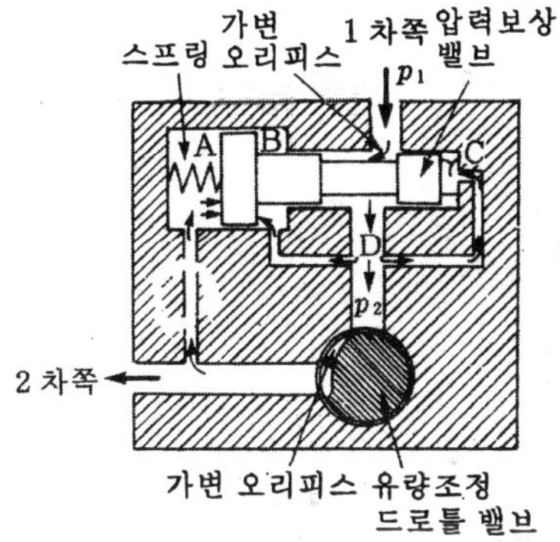

그림 4-4 압력보상장치가 붙은 유량제어 밸브

2. 유량제어 밸브(flow control valve)

이것은 회로내에 삽입한 유량 조절용 드로틀 밸브를 조정함으로써 유량을 제어하는 것인데, 죄임 개도가 일정하더라도 밸브 전후의 압력차가 변하면 밸브를 통과하는 유량이 변한다. 일반적으로 그림 4-4에 표시하는 압력보상장치가 붙은 유량제어 밸브가 사용된다. 그림의 압력보상 밸브의 표면적을 A, 스프링의 힘을 S가 하면 압력보상 밸브의 왼쪽에 걸리는 힘은 Ap_3+S, 오른쪽에 걸리는 힘은 Ap_2가 된다. 압력차는 $\Delta p=p_2-p_3=S/A$가 되어 일정하게 된다. 드로틀 밸브에는 오리피스의 역할을 하는 편심된 조각이 달려 있어서, 이것을 돌림으로써 오리피스의 크기를 변화할 수 있도록 되어 있다. 유량제어 밸브에는 이외에 압력보상이 붙은 유량제어 밸브에 첵 밸브, 릴리프 밸브를 조립해 넣은 첵 밸브 달림 유량제어 밸브, 릴리프 밸브 달림 유량제어 밸브가 있다. 압력보상장치가 없는 니들 밸브와 첵 밸브를 조합한 구조의 슬로 리턴 밸브(slow return valve)는 그렇게 정확한 유량제어를 필요로 하지 않는 회로, 압력변동이 적은 회로에 사용된다.

3. 유량제어 밸브를 사용하는 방법

유량제어 밸브를 써서 유압 실린더의 속도를 제어할 때 유량제어 밸브와 유압 실린더의 관계 위치에 따라 부하의 작동특성에 영향이 있다. 기본적인 설치 위치로는 미터 인(meter in), 미터 아웃(meter out), 블리드 오프(bleed off)의 3종이 있다. 미터 인 회로는 유량제어 밸브를 유압 실린더의 입력쪽에 직렬로 설치하는 것으로서, 작동 중 부하가 피스톤의 움직임에 대하여 양의 저항이 되는 경우, 부하변동이 심한 경우에 적합하다. 미터 아웃 회로는 유량제어 밸브를 유압 실린더의 회송유측에 직렬로 설치하는 것으로서 실린더에 배압이 걸리므로, 피스톤이 끌려 들어오는 것과 같은 음방향의 부하인 경우에 적합하다. 블리드 오프 회로는 유량제어 밸브를 유압 실린더의 입력쪽의 유압 실린더와 병렬로 설치하여 실린더에 들어가는 유량 중 적당한 양을 기름 탱크로 유동하는 것으로서, 펌프 송출량이나 부하저항의 변동을 보상할 수가 없기 때문에 그렇게 정확한 속도제어를 필요로 하지 않고, 부하가 비교적 일정한 경우에 사용된다.

4-4 방향제어 밸브

이것은 흐름의 방향을 제어하는 밸브로서, 구조상으로 보면 볼(구)이나 피스톤을 시트에 밀어붙였다 떨어지게 하였다 하는 포핏형(poppet type), 스풀을 축의 주위로 회전하는 회전 스풀형(rotary spool type), 슬리브 속에서 스풀을 역방향으로 움직이는 직선 스풀형(slide spool type)이 있다.

1. 첵 밸브(check valve)

첵 밸브는 기름의 흐름을 한 방향으로만 허용하고 역방향의 흐름을 저지하는 것으로서, 그림 4-5와 같은 구조로 되어 있다. 필요에 따라 역류를 허용하는 장치가 붙은 파일럿 조작 첵 밸브도 있다.

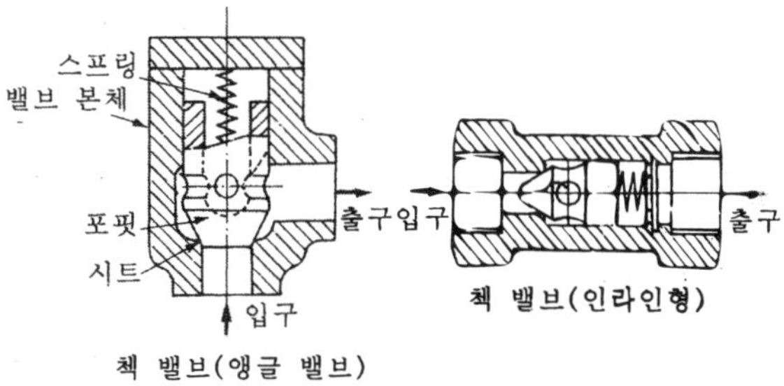

그림 4-5 첵 밸브 구조도

2. 감속 밸브(deceleration valve)

이것은 적당한 캠 기구에 의한 조작으로서 유량의 증감, 개폐를 하는 밸브로서 실린더의 가속, 감속을 원활하게 할 목적으로 사용되며, 상시개방형과 상시폐쇄형이 있다. 그림 4-6은 첵 밸브가 붙은 상시 개방형 감속 밸브의 구조를 표시한다. 스풀은 스피링에 의하여 압상되어 있다. 지금 캠에 의하여 스풀의 선단을 밀면 밸브의 열림이 죄여지고, 흐름이 천천히 제어되어 유압 실린더의 작동이 감속된다. 밸브를 전폐하면 흐름은 정지되며, 유압 실린더를 회송할 때에는 첵 밸브를 통해서 역류시킬 수 있다. 회수행정의 속도제어는 안 된다.

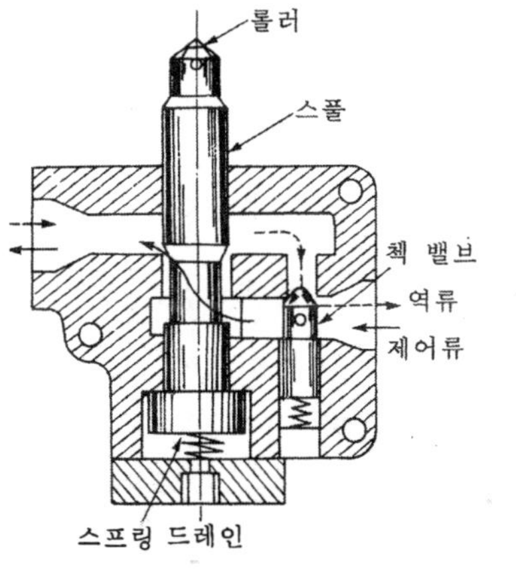

그림 4-6 첵 밸브가 붙은 상시 개방형 감속 밸브

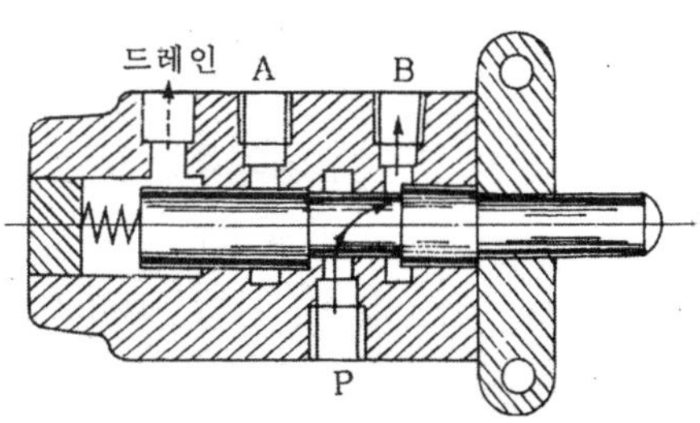

그림 4-7 3포트 2위치 변환 밸브

3. 방향변환 밸브(position selector valve)

이 밸브에는 접속구(port) 수, 외부접속의 수, 위치(position) 수, 즉 밸브 스풀의 동작위치의 수 및 웨이(way) 수, 즉 밸브 내에서 형성되는 통로의 수가 사용된다. 예를 들면 그림 4-7과 같이 P, A, B 3개의 접속구를 가지고 스풀의 변환은 2위치에서 하기 때문에 3포트 2위치 변환 밸브(three port two position selector valve)라 하고, 웨이 수는 P-A, P-B의 둘이므로 2웨이 밸브(two way valve)라고도 한다.

방향변환 밸브는 스풀의 조작방법에 의하여 분류하면 수동조작, 파일럿 조작 및 레이놀즈 조작 등이 있다. 그림 4-8은 회전 스풀형(rotary spool type) 방향변환 밸브의 한 예를 표시한다. 접속구는 압력의 펌프 P, 기름 탱크 T, 유로 A와 B의 4개이고, 스풀의 위치 1과 2에서 4개의 통로가 형성되며, 이 밖에 중립위치가 있다. 포트 3위치 변환 밸브(4방밸브)이다. 그림 4-9는 미끄름 스풀형(slide spool type)의 수동조작 4방 밸브(manually operated four way valve)의 구조를 표시

그림 4-8 회전 스풀형 변화 밸브

한다. 스풀을 좌우 양단으로 이동할 때에는 수동조작을 하고, 중립위치에는 1단의 스프링의 힘으로 되돌아온다. 4포트 3위치 변화밸브이다.

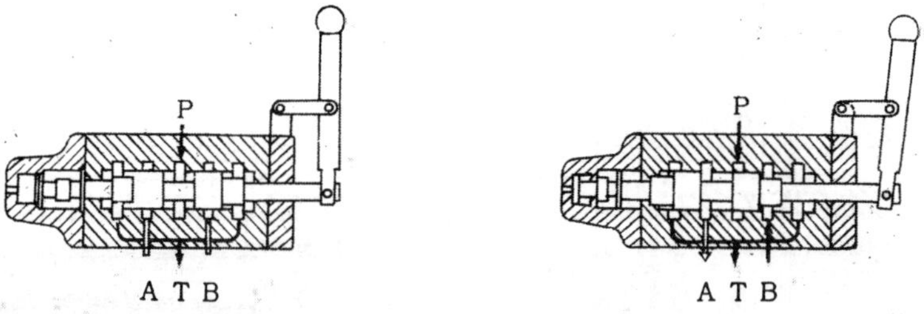

그림 4-9 미끄름 스풀형 4방 밸브

제 6 편

저압식 공기기계

제1장

개 론

1-1 공기기계의 분류

제1편 처음에 설명한 바와 같이 공기기계는 그 속을 흐르는 작동기체를 비압축성 유체로 간주해야 설명이 되는 것을 저압식으로 하고, 압축성 유체로 간주함으로써 비로소 설명이 되는 것을 고압식으로 하여 다음과 같이 분류하였다.

표 1-1 공기기계의 분류

- 공기기계
  - 저압식
    - 송풍기
    - 풍 차
  - 고압식
    - 압축기
    - 진공 펌프
    - 압축공기기계

에너지 변환에 따라 분류하면, 기계적 에너지를 기체에 공급하여 기체의 압력 및 속도 에너지로 변화시키는 것이 송풍기(blower), 압축기(compressor) 및 진공펌프(vacuum pump)이고, 이것과 반대로 에너지를 변화시키는 기계가 압축공기기계와 풍차이다. 일반적으로 공기기계는 액체를 취급하는 펌프(이것에 해당하는 것은 송풍기와 압축기이다), 수차(이것에 해당하는 것은 풍차와 압축공기기계이다)와 기본적으로 작동원리나 구조가 같다. 단 작동유체가 기체란 점에서 설계를 할 때 다음 사항에 유의할 필요가 있다.

(1) 기체의 단위체적의 중량이 물의 약 1/830(20℃)로서 적다.

(2) 기체는 압축성이 있으므로 압축, 팽창을 할 때 온도의 변화가 따른다.

(3) 공기기계의 각 유로나 관로에서의 경제유속을 물인 경우보다 약 10배 이상으로 할 수 있다.

송풍기와 압축기는 압력과 작용원리에 따라 분류하면 일반적으로, 그림 1-1은 이에 따른 분류 도표이다. 송풍기는 압력의 대소에 따라 이것을 다시 팬(fan)과 블로어(blower)로 나눈다. 팬으로서의 압력의 한계는 1000mmAq이고, 블로어의 범위는 1mAq～1kg$_f$/cm^2(10mAq)이다. 압력 상승이 1kg$_f$/cm^2 이상인 것을 말하고, 온도의 상승이 크므로 냉각방법을 생각해야 한다. 블로어의 압력범위에서는 보통 냉각을 고려할 필요가 없다. 대기압 이하, 절대 진공에 가까운 저압의 기체를 대기압까지 압축하는 기계를 진공 펌프라 하는데, 이것은 압축기의 일종이다. 기종별로 대략

명 칭			송 풍 기		압 축 기
			팬	블로어	
종별 \ 압력			1000 mmAq 미만	1 mAq 이상 10 mAq 미만	1 kg/cm² 이상
터보형	축류식	축류	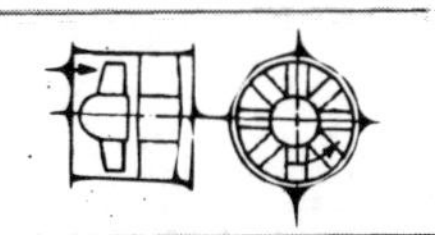	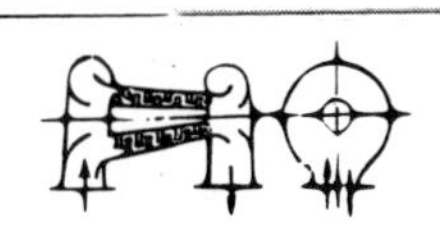	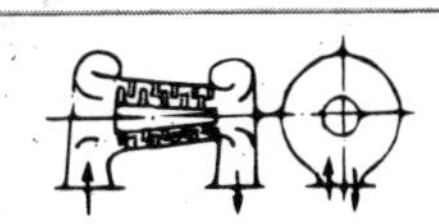
	원심식	다익	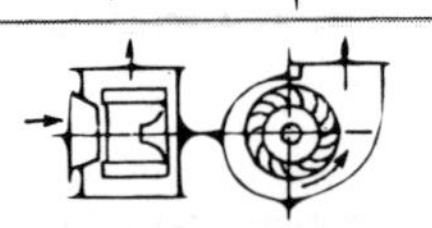		
		레이디얼	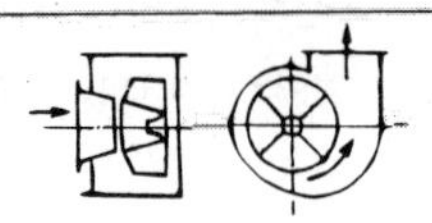	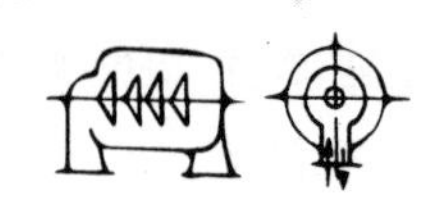	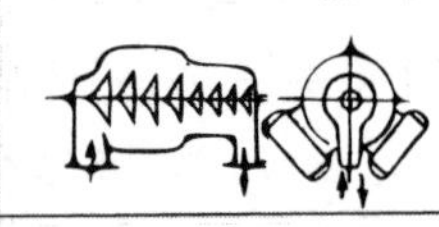
		터보	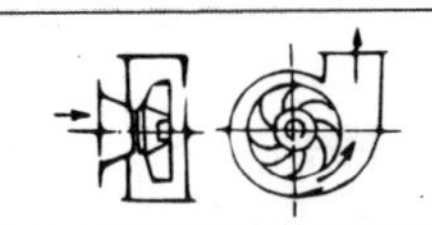	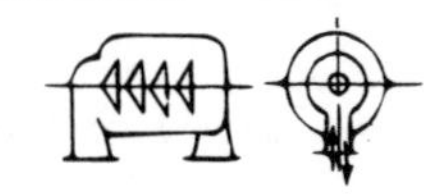	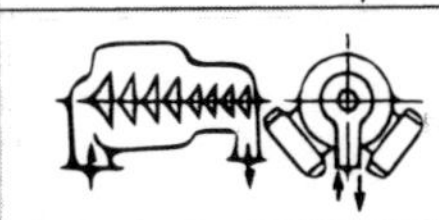
용적형	회전식	루츠		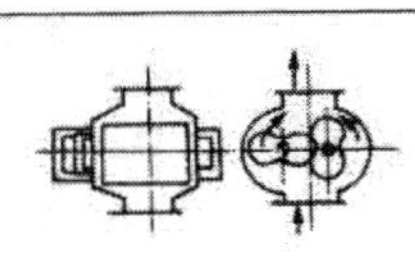	
		가동익			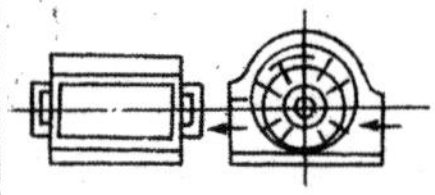
		나사			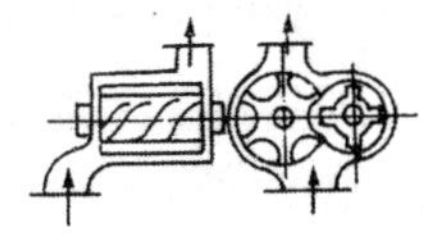
	왕복식	왕복			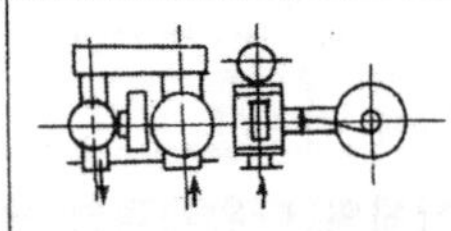

그림 1-1 송풍기와 압축기의 분류

적용범위를 그림 1-2에 표시한다. 본편에서는 저압식 공기기계, 송풍기, 풍차 등에 대하여 구조, 작용, 이론 등을 설명한다.

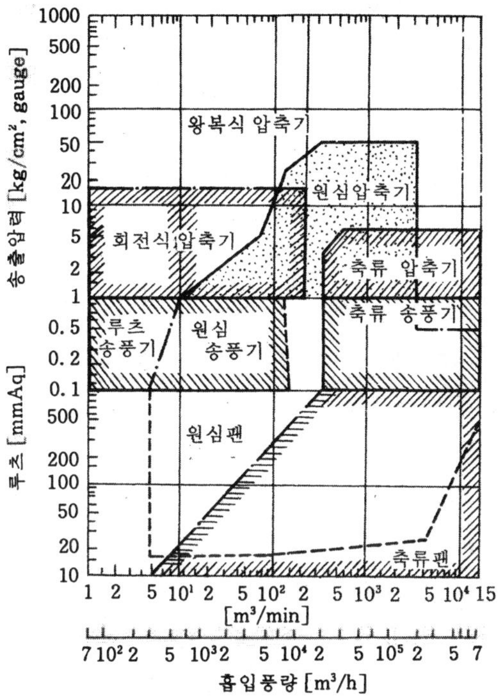

그림 1-2 송풍기, 압축기의 적용범위

1-2 송풍기의 분류

그림 1-1에서 보는 바와 같이 송풍기는 축류 송풍기와 원심 송풍기로 구분되며, 회전차가 회전함으로써 발생하는 날개의 양력에 의하여 에너지를 얻게 되는 것을 축류송풍기라 하고, 원심력에 의한 것을 원심송풍기라 한다. 펌프에 있어서와 마찬가지로 이 양자를 합쳐서 터보형 송풍기라 한다.

1. 원심송풍기

(1) 깃 경사에 따른 분류

원심 송풍기는 깃의 경사에 따라 그림 1-3에 표시한 바와 같이, 전경 깃(forward curved blade), 반지름 방향 깃(radial blade) 및 후경 깃(backward curved blade)으로 구분된다.

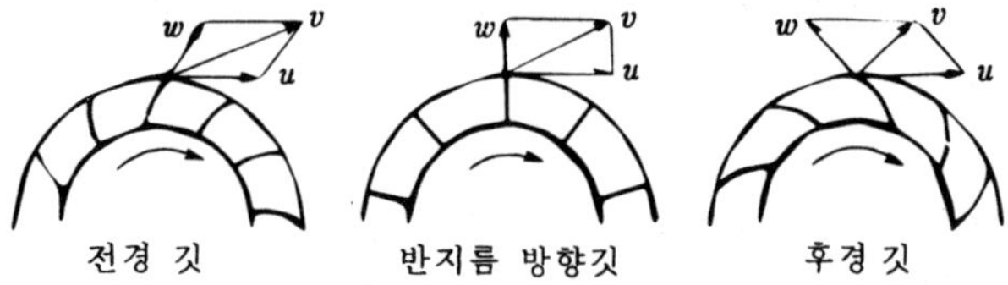

그림 1-3 깃 경사에 따른 원심 송풍기의 분류

실제로 시중에서 말하는 다익 팬, 레이디얼 팬 및 터보 팬은 각각 전경 깃, 반지름 방향 깃 및 후경깃에 속한다. 아래에 이들 송풍기의 구조, 성능에 대하여 약술한다.

a) 다익 팬(multiblade fan) : 회전차의 깃이 회전방향으로 기울어져 있음은 물론 익현길이(거의 반지름 방향)가 짧으며, 깃폭(회전차 축방향)이 넓은 깃이 다수 부착되어 있는 것이 특징이다. 처음으로 판매한 회사에서 시로코 팬(sirocco fan)이라고 명명하였으므로, 이 이름으로도 알려져 있다. 이 팬의 성능상 특징은 풍량(같은 원주속도의 다른 팬에 대하여)이 가장 크다는 점이다. 이것은 동일 풍량에 대하여(원주속도가 다른 팬보다 작아도 된다는 사실에서) 회전차의 바깥지름이나 회전수가 적어도 되고, 이것으로부터 강도상의 설계는 보다 간단해진다.

b) 레이디얼 팬(radial fan) : 반지름 방향의 깃을 가지고 다익 팬에 비하여 익현길이는 길며 깃폭은 짧아진다. 깃수는 다른 어느 팬보다도 가장 적으며, 구조는 조금 커지지만 효율은 다익 팬보다 좋다.

c) 터보 팬(turbo fan) : 깃은 회전방향에 대하여 뒷쪽으로 기울어져 있다.

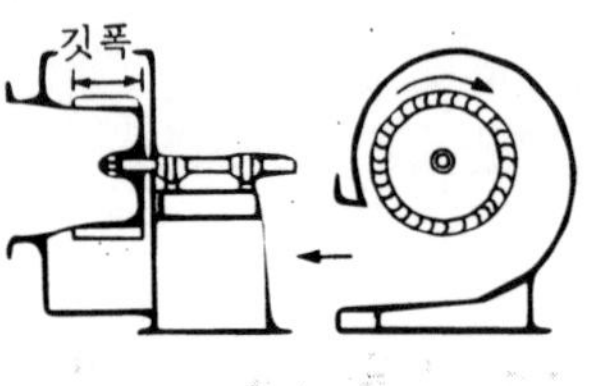

그림 1-4 시로코 팬

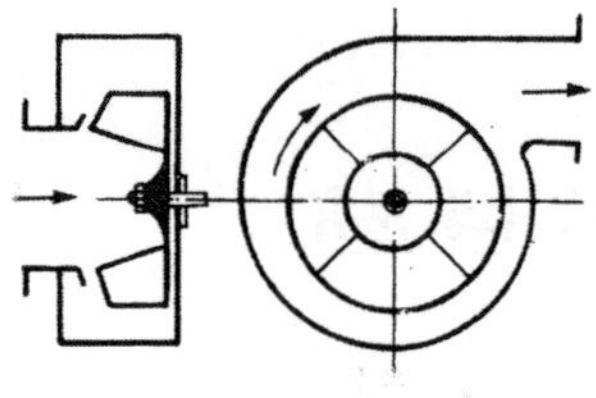

그림 1-5 레이디얼 팬

익현길이, 깃폭은 대략 레이디얼 팬과 같다. 깃수는 다익 팬과 레이디얼 팬의 중간 정도가 된다. 구조는 이 가운데서 가장 크게 되지만, 효율은 가장 좋다.

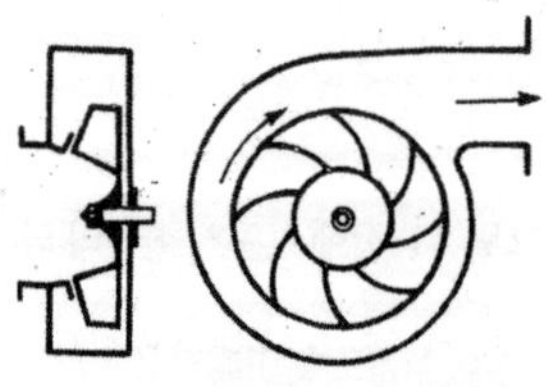

그림 1-6 터보 팬

d) 한정부하 팬(limit loaded fan) : 그림 1-7과 같이 깃의 모양이 S자로 된 회전차를 가지고, 케이싱의 흡입구에 플로펠러형의 안내깃이 고정되어 있는 송풍기를 한정부하 팬이라 한다. 풍량이 설계점 이상으로 증가하더라도 축동력이 증가하지 않는 성질이 있으므로 이런 명칭이 붙은 것이다.

그림 1-7

그림 1-8

e) 익형 팬(airfoil fan) : 그림 1-8과 같이 익형으로 된 깃을 갖는 송풍기를 말한다. 이 송풍기도 역시 풍량이 설계점 이상으로 증가해도 축동력은 증가하지 않는다. 값은 비싸지만 효율이 좋고 소음도 적다.

(2) 흡입구에 따른 분류

흡입구가 회전차 축상의 한쪽에만 있는 편흡입 송풍기와 축상의 양쪽에 있는 양흡입 송풍기가 있다. 풍압은 같지만 풍량에 있어서는 양흡입이 편흡입의 2배가 된다.

(3) 단수에 따른 분류

이것도 펌프와 마찬가지로 풍량은 변하지 않지만, 풍압은 단수에 비례하여 증가한다.

2. 축류송풍기

축류송풍기는 원래 저압으로서 다량의 풍량이 요구될 때에 적합한 송풍기이지만, 근래에는 고압용으로도 효율이 좋은 것이 제작되게 이르러, 그 적용범위는 점점 확대되어 가고 있다. 원심 송풍기보다 소음이 크고, 설계점 이외의 풍량에서는 효율이 갑자기 떨어지는 결점이 있다.

축류 송풍기는 회전차를 둘러싼 도풍관(duct)의 유무와 구조에 따라 그림 1-9와 같이 플로펠러 팬(propeller fan), 도풍관붙이 축류 팬(tube axial fan), 정익붙이 축류 팬(vane axial fan)으로 분류된다.

프로펠러 팬은 도풍관이 없는 가장 간단한 축류 송풍기이고, 도풍관붙이 축류 팬은 전자보다 다소 구조가 잘 갖추어져 있다. 이상과 같은 구조로는 회전차의 뒷쪽에 회전방향으로 바람의 분속도가 남게 된다. 정익붙이 축류 팬은 도풍관에 정익(안내깃)이 고정되어 있는 축류 송풍기로서, 이 정익에 의하여 회전방향의 흐름은 정압으로 회수되고, 효율은 그만큼 높아진다. 그림에서 정익은 동익의 뒷쪽에 붙어 있지만, 동익의 앞쪽에 설치되는 경우도 있음은 펌프의 경우와 같다.

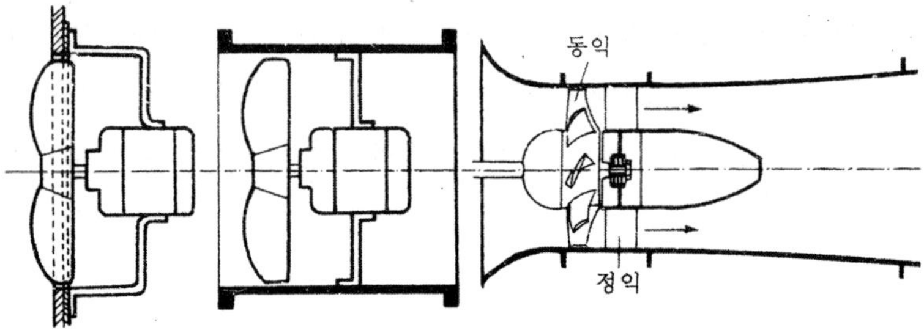

(a) 프로펠러 팬 (b) 도풍관붙이 축류 핸 (c) 정익붙이 축류 팬

그림 1-9

1-3 기본요목

그림 1-10은 송풍기의 특성 곡선을 나타낸다. 이것은 송풍기의 회전수를 일정하게 유지하고, 제어 밸브로써 풍량 Q를 여러 가지로 변화시켰을 때의 상승압력 p, 축동력 L, 효율 η의 변화를 구함으로써 구해진다. 상승압력 p는 송풍기 전압 p_t와 송풍기 정압 p_s로 나누어진다. 아래에 이들 용어에 대하여 설명한다.

1. 풍량(Q)

풍량은 보통 흡입상태로 환산한 송출풍량으로 표시한다. 별도의 언급이 없는 한흡입상태는 표준공기(온도 20℃, 관계습도 75%, 대기압 760mmHg, 비중량 1.2kg$_f$/m^3)의 상태로 하고, 이밖에 기준상태(0℃, 760mmHg에 있어서의 건조기체의 상태)로 환산할 때도 있다. 풍량의 단위는 [m^3/min], [m^3/h]가 보통 쓰이고, 중량유량[kg$_f$/min]도 사용된다.

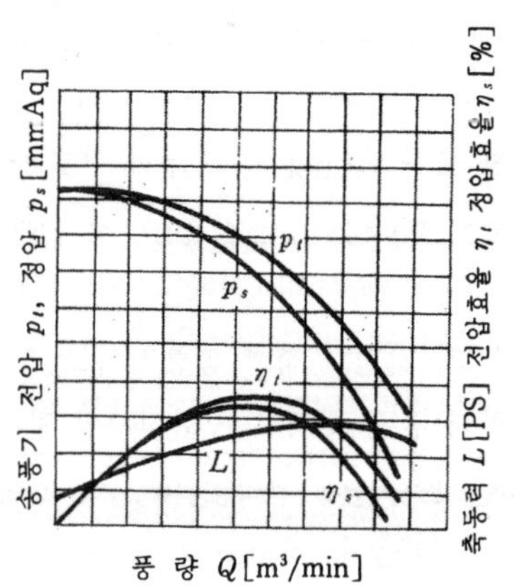

그림 1-10 송풍기의 특성 곡선

2. 압력(p)

압력의 단위는 [mmAq], [mmHg], 고압인 경우 [kg_f/cm^2] 및 흡입과 송출압력의 압력비(pressure ratio)가 사용된다.

송풍기에 의하여 기체에 공급된 전압(total pressure), 정압(static pressure)과 동압(dynamic pressure)의 대수합의 증가량을 송풍기 전압 p_t라 하고, 송출구에서의 전압 p_{t2}와 흡입구에서의 전압 p_{t1}의 차로 표시된다. 그림 1-11에 있어서

송풍기 전압 : $p_t = p_{t2} - p_{t1} = (p_{s2} - p_{s1}) + (p_{d2} - p_{d1})$ (1-1)

송풍기 정압 : $p_s = p_t - p_{d2} = (p_{s2} - p_{s1}) - p_{d1}$ (1-2)

이 된다. 여기에서 첨자 t는 전압, s는 정압, d는 동압을, 첨자 1은 흡입쪽, 2는 송출쪽을 나타낸다. 흡입구 및 송출구에서의 동압은 각각에 대한 풍속을 v_1 및 v_2, 비중량을 γ_1, γ_2라 하면, 다음 식으로 표시된다.

$$p_{d1} = \frac{\gamma_1}{2g} v_1^2, \quad p_{d2} = \frac{\gamma_2}{2g} v_2^2$$

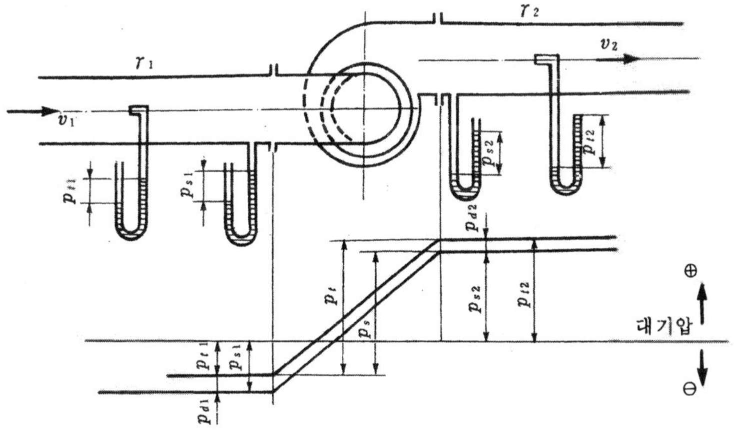

그림 1-11 송풍기에 의한 압력상승 설명도

$\gamma_1 \fallingdotseq \gamma_2$인 경우에는 비중량을 γ로 하여 다음 식으로 표시된다.

$$p_{d1} = \frac{\gamma}{2g} v_1^2, \quad p_{d2} = \frac{\gamma}{2g} v_2^2 \tag{1-3}$$

송풍기 및 압축기에서는 일반적으로 송출동압이 송풍기 정압에 비하여 작고, 무시할 때가 많으므로 송풍정압 대신에 그냥 풍압이라고 할 때가 많다. 송풍기를 연구하는 입장에서 볼 때 풍압으로서는 송풍기 전압(송풍기에 의하여 생성된 기체의 단위체적에 대한 에너지)이 중요시된다. 송풍기를 사용하는 입장으로 말하면, 필요한 풍량을 통과시키자면 마찰 등의 손실에 의한 압력강하가

문제되는데, 이에 대한 풍압으로서는 송풍기 정압이 보다 더 중요시된다.

3. 공기동력(L_a)

송풍기의 전압공기동력 L_{at}와 정압공기동력 L_{as}는 송풍기인 경우 압력비가 1.03이하일 때이므로 각각 다음 식으로 표시된다.

$$L_{at}=\frac{Q_1 p_t}{102\times 60}=\frac{Q_1}{6120}\{(p_{s2}-p_{s1})+(p_{d2}-p_{d1})\}[\text{kW}] \tag{1-4}$$

$$L_{as}=\frac{Q_1 p_s}{102\times 60}=\frac{Q_1}{6120}\{(p_{s2}-p_{s1})-p_{d1}\}[\text{kW}] \tag{1-5}$$

여기서 p_t는 송풍기 전압[kg/m^2=mmAq], p_s는 송풍기 정압[kg$_f$/m^2], Q_1은 흡입상태에서의 풍량[m^3/min]이다. 마력[PS]으로 구할 때에는 윗식 중 102대신에 75를 쓰면 된다.

4. 축동력(L)

회전차가 회전할 때 회전차축 끝에 걸리는 동력을 축동력이라 한다.

5. 전압효율(η_t), 정압효율(η_s)

송풍기의 전압효율 η_t와 정압효율 η_s는 각각 다음 식으로 표시된다.

$$\eta_t=\frac{\text{전압 공기동력}}{\text{축동력}}=\frac{L_{at}}{L} \tag{1-6}$$

$$\eta_s=\frac{\text{정압 공기동력}}{\text{축동력}}=\frac{L_{as}}{L} \tag{1-7}$$

예제 1-1 송풍기의 도풍관이 다음과 같은 설치 상태일 때, 각각 송풍기 전압과 정압의 식을 구하여라.

(1) 송출관은 있고, 흡입관이 없을 때

(2) 흡입관은 있고, 송출관이 없을 때

[풀이]

(1) 흡입구에서 전압은 $p_{t1}=0$이 된다. 이것으로부터

$$p_t=p_{t2}-p_{t1}=p_{t2}=p_{s2}+p_{d2}\,[\text{kg}_f/\text{m}^2]$$

$$p_s=p_t-p_{d2}=p_{s2}\,[\text{kg}_f/\text{m}^2]$$

(2) 송출관에서 정압은 $p_{s2}=0$이 된다. 이것으로부터

$$p_t = p_{t2} - p_{t1} = p_{d2} - (p_{s1} + p_{d1})\,[\mathrm{kg_f/m^2}]$$
$$p_s = p_t - p_{d2} = -(p_{s1} + p_{d1})\,[\mathrm{kg_f/m^2}]$$

예제 1-2 2단 직결식 터보 팬으로 송풍기 전압 200mmAq하에 풍량 $5\mathrm{m^3/min}$를 내고 그 때의 축동력이 0.5마력이었다. 전압효율을 구하여라.

[풀이]

식 (1-4)와 식 (1-6)에 의하여

$$\eta_t = \frac{p_t Q}{4500L} = \frac{200 \times 5}{4500 \times 0.5} = 0.444 = 44.4[\%]$$

1-4 상사칙

원심 및 축류송풍기에 적용되는 상사법칙은 원심 및 축류 펌프에 대한 상사법칙과 똑같이 성립하는데, 다만 양정 H 대신에 압력 p/γ를 사용하고 있는 것이 다르다. 아래에 간단하게 설명한다.

2대의 구조가 상사인 송풍기에서 각각 회전차 지름을 D_1, D_2, 회전수를 N_1, N_2, 기체의 비중량을 γ_1, γ_2라 하고, 특성 곡선상에서 서로 대응하는 위치(이를테면 최고 효율점)에서의 풍량을 Q_1, Q_2, 풍압을 p_1, p_2, 축동력을 L_1, L_2라 하면

$$\frac{Q_1}{D_1^{\,3} N_1} = \frac{Q_2}{D_2^{\,3} N_2} \tag{1-8}$$

$$\frac{p_1}{\gamma_1 D_1^{\,2} N_1^{\,2}} = \frac{p_2}{\gamma_2 D_2^{\,2} N_2^{\,2}} \tag{1-9}$$

$$\frac{L_1}{\gamma_1 D_1^{\,5} N_1^{\,3}} = \frac{L_2}{\gamma_2 D_2^{\,5} N_2^{\,3}} \tag{1-10}$$

식 (1-8), (1-9)에서 D_1/D_2을 소거하면 비속도 n_s는 다음과 같이 된다.

$$n_s = N_1 \frac{Q_1^{\,1/2}}{(p_1/\gamma_1)^{3/4}} = N_2 \frac{Q_2^{\,1/2}}{(p_2/\gamma_2)^{3/4}} \tag{1-11}$$

보통 풍압 p는 송풍기 전압 p_t를 사용하고, p_t와 유량 Q는 특성 곡선상에서 최고 효율점에서의 값을 잡는다. n_s의 각 요소의 단위 N은 [rpm], Q는 [$\mathrm{m^3/min}$], p_t는 [$\mathrm{kg_f/m^2}$=mmAq], γ는 [$\mathrm{kg_f/m^3}$]이다. 그림 1-12는 가로축에 n_s, 세로축에 η_t를 잡아 각종 송풍기의 $n_s \sim \eta_t$관계를 나타낸 것이다. 이것은 송풍기 설계에 있어서 기종을 결정하는 데 중요한 참고자료가 된다.

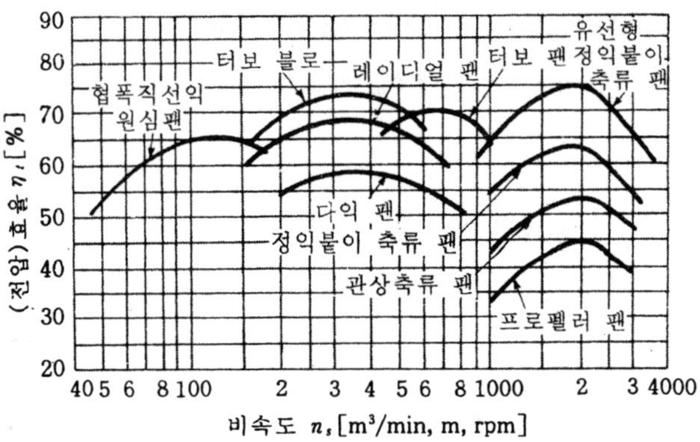

그림 1-12 각종 송풍기의 효율

예제 1-3 어떤 송풍기가 960rpm으로 운전될 때 풍량이 15m^3/min, 송풍기 전압은 48mmAq이다. 같은 송풍기로서 1440rpm으로 운전된다면 풍량과 송풍기 전압은 어느 정도로 되는가?

[풀이]

구하는 풍량은 식 (1-8)에 의하여

$$Q_2 = Q_1\left(\frac{D_2}{D_1}\right)^3 \frac{N_2}{N_1} = Q_1\frac{N_2}{N_1} = 15\times\frac{1440}{960} = 22.5\ [\mathrm{m^3/min}]$$

구하는 전압은 식 (1-9)로부터

$$p_{t2} = p_{t1}\frac{\gamma_2}{\gamma_1}\left(\frac{D_2}{D_1}\cdot\frac{N_2}{N_1}\right)^2 = p_{t1}\left(\frac{N_2}{N_1}\right)^2 = 48\left(\frac{1440}{960}\right)^2 = 108\ [\mathrm{mmAq}]$$

예제 1-4 어떤 팬이 1750rpm으로 회전할 때의 전압은 155mmAq, 풍량은 240m^3/min이다. 이것과 상사인 팬을 만들어 1650rpm에서 전압을 200mmAq로 할 때 풍량은 몇 m^3/min가 되는가?

[풀이]

풍량제어의 상태도 포함하여 구조가 상사인 경우에는 기내의 흐름의 상태도 상사가 된다. 따라서

$$N_1\frac{Q_1^{\ 1/2}}{(p_{t1}/\gamma_1)^{3/4}} = N_2\frac{Q_2^{\ 1/2}}{(p_{t2}/\gamma_2)^{3/4}}$$

일반적으로 $\gamma_1 \fallingdotseq \gamma_2$ 이므로

$$Q_2 = Q_1\left(\frac{p_{t2}}{p_{t1}}\right)^{3/2}\left(\frac{N_1}{N_2}\right)^2 = 240\left(\frac{200}{155}\right)^{3/2}\left(\frac{1750}{1650}\right)^2 = 580\ [\mathrm{m^3/min}]$$

연 습 문 제

1 흡입구와 송출구에 도풍관이 달린 송풍기에서 흡입구의 정압이 −37.5mmAq, 동압이 +6.5 mmAq, 송출구의 정압이 +19.0mmAq, 동압이 +12.5mmAq이면 송풍기의 전압과 정압은 각각 몇 mmAq가 되는가?

2 어떤 송풍기에 있어서 송풍기 전압 100mmAq하에 풍량 10m^3/min를 낸다. 전압효율을 50%되게 하자면 축동력은 몇 PS라야 하는가?

3 어떤 2단식 터보 팬을 6000rpm으로 회전시키면 풍량 0.5m^3/min일 때 송풍기 정압은 132mmAq, 축마력은 0.067PS가 된다. 이 팬의 회전수만을 바꾸어 8000rpm으로서 운전할 때, (1) 풍량, (2) 정압, (3) 축마력을 구하여라.

4 어떤 송풍기가 1000rpm일 때 공기(비중량 1.2kg$_f$/m^3)의 유량은 0.3m^3/min, 송풍기 전압은 60mmAq이다. 공기대신 가스(비중량 1.0kg$_f$/m^3)로 같은 송풍기가 동일 회전수로 운전될 때 유량은 변하지 않지만, 전압은 50mmAq가 되는 것을 증명하여라.

5 회전차의 바깥지름이 610mm인 송풍기가 바깥지름 원주속도 3000m/s로 회전할 때 300m^3/min의 풍량을 낸다. 회전차의 바깥지름이 1220mm되는 상사인 송풍기가 같은 원주속도로 회전할 때 그 풍량은 얼마가 되는가?

제2장

원심송풍기

2-1 구조와 작동원리

원심송풍기의 작동원리는 원심 펌프와 같다. 케이싱 안에 장치된 회전차의 회전에 의하여 기체에 주어진 원심력을 이용하여 기체를 압송하는 기계이다. 다만 구조상 약간의 차이가 있기 때문에 여기에서는 이에 대하여 설명하기로 한다.

1. 원심 팬

그림 2-1은 원심 팬의 구조를 나타낸다. 흡입구로 들어온 공기는 흡입쪽 댐퍼, 흡입통(suction cone)을 지나 회전차의 축방향으로 흡입된다.

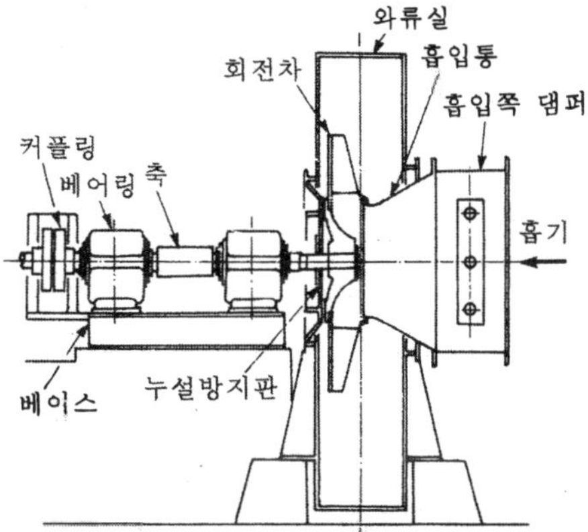

그림 2-1 편흡입형 원심 팬

회전차에 의하여 원심력을 받은 공기는 회전차의 바깥들레로부터 와류실로 들어가서 와류실을 돌면서 감속되어, 속도 에너지를 압력 에너지로 변환받아 송출구를 통하여 유출된다. 회전차가 끼여 있는 축은 베어링으로 지지되고, 축끝의 커플링을 지나 모터와 연결된다. 편흡입형 원심 팬은 그림 2-1과 같이 그 회전차가 축단에 현수되나, 양흡입형 원심 팬의 회전차는 그림 2-2에서와 같이 양쪽 베어링에 의하여 지지된다. 원심 팬의 케이싱은 강판제이고, 분해하는 데 편리하도록 여러 개로 분할하여 조립한다.

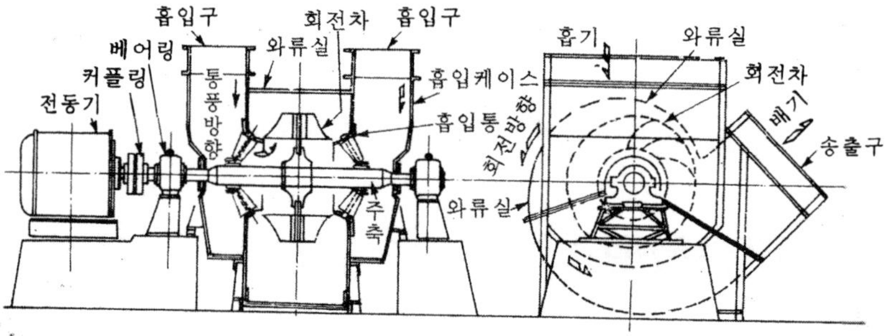

그림 2-2 양흡입형 터보 팬

다익 팬의 깃 출구각도는 120∼150°로서 다른 팬보다 원주속도를 작게 설계할 수 있으므로 소형이 되고, 빌딩의 환기 등에 사용된다. 레이디얼 팬은 깃 내부의 상대속도가 작기 때문에 마모가 심한 용도에 사용되고, 라이너를 교환하기 쉬운 구조로 만든다. 터보 팬은 깃 출구각도가 35∼45°로서 보일러의 강제통풍, 광산의 환기를 비롯하여 널리 이용되고 있다.

2. 원심 블로어

그림 2-3은 회전차를 전동기의 축끝에 현수시킨 비교적 소 용량의 편흡입형 1단 원심 블로어의 구조도이다. 형체는 원심 팬과 유사하지만, 회전차와 와류실 사이에다 디퓨저(diffuser)를 설치하여 회전차에서 나온 흐름을 효율이 좋게 감속시키고 있다. 케이싱은 강판제의 것도 있지만, 보통 주철제이다.

원심 블로어의 회전차의 모양은 비속도에 따라 변하기도 하지만, 강도상의 제약때문에 원주속도에 따라 대략 그림 2-4와 같은 종류가 있다. 원심 압축기와 같이 고속일 때는 보스와 주판은 일체가 되도록 하고, 더욱 고속이 되면 전체를 통째로 깎아 측판이 없는 구조로 한다. 깃을 주·측판에 붙이는 방법은 그림 2-5에 표시한 바와 같이 여러 가지가 있다. 비교적 저속이고, 깃폭이 넓을 때에는 (a), 좁을 때에는 리벳이음의 편의상 (b) 또는 (c), 고속이 되면 (d))와 같이 깃과 리벳을 통째로 깎아 낸 것을 주판과 측판의 구멍에 삽입하여 조립한다. 소위 다족형이라 불리는 것이 쓰인다. 추력의 평형에는 밸런스 피스톤을 사용하고, 다단인 경우 안쪽은 최종단의 압력에, 바깥쪽은

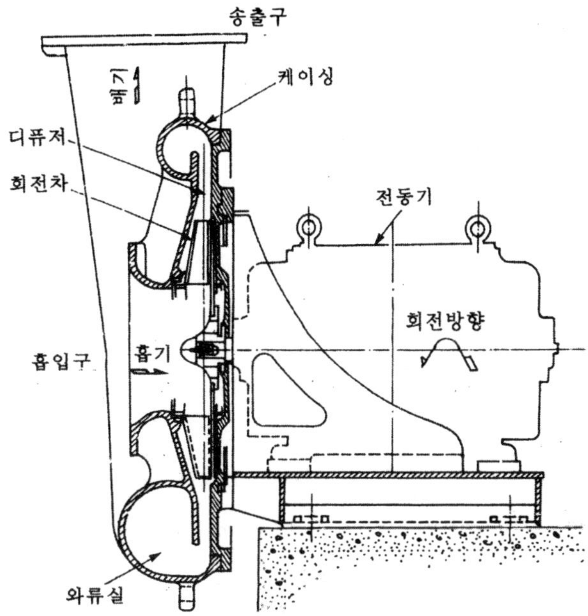

그림 2-3 편흡입형 1단 원심 블로어

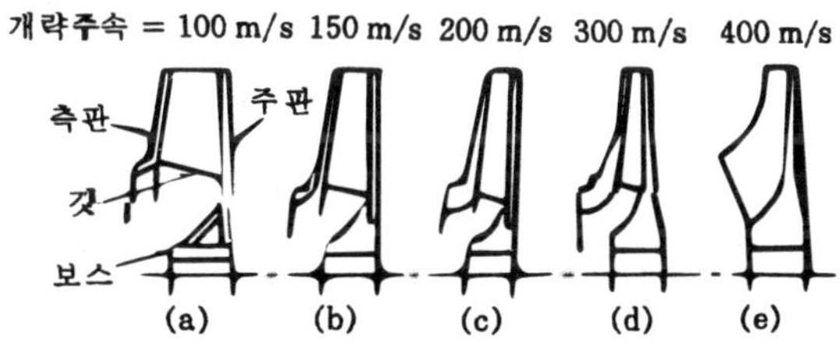

그림 2-4 원주속에 따른 원심 회전차의 모양

1단 흡입쪽에 통하도록 하여 그 차압에 의하여 회전차로 인한 추력과 반대 방향의 추력을 밸런스 피스톤이 받도록 한다. 균형되지 않고 남는 추력은 드러스트 베어링이 받도록 한다. 축봉장치는 그랜드 패킹, 래비린드 패킹, 수봉장치, 유봉장치 등이 사용된다.

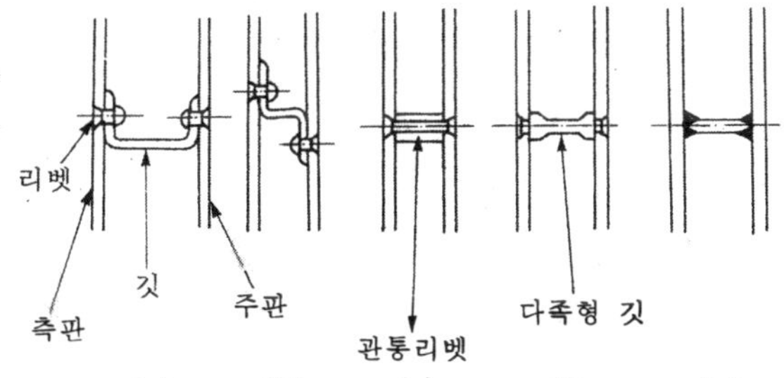

그림 2-5 원심 회전차의 조립방법

2-2 원심 불로어의 회전차

송풍기의 성능은 송풍기 내의 각부 구조에 따라 결정된다. 다음에 회전차, 케이싱의 순으로 송풍기의 주요 부분이 성능에 미치는 영향을 실험 결과로써 알아 보기로 한다.

1. 깃의 경사

익현길이와 회전차의 바깥둘레가 이루는 각, 깃의 출구 설치각 β_2를 각각 50°, 73°, 90°, 111°, 134°가 되는 5종류의 회전차를 그림 2-6에 표시한다. 그림 2-7은 이들 5대의 송풍기의 특성 곡선을 나타낸다. 이 때의 회전차의 깃수는 모두 32매로 일정하게 잡았는데, 16매, 8매, 4매에 대해서도 각각의 특성 곡선을 택하고, 이들을 기본으로 하여 가로축에 설치각 β_2를, 세로축에 최고 전압효율, 이 때의 송풍기 전압 및 풍량을 잡아서 정리하면 그림 2-8과 같이 된다.

효율은 설치각 β_2가 작을수록 높다. 원심 송풍기 중에서는 설치각 β_2가 작은 터보 팬이 효율이 좋은 것과 일치한다. β_2가 점점 커짐에 따라 효율이 떨어지게 되는 것은 $\beta_2 = 90°$의 레이디얼 팬이나 $\beta_2 > 90°$인 다익 팬의 효율이 떨어지게 되는 것을 실증한다. β_2를 크게 하면 최고 효율점의 전압과 풍량이 각각 크게 된다. 같은 크기의 구조, 동일회전에서는 터보 팬보다는 레이디얼 팬,

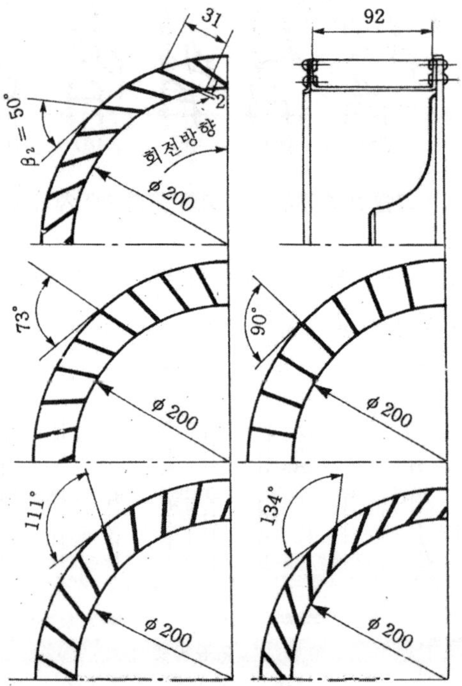

그림 2-6 깃의 출구 설치각(β_2)

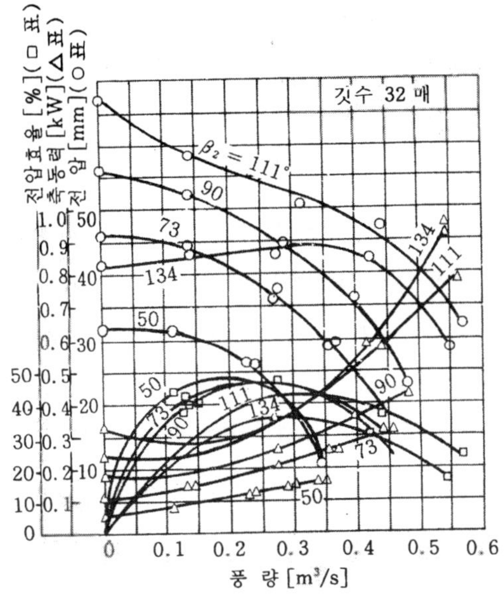

그림 2-7

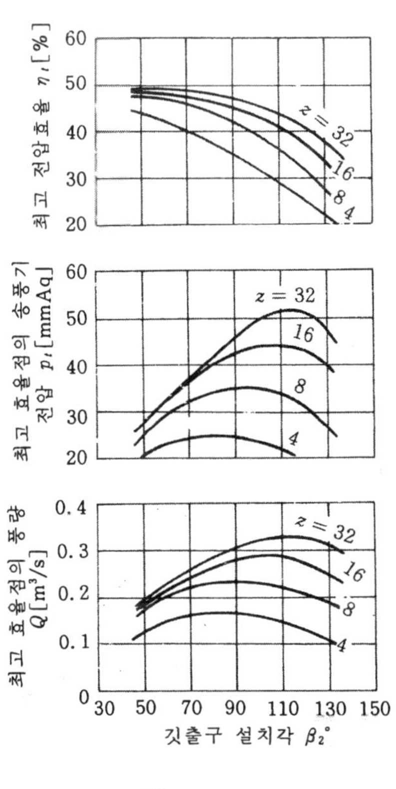

그림 2-8

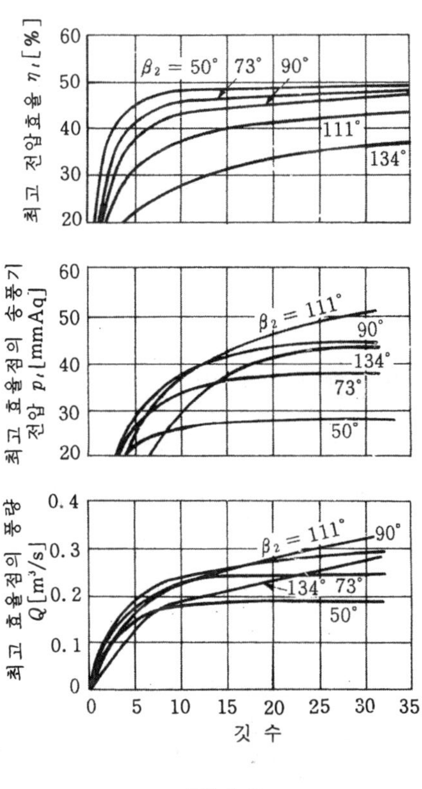

그림 2-9

이보다는 다익 팬이 풍압, 풍량이 다같이 증가한다는 것이 추정된다. 효율은 희생시키더라도 소형으로 하기 위해서는 터보 팬보다 레이디얼 팬, 이보다는 다익 팬이 좋다는 것을 알 수 있다.

2. 깃수

송풍기 회전차의 깃수 z는 그 종류에 따라 다르다. 보통 볼 수 있는 다익 팬은 32~48~66매, 레이디얼 팬은 6~12매, 터보 팬은 14~24매이다. 이들 중에도 회전차의 안지름과 바깥지름의 비 $D_1/D_2(<1)$에 따라 달라지고, 이 비가 1에 가까워질수록 깃수는 많아지게 된다.

깃수를 증가시킬수록 성능은 높아질 것 같지만, 실제로는 어느 수 이상에서는 더 이상의 성능은 높아지지 않고 때로는 떨어지는 수도 있다. 그림 2-9는 깃수 z와 최고 전압효율, 최고 효율점의 풍압, 풍량의 관계를 나타낸다. 깃수 z를 증가해 가면 효율, 풍압, 풍량은 각각 처음에는 급격히 증대하지만 어느 깃수 이상에서는 거의 그 상승률이 그친다. 이 경향은 깃의 출구 설치각 β_2가 다른 각종 원심 송풍기에 대해서도 공통으로 적용된다고 할 수 있는 것이다. 한편 회전차의 중량이나 경제성을 고려하여 깃수는 무작정 많이 잡지 않는 것이 좋다. 깃수 z를 정하는 실험식으로서는

$$z=\frac{2\pi\sin\dfrac{\beta_1+\beta_2}{2}}{(0.35\sim0.45)\log\dfrac{D_2}{D_1}}\ \text{(Eckert의 식)} \qquad (2\text{-}1)$$

$$z=\frac{4\pi\sin\beta_2}{1.5\{1-(D_1/D_2)\}}\fallingdotseq 8.5\frac{\sin\beta_2}{1-(D_1/D_2)}\ \text{(Eckert의 식)} \qquad (2\text{-}2)$$

등이 있다. 실제로 깃수를 정하는 경우, 이와 같은 식은 참고에 그치고, 오히려 앞서의 실예나 실험에 의한 쪽이 안전하다.

3. 원심송풍기 기종 간의 비교

그림 2-10은 깃이 다른 5가지 원심 송풍기의 특성을 함께 나타낸 것이다. 모두 최고 효율점에서의 송풍기 정압, 축동력 및 풍량을 각각 100%로 하여, 최고 효율점에서의 각 값을 일치시켜 나타내었다.

그림에서 깃의 경사에 따라 송풍기의 종류를 구분하면

(a) 전경 깃……다익 팬

(b) 외경 반지름 방향 깃

(c) 외경 후경 깃……한정부하 팬

(d) 전반지름 방향 깃……레이디얼 팬

(e) 전후경 깃……터보 팬, 익형 팬

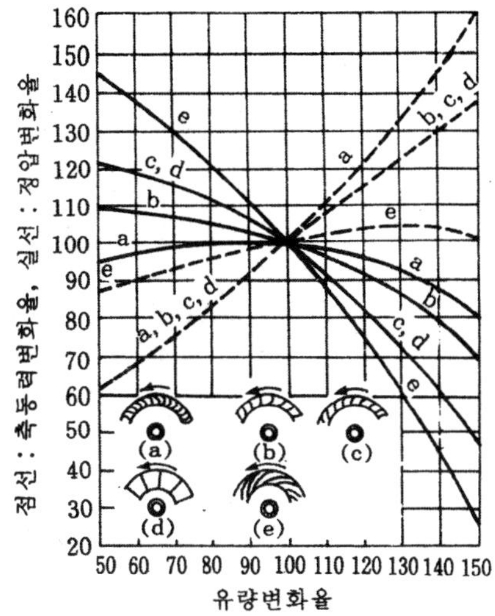

그림 2-10

으로 분류되는데, 그림에 표시한 바와 같이 송풍기 정압은 풍량의 변화에 대하여 (e)의 경우가 가장 심하게 변하고, (d), (c), (b), (a)의 순으로 완만해진다. (e)의 경우가 가장 효율이 좋고, (d), (c), (b), (a)의 순으로 효율이 떨어지게 되지만, (e), (d), (c), (b), (a)의 순으로 소요 풍압, 풍량에 대하여 소형이 되는 것은 전술한 바와 같다. 그림에서 축동력은 풍량의 변화에 대하여 (e)의 경우가 가장 평탄하고, (d), (c), (b), (a)의 순으로 크게 변화하는 것은 풍압의 경우와 서로 반대가 된다.

그림 1-3에서 회전차의 바깥지름에서의 원주속도를 u, 상대유속을 w, 이들의 합성인 절대유속을 v라 하면, 절대유속 v는 전경 깃의 경우가 가장 크고, 반지름 방향 깃, 후경 깃의 순으로 작아진다. 전경 깃의 경우가 회전차 출구에서 가장 빠른 유속을 내는 것이 된다. 회전차에서 나온 유속의 대부분은 회전차 둘레의 케이싱에서 정압으로 회수되지 않으면 안 되므로, 전경 깃의 경우는 이 부담의 증대에 의한 손실이 가장 커진다는 것을 생각할 수 있다. 실제로 원심 송풍기 풍량은 전경 깃인 다익 팬이 최대가 되지만, 효율은 최하위가 되는 것을 이상의 사실에서 알 수 있다.

4. 회전차의 바깥지름

그림 2-11(a)와 같이 회전차의 안지름 및 그 밖의 구조는 똑같이 하고, 회전차의 바깥지름만을 다르게 한 2대의 원심 송풍기의 특성 곡선을 실험으로 구해 본 결과 그림 (b)와 같이 되었다. 이것을 보면 회전차의 바깥지름을 크게 할 때 풍량은 그다지 변하지 않지만, 풍압은 눈에 띌 정도로 높아진다는 것을 알 수 있다.

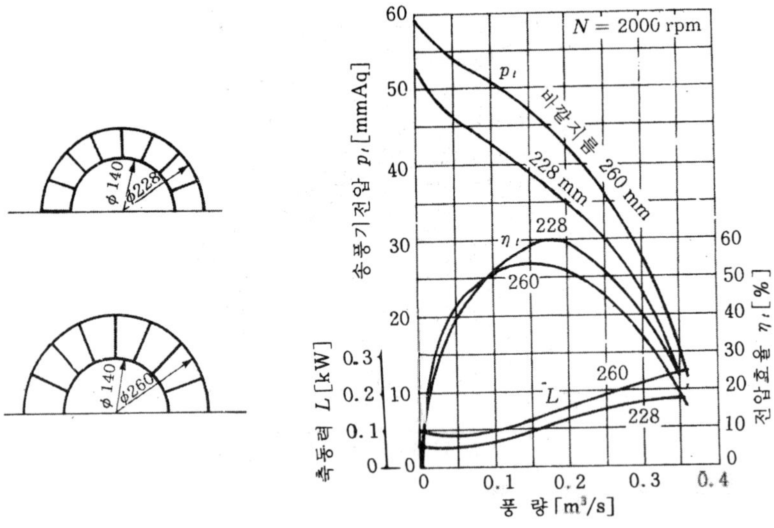

(a) (b)

그림 2-11

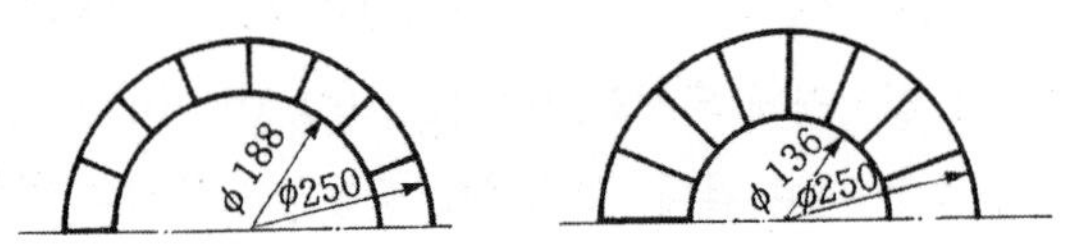

(a)

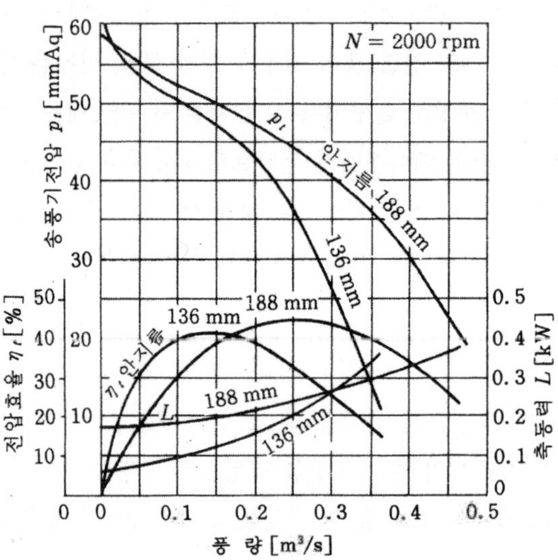

(b)

그림 2-12

5. 회전치의 안지름

그림 2-12와 같이 회전차의 바깥지름 및 그 밖의 구조는 동일하게 하고, 회전차의 안지름만을 달리한 2대의 원심 송풍기의 특성 곡선을 실험으로 구한 결과 그림 (b)와 같이 되었다. 그림에서 보는 바와 같이 회전차의 안지름을 크게 함에 따라 풍압은 그다지 변하지 않지만, 풍량이 많아지므로 성능곡선은 풍량이 많은 쪽으로 이동함을 알 수 있다. 회전차의 안지름은 풍량에 크게 영향을 미친다.

6. 깃 폭(축방향 길이)

그림 2-13에서 흡입구의 단면적과 익렬입구의 단면적을 같게 하면 깃폭 b_1은

$$\frac{\pi}{4} D_1^{\ 2} = \pi D_1 b_1$$

$$\therefore\ b_1 = 0.25 D_1 \tag{2-3}$$

이 된다. 여기서 D_1은 회전차의 안지름이다.

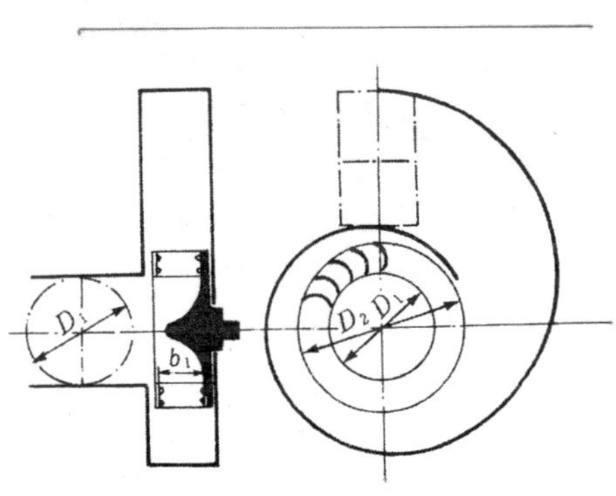

그림 2-13

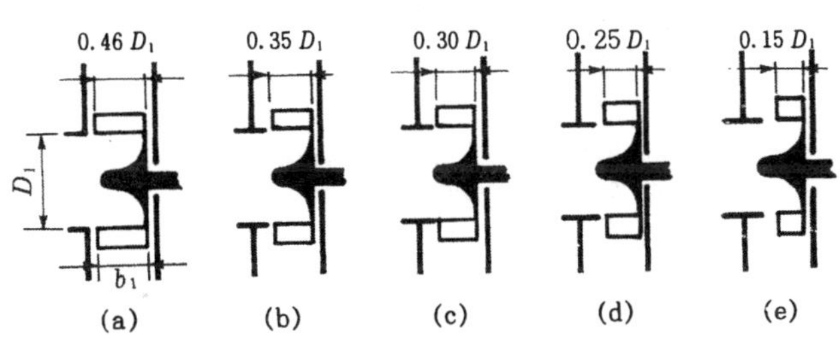

그림 2-14

그림 2-14에서 (d)가 바로 윗식을 만족하는 깃폭의 것이고, (c), (b), (a)는 각각 $b_1 = 0.3D_1$, $0.35D_1$, $0.46D_1$으로 점차 깃폭을 크게 한 것이며, (e)는 반대로 $b_1 = 0.15D_1$으로 작게 한 것이다. 이와 같이 깃폭만을 바꾸고 그 밖의 깃은 동일하게 한 송풍기의 특성 변화를 실험으로 구하였다.

그림 2-15는 이들 5종의 송풍기의 특성 곡선을 나타낸다. 이로부터 b_1/D_1을 가로축에, 세로축에는 최고 효율점에서의 풍량, 전압을 나타낸 것이 그림 2-16이다.

이 그림에서 다음 사실을 알 수 있다. 송풍기 전압효율은 (e)의 경우가 가장 낮고, (d), (c)의 순으로 서서히 상승하여 (b), (a)에서는 거의 일정해진다. (d)의 경우는 $(\pi/4)D_1{}^2 = \pi D_1 b_1$, 깃폭이 $b_1 = 0.25D_1$이지만, 깃폭이 이보다 조금 큰 곳에서 전압효율은 최고로 되고, 이후 일정해진다.

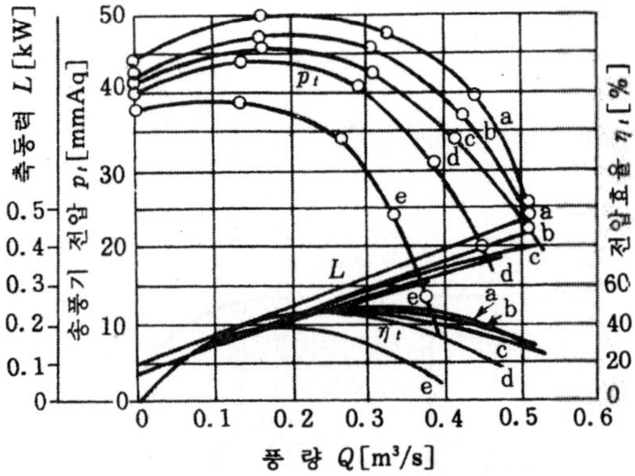

그림 2-15

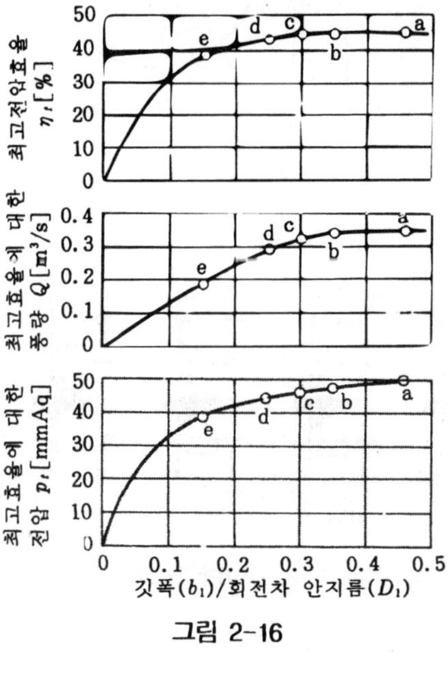

그림 2-16

풍량도 (e), (d), (c)의 순으로 증대하고, (b), (a)에서 거의 일정해진다. 풍량을 증대시키는 의미에서도 깃폭을 계산에서 정한 $0.25D_1$보다 크게 하는 것이 좋다는 것을 알 수 있다.

다음으로 송풍기 전압도 (e), (d), (c), (b), (a)의 순으로 높아진다. 이 점에서도 깃폭을 충분히 크게 잡는 것이 좋다는 것을 알 수 있다. 실제로 시판되고 있는 원심 팬에서는 어느 것이나 깃폭을 충분히 크게 하고 있다.

2-3 케이싱

1. 와류실 곡선의 모양

그림 2-17에 나타낸 바와 같이 폭이 일정한 케이싱의 와류실 곡선으로서는 아르키메데스 나선(Archimedean spiral)과 대수나선(logarithmic spiral)을 생각할 수 있다.

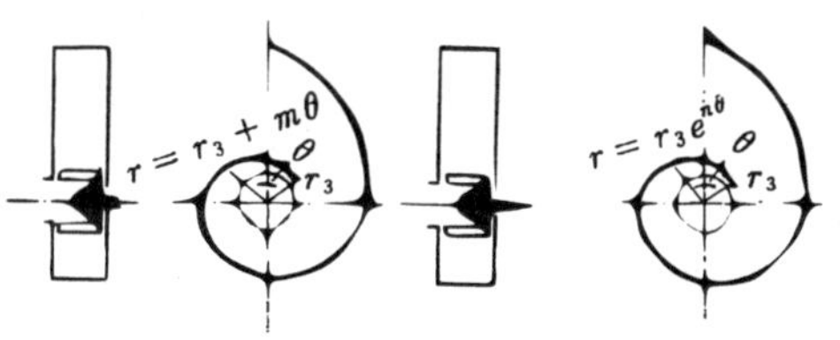

(a) (b)

그림 2-17

아르키메데스 나선이란 회전차 축심에서 와류곡선까지의 안지름 r가 축심을 중심으로 한 각도 θ에 비례하여 증대하는 곡선이다. 이 경우의 반지름 r는 다음 식으로 표시된다.

$$r = r_3 + m\theta \tag{2-4}$$

여기서, r_3는 와선시점의 지름이고, m은 상수이다.

이에 대하여 대수나선은 회전차로부터 나온 기체가 회전하면서 방출될 때의 궤적으로서 자유소용돌이의 궤적에 상당한다. 이 때의 축심에서 와류곡선까지의 반지름 r는 다음 식으로 표시된다.

$$r = r_3 e^{m\theta} \tag{2-5}$$

여기서, r_3, θ는 각각 아르키메데스 나선 때와 같은 기호이고, n은 상수이다.

그림 2-18은 실험 때 사용한 2나선의 와류곡선인데, 다른 조건을 같게 하기 위하여 와선시점 ($\theta = 0°$)에서 송출구($\theta = 420°$)까지를 각각 식 (2-4), (2-5)에 따라 잡고, 각각의 송출구 단면

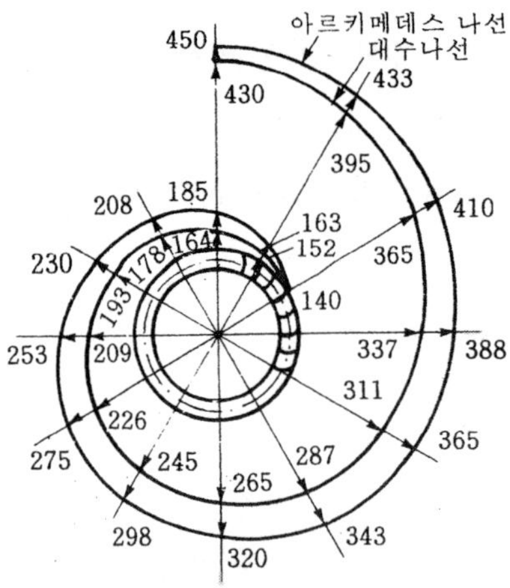

그림 2-18

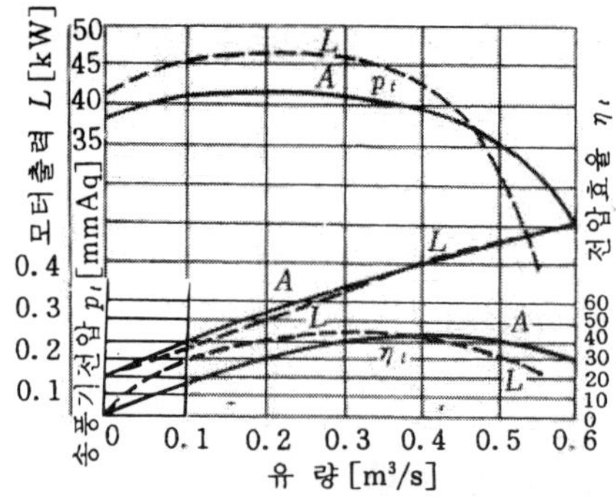

그림 2-19

적도 같게 했다. 이 두 가지의 와류실에 동일한 회전차를 붙여서 특성 곡선을 실험으로 구한 결과 그림 2-19와 같이 되었다.

이 그림에서 다음과 같은 사실을 알 수 있다. 첫째로 최대 풍량과 최고 효율점에서의 풍량은 다 같이 아르키메데스 나선쪽이 크다. 둘째로 풍압과 효율은 아르키메데스 나선쪽이 전풍량에 걸쳐 균일하다. 셋째로 축동력은 대체로 같다.

이상과 같은 사실로 케이싱의 와류곡선으로서는 아르키메데스 나선이 널리 사용되고 있다.

2-4 설계(레이디얼 팬)

1. 회전차 주요 치수와 비속도

각종 송풍기에 대하여 이들 여러 요소에 관한 설계 상수를 비속도 n_s에 대하여 실험으로 구해 누면 설계할 때 편리하다.

그림 2-20과 같은 레이디얼 팬을 예로 들어 이들의 관계를 나타낸 것이 그림 2-21이다. 회전차의 바깥지름 D_2는 다음 식으로 구해지지만, 식 중 K_u의 값은 그림 2-21에 나타낸 바와 같이 n_s에 의하여 정해진다.

$$D_2 = \frac{60 K_u \sqrt{2g p_t / \gamma}}{\pi N} \text{ [m]} \tag{2-6}$$

여기서, p_t : 송풍기 전압[kg$_f$/m^2], γ : 기체의 비중량[kg$_f$/m^2], g : 중력가속도[=9.8m/s^2], N : 매분 회전수[rpm]이다.

회전차의 안지름과 바깥지름의 비 D_1/D_2도 같은 그림에서 n_s에 의하여 정해진다. 다음에 회전차의 안지름과 바깥지름에 있어서의 깃폭을 각각 b_1, b_2라 하면 b_1/D_2, b_2/D_2도 같은 그림에서 n_s에 따라 정해진다.

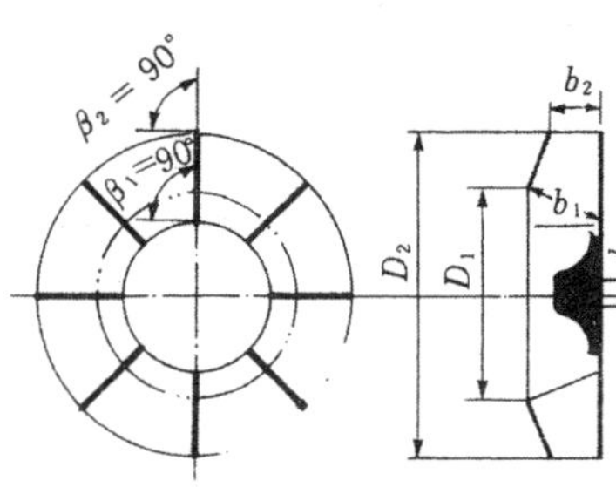

그림 2-20

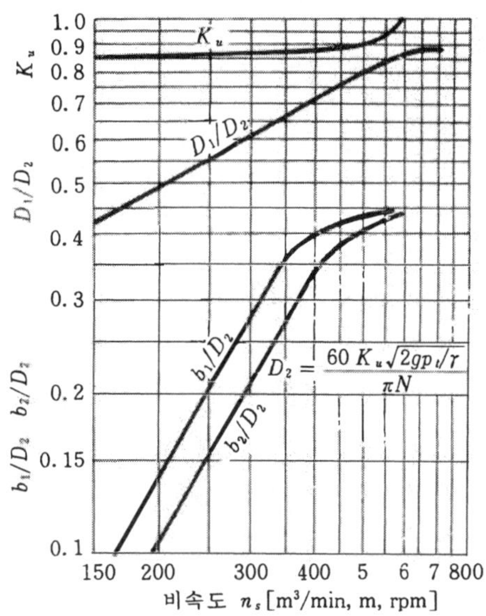

그림 2-21

그림 2-22

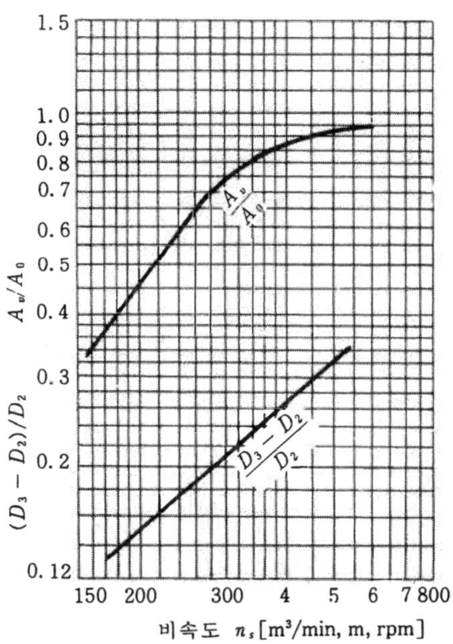

그림 2-23

2. 와류실과 비속도

레이디얼 팬의 케이싱에 대한 여러 상수와 비속도 n_s와의 관계를 그림 2-23에 표시한다. 그림 2-22에서 와선시점을 지나는 원주의 지름을 D_3라 하면 $(D_3-D_2)/D_2$(D_2는 회전차의 바깥지름)는 그림 2-23에서의 n_s의 함수로 표시된다. 스파이럴 케이싱의 목(throat)부분의 최소 단면적을 A_v라 하면, 이것과 회전차 입구 단면적 $A_0[=\pi D_1{}^2/4]$와의 비도 그림 2-23에 나타낸 바와 같이 n_s에 따라 정해진다.

3. 설계 순서

레이디얼 팬에 대한 예제를 가지고 원심 팬의 설계 순서를 설명한다.

예제 2-1 회전수가 1570rpm일 때 송풍기 전압 134mmAq, 풍량 57m³/min을 내는 레이디얼 팬을 설계하여라. 단, 공기의 비중량은 1.2kgf/m³이다.

[풀이]

(a) 회전차(그림 2-20 참조)

(1) 비속도 $n_s=N\dfrac{Q^{1/2}}{(p_t/\gamma)^{3/4}}=1570\times\dfrac{57^{1/2}}{(134/1.2)^{3/4}}=346$

(2) 송풍기의 종류, 전압효율 : 그림 1-12에서 $n_s=346$에 대한 것으로 전압효율 $\eta_t=69\%$인 레이디얼 팬을 선정한다.

(3) 축동력 $L=\dfrac{p_t Q}{4500\,\eta_t}=\dfrac{134\times57}{4500\times0.69}=2.45\,[\mathrm{PS}]$

(4) 원동기 동력 $L_d=kL=1.2\times2.45=2.94\,[\mathrm{PS}]$, $k=1.2$는 제II편 표 2-3에 의한다.

(5) 회전차축의 비틀림 모멘트

$$M_d=71,620\frac{L}{N}=71,620\frac{2.45}{1570}=118\,[\mathrm{kg_f\cdot cm}]$$

(6) 회전차의 축지름

$$d=c\cdot\sqrt[3]{\frac{16}{\pi}\cdot\frac{M_d}{\sigma_t}}=1.5\times\sqrt[3]{\frac{16}{\pi}\times\frac{118}{150}}=2.32\,[\mathrm{cm}]$$

단, 안전계수 $c=1.5$, 허용 비틀림 응력 $\sigma_t=150\,[\mathrm{kg_f/cm^2}]$

(7) 회전차의 바깥지름

$$D_2=\frac{60K_u\sqrt{2gp_t/\gamma}}{\pi N}=\frac{60\times0.86\times\sqrt{2\times9.8\times134/1.2}}{\pi\times1570}=0.49\,[\mathrm{m}]$$

$K_u=0.86$은 그림 2-21에서 $n_s=346$에 대하여 구하였다.

(8) 회전차의 안지름 D_1 : 그림 2-21에서 $n_s=346$에 대하여 $D_1/D_2=0.67$에서

$$D_1=0.67\times0.49=0.33\,[\mathrm{m}]$$

(9) 회전차의 출구폭 b_2와 입구폭 b_1(그림 2-20 참조) : 그림 2-21에서 $n_s=346$에 대하여

$$\frac{b_2}{D_2}=0.27 \qquad b_2=0.27D_2=0.27\times0.49=0.132\ [\mathrm{m}]$$

$$\frac{b_1}{D_2}=0.36 \qquad b_1=0.36D_2=0.36\times0.49=0.176\ [\mathrm{m}]$$

(10) 깃수

$$z=2.35\frac{D_2+D_1}{D_2-D_1}=2.35\times\frac{0.49+0.33}{0.49-0.33}=12.06$$

따라서 $z=12$매로 한다.

(b) 스파이럴 케이싱(그림 2-22 참조)

(1) 스파이럴 시점을 지나는 원의 지름 D_3 : 그림 2-23에서 $n_s=346$에 대하여 $D_3-D_2/D_2=0.238$, 이것으로부터

$D_3=(1+0.238)D_2=1.238\times0.49=0.607\ [\mathrm{m}]$

(2) 목부분의 최소 단면적 A_v : 그림 2-23에서 $n_s=346$에 대하여 $A_v/A_0=0.92$, 이것으로부터

$$A_v=0.92A_0=0.92\times\frac{\pi}{4}D_1^{\,2}=0.92\frac{\pi}{4}\times0.33^2=0.0789\ [\mathrm{m}^2]$$

(3) 스파이럴 곡선 : 스파이럴 시점에서 송출구로 향한 스파이럴 곡선은 각 단면적이 회전차의 축심을 중심으로 하는 각도에 비례하여 증대하도록 정한다.

연 습 문 제

1 매분 1880회전에서 송풍기 전압 245mmAq, 풍량 51m^3/min를 충족시키는 레이디얼 팬의 비교회전수를 구하고, 그 효율의 최고값을 추정하여라. 단, 가스의 비중량은 1.2kg$_f$/m^{3}라 한다.

2 매분 1880회전에서 송풍기 전압 245mmAq, 풍량 51m^3/min를 충족시키는 레이디얼 팬의 축동력, 전동기 동력(벨트걸이), 회전차의 축지름을 계산하여라. 단, 송풍기 전압효율은 60%, 차축의 비틀림 응력은 150kg$_f$/cm^{2}라 하고, 안전계수는 1.5이다.

3 매분 1880회전에서 송풍기 전압 245mmAq, 풍량 51m^3/min를 충족시키는 레이디얼 팬의 회전차의 바깥지름 D_2, 안지름 D_1, 회전차의 출구폭 b_2, 입구폭 b_1 및 깃수 z를 결정하여라. 단, 가스의 비중량은 1.2kg$_f$/m^{3}라 한다.

4 매분 1880회전으로 송풍기 전압 245mmAq, 풍량 51m^3/min를 내는 레이디얼 팬의 설계에서 스파이럴 케이싱의 주요 치수 A_v, D_3를 구하여라. 단, 회전차의 바깥지름, $D_2 = 550$ mm, 안지름 $D_1 = 302$ mm, 공기의 비중량 $\gamma = 1.2$ kg$_f$/m^{3}이다.

제3장

축류송풍기

3-1 구조와 작동원리

축류송풍기도 그 압력의 상승 정도에 따라 축류 팬과 축류 블로어로 나누어지는 데, 그 작동원리는 축류 펌프와 같고 구조도 비슷하다.

1. 축류 팬

그림 3-1의 직관형 1단 축류 팬의 흡입구에서 회전차의 축방향으로 들어온 기체는 동익의 익렬을 지나는 사이에 감속됨으로써 압력상승을 얻는다. 익렬을 나온 흐름은 안내깃에서 속도 에너지가 효율좋게 압력 에너지로 변환되어 정압상승을 얻은 후 회전차의 축방향으로 송출구를 통하여 유출한다.

그림 3-1에서 보는 바와 같이 모터는 스테이(stay), 안내깃에 의하여 지지되며, 케이싱 속에 내장된다. 회전차는 보통 경금속제이고 모터 축 끝에 현수된다.

그림 3-1 직관형 1단 축류 팬

통기에 의하여 모터는 냉각되기 때문에 이것을 소형으로 할 수 있다. 축류 팬은 직관의 일부에 삽입할 수 있는 것과 원심식보다 회전수를 높게, 소형으로 할 수 있는 점이 유리하다. 동일 축에 2개의 회전차를 꽂은 2단의 대형 축류 팬에서는 케이싱 내부에 베어링을 장치하여 축을 지지하고, 중간축을 매개로 하여 외부에 설치된 모터로 구동된다.

회전차의 동익의 각도를 바꾸어 풍량을 조정하는 가변피치 조절장치를 갖추고 있다. 동익은 보통 경합금 주물로 제작하고, 익형 단면을 가지며, 주철제, 주강제, 강판제의 보스에 붙여진다. 케이싱, 내통, 안내깃은 강판의 용접구조이다. 정익의 각도를 바꿈으로써 풍량을 조절하는 구조도 있는데, 이 쪽이 동익인 경우에 비하여 구조가 간단하다.

2. 축류 블로어

압력이 1000mmAq 이상 $1kg/cm^2$까지의 것을 축류 블로어라 하는데, 구조는 대략 축류 팬, 축류 압축기 중 어느 것과 유사하며, 취급하는 풍량의 크기에 따라 결정된다.

3-2 동익과 정익

1. 동익의 경사

축류 펌프에서 설명한 바와 같이 깃의 경사, 깃의 설치각 β(보통 깃은 틀어져있으므로 β의 값은 각 지름에 따라 다르다. 그림 3-2 참조는 특성 곡선에 가장 큰 영향을 미친다. 그림 3-3은 회전차의 바깥지름에 있어서의 깃의 설치각 β를 여러 가지로 바꾸었을 때의 특성 곡선이다. 그림에서 보는 바와 같이 β의 증가에 비례하여 풍량 Q는 증가한다. 전압 p_t나 효율 η_t는 그다지 변하지 않는다. 예컨대, 최고 효율점에 대한 각각의 값을 잡아 보면 알 수 있다.

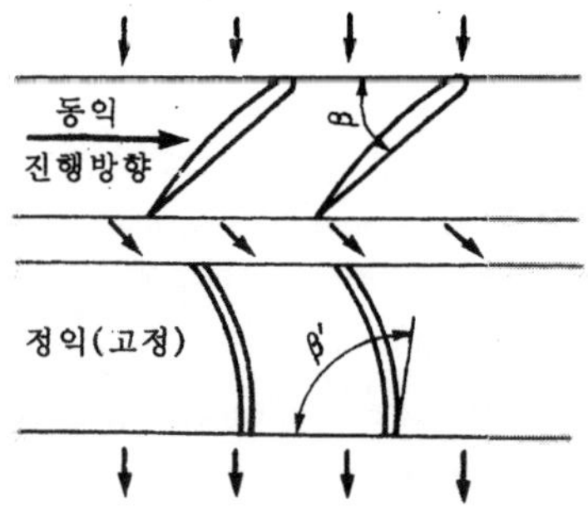

그림 3-2

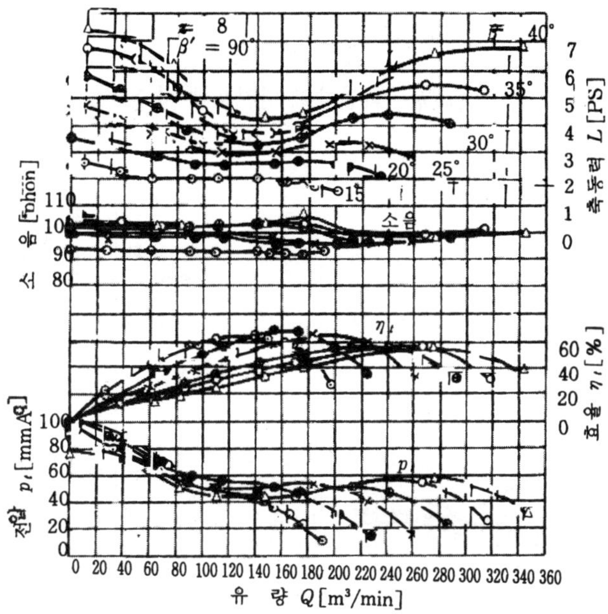

그림 3-3 동익의 β에 따른 특성 곡선

2. 동익의 깃수 z

그림 3-4는 깃수 z를 여러 가지로 바꾸었을 때의 특성 곡선의 변화를 나타낸 것이다. 이것으로

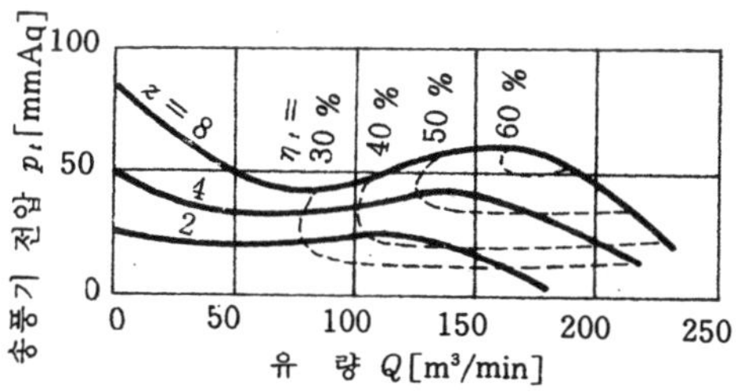

그림 3-4

부터 깃수 z와 최고 효율 η, 그 때의 송풍기 전압 p_t, 풍량 Q, 비속도 n_s의 관계를 구한 것이 그림 3-5이다. 그림에서 나타낸 바와 같이 효율, 풍량, 풍압은 깃수 z의 증가에 따라 상승하지만, z의 어느 값 이상에서는 각각 일정하게 된다. 축류 송풍기의 경우에도 깃수 z는 어느 값 이상으로 증가할 필요가 없다는 것을 알 수 있다. 그림에서 보는 바와 같이 z의 증가에 따라 비속도 n_s는 감소하지만, 이것도 z의 어느 값 이상에서는 일정하게 된다. 다음 식은 축류 송풍기의 깃수 z에 대한 Madison의 실험식이다.

$$z = (4 \sim 6)\frac{\nu}{1-\nu} \tag{3-1}$$

여기서 ν는 허브 비($= D_i / D_0$ = 회전차의 안지름과 바깥지름의 비)이다.

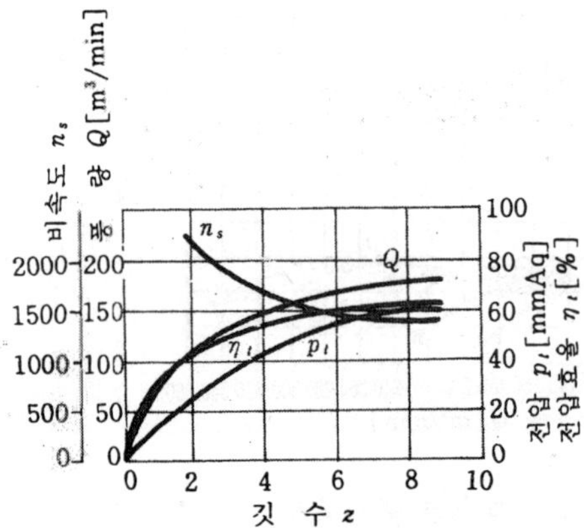

그림 3-5

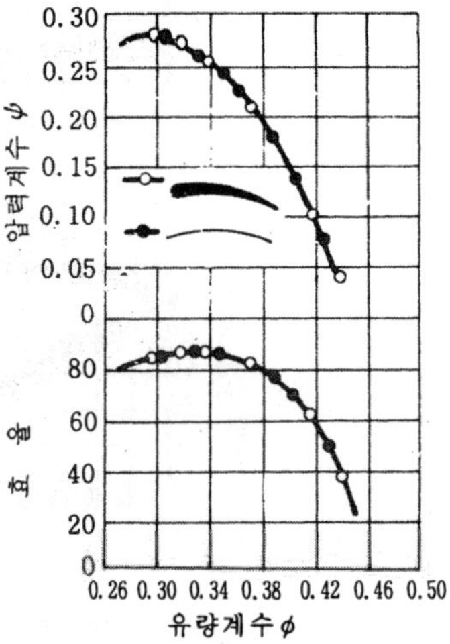

그림 3-6

3. 동익의 두께

축류 팬에 관한 Eckert의 실험결과를 그림 3-6에 표시하였는데, 이것에 따르면 골격선(camber line)과 깃의 비틀림이 동일한 익형과 곡판에서는 헤드～유량곡선 및 효율～유량곡선은 각각 동일 곡선상에 온다. 이에 따르면 깃의 두께는 풍압이나 풍량, 효율에 그다지 큰 영향을 주지 않는다.

4. 정익

축류 송풍기의 정익으로서는 그림 3-2와 같은 원호익이 많이 쓰인다. 이것은 제작이 간단하기 때문이고, 고급품이 되면 익형의 깃을 사용한다

그림 3-7은 원호익의 출구 설치각 β'를 여러 가지로 바꾼 경우의 특성 곡선이다(β'의 값은 바깥지름에서의 값).

그림에 의하면 β'의 변화에 대하여 축동력이나 소음은 변하지 않지만, 풍량과 전압은 변하고, 정익 출구의 방향이 대략 회전차의 축방향($\beta' = 90°$)인 경우 효율이 가장 높다.

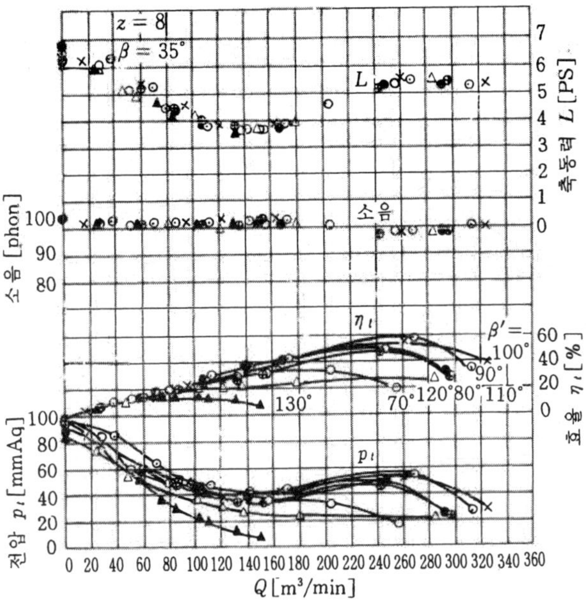

그림 3-7

3-3 설 계

1. 회전차의 주치수와 비속도

축류 펌프와 마찬가지로 회전차의 바깥지름 D_0는 다음 식으로 표시된다.

$$D_0 = \frac{60 K_u \sqrt{2g p_t / \gamma}}{\pi N} \tag{3-2}$$

여기서 p_t : 송풍기 전압[kgf/m²], γ : 가스의 비중량[kgf/m³], g : 중력의 가속도[m/s²], N : 매분 회전수[rpm]이다. 식 중의 K_u와 비속도 n_s의 관계는 그림 3-8과 같다.

다음에 회전차의 안지름(허브 지름) D_i가 바깥지름 D_0에 비하여 작아지고, 통풍로의 단면적이 커질수록 유량은 증가하며 헤드는 감소한다. 이에 따라 비속도 n_s는 커진다. 그림 3-9는 효율이 좋은 각종 축류 송풍기의 허브 비 $\nu = D_i / D_0$와 n_s의 관계이다.

회전차 바깥지름에서 동익의 익현길이 l과 피치 $t(=\pi D_0 / z)$와 비 l/t의 값은 비속도 n_s와 허브 비 ν에 따라 변화하며, 그림 3-10은 이들의 관계를 나타낸다. 그림 3-11은 깃수와 n_s와의 관계를 표시한다. 이상은 모두 실험에 의하여 구한 결과이다.

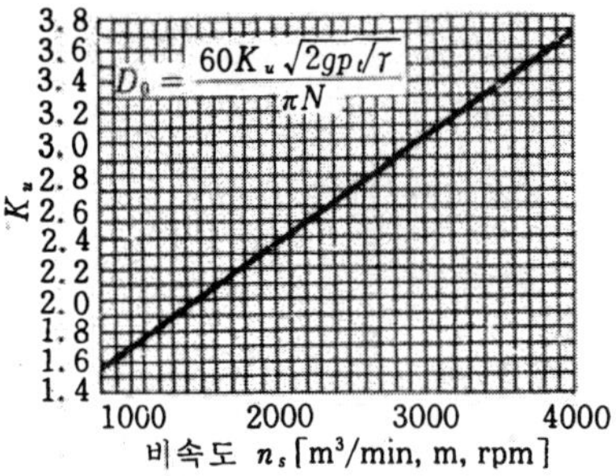

그림 3-8

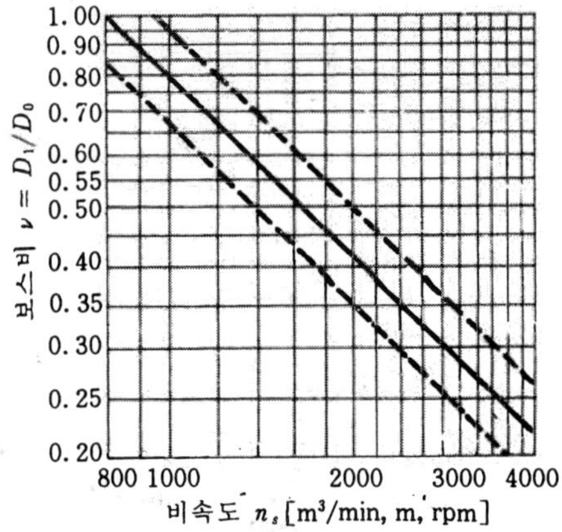

그림 3-9

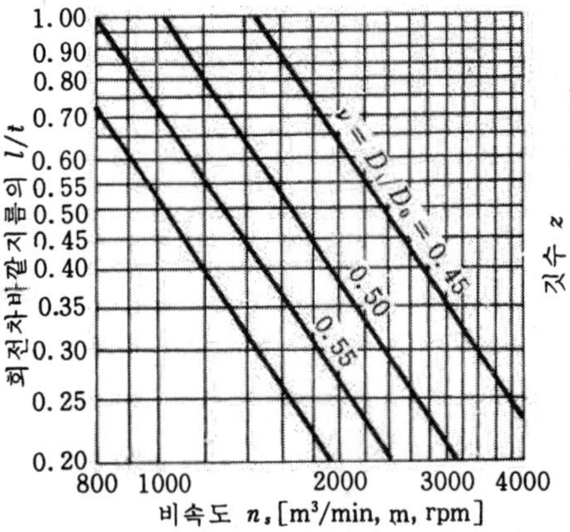

그림 3-10

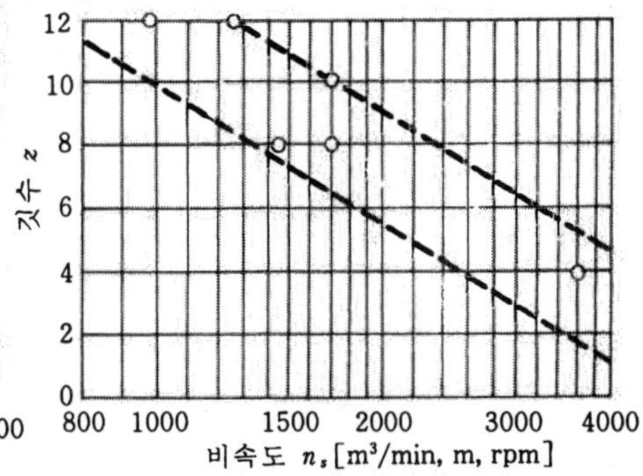

그림 3-11

2. 깃 이론

축류 송풍기의 깃 이론은 축류 펌프의 경우와 같으므로, 여기에서는 그 결과만을 기술한다.

(1) 동익의 경우

$$\tan\beta_\infty = \frac{v_m}{u - \{(v_{2u} + v_{1u})/2\}} \tag{3-3}$$

$$C_L\frac{l}{t} = \frac{2(v_{2u} - v_{1u})}{v_m} \cdot \frac{\cos\lambda\sin^2\beta_\infty}{\sin(\beta_\infty + \lambda)} \tag{3-4}$$

$\lambda = \tan^{-1}(D/L)$의 값은 실제로는 $1°$라 하여도 무방하다.

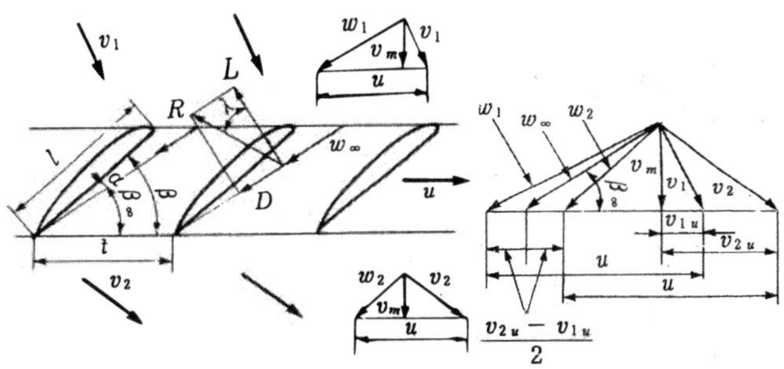

그림 3-12

예제 3-1 축류 팬의 동익을 설계하려고 한다. 2000rpm으로 회전하고 있을 때, 회전차 지름 452mm인 곳에서 바람은 회전차의 익렬입구에서 축방향으로 15.3m/s의 속도로 들어가서 익렬 출구에서 회전방향으로 12.2m/s의 분속도를 얻어 나간다. 동익의 양력계수는 어느 정도로 잡아야 하는가? 단, l/t은 0.62이다.

[풀이]

$$u=\frac{\pi DN}{60}=\frac{\pi\times0.42\times2000}{60}=47.3[\mathrm{m/s}]$$

$$\tan\beta_\infty=\frac{v_m}{u-\dfrac{v_{2u}+v_{1u}}{2}}=\frac{15.3}{47.3-\dfrac{12.2+0}{2}}=0.3715$$

$$\beta_\infty\fallingdotseq20.4^\circ$$

$$C_L=\frac{2(v_{2u}+v_{1u})}{v_m}\times\frac{\cos\lambda\sin^2\beta_\infty}{\sin(\beta_\infty+\lambda)}\bigg/\frac{l}{t}$$

$$=\frac{2\times(12.2+0)}{15.3}\times\frac{\cos1^\circ\ \sin^2 20.4^\circ}{\sin(20.4^\circ\ +1^\circ\ )}\bigg/0.62$$

$$=\frac{0.531}{0.62}=0.856$$

(2) 정익의 경우

동익-정익 배열인 때의 이론 결과를 아래에 기술해 둔다.

$$\tan\beta_\infty{}'=\frac{v_m}{v_{2u}/2}\qquad(3\text{-}5)$$

$$C_L{}'\frac{l'}{t'}=\frac{2v_{2m}}{v_m}\times\frac{\sin\beta_\infty{}'}{1+(\tan\lambda'/\tan\beta_\infty{}')}\qquad(3\text{-}6)$$

$\lambda'=\tan^{-1}(D'/L')$의 값은 실제로는 1°라고 보아도 무방하다.

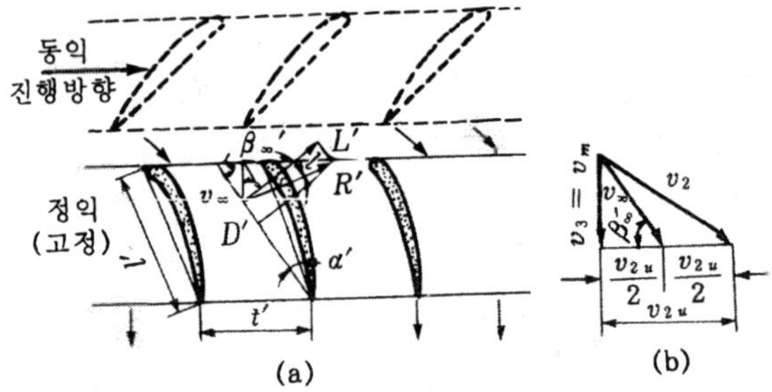

그림 3-13

예제 3-2 동익-정익 배열의 축류 팬의 정익의 어느 지름에서 동익의 익렬로부터 나온 바람의 축방향 속도가 15.3m/s, 회전방향 속도가 12.2m/s이다. 이 바람이 정익렬을 나온 후 회전방향 속도를 0으로 하기 위해서는 정익의 양력계수를 어느 정도로 잡아야 하는가? 단, l'/t'는 1.614이다.

[풀이]

$$\tan\beta_\infty' = \frac{v_m}{v_{2u}/2} = \frac{15.3}{12.2/2} \doteqdot 2.51 \qquad \therefore \beta_\infty' = 68.25^\circ$$

$$C_L' = \frac{2v_{2u}}{v_m} \times \frac{\sin\beta_\infty'}{1+(\tan\lambda'/\tan\beta_\infty')} \Bigg/ \frac{l'}{t'}$$

$$= \frac{2\times 12.2\sin 68.25^\circ}{15.31+(\tan 1^\circ/\tan 68.25^\circ)} \Big/ 1.614$$

$$= \frac{1.47}{1.614} = 0.91$$

3. 설계 순서

예제 3-3을 가지고 축류송풍기의 설계순서를 설명한다.

예제 3-3 회전수 2000rpm으로서, 송풍기 전압 55mmAq, 풍량 170m^3/min를 만족하는 송풍기를 설계하여라. 단, 가스의 비중량은 1.2kg$_f$/m^{3}이다.

[풀이]

(A) 회전차

(1) 비속도

$$n_s = N\frac{Q^{1/2}}{(p_t/\gamma)^{3/4}} = 2000\times\frac{170^{1/2}}{(55/1.2)^{3/4}} = 1480$$

(2) 송풍기의 종류와 전압효율 : 그림 1-12의 $n_s \sim \eta_t$ 관계도에서 $n_s = 1480$에 대한 것으로서, 송풍

기의 종류는 축류 송풍기(유선형 정익붙이)로 한다. 전압효율 $\eta_t=68\%$가 된다.

(3) 축동력

$$L=\frac{p_tQ}{4500\eta_t}=\frac{55\times170}{4500\times0.68}=3.05\,[\mathrm{PS}]$$

$\eta_t=68\%$로 잡은 것은 과부하가 걸리는 경우를 생각하여 작게 잡은 것이다.

(4) 모터의 동력 L_d: 제2편 표 2-3에서 $k=1.25$로 하면

$$L_d=kL=1.25\times3.05=3.8\,[\mathrm{PS}]$$

축류 송풍기에서는 축동력이 풍량 0인 곳에서 최대가 된다. 이것을 이 설계에서는(효율 최고의 위치) 약 2배로 보아 L_d를 다음과 같이 잡는다.

$$L_d=6\,[\mathrm{PS}]$$

(5) 회전차의 축지름 d: 차축의 비틀림 모멘트는

$$M_D=71,620\frac{L}{N}=71,620\times\frac{6}{2000}\fallingdotseq215\,[\mathrm{kg\cdot cm}]$$

$$d=\sqrt[3]{\frac{16}{\pi}\cdot\frac{M_d}{\sigma_t}}=\sqrt[3]{\frac{16}{\pi}\times\frac{215}{80}}=\sqrt[3]{13.7}\fallingdotseq2.4\,[\mathrm{cm}]=24\,[\mathrm{mm}]$$

회전수 증가의 과부하 때도 생각하여 다음과 같이 잡는다. $d=36\,[\mathrm{mm}]$

(6) 회전차 바깥지름 D_0

$$D_0=\frac{60K_u\sqrt{2gp_t/\gamma}}{\pi N}=\frac{60\times0.199\times\sqrt{2\times9.8\times55/1.2}}{\pi\times2000}$$
$$=0.570\,[\mathrm{m}]=570\,[\mathrm{mm}]$$

$K_u=0.199$는 그림 3-8에서 $n_s=1480$에 대하여 정한다.

(7) 회전차 안지름 D_i

$$D_i=\nu D_0=0.55\times570=314\,[\mathrm{mm}]$$

허브 비 $\nu(=D_i/D_0)=0.55$는 그림 3-9에서 $n_s=1480$에 대하여 정한다.

(8) 익렬내에 있어서의 축방향 유속 v_m

$$v_m=\frac{Q/60}{(\pi/4)(D_0{}^2-D_i{}^2)}=\frac{170\times4}{60\times\pi\times(0.570^2-0.314^2)}$$
$$\fallingdotseq16\,[\mathrm{m/s}]$$

(9) 회전차 바깥지름에 대한 솔리디티 l/t

$$\frac{l}{t}=0.416$$

이 값은 그림 3-10에서 $n_s=1480$, $\nu=0.55$에 대하여 정한다.

(10) 동기의 깃수 : $z=8$매

이 값은 그림 3-11에서 $n_s=1480$에 대하여 정한다.

(B) 동익(바깥지름 $D=D_0=570$mm에 대한 치수)

(1) 원주속도 u

$$u=\frac{\pi DN}{60}=\frac{\pi\times0.57\times2000}{60}\fallingdotseq60\,[\mathrm{m/s}]$$

(2) 익렬출구에서의 원주방향 유속 v_{2u}

$$v_{2u} = \frac{gp_t}{\gamma \eta_h u} = \frac{9.8 \times 55}{1.2 \times 0.91 \times 60} = 8.2\,[\mathrm{m/s}]$$

(3) 상대유속의 각도 β_∞

$$\tan\beta_\infty = \frac{v_m}{u - (v_{2u}/2)} = \frac{16}{6 - (8.2/2)} = 0.286$$

$$\therefore\ \beta_\infty \fallingdotseq 15°\ 57'$$

(4) $C_L \dfrac{l}{t} = \dfrac{2v_{2u}}{v_m} \cdot \dfrac{\cos\lambda \sin^2\beta_\infty}{\sin(\beta_\infty + \lambda)} = \dfrac{2 \times 8.2}{16} \times \dfrac{\cos 1°\ \sin^2 15°\ 57'}{\sin(15°\ 57' + 1°)} = 0.265$

λ의 값은 실제로는 1°에 가까우므로 $\lambda = 1°$로 가정한다.

(5) 동익의 양력계수

$$C_L = \frac{0.265}{l/t} = \frac{0.265}{0.416} = 0.637$$

$l/t = 0.416$은 회전차에서 정한 것이다.

(6) $C_L = C_l = 0.637$

(7) 익형 : $C_L = 0.637$에 대한 것으로서, 제2편 그림 3-9에서 NACA 4409로 한다.

(8) 영각 $\alpha = 2°\ 25'$

위의 값은 제2편 그림 3-9의 NACA 4409에 있어서 $C_L = 0.637$에 대하여 정한 것이다.

(9) 동익의 설치각

$$\beta = \beta_\infty + \alpha = 15°\ 57' + 2°\ 25' = 18°\ 22'$$

(10) 동익의 익현길이

$$l = 0.416t = 0.416\frac{\pi D}{z} = \frac{0.416 \times \pi \times 570}{8} = 93\,[\mathrm{mm}]$$

(C) 정익($D = D_0 = 570$ mm에 대한 치수)

(1) 상대유속의 각도 β_∞'

$$\beta_\infty' = \frac{v_m}{v_{2u}/2} = \frac{16}{8.2/2} = 3.9 \quad \therefore\ \beta_\infty' \fallingdotseq 75°\ 36'$$

(2) $C_L' \dfrac{l'}{t'} = \dfrac{2v_{2u}}{v_m} \cdot \dfrac{\sin\beta_\infty'}{1 + \dfrac{\tan\lambda'}{\tan\beta_\infty'}} = \dfrac{2 \times 8.2}{16} \times \dfrac{\sin 75°\ 36'}{1 + \dfrac{1 + \tan 1°}{\tan 75°\ 36'}} = 0.99$

$= 1°$는 가정한 값이다.

(3) $z' = 14$[매] : 이것은 $z' = (1.5 \sim 2.0)z = (1.5 \sim 2.0) \times 18 = 12 \sim 16$[매]에서 정한다.

(4) $l'/t' = 0.99$(추정)

(5) $C_L' = \dfrac{0.99}{l'/t'} = \dfrac{0.99}{0.99} = 1.0$

(6) 익형 : $C_L' = 1.0$에 대한 것으로서 제2편 그림 3-9에서 NACA 4409로 한다.

(7) 영각 : $\alpha' = 9°$

위의 값은 제2편 그림 3-9의 NACA 4409에 있어서 $C_L' = 1.25$에 대하여 구해진다.

(8) 정익의 설치각

$$\beta' = \beta_\infty' + \alpha' = 75°\ 36' + 9° = 84°\ 36'$$

(9) 익현길이

$$l' = 0.99t' = 0.99\frac{\pi D}{z'} = 0.99 \times \frac{\pi \times 570}{14} = 127\,[\mathrm{mm}]$$

3-4 송풍기의 제현상 및 문제점

1. 서징

원심식 송풍기나 축류식 송풍기에 있어서 회전수를 일정하게 한 후, 송출쪽의 저항을 크게 하면서 유량을 감소시키면, 어떤 유량의 범위에서는 송출압력이 일정한 상태로 운전이 가능하게 된다. 그후 다시 압력을 감소시키면 압력이 증가한다. 이때는 관로(管路)내에서 압력과 유속이 급격히 변화되어 심한 맥동현상과 진동이 생겨서 운전이 불안정하게 된다. 이러한 현상을 서징(surging)이라 한다. 서징이 발생되면 송풍기(送風機) 전체가 진동되고 단속맥동현상이 일어나서 운전이 불안전한 상태로 된다. 서징(surging)이 발생되는 범위의 유량에서는 회전차 입구의 속도분포가 일정하지 않을 뿐만 아니라 깃 표면에서 박리(剝離)가 생겨서 와류영역이 형성된다. 서징이 생기는 한계유량은 안내깃이나 밸브를 조절하여 변화시킬 수 있다. 회전수를 변화시키거나 밸브를 조절하여 서징을 방지할 수 있다.

2. 선회실속

축류압축기 등의 깃열에 있어서 임의의 1개 깃이 어떤 원인에 의하여 실속상태(失速狀態)가 되면, 그것이 발달하여 깃 사이의 통로(通路)가 막히게 된다. 그 통로는 다른 깃 사이의 통로에 비하여 현저히 좁아지게 되어 결국 깃열의 회전방향과는 반대의 깃에 대한 흐름의 영각(迎角)이 증가하게 됨으로써 실속(stall)이 생기게 된다.

한편, 회전방향과 동일방향의 인접한 깃은 영각이 감소되어 실속상태가 사라져 가는 것으로 생각된다. 깃열의 실속영역(失速領域)이 깃열의 회전방향과는 반대방향으로 진행된다. 이와 같은 현상을 선회실속(旋回失速 ; rotating stall)이라 한다. 이와 같은 실속영역은 깃열의 몇 곳에서 동시에 발생하기도 하고, 전영역에 발생되기도 한다. 선회실속시 풍량의 변화는 거의 없다.

3. 풍량조절법

송풍기나 관로에서 풍량을 조절할 필요가 있다. 일반적으로 풍량을 조절하는 방법으로는 댐퍼제어법, 회전수 제어법, 깃조절(vane control)법, 회전차 가변 피치 제어법 등이 있다.

(1) 댐퍼제어법

댐퍼(damper)제어법에는 송출댐퍼제어법과 흡입댐퍼제어법이 있다. 송출댐퍼제어법은 송출량을 줄이기 위하여 송출쪽의 댐퍼를 교축시키는 방법이다. 흡입댐퍼제어법은 흡입관에 설치된 댐퍼(damper)의 개도를 조절하는 것으로서, 흡입압력이 감소된다. 이 방법은 서징영역이 회전수 제어법의 경우보다 좁다는 것이 장점이다.

(2) 회전수제어법

송풍기의 회전수를 변화시키면 넓은 범위에서 높은 효율을 유지하면서 운전이 가능하다. 회전수 변화의 범위가 좁으면 효율은 거의 변화하지 않지만, 회전수 변화가 크면 레이놀드수가 변화되어 회전차의 성능은 설계점 이하로 떨어져서 효율이 저하된다.

(3) 깃 조절법

깃조절법(vane control type)은 송풍기의 흡입쪽에 방사상(放射狀)의 동익(動翼)을 설치한다. 그 동익의 각도를 변화시킴으로써 회전차 입구 절대속도의 선회량을 변화시켜서 풍압 및 풍량을 제어하는 방법이다.

(4) 회전차 가변피치 제어법

축류송풍기에서 회전차 깃의 설치각을 변화시키면 축방향 속도 및 회전차 유입영각이 변화되기 때문에 압력 및 유량이 변화된다. 이 방법에 의해 풍량 및 풍압을 제어한다.

연 습 문 제

1 매분 회전수 2000에서 송풍기 전압 32.5mmAq, 풍량 $100 m^3/min$를 내는 팬의 종류 및 효율을 그림 1-12에서 구하여라. 단, 공기의 비중량은 $1.2 kg_f/m^3$로 한다.

2 매분 회전수 2000일 때 송풍기 전압 32.5mmAq, 풍량 $100 m^3/min$를 내는 축류 송풍기의축마력, 전동기 마력 및 축지름을 구하여라. 단, 전압효율은 68%라 하고 차축의 허용 비틀림 응력은 $80 kg_f/cm^2$, 안전계수 2, 전동기와 송풍기의 동력전달은 벨트걸이로 한다.

3 매분 회전수 2000일 때 송풍기 전압 32.5mmAq, 풍량 $170 m^3/min$를 내는 축류 송풍기 회전차의 바깥지름, 안지름, 깃수 및 회전차 바깥지름에서의 익현길이와 피치비 l/t을 구하여라. 단, 공기의 비중량은 $1.2 kg_f/m^3$라 한다.

4 바깥지름 467mm, 안지름 225mm인 축류 팬의 설계에서 동익-정익 배열로 할 때 익렬내에서의 축방향 유속 v_m 및 익렬출구의 바깥지름에서의 회전방향 유속 v_{2u}, 익렬에 들어가는 상대유속의 각도 β_∞를 구하여라. 단, 유체효율은 $\eta_h = 91\%$로 한다.

5 매분 2000회전일 때 송풍기 전압 32.5mmAq, 풍량 $100 m^3/min$를 내는 축류 송풍기 설계에서 회전차 바깥지름 467mm에서의 동익의 양력계수, 익현길이를 구하여라. NACA 4409를 익형으로 삼을 때 바깥지름에서의 깃의 설치각 β를 구하여라. 단, $\beta_\infty = 15° 57'$, $v_m = 12.7 m/s$, $l/t = 0.58$, $z = 8$매, $\lambda = 1°$로 한다.

6 축류 팬에서 회전차 뒷면에 정익을 두는 경우 바깥지름 467mm에서의 정익의 양력계수 C_L' 및 설치각 β'를 구하여라. 단, 익형은 NACA 4409, $v_m = 12.7 m/s$, $v_{2u} = 5.9 m/s$, $z' = 14$매, $l' = 105 mm$, $\lambda' = 1°$로 한다.

제 7 편

고압식 공기기계

제1장

개 론

1-1 공력의 이용

고압식 공기기계는 그 속을 지나는 작동기체를 압축성 기체로 간주해야 비로서 실제에 맞는 설명이 된다. 기체가 압축, 팽창을 할 때에는 온도의 변화가 생기고 이로 인하여 기계의 소요동력이 증대하며, 기계의 각부에 큰 응력이 발생하므로, 압력 상승량이 클 때에는 기계의 형상, 치수 등을 결정함에 있어서 기체의 상태변화를 고려해야 한다. 열역학적인 의미를 유체역학에 가미해야 한다. 이에 대한 기초이론은 유체역학을 참고하기 바라며, 여기에서는 논하지 않기로 한다.

제5편 표 1-1에서 분류한 바와 같이 고압식 공기기계에는 압축기, 진공 펌프 및 압축공기기계가 있다.

압축기는 송풍기와 원리가 같다. 기체에 에너지를 주어 압력이 낮은 곳에서 높은 곳으로 송출하는 기게이다. 압축기에는 기계적 에너지를 기체의 압력 에너지로 변환할 때 정역학적 힘에 의한 용적형(왕복 및 회전 압축기)과 동역학적인 힘에 의한 터보형(원심 및 축류 압축기)이 있다. 터보형 압축기는 고속회전에 적합하고 전동기나 증기 터빈 등의 원동기와 직결로 가능하며, 고속회전을 하기 때문에 소형으로 할 수 있어서 설치면적이 작아도 되므로 공사비도 적게 들고, 가스의 맥동도 적다. 이에 대하여 왕복압축기는 밸브의 개폐에 다소의 시간이 걸리므로 회전수를 비교적 적게 하지 않으면 안 된다. 대형으로 되고, 원동기를 특히 저속인 것을 사용하지 않는 한 감속장치로써 회전수를 적게 해야 하며, 가스의 맥동도 심하다. 1단당의 압력상승은 터보형은 보통 압력비로서 1.2정도로 낮고, 왕복형은 압력비 7정도로 높다. 왕복형이면 1단으로 될 수 있는 것을 터보형이면 다단으로 하지 않으면 안 될 때도 있다. 고압인 것은 가격면에서 터보형이 훨씬 비싸게 된다. 고압인 것에는 주로 왕복형이 사용된다.

진공 펌프는 용기 속을 대기압 이하의 저압으로 유지하기 위하여 용기 속의 기체를 외부로 배출하는 펌프로서, 그 주요부의 구조 및 작동원리는 압축기와 같으며, 송출압력은 보통 대기압이다. 진공 펌프에는 왕복형과 회전형이 있다.

압축공기기계는 압축기에 의하여 얻은 압축공기를 동력원으로 하여 일을 하는 기계이다. 압축공기기계는 이용되는 작동력에 따라 여러 종류로 분류되는데, 작동력으로서는 회전력, 왕복력, 압축력, 수송력 및 전달력 등이 있다.

제2장

원심 및 축류압축기의 기초

2-1 등온헤드와 등온공기동력

단위중량(1kg$_f$)의 공기가 압축기에 의하여 그림 2-1과 같이 1의 상태의 압력 p_{01} kg/m^2, 비체적 v_{01} m^3/kg$_f$로 부터 2의 상태의 p_{02}, v_{02}까지 그 온도를 일정하게 유지하면서, 발생한 열을 제거하면서 압축되는 경우는 등온압축($p_0 v_0 = RT_0 =$ 일정)이므로 1~2사이의 압축일은 다음과 같이 된다.

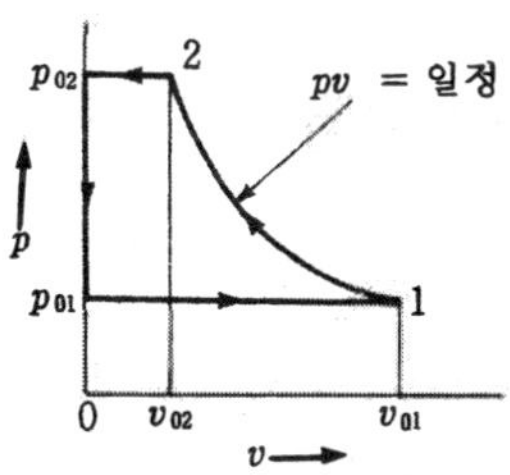

그림 2-1

$$[1\sim2\text{경로의 등온 압축일}] = \int_{v_{01}}^{v_{02}} p_0(-dv_0)$$

$$= -RT_0 \int_{v_{01}}^{v_{02}} \frac{dv_0}{v_0} = RT_{01} \log \frac{v_{01}}{v_{02}}$$

$$= p_{01} v_{01} \log \frac{p_{02}}{p_{01}} \ [\text{kg} \cdot \text{m/kg}] = [\text{면적 } 12\, v_{02} v_{01}]$$

압축기는 위의 압축일 이외에 공기를 송출할 때 공기에 일을 하고, 공기를 흡입할 때 공기로부터 일을 받게 된다.

[단위중량의 공기에 대한 압축기의 일]

$= [\text{면적 } 12\, v_{02} v_{01}] + [\text{송출일}] - [\text{흡입일}]$

$= [\text{면적 } 12\, v_{02} v_{01}] + [\text{면적 } 2\, p_{02} 0\, v_{02}] - [\text{면적 } 1 p_{01} 0\, v_{01}]$

$= [\text{면적 } 12\, p_{02} p_{01}]$

$$= p_{01} v_{01} \log \frac{p_{02}}{p_{01}} + p_{02} v_{02} - p_{01} v_{01}$$

지금 H_{is}를 등온 헤드라 하면, 등온 헤드란 등온압축에 의하여 단위중량의 공기에 주어진 일의 양[$kg_f \cdot m/kg_f$]이므로 H_{is}는 상기한 압축기의 일량과 같고, $p_{02} v_{02} = p_{01} v_{01}$이므로

$$H_{is} = p_{01} v_{01} \log \frac{p_{02}}{p_{01}} = RT_{01} \log \frac{v_{01}}{v_{02}} \ [kg_f \cdot m/kg_f \text{ 또는 } m] \qquad (2\text{-}1)$$

이 성립한다. 단 p_0, T_0, v_0는 공기의 속도를 단열적으로 0으로 했을 때의 압력[kg_f/m^2 abs.], 온도 [°K], 비체적[m^3/kg_f]으로서, p_0를 정체압력(stagnation pressure) 또는 전압(total pressure)이라 하고, T_0를 정체온도(stagnation temperature) 또는 전온(total temperature)이라 한다. 첨자 1, 2로서 압축기의 흡입쪽과 송출쪽을 구별한다. $\frac{p_{02}}{p_{01}}$을 압력비(pressure ratio)라 한다. 왕복 압축기와 같이 공기의 속도가 비교적 느린 경우에는 p_0, T_0, v_0 대신에 정압 p, 정온 T, 그 때의 비체적 v를 사용해도 무방하다.

다음에 압축기에 의하여 공기에 주어진 등온공기동력을 L_{is} $kg_f \cdot m/s$라 하면 L_{is}는 H_{is}와 중량 유량 G kg_f/s와의 곱과 같다. 이 때 흡입쪽의 체적 유량을 Q_{01} m^3/min라 하면 $G = Q_{01} \gamma_{01}/60 = Q_{01}/(60 v_{01})$ kg_f/s이므로 식 (2-1)로부터 다음 식이 성립한다.

$$L_{is} = GH_{is} = \frac{Q_{01}}{60 v_{01}} p_{01} v_{01} \log \frac{p_{02}}{p_{01}} = \frac{p_{01} Q_{01}}{60} \log \frac{p_{02}}{p_{01}} \ [kg_f \cdot m/s] \qquad (2\text{-}2)$$

예제 2-1 1단짜리 왕복 압축기에서 공기의 흡입쪽 유량을 $2m^3/min$라 하고, 압력을 $1kg_f/cm^2$ abs.에서 $3.5kg_f/cm^2$ abs.까지 등온적으로 높인다고 한다. 등온 공기동력은 몇 마력이 되는가?

[풀이]

식 (2-2)에 의하여

$$L_{is} = \frac{p_{0i} Q_{01}}{60} \log \frac{p_{02}}{p_{01}} \ [kg_f \cdot m/s] = \frac{p_{01} Q_{01}}{75 \times 60} \log \frac{p_{02}}{p_{01}} \ [PS]$$

$$= \frac{1 \times 10^4 \times 2}{75 \times 60} \log \frac{3.5}{1.0} = 5.6 \ [PS]$$

2-2 단열헤드와 단열공기동력

단위중량($1kg_f$)의 공기가 압축기에 의하여 그림 2-2의 1의 상태에서 2의 상태까지 외부와 열의 출입을 차단한 채 압축된다. 단열압축($p_0 v_0{}^k = c =$ 일정)되는 경우, 1~2사이의 압축일은

$$[1\sim2\text{경로의 단열 압축일}] = \int_{v_{01}}^{v_{02}} p_0(-dv_0)$$

$$= -c\int_{v_{01}}^{v_{02}} \frac{dv_0}{v_0{}^k} = \frac{1}{k-1}(p_{02}v_{02} - p_{01}v_{01})\,[\mathrm{kg_f}\cdot\mathrm{m/kg}]$$

$$= [\text{면적 } 12\,v_{02}v_{01}]$$

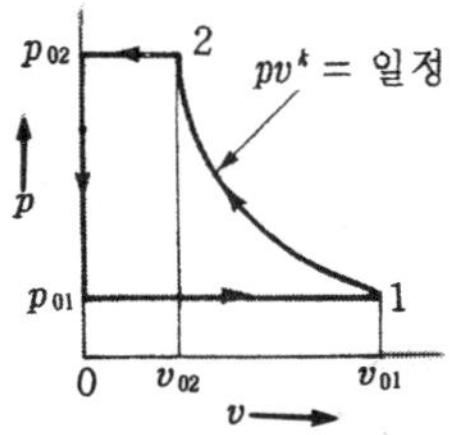

그림 2-2

압축기는 상기의 압축일 외에 공기를 송출할 때 공기에 일을 하고, 흡입할 때에는 공기로부터 일을 받게 된다.

[공기 단위중량당의 압축기의 일]

$$= [\text{면적 } 12\,v_{02}v_{01}] + [\text{송출일}] - [\text{흡입일}]$$

$$= [\text{면적 } 12\,v_{02}v_{01}] + [\text{면적 } 2p_{02}0\,v_{02}] - [\text{면적 } 1p_{01}0\,v_{01}]$$

$$= \frac{1}{k-1}(p_{02}v_{02} - p_{01}v_{01}) + p_{02}v_{02} - p_{01}v_{01}$$

$$= \frac{k}{k-1}(p_{02}v_{02} - p_{01}v_{01}) = \frac{k}{k-1}p_{01}v_{01}\left(\frac{p_{02}v_{02}}{p_{01}v_{01}} - 1\right)$$

$$= \frac{k}{k-1}p_{01}v_{01}\left[\left(\frac{p_{02}}{p_{01}}\right)^{(k-1)/k} - 1\right][\mathrm{kg_f}\cdot\mathrm{m/kg_f}]$$

이 된다. 그런데 H_{ad}를 단열 헤드라 하면, 단열 헤드란 단열압축에 의하여 단위중량의 공기에 주어진 일량[$\mathrm{kg_f}\cdot\mathrm{m/kg_f}$]이므로, H_{ad}는 상기한 압축기의 일량과 같고, 다음 식이 성립한다.

$$H_{ad} = \frac{k}{k-1}p_{01}v_{01}\left[\left(\frac{p_{02}}{p_{01}}\right)^{(k-1)/k} - 1\right][\mathrm{kg_f}\cdot\mathrm{m/kg_f}] \qquad (2\text{-}3)$$

냉각을 하지 않는 1단의 원심, 축류 압축기가 주는 전압수두는 이 단열수두 H_{ad}라고 볼 수 있다.

다음에 압축기에 의하여 공기에 주어진 단열 공기동력을 L_{ad} $\mathrm{kg_f}\cdot\mathrm{m/s}$라 하면, 등온 공기동력일 때와 같이 하여 다음 식이 성립된다.

$$L_{ad} = GH_{ad} = \frac{Q_{01}}{60\,v_{01}}\cdot\frac{k}{k-1}p_{01}v_{01}\left[\left(\frac{p_{02}}{p_{01}}\right)^{(k-1)/k} - 1\right]$$

$$= \frac{k}{k-1} \cdot \frac{p_{01} Q_{01}}{60} \left[\left(\frac{p_{02}}{p_{01}} \right)^{(k-1)/k} - 1 \right] [\mathrm{kg_f \cdot m/s}] \qquad (2-4)$$

예제 2-2 공기 압축기에 의하여 압력 $1\mathrm{kg_f/cm^2}$ abs.인 대기 중의 공기를 흡입풍량 $2.5\mathrm{m^3/min}$의 비율로 흡입하여 송출쪽 압력을 $3\mathrm{kg_f/cm^2}$ g.까지 높일 때 단열 공기동력은 몇 마력이 되는가?

[풀이]

식 (2-4)에 의하여

$$L_{ad} = \frac{p_{01} Q_{01}}{75 \times 60} \cdot \frac{k}{k-1} \left[\left(\frac{p_{02}}{p_{01}} \right)^{(k-1)/k} - 1 \right] [\mathrm{PS}].$$

$$= \frac{1 \times 10^4 \times 2.5}{75 \times 60} \times \frac{1.4}{1.4-1} \left[\left(\frac{3+1}{1} \right)^{0.4/1.4} - 1 \right] = 9.45\ [\mathrm{PS}]$$

2-3 폴리트로프 헤드와 폴리트로프 공기동력

실제 압축기의 압축은 급격히 이루어지므로 등온압축도 아니며, 발생한 열은 외부로 흘러나가기 때문에 단열압축도 아니다. 이 실제의 압축을 폴리트로프 압축(politropic compression)이라 하고, 단열압축인 경우의 지수 k 대신에 폴리트로프 치수 n이 사용된다. 다음 식이 성립한다.

$$\left.\begin{array}{l} pv^n = \mathrm{const.} \quad \text{또는} \quad p/\gamma^n = \mathrm{const.} \\ Tv^{n-1} = \mathrm{const.} \quad \text{또는} \quad T/\gamma^{n-1} = \mathrm{const.} \\ T/p^{(n-1)/n} = \mathrm{const.} \end{array}\right\} \qquad (2-5)$$

폴리트로프 헤드 H_p, 폴리트로프 공기동력 L_p는 단열압축인 경우의 식 (2-3), (2-4)와 같이 하여 다음과 같이 표시된다.

$$H_p = \frac{n}{n-1} p_{01} v_{01} \left[\left(\frac{p_{02}}{p_{01}} \right)^{(n-1)/n} - 1 \right] [\mathrm{kg_f \cdot m/kg_f}] \qquad (2-6)$$

$$L_p = \frac{n}{n-1} \cdot \frac{p_{01} Q_{01}}{60} \left[\left(\frac{p_{02}}{p_{01}} \right)^{(n-1)/n} - 1 \right] [\mathrm{kg_f \cdot m/s}] \qquad (2-7)$$

왕복동 압축기의 경우는 피스톤의 운동이 완만하고, 실린더의 냉각효과가 크므로 이 때의 폴리트로프 압축은 단열압축과 등온압축 사이에 있고 $n < k$로 되나, 원심 또는 축류 압축기에서는 기체가 급격히 압축되어 냉각이 충분히 되지 않으므로, 압축기내의 손실로부터 발생한 열 때문에 온도가 오히려 단열압축의 경우보다 상승하여 $n > k$로 된다. 그림 2-3은 이들의 압축의 차이를 나타낸 것이다. 폴리트로프 압축은 실제의 압축기에 의하여 압축되는 것이지만, n의 값을 정확히 구하기는 곤란하다.

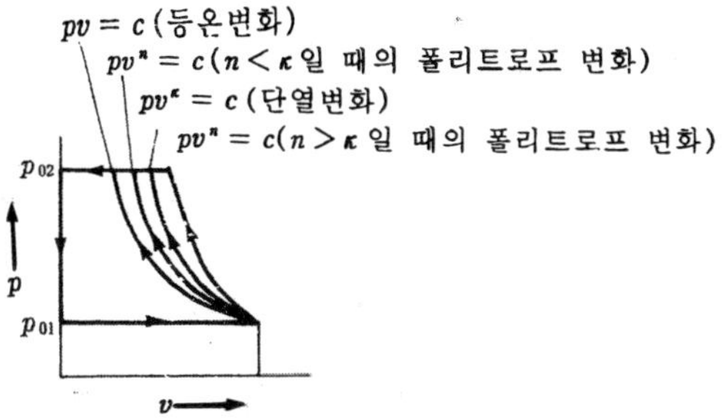

그림 2-3

예제 2-3 1단의 공기압축기로서 온도 15℃, 압력 1.35kg$_f$/cm^2 abs.의 공기를 압력 55kg$_f$/cm^2 abs.까지 압축하는 경우의 폴리트로프 헤드를 구하여라. 단, 폴리트로프 지수는 $n = 1.41$이라 한다.

[풀이]

식 (2-6)에 의하여

$$H_p = \frac{n}{n-1} p_{01} v_{01} \left[\left(\frac{p_{02}}{p_{01}} \right)^{(n-1)/n} - 1 \right] = \frac{n}{n-1} RT_{01} \left[\left(\frac{p_{02}}{p_{01}} \right)^{(n-1)/n} - 1 \right]$$

$$= \frac{1.41}{1.41-1} \times 29.27 \times (273+15) \times \left[\left(\frac{55}{1.35} \right)^{(1.41-1)/} 1.41 - 1 \right]$$

$$= 3.44 \times 29.27 \times 288 \times (2.93 - 1) = 55,980 \text{ [kg} \cdot \text{m/kg]}$$

2-4 내부 일과 내부동력 및 축동력

압축기가 공기(1kg$_f$ 당)에 준 에너지를 H_i라 하면, 에너지 방정식으로부터 다음 식이 성립한다.

$$\frac{k}{k-1} RT_1 + \frac{v_1^{\,2}}{2g} + H_i = \frac{k}{k-1} RT_2 + \frac{v_2^{\,2}}{2g}$$

$$H_i = \frac{k}{k-1} R(T_2 - T_1) + \frac{1}{2g}(v_2^{\,2} - v_1^{\,2})$$

$$= \frac{k}{k-1} R(T_{02} - T_{01}) \qquad (2\text{-}8)$$

윗식의 전에너지 H_i 중에는 압축기의 유로내에서 생기는 마찰, 방향변화, 충돌에 의한 손실, 회전차의 바깥쪽에 생기는 원판마찰손실, 누설에 의한 손실도 포함하는 것으로 한다. 원동기의 일에서 베어링, 치차 등에 의한 기계손실을 뺀 것으로서, 이와 같은 H_i를 내부 일(내부동력 헤드)이라 한다.

식 (2-8)의 우변은 압축기가 공기에 대하여 준 이들의 손실도 포함되지만, 이들의 손실은 모두

열이 되어 공기의 온도를 높이는 결과가 되므로, 식 (2-8)의 우변 T_2, T_{02}는 각각 손실에 의한 온도상승도 포함한 온도, 즉 압축기 송출쪽의 실제상의 정온, 전온을 표시한다.

$$H_i = \frac{k}{k-1} R T_{01} \left(\frac{T_{02}}{T_{01}} - 1 \right)$$

$$= \frac{k}{k-1} R T_{01} \left[\left(\frac{p_{02}}{p_{01}} \right)^{(n-1)/n} - 1 \right] [\text{kg}_f \cdot \text{m/kg}_f] \tag{2-9}$$

압축기의 흡입쪽 유량을 Q_{01} m^3/min라 하면, 압축기에 의하여 주어진 공기의 내부 동력 L_i는 단열 공기동력 때와 같이 하여 다음 식으로 표시된다.

$$L_i = \frac{k}{k-1} \frac{p_{01} Q_{01}}{60} \left[\left(\frac{p_{02}}{p_{01}} \right)^{(n-1)/n} - 1 \right] [\text{kg}_f \cdot \text{m/s}] \tag{2-10}$$

L_i는 이론동력 L_{th}(이론 헤드 H_{th}에 대응하는 것)와 회전차의 원판마찰 손실동력 ΔL_d와 누설에 의한 손실동력 ΔL_l과의 합으로서 다음 식으로 표시된다.

$$L_i = L_{th} + \Delta L_d + \Delta L_l \ [\text{kg}_f \cdot \text{m/s}] \tag{2-11}$$

이에 대하여 축동력 L은 내부동력 L_i와 기계손실동력 ΔL_m과의 합으로서 다음식으로 표시된다.

$$L = L_i + \Delta L_m = L_{th} + \Delta L_d + \Delta L_l + \Delta L_m \ [\text{kg}_f \cdot \text{m/s}] \tag{2-12}$$

2-5 여러 가지 손실

1. 유체손실

펌프에서의 수력손실처럼 압축기의 흡입구에서 송출구에 이르기까지의 유체 전체에 관한 마찰손실, 곡관이나 단면변화에 의한 손실, 회전차 입구 및 출구에서의 충돌손실의 합을 유체손실이라 한다. 이 유체손실은 압축기의 성질에 가장 큰 영향을 미치는 것이지만, 이론적으로 직접 구하기는 매우 곤란하다.

2. 원판 마찰손실

원심 및 축류 압축기에서의 원판 마찰손실은 펌프의 경우와 같으며, 그 손실동력 ΔL_d는 다음 식으로 표시된다.

$$\Delta L_d = k\gamma u_2^{\,3} D_2^{\,2}\left(1+5\frac{e}{D_2}\right)[\mathrm{PS}] \tag{2-13}$$

여기서, k : 마찰손실계수 $=1.67\times10^{-6}$……(원판이 매끈한 경우)

$=2.08\times10^{-6}$……(원판이 거친 경우)

γ : 기체의 비중량[kgf/m³]

D_2 : 원판의 바깥지름[m]

u : 원판의 원주속도[m/s]

e : 원판의 두께[m]

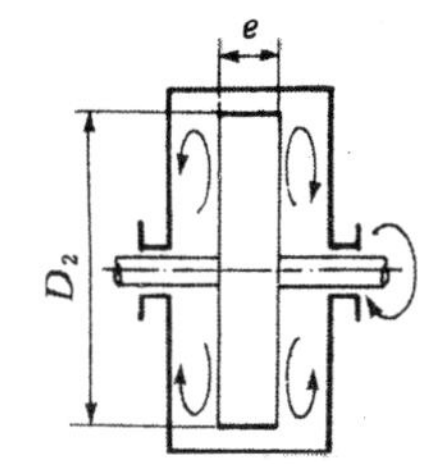

그림 2-4

이 마찰손실에 의한 공기의 온도상승을 ΔT_d라 하면

$$75\Delta L_d = Jc_p G\Delta T_d$$

$$\therefore\ \Delta T_d = \frac{75\Delta L_d}{Jc_p G} \fallingdotseq 0.73\frac{\Delta L_d}{G}\ [℃] \tag{2-14}$$

이 성립한다. 여기서, G는 중량유량[kgf/s], c_p는 공기의 정압비열[kcal/kgf °k], J는 열의 일당량 $=427\ \mathrm{kg_f\cdot m/kcal}$이다.

예제 2-4 회전차의 바깥지름은 600mm, 너비는 10mm, 회전수는 6000rpm인 원심 압축기의 원판 마찰손실 동력 ΔL_d 및 이것에 의하여 생기는 상승온도 ΔT_d를 구하여라. 단, 회전차 입구와 출구에 있어서의 공기의 비중량은 각각 2.25, 2.57 kgf/m³, 유량은 240kgf/min이다.

[풀이]

원주속도 u_2는

$$u_2 = \frac{\pi D_2 N}{60} = \frac{\pi\times0.60\times6000}{60} = 188\,[\mathrm{m/s}]$$

평균 비중량을 γ_m이라 하면

$$\gamma_m = \frac{\gamma_1+\gamma_2}{2} = \frac{2.25+2.57}{2} = 2.41\,[\mathrm{kg_f/m^3}]$$

식 (2-13)에 의하여

$$\Delta L_d = 1.67\times10^{-6}\times2.41\times0.60^2\times188^3\left(1+5\frac{0.01}{0.60}\right) = 10.4\ [\mathrm{PS}]$$

$$\Delta T_d = 0.73\times\frac{10.4}{240/60} = 19.0\ [℃]$$

3. 누설손실

원심 압축기에 있어서 누설손실이 생기는 곳은 다음과 같다.

제1은 회전차 입구와 케이싱의 사이, 제2는 축이 케이싱을 관통하는 부분과 평형장치(밸런스 피스톤)의 틈, 제3은 다단의 경우로서 각종의 격판과 축과의 간격 등이다.

케이싱 내외의 압력차가 작은 팬에서는 누설손실은 보통 무시할 수 있지만 불로어나 압축기와

그림 2-5

같이 압력차가 큰 경우에는 누설손실이 문제가 된다. 블로어나 압축기에 있어서는 누설손실을 될 수 있는 한 적게 하기 위하여 고정부분과 회전부분 사이에 그림 2-5와 같은 래비린스 패킹(Rabyrinth packing)이 사용된다. Stodola에 따르면 래비린스 패킹에 의한 누설유량은 다음 식으로 표시된다.

$$\varDelta G=\alpha A\sqrt{\frac{g({p_a}^2-{p_b}^2)}{zRT_a}}\ [\mathrm{kg_f/s}] \tag{2-15}$$

여기서, A는 간격의 면적 $=\pi D_0 S$(D_0는 간격부분의 지름, S는 간격)[m^2], p_a, p_b는 래비린스 패킹의 입구, 출구의 압력[kg$_f$/m^2], z는 핀의 수, α는 유량계수 $=0.65\sim0.85$, T_a는 패킹 입구의 온도 [°K], R는 기체상수이다.

누설손실동력은 다음 식으로 표시된다.

$$\varDelta L_l=\frac{h_l\varDelta G}{75}\ [\mathrm{PS}] \tag{2-16}$$

여기서, h_l은 압력강하 (p_a-p_b)에 대한 헤드이다. 누설이 될 때 기류의 에너지 손실에 의한 상승온도 $\varDelta T_l$은 다음 식으로 주어진다.

$$\varDelta T_l=\frac{h_l\varDelta G}{c_pJC}\ [℃] \tag{2-17}$$

여기서 G는 송출유량(중량), J는 427 kg$_f$ · m/kcal이다. 윗식은 이론상의 값이고, 실제로 $\varDelta T_l$은 대단히 작다.

예제 2-5 유량 4kg$_f$/s인 원심 압축기에서 케이싱과 회전차 입구 사이에 래비린스 패킹이 부설되어 있다. 패킹의 지름은 400mm, 간격은 0.5mm, 핀수는 5이다. (1) 누설량 $\varDelta G$, (2) 누설에 따른 손실동력 $\varDelta L_l$, (3) 누설에 따른 상승온도 $\varDelta T_l$을 구하여라. 단, 패킹 안쪽의 압력은 1.16

kg_f/cm^2, 온도는 18℃, 바깥쪽의 압력은 0.963kg_f/cm^2, 유량계수는 0.8, 누설기체의 비중량은 1.3 kg_f/m^3, c_p는 0.23이다.

[풀이]

틈의 면적 $= A = \pi D_0 S = \pi \times 0.4 \times 0.0005 = 0.0006$ [m^2]

(1) $\Delta G = \alpha A \sqrt{\dfrac{g(P_a{}^2 - P_b{}^2)}{zRT_a}} = 0.8 \times 0.0006 \sqrt{\dfrac{9.8 \times (1.16^2 - 0.963^2) \times 10^4}{5 \times 29.27 \times (273 + 18)}}$

$= 0.045$ [kg_f/s]

(2) $\Delta L_l = h_l \cdot \dfrac{\Delta G}{75} = \dfrac{(p_a - p_b)}{\gamma} \cdot \dfrac{\Delta G}{75} = \dfrac{(1.16 - 1.963) \times 10^4}{1.3} \times \dfrac{0.045}{75} = 0.91$ [PS]

(3) $\Delta T_l = h_l \cdot \dfrac{\Delta G}{c_p J G} = \dfrac{(1.16 + 0.963) \times 10^4}{1.3} \times \dfrac{0.045}{0.23 \times 427 \times 4} = 0.17$ [℃]

4. 기계손실

기계손실은 베어링, 패킹상자, 기밀장치 등의 마찰손실이지만, 이들의 종류에 따라, 축의 지름이나 회전수에 의해 그 값이 다르다. Kluge에 의하면 베어링에서의 마찰손실동력을 압축기의 축동력에 따라서 대별하여 500～1000 PS이면 2%, 1000～2000 PS이면 1.5%, 2000～5000 PS이면 1%로 하고 있다.

2-6 여러 가지 효율

펌프나 송풍기의 경우에는 조건이 단일하기 때문에 효율도 일률적으로 정해지고, 기계의 우열이 간단하게 정해진다. 압축기의 경우에는 압축과정에 종류가 있으므로, 각 압축과정에 따라 각각 그것에 알맞은 공기동력을 구하여, 이것과 압축기를 운전하는 데 드는 동력과의 비를 효율로 한다든가 하여 약간 복잡하게 된다. 다음에 열거하는 것과 같이 몇 가지의 효율을 생각할 수 있다.

1. 전등온효율 $\eta_{(is)}$

$$\eta_{(is)} = \frac{\text{등온 공기동력}}{\text{축동력}} = \frac{\dfrac{p_{01} Q_{01}}{60} \log \dfrac{p_{02}}{p_{01}}}{L} \qquad (2\text{-}18)$$

기호는 전술한 공기동력일 때와 같다. 단, 다단 압축기의 경우는 $p_{01} = p_s =$ [초단의 흡입쪽의 전압], $p_{02} = p_D =$ [최종단의 송출쪽의 전압]으로 한다(이하 효율에서도 마찬가지이다).

2. 전단열효율 $\eta_{(ad)}$

$$\eta_{(ad)} = \frac{\text{단열 공기동력}}{\text{축동력}}$$

$$= \frac{\dfrac{k}{k-1} \cdot \dfrac{p_{01} Q_{01}}{60} \left[\left(\dfrac{p_{02}}{p_{01}} \right)^{(k-1)/k} - 1 \right]}{L} \tag{2-19}$$

이상 1, 2의 효율은 압축기에 의하여 얻은 이론적 공기동력과 압축기에든 축동력과의 비로서 간단하게 압축기의 우열을 판정할 수 있는 점에서 우수하다.

3. 전폴리트로프 효율 $\eta_{(p)}$

$$\eta_{(p)} = \frac{\text{폴리트로프 공기동력}}{\text{축동력}}$$

$$= \frac{\dfrac{n}{n-1} \cdot \dfrac{p_{01} Q_{01}}{60} \left[\left(\dfrac{p_{02}}{p_{01}} \right)^{(n-1)/n} - 1 \right]}{L} \tag{2-20}$$

전기한 효율은 압축기에 의하여 얻은 실제의 공기동력과 압축에든 축동력과의 비이지만 실제로 n의 값을 구하기는 곤란하다. 1, 2, 3에서는 분모인 축동력 중에 기계손실이 포함되므로 베어링이나 기어가 좋은가 나쁜가에 따라 영향을 받는다. 다음의 4, 5, 6의 효율에서는 분모에 이들 기계손실이 포함되지 않으므로 베어링이나 기어의 영향을 고려할 필요가 없다.

4. 등온효율 η_{is}

$$\eta_{is} = \frac{\text{등온 공기동력}}{\text{내부동력}} = \frac{\dfrac{p_{01} Q_{01}}{60} \log \dfrac{p_{02}}{p_{01}}}{\dfrac{k}{k-1} \cdot \dfrac{p_{02} Q_{01}}{60} \left[\left(\dfrac{p_{02}}{p_{01}} \right)^{(n-1)/n} - 1 \right]}$$

$$= \frac{\log \dfrac{p_{02}}{p_{01}}}{\dfrac{k}{k-1} \left[\left(\dfrac{p_{02}}{p_{01}} \right)^{(n-1)/n} - 1 \right]} \tag{2-21}$$

5. 단열효율(단열 온도효율) η_{ad}

$$\eta_{ad} = \frac{\text{단열 공기동력}}{\text{내부동력}} = \frac{\dfrac{k}{k-1} \cdot \dfrac{p_{01} Q_{01}}{60} \left[\left(\dfrac{p_{02}}{p_{01}} \right)^{(k-1)/k} - 1 \right]}{\dfrac{k}{k-1} \cdot \dfrac{p_{01} Q_{01}}{60} \left[\left(\dfrac{p_{02}}{p_{01}} \right)^{(n-1)/n} - 1 \right]}$$

$$=\frac{\left(\frac{p_{02}}{p_{01}}\right)^{(k-1)/k}-1}{\left(\frac{p_{02}}{p_{01}}\right)^{(n-1)/n}-1}=\frac{T_{02th}-T_{01}}{T_{02}-T_{01}} \tag{2-22}$$

단, T_{02th}는 이론상의 출구 전온 [$=T_{01}(p_{02}/p_{01})^{(k-1)/k}$], T_{02}는 실제의 출구 온도[$=T_{01}(p_{02}/p_{01})^{(n-1)/n}$]이라 한다. 최후의 식은 온도차의 비로 표시된 것으로서, 특히 단열 온도효율이라 부르는 수도 있다.

6. 폴리트로프 효율 η_p

$$\eta_p=\frac{\text{폴리트로프 공기동력}}{\text{내부동력}}=\frac{\frac{n}{n-1}\cdot\frac{p_{01}Q_{01}}{60}\left[\left(\frac{p_{02}}{p_{01}}\right)^{(n-1)/n}-1\right]}{\frac{k}{k-1}\cdot\frac{p_{01}Q_{01}}{60}\left[\left(\frac{p_{02}}{p_{01}}\right)^{(k-1)/k}-1\right]}$$

$$=\frac{n}{n-1}\cdot\frac{k-1}{k} \tag{2-23}$$

η_p는 η_{ad}보다 크고, 압축기 공기동력 L_a와 축동력 L과의 비로서 정의되는 참 효율 η에 가까운 값을 가진다. 식 (2-22)와 식 (2-23)으로부터 다음 식이 성립한다.

$$\eta_{ad}=\frac{\left(\frac{p_{02}}{p_{01}}\right)^{(k-1)/k}-1}{\left(\frac{p_{02}}{p_{01}}\right)^{(k-1)(k\cdot\eta_p)}-1} \tag{2-24}$$

윗식의 관계를 도시하면 그림 2-6과 같이 된다.

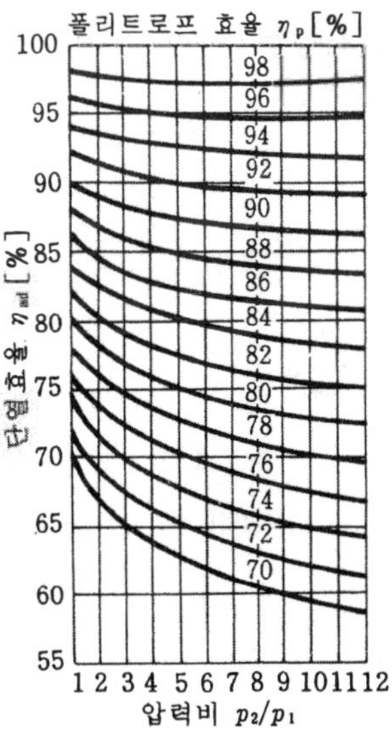

그림 2-6

7. 전효율 η

$$\eta=\eta_h\eta_v\eta_m \tag{2-25}$$

$$\eta_h=\text{유체효율} \tag{2-26}$$

η_h는 전효율 중 누설에 의한 손실과 기계손실을 제외한 다른 모든 유체손실(원판 마찰손실 포함)에 의한 효율을 표시한다. 만약 원판마찰손실을 0이라고 한다면

$$\eta_h=\frac{H}{H_{th}} \tag{2-27}$$

$$\eta_v=\text{체적효율}=\frac{[\text{송출유량}]}{[\text{송출유량}]+[\text{누설유량}]}$$

$$= \frac{G}{G+\Delta G} \qquad (2\text{-}28)$$

$$\eta_m = \text{기계효율} = \frac{[\text{축동력}]-[\text{기계손실동력}]}{[\text{축동력}]}$$

$$= \frac{L-\Delta L_m}{L} \qquad (2\text{-}29)$$

단, ΔL_m에는 원판마찰에 의한 손실은 포함하지 않는다. 다음에 누설손실이 없다고(체적효율 100%)하면 $L_i = \eta_m L$이므로

$$\eta_{(is)} = \eta_{is}\,\eta_m, \quad \eta_{(ad)} = \eta_{ad}\,\eta_m, \quad \eta_{(p)} = \eta_p\,\eta_m \qquad (2\text{-}30)$$

예제 2-6 단열 헤드 15,018m, 흡입공기량 1.0kg$_f$/s를 내는 터보 압축기의 축동력이 191kW일 때 전단열효율을 구하여라.

[풀이]

단열 공기동력은

$$L_{ad} = \frac{H_{ad}\,G}{102} = \frac{15,018\times 1.0}{102} = 147.2\ [\text{kW}]$$

구하는 전단열효율은

$$\eta_{(ad)} = \frac{L_{ad}}{L} = \frac{147.2}{191} = 0.77 = 77\ [\%]$$

예제 2-7 압력비 3.5를 내는 8단 축류 압축기에서 전단열효율이 87%, 기계효율이 99%이면 폴리트로프 효율은 몇 %가 되는가?

[풀이]

단열효율 $\eta_{ad} = \frac{\eta_{(ad)}}{\eta_m} = \frac{0.87}{0.99} = 0.88$

폴리트로프 효율 η_p는 식 (2-23) 또는 그림 2-6에서 $p_D/p_S = p_{02}/p_{01} = 3.5$, $\eta_{ad} = 88\%$에 대하여 $\eta_p = 90\ [\%]$

2-7 다단 압축기의 전압헤드

압력비가 너무 커서 일단으로는 기술적으로나 경제적으로 무리가 되는 경우에는 다단 압축기를 사용한다.

1. 냉각을 하지 않는 다단 압축기의 헤드

예로서 3단의 경우를 들어 설명한다. 압축기에 있어서 손실이 없을 때에는 그림 2-7에서 압축기 전체의 단열압축일은 [면적 14 $p_{04}p_{01}$]으로 표시된다. 제1단의 단열일은 [면적 12 $p_{02}p_{01}$], 제2단의 일은 [면적 23 $p_{03}p_{02}$], 제3단의 일은 [면적 34 $p_{04}p_{03}$]가 된다. 압축기 전체의 일은 각 단의 일의 합이 된다. 실제의 압축기에서는 기체의 에너지 손실 때문에 공기온도가 상승하여 제1단의 압축 후에서는 온도가 t_2에서 t_2'로 되고, 체적은 v_2보다 크게 되어 v_2'로 된다. 중간 냉각을 하지 않으면 제2단 압축은 2'에서 시작하여 그 일은 [면적 2'3' $p_{03}p_{02}$]가 된다. 제3단에서도 압축기 내의 손실 때문에 손실이 없을 때의 체적 v_3'보다 큰 v_3''로 된다. 이 경우에 중간 냉각을 하지 않으면 제3단의 일은 [면적 3''4' $p_{04}p_{03}$]로 된다. 그 때의 최후의 체적은 v_4''는 v_4'보다 크고, 이것이 전체 압축이 끝난 후의 실제 체적이 된다. 요컨대 실제 중간 냉각기가 없는 압축기에서는 3단의 단열압축일은 기체의 에너지 손실 때문에 [면적 122'3'3''4' $p_{04}p_{01}$]으로 된다. [면적 14 $p_{04}p_{01}$]을 단열 가스 헤드 $H_{(ad)}$로 표시하고, [면적 14'' $p_{04}p_{01}$]을 폴리트로픽 가스 헤드 $H_{(p)}$로 표시하면, 지금의 경우 1단으로 단열압축하면 $H_{(ad)}$로 끝나지만, 3단으로 하면 이것보다 큰 헤드를 필요로 하고, 결국 단수를 무한대로 하면 $H_{(p)}$까지 커진다. 처음부터 $(H_{(p)}-H_{(ad)})$만큼 증가하는 것이 된다. 지금이라 하고, 단수

$$f_\infty = \frac{H_{(p)} - H_{(ad)}}{H_{(ad)}} \tag{2-31}$$

z인 경우를 생각하면 그림에서 추정될 수 있는 바와 같이 단열 가스 헤드 $H_{(ad)}$에 비해서 그 증가율은

$$f = f_\infty\left(1-\frac{1}{z}\right) \tag{2-32}$$

으로 된다. 단수 z로서 냉각하지 않고 단열압축할 때 전단의 전압헤드 $\sum H_{ad}$는 다음 식으로 표시된다.

$$\sum H_{ad} = H_{(ad)}(1+f)$$

$$H_{ad} = \left[1+f_\infty\left(1-\frac{1}{z}\right)\right] \tag{2-33}$$

식 (2-31)의 f_∞는 식 (2-3), (2-6), (2-23)으로부터

$$f_\infty = \frac{\frac{n}{n-1}\left[\left(\frac{p_{02}}{p_{01}}\right)^{(n-1)/n}-1\right]}{\frac{k}{k-1}\left[\left(\frac{p_{02}}{p_{01}}\right)^{(k-1)/k}-1\right]} - 1$$

$$= \eta_p \frac{\left(\frac{p_{02}}{p_{01}}\right)^{(k-1)/(k\eta_p)} - 1}{\left(\frac{p_{02}}{p_{01}}\right)^{(k-1)/k} - 1} - 1 \qquad (2\text{-}34)$$

과 같이 된다. 그림 2-8은 윗식의 관계를 나타낸 것이다.

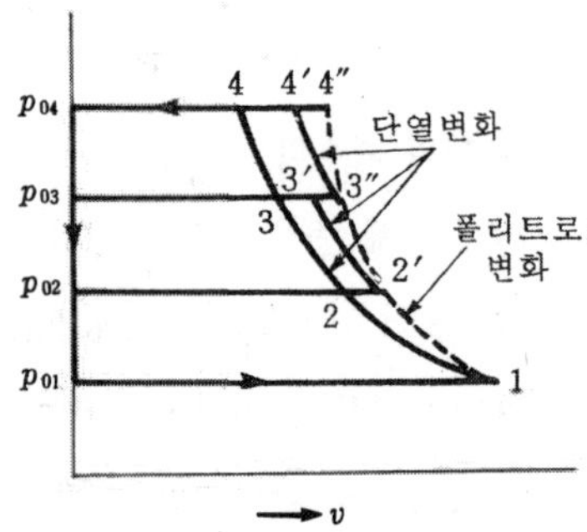

그림 2-7

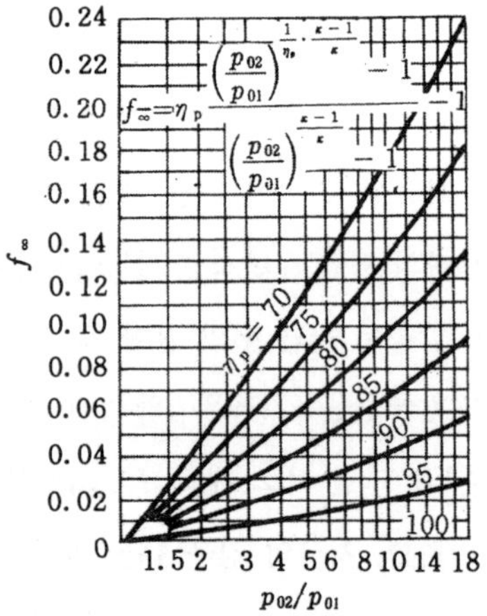

그림 2-8

예제 2-8 송출쪽 압력이 4.5kg$_f$/cm^2 abs.가 되는 8단의 냉각기없는 원심 압축기를 설계하고자 한다. 압축기 전체로서 발생해야 하는 전압 헤드는 몇 m로 할 것인가? 단, 흡입쪽 대기온도는 15℃, 기압은 760mmHg, 단열효율은 $\eta_{ad} = 84\%$라 한다.

[풀이]

$$H_{(ad)} = \frac{k}{k-1} RT_{01}\left[\left(\frac{p_D}{p_S}\right)^{(k-1)/k} - 1\right]$$

$$= \frac{1.4}{1.4-1} \times 29.27 \times (273+15)\left[\left(\frac{4.5}{1.033}\right)^{(1.4-1)/1}.4 - 1\right] = 15,400\ [\text{m}]$$

$p_D/p_S = 4.5/1.033 = 4.35$, $\eta_{ad} = 0.84$에 대한 그림 2-6에서 $\eta_p = 87$ [%]

$p_D/p_S = 4.35$, $\eta_p = 87\%$에 대한 그림 2-8에서 $f_\infty = 0.035$

$$\therefore \sum H_{ad} = H_{(ad)}\left[1 + f_\infty\left(1 - \frac{1}{z}\right)\right]$$

$$= 15,400\left[1 + 0.035\left(1 - \frac{1}{8}\right)\right] = 15,900\ [\text{m}]$$

2. 냉각을 하는 다단 압축기의 헤드

다단 압축기에서 단수가 많아지면 도중에서 공기를 냉각하는 편이 유리하게 된다. 그 이유는 냉각하기 때문에 기체온도가 낮아져서 체적이 감소하고 동력은 경감된다. 냉각하지 않는 경우에 비하여 압축기를 소형으로 할 수 있다든가, 회전수를 감소시킬 수 있음이 가능해진다.

2단 압축기를 예로 들어 설명한다. 그림 2-9에서 [면적 $13p_{03}p_{01}$]을 손실이 없을 때의 전압축기의 단열공기 헤드로 한다. 다음에 이것을 2단 단열압축이라 하고, 중간냉각에 의하여 1단의 압축 후의 공기를 압축 전의 온도 T_{01}까지 낮춘다고 하면, 전단의 전압 헤드는 [면적 $122'3''p_{03}p_{01}$]으로 표시되며 냉각하지 않는 경우의 단열 헤드 [면적 $13p_{03}p_{01}$]보다 작아도 된다.

이 때의 전단 단열 헤드

$$\sum H_{ad}=\frac{k}{k-1}RT_{01}\left[\left(\frac{p_{02}}{p_{01}}\right)^{(k-1)/k}-1\right]+\frac{k}{k-1}RT_{01}\left[\left(\frac{p_{03}}{p_{02}}\right)^{(k-1)/k}-1\right]$$

$$=\frac{k}{k-1}RT_{01}\left[\left(\frac{p_{02}}{p_{01}}\right)^{(k-1)/k}+\left(\frac{p_{03}}{p_{02}}\right)^{(k-1)/k}-2\right]\ [\mathrm{kg_f\cdot m/kg_f}]$$

에서 $\sum H_{ad}$를 최소로 하기 위한 p_{02}를 구한다. 윗식을 $d\sum H_{ad}/dp_{02}=0$에 대입하여 정리하면

$$\frac{p_{02}}{p_{01}}=\frac{p_{03}}{p_{02}}$$

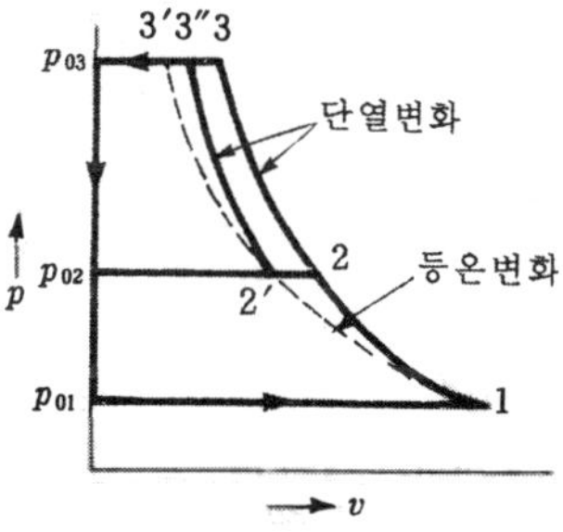

그림 2-9

윗식을 최소의 식에 대입하면

$$\sum H_{ad}=\frac{2k}{k-1}RT_{01}\left[\left(\frac{p_{02}}{p_{01}}\right)^{(k-1)/k}-1\right]$$

$$=\frac{2k}{k-1}RT_{01}\left[\left(\frac{p_{03}}{p_{02}}\right)^{(k-1)/2k}-1\right]$$

같이 하여 단수 z이고 각 단 사이에 냉각장치가 $(z-1)$이 있는 경우의 각 단의 압력비는 p_S를 초단의 흡입쪽의 전압, p_D를 최종단의 송출쪽의 전압이라 하면, 각 단의 압력비는

$$\frac{p_{02}}{p_{01}}=\frac{p_{03}}{p_{02}}=\cdots\cdots=\left(\frac{p_D}{p_S}\right)^{1/2} \tag{2-35}$$

이고, 전단열 헤드는 다음 식으로 표시된다.

$$\sum H_{ad}=\frac{zk}{k-1}RT_{01}\left[\left(\frac{p_D}{p_S}\right)^{(k-1)/zk}-1\right]\ [\mathrm{kg_f\cdot m/kg_f}] \tag{2-36}$$

설계할 때 중간냉각이 없는 경우와 있는 경우에 대하여 전단(단수 z)의 전압 헤드 $\sum H_{ad}$가 구해지면, 이것에 전손실을 합쳐서 축동력을 추정할 수 있다. $\sum H_{ad}$를 적당하게 나누어 단단당의 단열 헤드가 구해지면, 이것이 각 단의 압축기계설계의 기초가 된다.

예제 2-9 중간 냉각기가 있는 3단 공기압축기로서 공기를 1.35kg_f/cm^2 abs.에서 55kg_f/cm^2 abs. 까지 압축할 때 각 단의 압축력을 구하여라.

[풀이]

$$\frac{p_{02}}{p_{01}}=\frac{p_{03}}{p_{02}}=\frac{p_{04}}{p_{03}}=\left(\frac{p_D}{p_S}\right)^{1/z}=\left(\frac{55}{1.35}\right)^{1/3}=3.44$$

제1단의 압축압력 $p_{02}=3.44\,p_{01}=3.44\times1.35=4.65\ [kg_f/cm^2\ abs.]$

제2단의 압축압력 $p_{03}=3.44\,p_{02}=3.44\times4.65=16.0\ [kg_f/cm^2\ abs.]$

제3단의 압축압력 $p_{04}=3.44\,p_{03}=3.44\times16.0=55.0\ [kg_f/cm^2\ abs.]$

예제 2-10 중간 냉각기가 있는 6단 공기압축기로서 대기 중의 공기(온도 15℃, 압력 1.033kg_f/cm^2 abs.)를 50kg_f/cm^2 abs.까지 압축할 때 전단의 전압 헤드를 구하여라.

[풀이]

$$\sum H_{ad}=\frac{zk}{k-1}RT_{01}\left[\left(\frac{p_D}{p_S}\right)^{(k-1)(zk)}-1\right]$$

$$=\frac{6\times1.4}{(1.4-1}\times29.27\times(273+15)\left[\left(\frac{50}{1.033}\right)^{(1.4-1)/(6/1.4)}-1\right]$$

$$=60,000\ [m]$$

2-8 상사측

원심 및 축류 압축기에서는 원심식 및 축류식의 펌프나 송풍기와 마찬가지로 상사측이 존재한다.

1. 압력계수 Ψ

다음 식으로 표시되는 Ψ를 압력계수라 한다.

$$\frac{H_{ad}}{u^2/(2g)}=\Psi \quad \text{(일정)} \tag{2-37}$$

여기서 H_{ad}는 단열 헤드(다단일 때는 1단당), u는 회전차 바깥지름에서의 원주속도이다. 성능곡선의 최고 효율점에서 실제로 원심식에서는 $\Psi=1.1\sim1.5$, 축류식에서는 $\Psi=0.3\sim0.9$의 범위로 취해지고 있다.

2. 유량계수 ϕ

다음 식으로 표시되는 ϕ를 유량계수라고 한다.

$$\frac{Q}{Au} = \phi(=\text{일정}) \tag{2-38}$$

여기서 Q는 유량(양흡입일 때는 편흡입당), u는 회전차 바깥지름에서의 원주속도, A는 회전차의 단면적이다. 원심식, 축류식에 따라 다음과 같이 분류된다.

(1) 원심식인 경우

$$\phi = \frac{Q}{(\pi/4)D_2{}^2 u_2} = 0.03 \sim 0.10 \tag{2-39}$$

여기서, D_2는 회전차의 바깥지름, u_2는 바깥지름에서의 회전차의 원주속도, Q는 매초당의 유량이다.

이 외에 $\phi = v_{2m}/u_2$(단, v_{2m}은 회전차 바깥지름에서의 반지름 방향 유속), $\phi = Q\,(D_2{}^2 u_2)$로 표시할 때도 있다.

(2) 축류식인 경우

$$\phi = \frac{Q}{(\pi/4)(D_2{}^2 - D_1{}^2)u_2} = 0.2 \sim 0.6 \tag{2-40}$$

여기서 D_2, D_1은 회전차의 바깥지름과 안지름, u_2, Q에 대해서는 앞에서와 같다. 때로는 $\phi = v_m/u_2$으로 표시되는 수도 있다(v_m은 회전차의 축방향 유속).

3. 비속도 n_s

펌프의 상사법칙에서 설명한 바와 같이

$$n_s = N\frac{Q^{1/2}}{H_{\text{ad}}{}^{3/4}} \tag{2-41}$$

으로 표시되는 비속도 n_s의 값은 압축기의 각 구조에 따라 정해진다.

4. Mach수 M과 Reynolds수 R_e

압축기 내의 기체 유속이 음속을 넘으면, Mach수 M이 1보다 커지면 보통 충격파가 발생하고 항력은 급격히 증대하여 효율은 저하된다. 한편 유로 내의 손실의 대부분은 마찰손실에 따르므로 Reynolds수 R_e도 크게 관계된다.

그림 2-10은 Balje의 실험결과로서, M이나 R_e가 압축기에 어떻게 영향을 미치는 가를 조사한 것이다. 이 그림에 의하면 M의 증가에 따라 효율이 떨어지는 한편, R_e의 증가에 따라 효율은 높아지고 있다. 이것은 R_e가 증가하여 난류가 심해지면 경계층의 혼류운동이 심해져서 박리가 일어나기 어려워지고, 양력계수도 큰 쪽으로 이동하면 오히려 효율이 더욱더 좋아지게 된다.

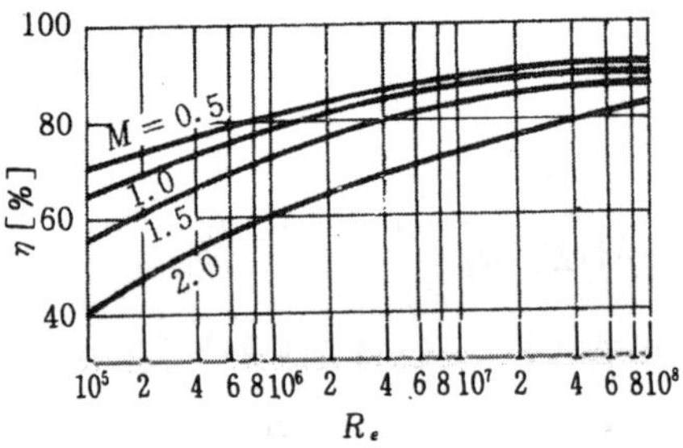

그림 2-10 M과 R_e가 압축기에 미치는 영향

예제 2-11 1단의 터보 압축기가 30,000rpm으로 회전될 때 유량 12.5m³/min를 낸다. 동일 압축기가 50,000rpm으로 회전될 때의 유량을 구하여라.

[풀이]

$$Q/(A\,u)=\phi=(\text{일정})\text{에서}\quad Q_1/(A_1\,u_1)=Q_2/(A_2\,u_2)$$

구하는 유량을 Q_2라 하면 윗식에서 $A_1=A_2$라 하여

$$Q_2=Q_1\frac{u_2}{u_1}=Q_1\frac{D_2N_2}{D_1N_1}=Q_1\frac{N_2}{N_1}=12.5\times\frac{50,000}{30,000}=20.83\,[\mathrm{m^3/min}]$$

예제 2-12 1단의 터보 압축기가 30,000rpm으로 회전될 때의 증가압력은 0.3kgf/cm²로 된다. 같은 압축기가 50,000rpm으로 회전될 때의 증가압력은 몇 kgf/cm²로 되는가? 단, 흡입쪽에서의 공기의 기압은 1.033kgf/cm² abs., 온도는 15℃이다.

[풀이]

30,000rpm, 50,000rpm의 단열 헤드를 각각 H_{ad_1}, H_{ad_2}라 하면

$$H_{ad_1}=\frac{k}{k-1}RT_{01}\left[\left(\frac{p_{02}}{p_{01}}\right)^{(k-1)/k}-1\right]$$

$$=\frac{1.4}{1.4-1}\times29.27\times(273+15)\left[\left(\frac{0.3+1.033}{1.033}\right)^{(1.4-1)/1.4}-1\right]$$

$$=2210\,[\mathrm{m}]$$

식 (2-37)에서 $H_{ad_1}/u_1^{\,2}=H_{ad_2}/u_2^{\,2}$이므로

$$H_{ad_2} = H_{ad_1}\left(\frac{u_2}{u_1}\right)^2 = H_{ad_1}\left(\frac{N_2}{N_1}\right)^2$$

$$= 2210 \times \left(\frac{50,000}{30,000}\right)^2 = 6140\ [\mathrm{m}]$$

식 (2-3)의 $H_{ad} = \{k/(k-1)\}RT_{01}[(p_{02}/p_{01})^{(k-1)/k} - 1]$에서

$$\frac{p_{02}}{p_{01}} = \left[\frac{k-1}{k} \cdot \frac{H_{ad_2}}{RT_{01}} + 1\right]^{k/(k-1)}$$

$$= \left[\frac{1.4-1}{1.4} \times \frac{6140}{29.27 \times (273+15)} + 1\right]^{1.4/(1.4-1)} = 1.945$$

$$p_{02} = 1.945\,p_{01} = 1.945 \times 1.033 = 2.01\ [\mathrm{kg_f/cm^2\,abs.}]$$

$$\therefore\ p_{02} - p_{01} = 2.01 - 1.033 = 0.977\ [\mathrm{kg_f/cm^2}]$$

연습문제

1. 1단으로서 압력비 4를 내는 터보 압축기의 단열 헤드를 구하여라. 단, 흡입쪽에서의 공기의 압력(전압)은 0.981kg_f/cm^2 abs., 온도(전온)는 28.5℃이다.

2. 1단의 왕복 압축기에 의하여 공기를 $2m^3/min$ 비율로 흡입하여 압력 1kg_f/cm^2 abs.에서 3.5 kg_f/cm^2 abs.까지 높일 때, 단열 공기동력은 몇 마력이 되는가?

3. 유량 0.4kg_f/s을 내는 다단 원심 압축기가 있다. 제1단의 회전차의 원판마찰손실동력 ΔL_d와 이것에 의하여 발생하는 상승온도 ΔT_d를 구하여라. 단, 회전차의 바깥지름은 660mm., 너비는 10mm, 회전수는 6000rpm, 회전차 입구, 출구에서의 기체의 비중량을 각각 1.2, 1.4kg_f/m^3로 한다.

4. 단열 헤드 2000m, 흡입공기량 1.5kg_f/s, 전단열효율 80%를 내는 터보 압축기의 축동력은 몇 마력이 되는가?

5. 단열 헤드 15,018m, 흡입 공기량 1.0kg_f/s를 내는 터보 압축기의 축동력이 191kW일 때 전단열효율을 구하여라.

6. 흡입풍량 $180m^3/min$, 송출쪽 압력(전압) 3100mmAq, g.를 만족하는 2단의 터보 압축기를 설계하고자 한다. 전단열효율을 73%라 하면, 이 경우 축동력은 몇 마력이 되는가? 단, 흡입쪽의 대기온도는 23℃, 압력은 1.033kg_f/cm^2이다.

7. 압력비 4.0인 10단의 축류 압축기를 설계하고자 한다. 압축기 전단으로서 발생하여야 할 전압 헤드는 몇 m로 하여야 하는가? 단, 흡입쪽의 공기압력은 1.033kg_f/cm^2 abs., 온도는 20℃, 전단열효율 $\eta_{ad}=40.86$, 기계효율 $\eta_m=0.98$이라 한다.

8. 1단의 터보 압축기가 30,000rpm으로 회전될 때, 유량 $12.5m^3/min$를 낸다. 동일 압축기가 50,000rpm으로 회전될 때의 유량을 구하여라.

9. 1단의 터보 압축기가 30,000rpm으로 회전될 때, 증가전압은 0.3kg_f/cm^2로 된다. 동일 압축기가 50,000rpm으로 회전될 때 증가전압은 몇 kg_f/cm^2로 되는가? 단, 흡입쪽에서의 공기의 기압은 1.033kg_f/cm^2 abs., 온도는 15℃로 한다.

제3장

원심압축기

3-1 구조와 특성곡선

원심압축기의 구조는 전술한 원심 송풍기와 대체로 동일하다. 다만 고압력을 내기 위하여 고속 회전으로 운전되기 때문에, 이를 견딜 수 있는 구조로 해야 하는 것이 다르다.

원심 압축기의 회전차의 깃은 반지름 방향 깃과 후경 깃이 사용된다. 후경 깃의 원주속도는 보통 $u_2 = 200 \sim 250$ m/s 정도로 하고, 그 이상의 원주속도를 가지는 것에는 반지름 방향 깃이 채용된다. 반지름 방향 깃은 후경 깃에 비하여 효율이 수 % 떨어지고, 운전풍량의 범위도 얼마간 좁아지지만 구조가 튼튼하기 때문에 고속회전에 견딘다. 회전차의 회전수가 커지고, 회전차 속의 흐름이 빨라져서 음속을 넘게 되면, 흐름에서의 손실이 갑자기 증가하므로 설계하기가 힘들게 된다. 결국 이 방면에서도 고속회전의 한계가 생기게 된다.

그림 3-1은 원심 압축기의 특성 곡선의 한 예를 표시한다. 가로축에 중량 유량 G kg_f/s, 세로축에 압력비 p_{02}/p_{01}을 잡아 회전수가 일정한 경우의 특성을 나타내고 있다.

한 가지 주의해야 할 것은 각 회전수에 있어서 어느 풍량 이하가 되면, 서징을 일으키고 운전이 불안정하게 되는 점이다. 제6편 그림 1-2에서 설명할 바와 같이 풍압 · 풍량곡선이 산고로 되어 있을 때 이 부분에서 송풍기(압축기)를 사용하면 서징을 일으키고, 기계의 격렬한 진동과 소음을 발생하는 일이 많다. 따라서 실용상 특성 곡선에 각 회전수에 대한 불안정 한계를 표시해 둘 필요가 있다. 그림 3-1의 파선은 이 한계선을 표시한다.

압축기에서는 기체의 온도상승을 방지하고, 압축효율을 높이기 위하여 그 냉각을 고려해야 한다. 압축기의 냉각방식에는 냉각수통(water jacket)형과 중간 냉각기(inter cooler)형이 있는데, 전자는 $2 \sim 3kg_f/cm^2$의 것에, 후자는 $2 \sim 3kg_f/cm^2$ 이상의 고압형의 것에 채용된다. 그림 3-2는

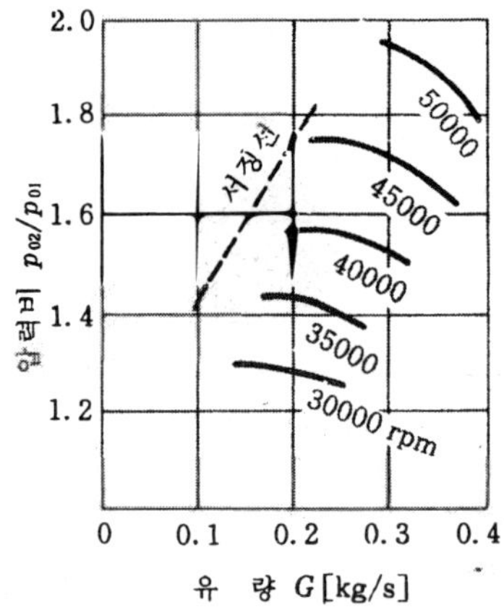

그림 3-1 원심 압축기의 특성 곡선

중간 냉각기의 한 예이다. 이것은 핀붙이 관(fin tube) 속에 냉각수를 통과시켜 냉각하며, 관소형(shell and tube type)이라 한다. 냉각수통형은 구조가 복잡하고 냉각이 불충분하므로 그다지 이용되지 않는다.

중간 냉각기는 케이싱에 부설된 것과 별도로 외부에 비치하는 것이 있는데, 어느 것이나 케이싱의 형상과 관계없이 냉각용량을 자유로 할 수 있고, 누설의 발견과 수리가 용이하기 때문에 널리 사용된다. 압축기에서 나온 후편에 냉각장치를 설치하는 수도 있는데, 이것을 후부 냉각기라 하며, 이것으로 배관 속 기체 내에 포함되는 수분을 제거하고 기체의 온도를 저하시킨다. 그림 3-3은 외부 냉각식 원심 압축기의 구조도이다.

수리가 용이하기 때문에 널리 사용된다. 또 압축기에서 나온 후편에 냉각장치를 설치하는 수도 있는데, 이것을 후부 냉각기라 하며, 이것으로 배관 속 기체 내에 포함되는 수분을 제거하고 기체의 온도를 저하시킨다. 그림 3-3은 외부 냉각식 원심 압축기의 구조도이다.

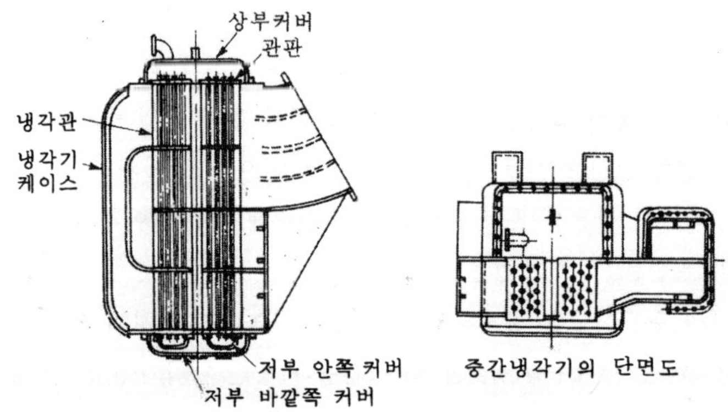

그림 3-2 인터쿨러 단면도

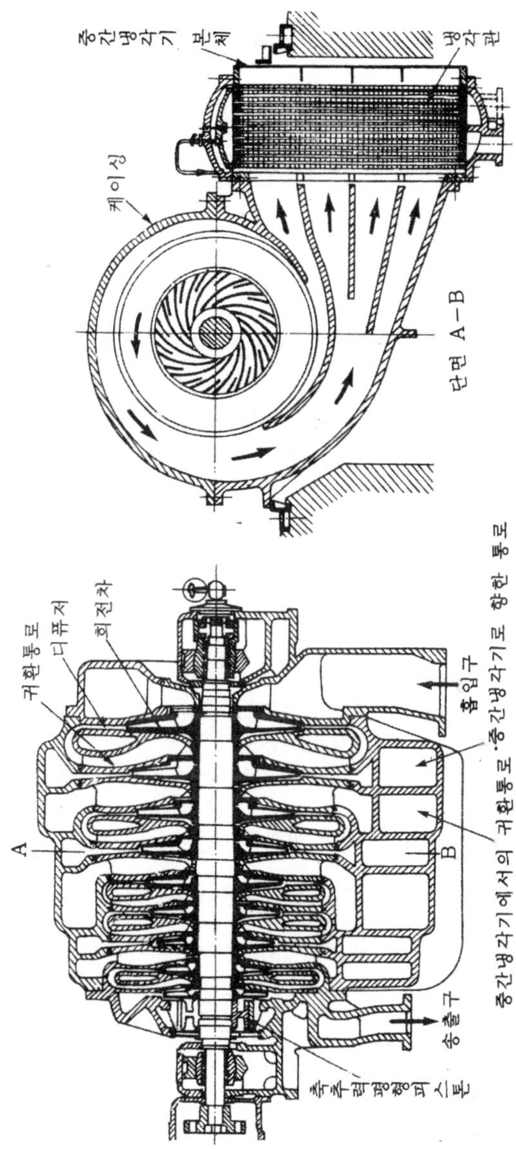

그림 3-3 외부 냉각식 9단 원심 압축기

3-2 원심압축기의 1단당 헤드

1. 깃수 무한인 이론전압 헤드와 이론전압 헤드 $H_{th\infty}$, H_{th}

깃수 무한인 경우 이론전압 헤드 $H_{th\infty}$ $kg_f \cdot m/kg_f$는 원심 펌프에서와 같이 다음 식으로 표시된다(그림 3-4 참조).

$$H_{th\infty}=\frac{1}{g}(u_2 v_2 \cos \alpha_2 - u_1 v_1 \cos \alpha_1)$$

깃수 유한인 경우의 이론전압 헤드 H_{th}는 다음 식으로 표시된다.

$$H_{th}=\mu H_{th\infty}=\frac{\mu}{g}(u_2 v_2 \cos \alpha_2 - u_1 v_1 \cos \alpha_1)$$

여기서 μ는 미끄름 계수(slip coefficient)이고, 다음과 같은 관계가 있다.

$$\mu=\frac{H_{th}}{H_{th\infty}}=\text{미끄럼 계수}=0.8\sim0.9$$

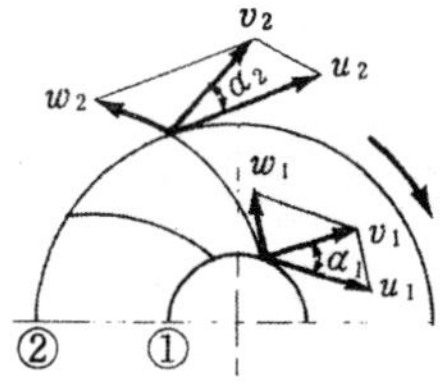

그림 3-4

2. 전압 헤드 H

전압 헤드 H는 다음 식으로 표시된다.

$$H=H_{th}-(\Delta H_f+\Delta H_b)$$

여기서 ΔH_f는 압축기 유로 내의 마찰손실헤드이고, ΔH_b는 압축기 유로 내의 만곡 또는 단면적 변화에 다른 손실 해드이다. 원판마찰손실을 0이라고 하면 유체효율 η_h는 $\eta_h=H/H_{th}$로 표시된다.

원심 압축기 1단당의 단열 헤드는 식 (2-13)으로 표시되는데, 냉각을 하지 않는 1단 압축기로서 공기에 주어지는 전압 해드 H는 대략 단열 헤드 H_{ad}라 보아도 무방하다. 공기가 이상유체이고 압축기 내에서 손실이 없다($H=H_{th}$)고 하면, 위의 둘째 식과 식 (2-3)으로부터 다음 식이 성립한다.

$$\frac{\mu}{g}(u_2 v_2 \cos \alpha_2 - u_1 v_1 \cos \alpha_1)=\frac{k}{k-1}p_{01}v_{01}\left[\left(\frac{p_{02}}{p_{01}}\right)^{(k-1)/k}-1\right]$$

$[kg_f \cdot m/kg_f$ 또는 $m]$ (3-1)

예제 3-1 회전차의 바깥지름이 28cm인 원심 압축기에서 회전차 입구에서의 유입 절대속도는 반지름 방향이고, 회전차 출구에서의 상대속도도 반지름 방향이다. 22,000rpm으로 회전할 때 회전차 전후의 압력비를 구하여라. 단, 미끄름계수는 1, 회전차에 들어가기 전의 기온은 15℃라 하고, 압축기 유로 내는 마찰이 없는 단열유동이라 한다.

[풀이]

식 (3-1)에서 $v_2 \cos \alpha_2 = u_2$, $v_1 \cos \alpha_1 = 0$, $\mu = 1$이므로

$$\frac{u_2^{\ 2}}{g} = \frac{k}{k-1} RT_{01}\left[\left(\frac{p_{02}}{p_{01}}\right)^{k/(k-1)} - 1\right]$$

$$\therefore \frac{p_{02}}{p_{01}} = \left[\frac{u_2^{\ 2}}{gRT_{01}} \cdot \frac{k-1}{k} + 1\right]^{k/(k-1)} = \left[\left(\frac{\pi D_2 N_2}{60}\right)^2 \frac{1}{gRT_{01}} \cdot \frac{k-1}{k} + 1\right]^{k/(k-1)}$$

$$= \left[\left(\frac{\pi \times 0.28 \times 22,000}{60}\right)^2 \frac{1.4-1}{9.8 \times 29.27 \times (273+15) \times 1.4} + 1\right]^{1.4/(1.4-1)}$$

$$= 1.369^{1.4/0.4} = 2.92$$

3-3 다단 원심압축기의 단수

다단 원심압축기에서는, 저압의 경우는 회전차의 지름과 출구폭을 모든 단에서 동일하게 한다. 중압의 경우는 회전차의 지름은 같게 하고, 출구폭만 뒷단으로 갈수록 작게 한다. 고압의 경우는 압축에 따르는 기체의 체적축소를 고려하여 각 단마다 최고 효율로 작동하게끔 각 단의 지름과 출구폭은 뒷단으로 갈수록 작게 한다. 이 경우에는 일반적으로 구조를 간단하게 하고, 가격을 저렴하게 하기 위하여 2, 3 단마다 하나의 단락을 만들어 각 단락에서는 회전차의 지름을 동일하게 한다. 단락을 세 개로 나눈 경우를 생각하면, 각 단락의 각 단 헤드 H는 다음과 같이 정해진다.

$$\left.\begin{aligned} &\text{제 1 단락} \quad H = (1.1 \sim 1.2)\frac{\sum H}{z} \\ &\text{제 2 단락} \quad H = \frac{\sum H}{z} \\ &\text{제 3 단락} \quad H = (0.8 \sim 0.9)\frac{\sum H}{z} \end{aligned}\right\} \qquad (3\text{-}2)$$

여기서 $\sum H$는 압축기 전단의 헤드이다. 각 단의 회전차의 치수 결정은 단단 때와 같은 방법으로 한다.

예제 3-2 압축기 전체의 전압 헤드가 15,900m일 때, 이 압축기를 8단으로 나누면 각단의 전압 헤드는 어떻게 하는 것이 적당한가?

[풀이]

8단을 3단락으로 나눈다고 하면 식 (3-2)에서

$$\text{제 1 단락}\quad H=(1.1\sim1.2)\frac{\sum H}{z}=(1.1\sim1.2)\frac{15,900}{8}=2190\sim2390\,[\mathrm{m}]$$

$$\text{제 2 단락}\quad H=\frac{\sum H}{z}=\frac{15,900}{8}=1990\,[\mathrm{m}]$$

$$\text{제 3 단락}\quad H=(0.8\sim0.9)\frac{\sum H}{z}=(0.8\sim0.9)\frac{15,900}{8}=1590\sim1790\,[\mathrm{m}]$$

이상을 참고하여 정돈하면 아래와 같이 된다.

제 1 단락	제 1 단	2250 [m]
	제 2 단	2250 [m]
	제 3 단	2250 [m]
제 2 단락	제 4 단	1989 [m]
	제 5 단	1989 [m]
제 3 단락	제 6 단	1724 [m]
	제 7 단	1724 [m]
	제 8 단	1724 [m]
	(전압력)	15,900 [m]

3-4 원심압축기의 회전차

1. 깃의 경사

원심 압축기에서의 깃의 경사는 그림 3-5와 같이 반지름 방향 깃과 후경 깃의 두 경우가 있다. 그림 3-6은 F. Kluge의 실험 결과로서, 깃의 기울기에 다른 효율의 변화를 나타내고 있다. 이 그림에 의하면 효율은 깃의 출구 설치각이 $\beta_2=30\sim50°$ 범위가 좋고, $\beta_2=40°$ 근처에서 최고로 된다. 반지름 방향 깃($\beta_2=90°$)일 때에는 앞에서 말한 후경 깃에 비교하면 효율은 4~9% 낮지만, 구조상 고속회전이 가능하기 때문에 보다 고압력비인 경우에 채용된다.

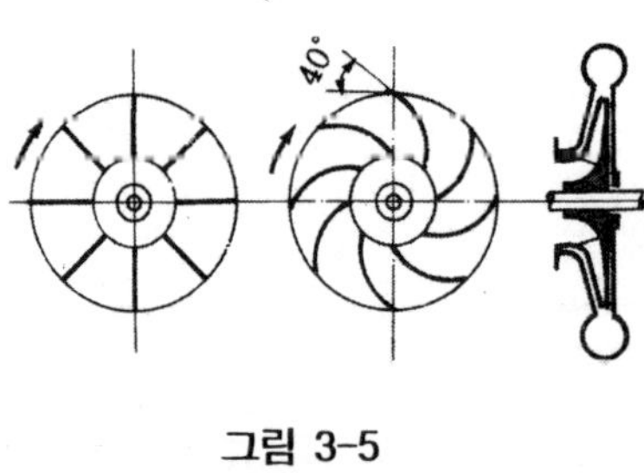

그림 3-5

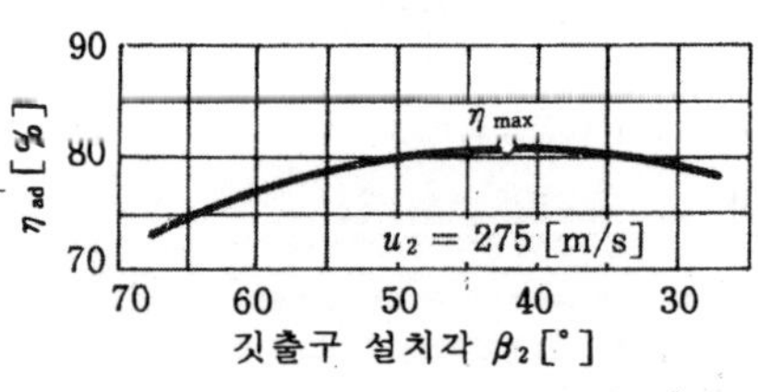

그림 3-6

2. 깃 폭

원심 압축기에서의 깃폭(축심방향의 깃의 길이)은 원심 송풍기의 경우와 같이 넓게 하지 않고,

오히려 원심 펌프처럼 좁게 한다. 원래 깃폭을 너무 작게 하면 통풍로가 좁게 되므로 마찰 등에 의한 손실이 커지고, 깃폭을 너무 크게 하면 통풍로가 확대되어 와류 등에 의한 손실이 커지게 되는데, 이들에 의한 손실의 영향이 원심 펌프의 경우와 흡사하다. 그림 3-7은 깃의 출구폭과 회전차 바깥지름과의 비 b_2/D_2를 여러 가지로 변화시켰을 때의 효율을 구한 것이다.

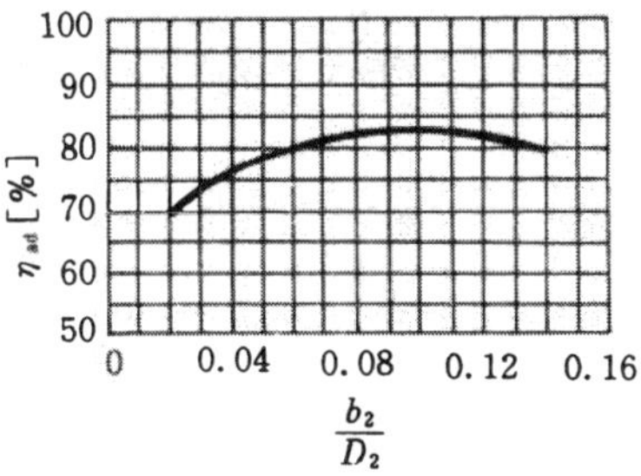

그림 3-7

3. 측판의 유무

원심 압축기에서 고속회전에 견딜 수 있게 하기 위해서는 회전차를 일체로 만들면 좋다. 이런 경우에는 측판이 없으면 공작이 대단히 편하다. 그림 3-8은 ① 양 측판이 있는 경우, ② 주 측판만 있는 경우, ③ 양 측판 모두 없는 경우에 대한 성능의 실험 결과이다. 이것에 의하면 성능은 ①, ②, ③의 순서로 낮아지지만, ②의 경우도 깃과 케이싱 사이의 간격을 작게 하면 상당히 좋은 성능을 낼 수 있는 것을 알 수 있다. 실제로 ②의 구조가 가장 많이 사용되고 있다.

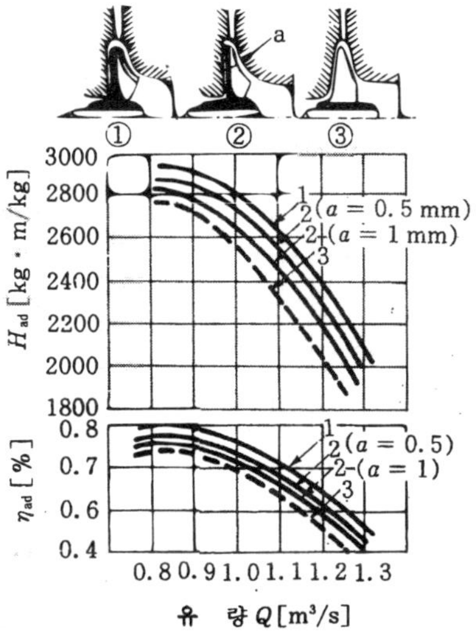

그림 3-8

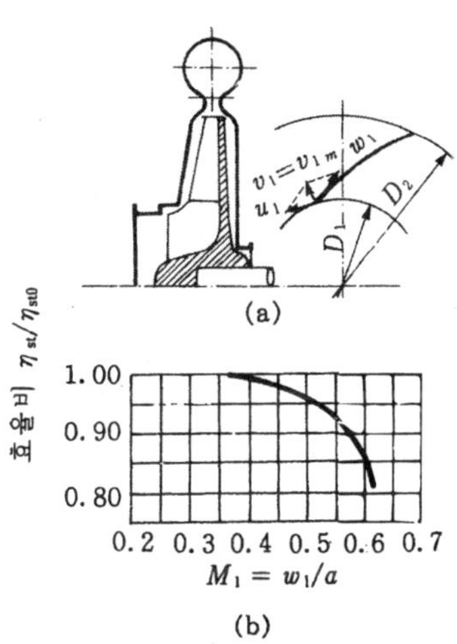

그림 3-9

4. 회전차 입구

그림 3-9 (a)와 같은 회전차 입구에서는 그림 (b)와 같이 입구에서의 Mach수 M_1이 대략 0.4 이상에서부터 효율이 떨어지기 시작한다. 단, $M_1 = w_1 / a$에서 w_1은 익렬 입구의 상대유속, a는 음속 $= \sqrt{kgRT}$, T는 익렬 입구에서의 절대온도이다.

그림 3-10은 회전차의 흡입구에서 바람을 인도하는 인듀서(inducer)라 하는 것이 붙어 있는 회전차이다. 이 인듀서를 적당히 설계함으로써 이 부분에서 Mach수가 0.9에 달하더라도 효율이 충분히 높은 것을 얻을 수 있게 되었다.

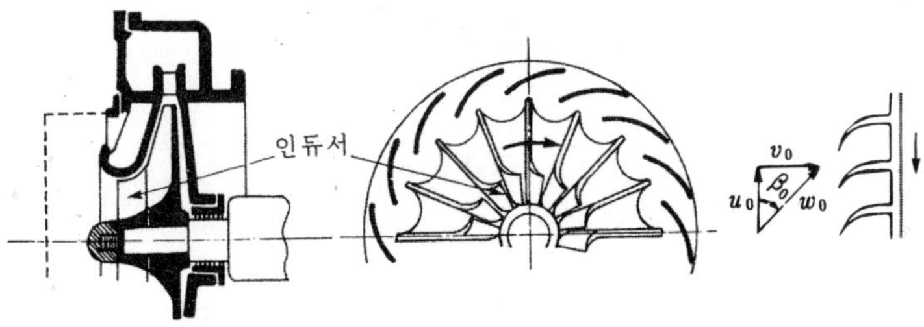

그림 3-10

5. 깃 수

그림 3-11은 반지름 방향 직선 깃인 원심 압축기(단, 인듀서 붙이, 주 측판만 있음)에서 깃수를 여러 가지로 바꾼 경우 효율비나 압력계수가 어떻게 변하는가를 나타낸 것으로, Nüll과 Pfau의 실험 결과이다. 그림에서도 표시된 바와 같이 깃수 z는 어느 매수 이상으로 더할 필요는 없다. 이 것은 원심 송풍기일 때와 똑같다. 실제로는 이와 같은 실험치와 원심 송풍기의 경우에 말한 식을 참고로 하여 깃수 z를 결정한다.

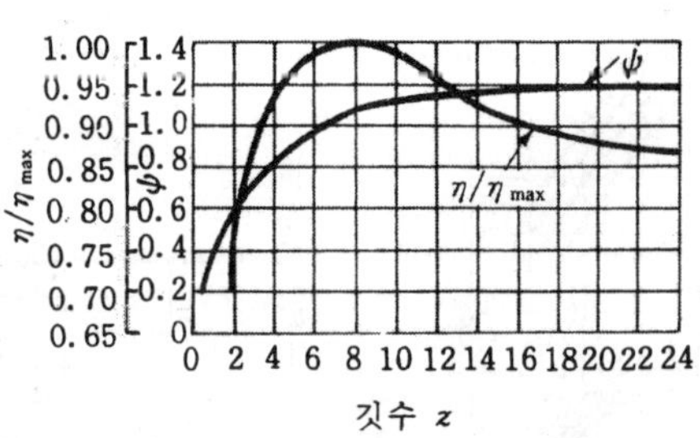

그림 3-11

3-5 원심압축기의 케이싱

압축기에 의해서 상승되는 압력의 약 절반은 회전차 내에서 얻게 되지만, 나머지 반은 디퓨저에서 회전차로부터 나가는 유체의 운동 에너지를 압력 에너지로 회수함으로써 얻게 된다. 디퓨저의 우열이 압축기 전체의 성능에 크게 영향을 미치게 되는 것이다. 특히 단단으로서 고압력비인 경우 회전차에서 나오는 기류는 초음속 기류로 되므로, 이것을 압력으로 회수하는 데는 더욱 세심한 주의가 필요하다. 디퓨저는 보통 그림 3-12와 같이 깃없는 디퓨저(그림의 2~3 사이)와 깃달린 디퓨저 (그림의 3~4 사이)의 두 부분으로 되어 있다.

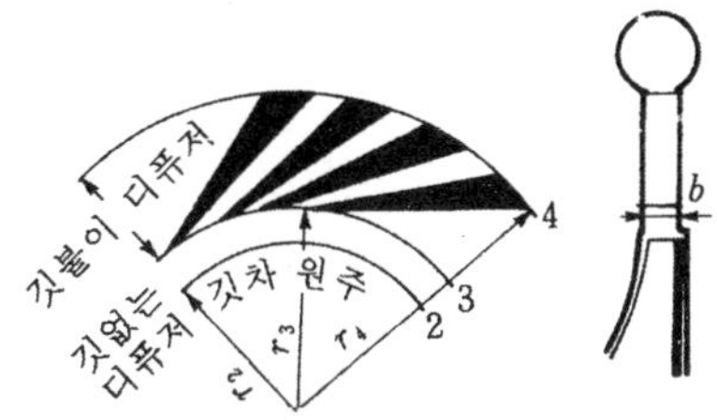

그림 3-12

1. 깃없는 디퓨저

운전상태가 변하여 유량이 달라졌을 때에는 회전차에서 나오는 기류의 방향이 변한다. 이것을 바로 깃달린 디퓨저를 통하여 지나게 하면, 영각의 변화로 인한 실속 등으로 효율이 떨어지는 수도 있다. 깃없는 디퓨저를 만들어 두면 흐름이 이곳을 지나는 사이에 자동적으로 안정유동이 되어 다른 영향을 일으키지 않게 할 수 있다. 회전차를 나온 직후의 기류는 다소의 맥동을 하고 있지만, 깃없는 디퓨저를 지나는 사이에 흐름은 평균화된다. 이상과 같은 이유로 회전차를 나온 기류는 첫째 깃없는 디퓨저로 들어가게 하고, 다음에 깃달린 디퓨저로 인도되도록 한다.

회전차로부터 나온 기류가 초음속인 경우에는 이것을 직접 깃달린 디퓨저로 유도하면 충격파를 일으켜 효율이 나빠지지만, 도중에 깃없는 디퓨저를 두어 여기에서 초음속으로부터 음속까지 감속시키면 충격파를 일으키지 않도록 할 수 있다.

2. 깃달린 디퓨저

깃없는 디퓨저만으로 할 때에는 치수가 커지게 된다. 이것을 작게 하기 위해서, 효율을 더욱 높이기 위해서는 깃없는 디퓨저 주위에 깃달린 디퓨저를 두게 된다. 깃수는 공진을 피하기 위해서 회전차의 깃수와 서로 소가 되도록 정한다.

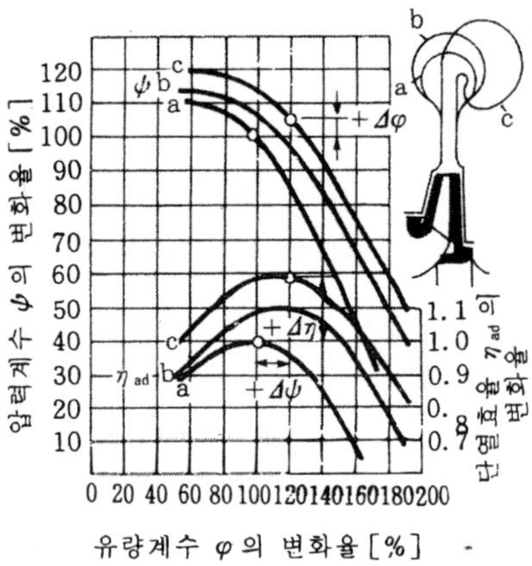

그림 3-13

3. 와류 케이싱

디퓨저를 나온 기체의 흐름은 스파이럴 케이싱에서 더욱 감속되어 그것만큼 정압으로 회수됨과 동시에 흐름은 정리되어 송출관으로 나가게 된다. 원심 송풍기일 때와 마찬가지로 와류실의 각 단면적은 평균유속이 같게 되도록 회전차 축심에서의 각도에 비례하여 확대시킨다.

그림 3-13에서 보는 바와 같이 스파이럴 케이싱 단면이 a, b, c와 같이 다를 경우 성능을 비교해 보면, c와 같이 단면적이 크고, 비대칭인 경우가 좋은 효율을 나타낸다.

다음 표 3-1은 비속도 $n_s = 195 \sim 350$의 범위인 원심 압축기의 회전차에 대한 여러 가지 설계 상수이다.

표 3-1

	깃출구각 β_2	원주속도 u_2[m/s]	K_u $\left(D_2 = \frac{60 K_u \sqrt{2gH_{ad}}}{\pi N}\right)$	v_{2m}/u_2	깃수 z
후경 깃 회전차 (양측판 붙이)	35~45	≤350	0.96~1.04	0.25~0.32	12~24
반지름 방향 깃 회전차 (양측판 붙이)	90	≤350	0.86~0.94	0.22~0.30	16~32
반지름 방향 깃 회전차 (편측판 붙이) (인듀서 붙이, 깃달린 디퓨저)	90	≤500	0.84~0.88	0.20~0.35	16~32

회전차의 설계 순서를 다음 예제 3-3으로 설명하기로 한다.

예제 3-3 흡입풍량 $180m^3/min$, 송출쪽 전압 1500mmAq, g.인 단단 터보 블로어의 회전차 주치수를 구하여라. 단, 흡입쪽의 공기압력은 $1.033kg_f/cm^2$ abs., 온도는 25℃, 단열효율은 74%이다.

[풀이]

i) 단열 헤드 H_{ad}

$$T_{01}=273+25=298\ [°K],\quad \frac{p_{02}}{p_{01}}=\frac{10,330+1500}{10,330}=1.145$$

$$H_{ad}=\frac{k}{k-1}RT_{01}\left[\left(\frac{p_{02}}{p_{01}}\right)^{(k-1)/k}-1\right]$$

$$=\frac{1.4}{1.4-1}\times 29.27\times 298\times[1.145^{(1.4-1)/1.4}-1]=1206\ [m]$$

ii) 압축기의 송출구 온도 T_{02}, 풍량 Q_{02}, 회전차 출구의 풍량 Q_m

$\eta_{ad}=(T_{02th}-T_{01})/(T_{02}-T_{01})=[T_{01}(p_{02}/p_{02})^{(k-1)/k}-T_{01}]/(T_{02}-T_{01})$에서

$$T_{02}=\frac{T_{01}}{\eta_{ad}}\left[\left(\frac{p_{02}}{p_{01}}\right)^{(k-1)/k}-1\right]+T_{01}$$

$$=\frac{298}{0.74}[1.145^{(1.4-1)/1.4}-1]+298=313.9\ [°K]$$

$$Q_{02}=Q_1\frac{p_{01}}{p_{02}}\cdot\frac{T_{02}}{T_{01}}=180\times\frac{1}{1.145}\times\frac{313.9}{298}=165.5\ [m^3/min]$$

$$Q_m=\sqrt{Q_{01}\cdot Q_{02}}=\sqrt{180\times 165.5}=172.5\ m^3/min=2.88\ [m^3/s]$$

iii) 공기동력 L_{ad}, 축동력 L

$$\text{비중량}\quad \gamma_{01}=\frac{p_{01}}{RT_{01}}=\frac{10,330}{29.27\times 298}=1.185\ [kg_f/m^3]$$

$$L_{ad}=\frac{GH_{ad}}{6120}=\frac{\gamma_{01}Q_{01}H_{ad}}{6120}=\frac{1.185\times 180\times 1206}{6120}=42\ [kW]$$

$$\eta_{(ad)}=\eta_{ad}\eta_m=0.74\times 0.99=0.732$$

$$L=L_{ad}/\eta_{(ad)}=42/0.732=57.5\ [kW]$$

iv) 출구 설치각 $\beta_2=40°$

측판이 있는 후경 깃으로 한다. 그림 3-6 등을 참고로 하여 위와 같이 정한다.

v) 비속도 $n_s=240$

원심 압축기에서는 비속도 $n_s=240$이 표준이다.

vi) 회전차의 회전수 $N=\dfrac{n_s H_{ad}^{3/4}}{Q_{01}^{1/2}}=\dfrac{240\times 1206^{3/4}}{180^{1/2}}=3620\ [rpm]$

(윗식은 비속도식 $n_s=NQ^{1/2}/H_{ad}^{3/4}$에서 유도)

vii) 회전차의 바깥지름

$$D_2=\frac{60K_u\sqrt{2gH_{ad}}}{\pi N}=\frac{60\times 1.0\times\sqrt{2\times 9.8\times 1206}}{\pi\times 3620}=0.81\ [m]$$

viii) 회전차의 흡입구 지름 $D_0=(1.0\sim 1.1)\sqrt{d_h^2+10.6\left(\dfrac{Q_{01}}{60N}\right)^{2/3}}$

$$=(1.0\sim1.1)\sqrt{0.150^2+10.6\left(\frac{180}{60\times3620}\right)^{2/3}}$$

$$=0.340\sim0.372\,[\mathrm{m}]$$

$\therefore D_0=0.36$ m로 한다. 단, d_h는 허브 지름 $=0.15$ m로 한다.

ix) 회전차의 안지름 $D_1=D_0+0.02=0.36+0.02=0.38\,[\mathrm{m}]$

x) 회전차의 바깥지름과 안지름에서의 반지름 방향 유속 v_{2m}, v_{1m}

$$v_{2m}=0.260\,u_2=0.260\frac{\pi D_2 N}{60}=0.260\times\frac{\pi\times0.81\times3620}{60}=40\,[\mathrm{m/s}]$$

$$v_{1m}=(0.95\sim1.3)\,v_{2m}=(0.95\sim1.3)\times40=38\sim52\,[\mathrm{m/s}]$$

xi) 회전차의 출구폭 b_2, 입구폭 b_1

$$b_2=\frac{Q_m}{\pi D_2 v_{2m}}\cdot\frac{t_2}{t_2-\sigma_2}=\frac{2.88}{\pi\times0.81\times40}\times\frac{1}{0.9}=0.031\,[\mathrm{m}]$$

$$b_1=\frac{Q_{01}}{\pi D_1 v_{1m}}\cdot\frac{t_1}{t_1-\sigma_1}=\frac{3}{\pi\times0.38\times45}\times\frac{1}{0.9}=0.062\,[\mathrm{m}]$$

xii) 깃입구 설치각 $\beta_1=\tan^{-1}\frac{v_{1m}}{u_1}=\tan^{-1}\frac{60\,v_{1m}}{\pi D_1 N}=\tan^{-1}\frac{60\times45}{\pi\times0.38\times3620}=32°$

xiii) 깃수 $z=\frac{2\pi\sin[(\beta_1+\beta_2)/2]}{(0.35\sim0.45)\log D_2/D_1}=\frac{2\pi\sin[(32°+40°)/2]}{(0.35\sim0.45)\log0.81/0.38}=11\sim14$

연 습 문 제

1 1단으로서 압력비 4를 내는 원심(반지름 방향 깃) 압축기의 단열 헤드를 구하여라. 단, 흡입쪽에서의 전압을 0.981kg$_f$/cm^2 abs., 온도는 28.5℃라 한다.

2 1단으로 압력비 4, 흡입공기량 1kg$_f$/s를 내는 원심(반지름 방향 깃) 압축기 송출구의 기온, 풍량과 회전차 출구에서의 풍량을 구하여라. 단, 단열효율은 78%, 압축기 흡입쪽의 공기 전압은 0.981kg$_f$/cm^2 abs., 온도는 28.5℃라 한다.

3 흡입공기량 1kg$_f$/s, 단열 헤드 15,018m를 내는 원심(반지름 방향 깃) 압축기의 공기동력[kW] 및 축동력[kW]을 구하여라. 비속도를 $n_s = 240$으로 했을 때 압축기의 매분 회전수를 구하여라. 단, 전단열효율은 77%, 압축기 흡입쪽에서의 공기의 압력은 0.981kg$_f$/cm^2 abs., 온도는 28.5℃라 한다.

4 흡입공기량 54m^3/min, 압력비 4(이 때의 단열 헤드 15,018m), 회전수 44,300rpm을 충족시키는 원심(반지름 방향 깃) 압축기의 회전차 바깥지름 D_2, 안지름 D_1, 회전차 입구경 D_0를 구하여라. 단, $K_u = 0.847$, $D_1/D_2 = 0.574$, 허브 지름 $d_h = 51\,\text{mm}$로 한다.

7 원심(반지름 방향 깃) 압축기의 회전차에서 바깥지름 0.198 m, 안지름 0.114m, 깃은 반지름 방향이라 한다. 바깥지름에서의 반지름 방향 유속을 120m/s, 풍량을 34.3m^3/min, 안지름에서의 각각을 125m/s, 54m^3/min라 하면 바깥지름, 안지름에서 깃폭은 각각 얼마로 해야 할 것인가? 깃수를 구하여라.

제4장

축류압축기

4-1 구 조

축류압축기는 동익과 정익이 교대로 배열되어 동익은 로터에, 정익은 케이싱에 고정되어 있다. 하나의 동익과 이것에 이어지는 정익에 의하여 1단락을 구성하고, 1단락의 비속도 n_s는 800~1500m^3/min, m, rpm의 범위에 있으며, 축류속도는 110~120m/s정도로 잡는다. 후단으로 갈수록 기체는 압축되어 비체적이 감소하므로, 이것에 대응하여 익렬내의 통로면적을 감소시킨다.

그 방법으로는 바깥지름 일정방식과 안지름 일정방식이 있다. 전자는 각 단의 원주속도를 일정하게 하여 높게 잡을 수 있으므로 소정의 압력비에 대하여 후자보다 단수를 적게 할 수 있고, 중량도 경감되는 이점이 있다. 후자는 각 단에 동일한 날개를 사용하고, 통로면적에 따라 그 선단을 깎으면 되므로 공작하기가 편리하다.

그림 4-1은 안지름 일정방식의 축류 압축기의 예이다. 날개는 충분한 강도를 가져야 함과 동시에 내마모성, 내부식성을 가지며, 가공이 용이해야 하기 때문에 동익이나 정익은 모두 주로 스테인리스 강(STS-22)이 사용된다. 날개를 로터 및 케이싱에 고정하는 것은 그림 4-2와 같이 원주방향 또는 축방향으로 판 골에 끼워서 고정하는 방법이 널리 채용되고 있다. 로터는 원주속도 180m/s 정도를 경계로 하여 이것보다 고속인 것은 원판식, 저속인 것은 원통식으로 한다.

원판식은 특히 항공기용으로 사용하고, 원판은 그 중앙에 구멍을 뚫어 축에 때워 붙인다. 원통식은 주로 지상용, 선박용으로 쓰이고, 원통부는 단강 또는 특수강으로 단조한 중공으로 된 것이며, 그 양단에 축부를 볼트 결합 또는 용접결합한다. 케이싱은 항공기용으로는 듀랄루민 주물이, 지상용으로는 주철이 많이 사용된다. 기계가공의 편의상 케이싱은 흡입쪽, 송출쪽 및 중간의 3부분으로 분할하고, 다시 상하 둘로 나눈 구조로 하여 볼트로 결합한다.

보통 압력비가 4정도까지는 단실린더로 하고, 압력비가 10~20이 되면 2실린더를 쓰며, 저압기와 고압기의 중간에 중간 냉각기를 설치한다.

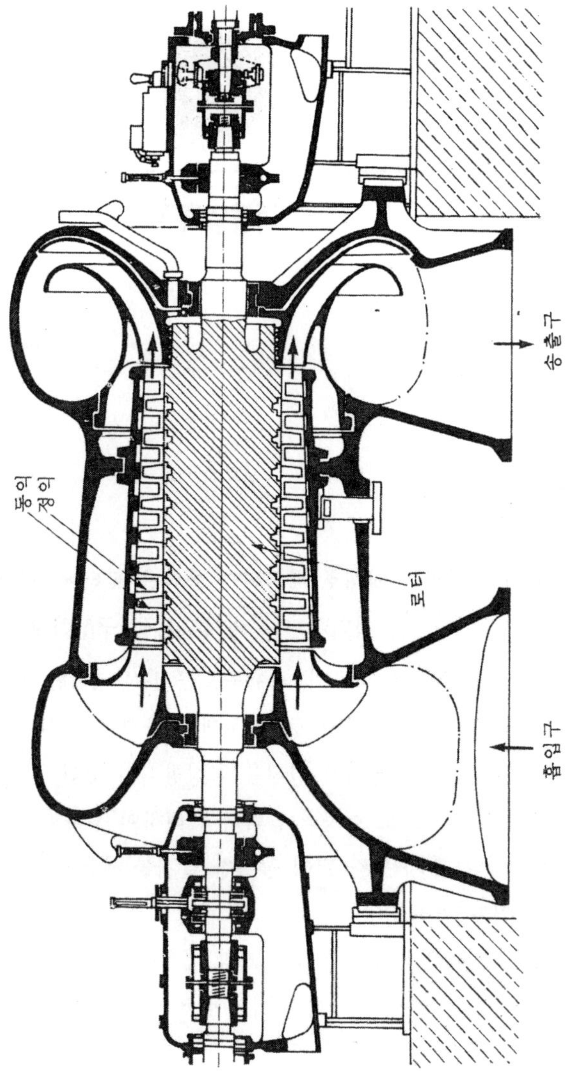

그림 4-1 축류 압축기(원판식, 안지름 일정방식)

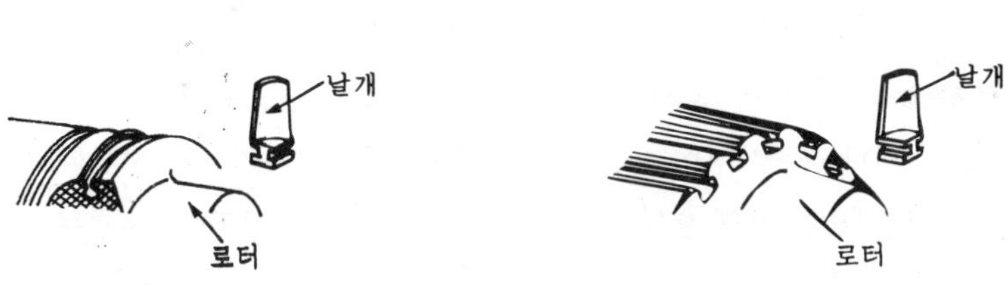

(a) (b)

그림 4-2 로터에 대한 날개의 고정

4-2 회전차의 축방향 요소

1. 압력상승에 관한 Euler의 식

그림 4-3의 익렬에 있어서 원주속도를 u, 절대속도를 v, 상대속도를 w, 기체의 중량유량을 G, 이론전압 헤드를 H_{th}라 하면, 펌프의 경우와 같이 다음 식이 성립한다.

$$\frac{G}{g}u(v_{2u}-v_{1u})=GH_{th}$$

$$\therefore H_{th}=\frac{1}{g}u(v_{2u}-v_{1u})=\frac{1}{g}u\Delta v_u[\mathrm{kg_f\cdot m/kg_f}] \qquad (4\text{-}1)$$

이것이 압력상승에 관한 Euler의 식으로서, 원심 회전차에 대한 식과 같은 의미를 가진다. 속도선도를 써서 변형하고, 축류형에서는 $u_1=u_2$임을 적용하면

$$H_{th}=\frac{1}{2g}\{(v_2{}^2-v_1{}^2)+(w_1{}^2-w_2{}^2)\} \qquad (4\text{-}2)$$

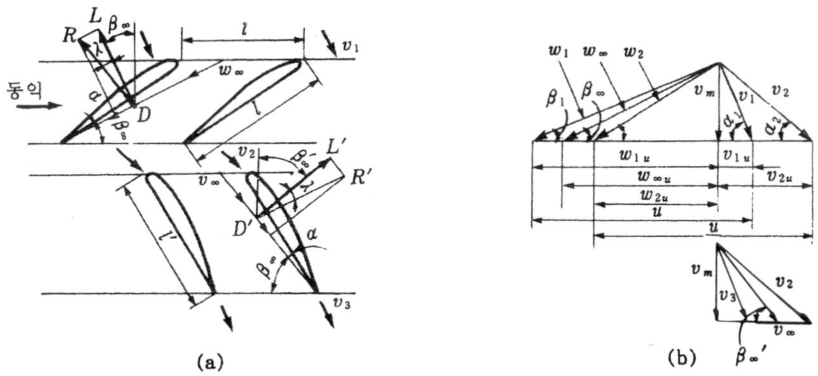

그림 4-3 익렬에 걸리는 힘과 속도선도

이 된다. 우변 제1항은 동익(회전차)에서 에너지의 증가로서 전치 정익식을 제외하고, 정익(안내깃)에서의 감속에 의하여 압력으로 변환한다. 제2항은 동익내에서의 감속에 의한 압력상승이다. 축류형에서는 회전차에 있어서의 손실과 관계없는 원심력에 의한 정압증가의 항은 없다. 속도 에너지를 유효하게 압력으로 치환할 방안이 필요하다.

임의의 반지름에 대한 H_{th}를 식 (4-1)에서 원주속도에 따른 Δv_u의 값을 구할 수 있다. 압축기에 있어서 실제의 전압 헤드를 H라 하고, 이것과 H_{th}와의 비를 $H/H_{th}=\eta_h$라 하면, Δv_u는 다음 식으로 표시된다.

$$\Delta v_u=\frac{gH}{\eta_h u} \qquad (4\text{-}3)$$

다음에 한 가닥의 유관 속을 기체가 정상적으로 흐르고 있을 때의 에너지 방정식을 생각한다.

높이의 영향을 무시하면 1, 2의 두 점 사이에서

$$Ju_1+\frac{p_1}{\gamma_1}+\frac{v_1^{\ 2}}{2g}=Ju_2+\frac{p_2}{\gamma_2}+\frac{v_2^{\ 2}}{2g}$$

여기서 J는 열의 일당량[kg$_f$ · m/kcal], u는 내부 에너지[kcal/kg$_f$], p는 압력[kg$_f$/m^2], γ는 비중량[kg$_f$/m^3], v는 평균유속[m/s]이다.

지금 엔탈피를 i kcal/kg$_f$, 정압비열을 c_p kcal/kg$_f$ ℃, 정지상태에 있어서의 온도를 T_s °K, 비체적을 v_s m^3/kg$_f$이라고 하면

$$Ju+\frac{p}{\gamma}=Ju+pv_s=Ji=Jc_pT_s=\frac{k}{k-1}RT_s$$

$$\frac{k}{k-1}RT_{s1}+\frac{v_1^{\ 2}}{2g}=\frac{k}{k-1}RT_{s2}+\frac{v_2^{\ 2}}{2g}$$

이 된다. 1, 2 사이에 외부에서 일 H_i kg$_f$ · m/kg$_f$가 주어졌다고 하면, 식 (2-8) (2-4절 참조)이 성립한다.

$$H_{th}=\frac{k}{k-1}R(T_{02}-T_{01})[\mathrm{m}] \tag{4-4}$$

윗식과 식 (4-1)에서 축류 압축기의 1단락의 기초식을 얻는다.

$$\frac{u}{g}(v_{2u}-v_{1u})=\frac{k}{k-1}R(T_{02}-T_{01}) \tag{4-5}$$

이것은 압력상승과 온도상승을 연결하는 식이다.

2. 반동도

식 (4-2)에서 정압상승 $(w_1^{\ 2}-w_2^{\ 2})/2g$와 식 (4-1)의 전압상승 H_{th}(이론전압 헤드)와의 비를 반동도(degree of reaction)라 한다. 이것을 k_r로 표시하면

$$k_r=\frac{(w_1^{\ 2}-w_2^{\ 2})/2g}{H_{th}} \tag{4-6}$$

이 된다. 이것으로부터 정익에서 얻는 정압상승과 전압상승과의 비는 이론상 $(1-k_r)$로 된다. 반동도 k_r는 다음 식으로도 표시된다.

$$k_r=1-\frac{v_{2u}-v_{1u}}{2u} \quad \text{또는} \quad \frac{w_{\infty u}}{u} \tag{4-7}$$

예제 4-1 다음 식을 증명하여라.

$$k_r = 1 - \frac{v_{2u} - v_{1u}}{2u} \quad \text{또는} \quad \frac{w_{\infty u}}{u}$$

[풀이]

식 (4-7)을 변형하면

$$k_r = \frac{(w_1{}^2 - w_2{}^2)/2g}{H_{th}} = \frac{[\{v_m{}^2 + (u - v_{1u})^2\} - \{v_m{}^2 + (v - v_{2u})^2\}]/2g}{u(v_{2u} - v_{1u})/g}$$

$$= \frac{(-2u v_{1u} + 2u v_{2u}) + (v_{1u}{}^2 - v_{2u}{}^2)}{2u(v_{2u} - v_{1u})} = 1 - \frac{v_{2u} + v_{1u}}{2u}$$

이것으로부터

$$k_r = \frac{(u - v_{2u}) + (u - v_{1u})}{2u} = \frac{w_{2u} + w_{1u}}{2u} = \frac{w_{\infty u}}{u}$$

3. 깃 효율 η_b

동익과 정익의 1조에 대하여 각각의 항력에 의한 손실로 인한 1단당의 깃 효율(blade efficiency)을 η_b라 하면, η_b는 이론상 다음과 같이 된다.

$$\eta_b = 1 - \frac{D}{L} \cdot \frac{w_\infty{}^2 + v_\infty{}^2}{u v_m} \tag{4-8}$$

윗식을 증명해 보자. 우선 η_b를 다음 식과 같이 표시한다.

$$\eta_b = \frac{H}{H_{th}} = \frac{H_{th} - (\Delta H + \Delta H')}{H_{th}} = 1 - \frac{\Delta H + \Delta H'}{H_{th}}$$

윗식의 ΔH, $\Delta H'$는 각각 동익, 정익의 손실 헤드이다. 회전차의 단면($2\pi r dr$)을 지나는 유량 dQ와 기체의 비중량 γ를 윗식 우변의 제2항의 분자, 분모에 곱하면

$$\eta_b = 1 - \frac{\gamma(\Delta H + \Delta H')\,dQ}{\gamma H_{th}\,dQ} \tag{4-9}$$

깃 이론에서 명백한 바와 같이

$$\gamma H_{th}\,dQ = dF \cdot u = z dr \cdot R \sin(\beta_\infty + \lambda) \cdot u \tag{4-10}$$

$$\gamma \Delta H dQ = z \cdot dr \cdot D \cdot w_\infty \tag{4-11}$$

$$\gamma \Delta H' dQ = z' \cdot dr \cdot D' \cdot v_\infty \tag{4-12}$$

식 (4-9)에 식 (4-10)~(4-12)를 대입하면

$$\eta_b = 1 - \left[\frac{D w_\infty}{R u \sin(\beta_\infty + \lambda)} + \frac{z' D' v_\infty}{z R u \sin(\beta_\infty + \lambda)}\right]$$

한편 동익으로서 주어진 회전방향의 분속도가 정익에 의하여 모두 제거된다고 하면 다음 식이

성립한다.

$$zR\sin(\beta_\infty+\lambda)=z'R'\sin(\beta_\infty'+\lambda')$$

이것을 윗식 우변 제3항에 대입하고, $D/R=D'/R'$라 놓으면

$$\eta_b=1-\frac{D}{R}\left[\frac{w_\infty}{u\sin(\beta_\infty+\lambda)}+\frac{v_\infty}{u\sin(\beta_\infty'+\lambda')}\right]$$

$$=1-\frac{D\cos\lambda}{L}\left[\frac{w_\infty}{u\sin(\beta_\infty+\lambda)}+\frac{v_\infty}{u\sin(\beta_\infty'+\lambda')}\right]$$

실제로 λ는 작기(1° 전후) 때문에 $\cos\lambda\fallingdotseq 1$,

$$\sin(\beta_\infty+\lambda)\fallingdotseq\sin\beta_\infty=v_m/w_\infty,\quad \sin(\beta_\infty'+\lambda')\fallingdotseq\sin\beta_\infty'=v_m/v_\infty$$

$$\therefore\ \eta_b=1-\frac{D}{L}\cdot\frac{w_\infty^{\ 2}+v_\infty^{\ 2}}{uv_m}$$

4. 깃의 배열

(1) 정익-동익 배열

그림 4-4는 보통 1단인 축류 송풍기에 사용되는 깃 배열로서 축방향 유출형이다. 이 때에는 동익에서의 정압상승은 전압상승보다 커지고(이것은 정익에서 정압강하가 되는 것을 의미한다) 동익에서의 평균 상대속도 w_∞는 다른 배열에 비해 커진다. 고속회전이 되면 Mach 수 (w_∞/a)가 커져서 좋지 않다.

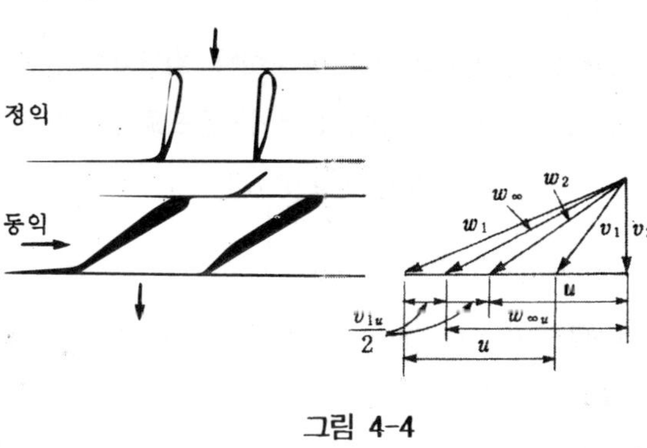

그림 4-4

그림 4-5는 다단 축류압축기에 흔히 사용되는 배열로서, 속도삼각형에 나타낸 바와 같이 w_∞와 v_∞를 같게 한 대칭형 속도선도이다. 이 때의 반동도는

$$k_r=\frac{w_{\infty u}}{u}=0.50 \tag{4-13}$$

이 되고 동시에 다음 식이 성립한다.

$$u = v_{2u} + v_{1u} \tag{4-14}$$

이 때에는 정압상승을 동익과 정익이 반씩 부여하게 된다. 이론적으로 $k_r = 0.50$인 경우 깃

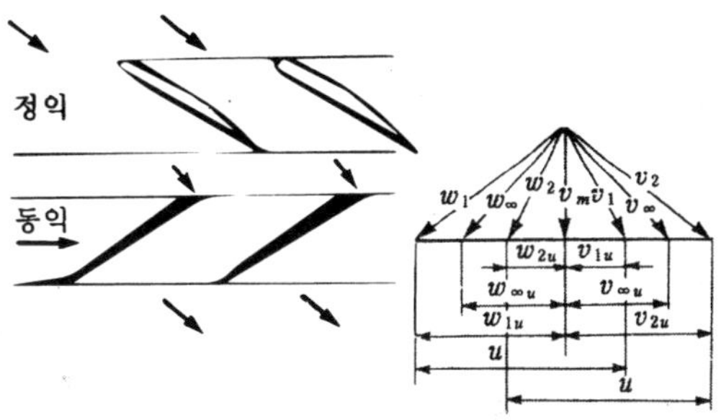

그림 4-5

효율은 최대가 된다. 동시에 그 위치에서의 축류속도 v_m과 원주속도 u사이에는 다음 식이 성립한다.

$$\frac{v_m}{u} = 0.5 \tag{4-15}$$

실제 효율면에서는 이 비를 0.3~0.6인 범위로 취하면 거의 변함이 없고, k_r의 값도 0.5~0.7인 범위로 취하면 좋다. 이 50% 반동도의 깃 배열은 제트 엔진이나 가스 터빈의 다단 압축기용으로 개발된 것이다. 이들 압축기에서는 원주속도나 축방향 유속이 커지게 되지만, 동익과 정익에서의 Mach수가 과도하게 커지는 것을 방지하고, 좋은 효율을 나타내고 있다.

예제 4-2 그림 4-4에 나타낸 정익-동익 배열에서의 정압상승이 전압상승보다 크게 되는 것을 증명하여라.

[풀이]

그림 4-4에서 보는 바와 같이 $w_{\infty u} = u + (1/2)\, v_{1u}$이므로 반동도는 식 (4-7)로부터

$$k_r = \frac{w_{\infty u}}{u} = \frac{u + (1/2)\, v_{1u}}{u} = 1 + \frac{1}{2}\, v_{1u} > 1$$

그런데 k_r = (동익에서의 정압상승)/(전압상승)이므로, 동익에서의 정압상승은 전압상승보다 크게 된다.

(2) 동익-정익 배열

동익으로부터 나온 선회류를 어느 방향으로 향하게 하고, 이것의 에너지를 회수하기 위해서 동익 뒷쪽에 정익을 설치한다. 그림 4-6은 축방향 유입형으로서 보통 1단의 축류 송풍기에 사용되고 있다. 그림 4-4인 전치 정익형과 마찬가지로 동익에서의 상대속도 w_∞가 크게 된다. 고속회전이 되면 Mach수가 커져서 적당하지 않다.

그림 4-7은 그림 4-5와 같은 대칭속도선도가 되는 50% 반동도형($k_r=0.50$)으로서 이론적으로 깃 효율은 최대가 된다. 다단 축류 압축기에 많이 사용되고 있다.

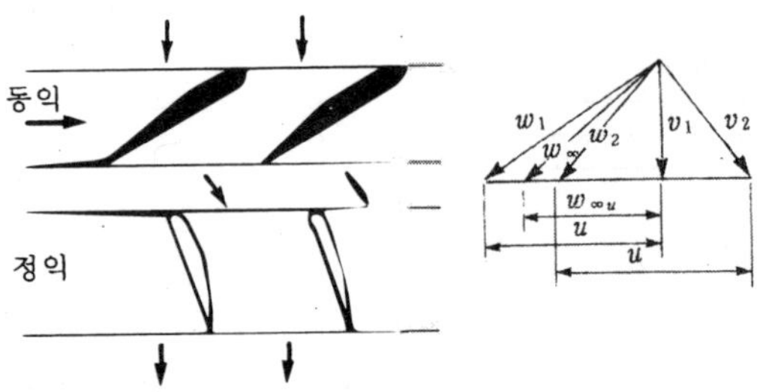

그림 4-6

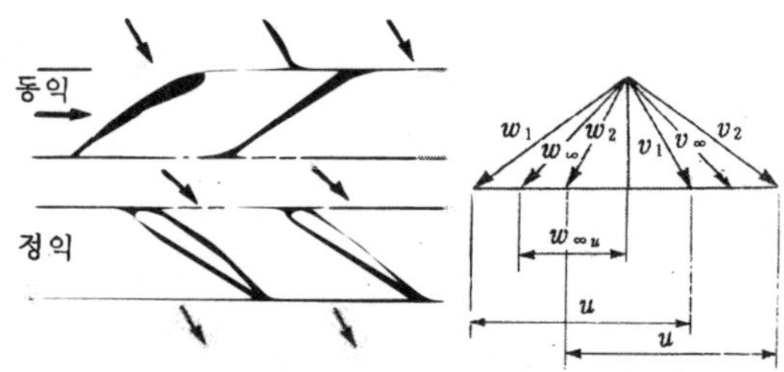

그림 4-7

(3) 정익-동익-정익 배열

이 배열은 (1)의 전치 정익식과 (2)의 후치 정익식을 조합한 것으로서 전후치 정익식이다. 단단인 경우는 정익-동익-정익으로 하나 다단이 되면 각 단의 동익과 정익의 조합 외에 최초와 최후에 입구 안내깃과 출구 안내깃을 더 붙인다. 이 경우도 50% 반동도형이 많이 사용된다. 축류 팬에서는 전치 정익식이나 후치 정익식이 사용되는데, 축류 압축기에서는 50% 반동도형이나 후치 정익식이 보통 많이 사용되고 있다.

예제 4-3 깃 효율 $\eta_b=[1-\{(d/L)(w_\infty^2+v_\infty^2)/uv_m\}]$가 최대가 되기 위해서는 $k_r=0.50$이 되는 것을 증명하여라.

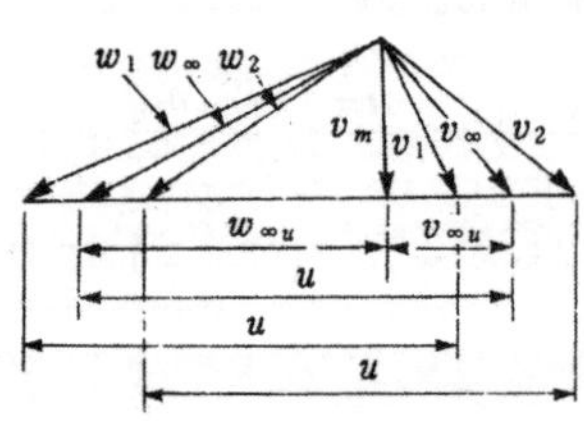

그림 4-8

[풀이]

식 (4-7)의 $k_r = w_{\infty u}/u$로부터 그림 4-8에서

$$w_\infty{}^2 = v_m{}^2 + w_{\infty u}{}^2 = v_m{}^2 + u^2 k_r{}^2$$

$$v_\infty{}^2 = v_m{}^2 + v_{\infty u}{}^2 = v_m{}^2 + (u - w_{\infty u})^2 = v_m{}^2 + (u - u k_r)^2$$

위 두 식으로부터

$$\eta_b = 1 - \frac{D}{L} \cdot \frac{w_\infty{}^2 + v_\infty{}^2}{u v_m} = 1 - \frac{D}{L} \cdot \frac{2v_m{}^2 + u^2 - 2u^2 k_r + 2u^2 k_r{}^2}{u v_m}$$

윗식에서 u, v_m은 일정하다고 하면 η_b가 최고가 되기 위한 조건으로서

$$\frac{d\eta_b}{dk_r} = -\frac{D}{L} \cdot \frac{2u^2(2k_r - 1)}{u v_m} = 0 \qquad \therefore k_r = 0.5$$

반동도가 0.5일 때 깃 효율은 최대로 된다.

4-3 회전차의 반지름 방향 요소

축류 압축기 내의 흐름을 반지름 방향에 대한 조건을 붙이는 방법에 따라 다음과 같은 세 가지의 형식이 생긴다.

1. 자유 볼텍스형

축류 압축기 내의 절대유속 v를 회전차의 축방향 성분 v_m, 회전방향 성분 v_u, 반지름 방향 성분 v_r로 분해하면 축류 압축기에서는 반지름 r에 따라서 항상 $v_r = 0$이 되도록 한다. 동시에 반지름 r에 따라서 $v_m =$ const. 또는 $p_t =$ const. 로 잡으면 Bernoulli의 식은

$$p_t = p_s + \frac{\gamma}{2g} v^2 = p_s + \frac{\gamma}{2g}(v_m{}^2 + v_u{}^2 + v_r{}^2)$$

$$\text{const.} = p_s + \frac{\gamma}{2g}\ (\text{const.} + v_u{}^2 + 0)$$

이 된다. 윗식을 반지름 r로서 미분하면

$$\frac{dp_s}{dr} + \frac{\gamma}{g} v_u \frac{dv_u}{dr} = 0 \tag{4-16}$$

이 된다. 한편 회전 유체에 있어서의 정압구배와 원심력과의 평형으로부터

$$\frac{dp_s}{dr} = \frac{\gamma}{g} \cdot \frac{v_u{}^2}{r} \tag{4-17}$$

윗식을 식 (4-16)에 대입하여

$$\frac{dr}{r}+\frac{dv_u}{v_u}=0$$

윗식을 적분하면 다음 식이 성립한다.

$$rv_u = \text{const.} \tag{4-18}$$

이것은 자유소용돌이의 선회류로서, 이와 같은 유동방식을 자유볼텍스형(free vortex type)이라 한다.

자유 볼텍스형으로 설계할 때에는 전반지름에 걸쳐서 50% 반동도로 할 수 없고, 기준 반지름은 이론상으로는 $r_m=\sqrt{r_i r_0}$이지만, 관습상 $r_m=(r_i+r_0)/2$ 또는 $=\sqrt{(r_i^{\,2}+r_0^{\,2})/2}$, 회전차의 안지름에서 효율이 좋은 $k_r=0.50$으로 하고, 이것을 기준으로 하여 '다른 반지름에서는 $rv_r=$ 일정이 되도록 하는 것이 보통이다. 이 기준 반지름에서는 최고 효율이 되고, 대칭 속도선도로 되지만, 다른 반지름에서는 비대칭 속도선도로 된다. 이것 때문에 반지름 방향에 따라서(반지름이 커짐에 따라) 깃의 비틀림도 커지고, 반동도(k_r)도 커진다.

자유 볼텍스형의 경우 압력계수 $\Psi=H/(u^2/2g)$는 회전차의 안지름에서 최대로 되고, 여기에서 박리손실이 일어나기 쉽게 된다. 안지름에서 이와 같은 염려를 제거하기 위해서는 회전차의 안지름에서 ϕ의 값은 0.8로 하고, 허브 비(D_i/D_0)는 0.75로 잡는 것이 적당하다.

자유 볼텍스형은 저속회전에 적합하고, 후술하는 정반동도형(constant reaction type)은 고속회전에 적합하다. 축류 송풍기는 대체로 자유 볼텍스형이 채용되고 있다. 산업용의 것은 대개 저속이다.

2. 정반동도형

반지름 r에 따라 전압과 반동도를 각각 일정하게 하는 것을 반동도형이라 한다. 50% 정반동도의 경우는 식 (4-14)에서와 같이 $v_{2u}+v_{1u}=u$가 되므로 $v_{2u}-v_{1u}=\Delta v_u$라 하면, 동익의 입구, 출구에서 각각

$$v_{1u}=\frac{v-\Delta v_u}{2}, \qquad v_{2u}=\frac{u+\Delta v_u}{2} \tag{4-19}$$

이 된다. 보통 $v \gg \Delta v_u$이므로 v_u는 대략 $u(=\pi DN/60)$에 비례하는 것이 되어 강체의 회전과 흡사하게 된다. 이런 의미에서 강체형(solid body type)이라고도 한다. 자유 볼텍스형의 $v_m=$ const. 대신에 정반동도형은 $k_r=$ const.인 조건의 것이므로, v_m은 회전차의 안지름에서는 크고 바깥지름에서는 작게 된다(예제 4-4 참조).

그림 4-9 (a)는 깃의 평균 반지름에서 반동도를 $k_r=0.50$으로 한 자유 볼텍스형의 속도 삼각형으로, 반동도는 반지름에 따라 다르고, 동익에 대한 상대유속 w는 깃끝에서 크며, 정익에 대한

유속 v는 깃뿌리에서 크다. 다음에 그림 4-9 (b)는 50% 정반동도형이고, 그림 4-9 (a)에 비하여 깃에 대한 흐름의 속도 w, v가 과대하게 되는 일이 없으며, 깃의 허브붙임부분과 깃끝에서의 흐름 방향의 차이가 적으므로 깃의 비틀림 역시 적어도 된다.

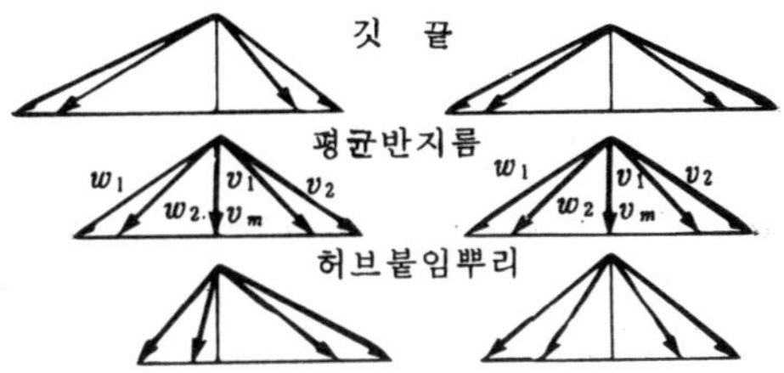

(a) 자유 볼텍스형 (b) 50 % 정반동도형

그림 4-9

3. 반볼텍스형

앞 두 형의 중간의 것이며, 축류속도와 깃의 반지름 방향 분포는 균일하지만, 선회속도는 앞 두 형의 산술평균치를 사용한다. 그러므로 반동도는 반지름 방향에 따라서 변한다.

예제 4-4 정반동형에서 축방향 속도 v_m은 회전차의 안지름에서는 크고 바깥지름에서는 작게 되는 것을 증명하여라.

[풀이]

Bernoulli의 식 $p_t = p_s + \frac{\gamma}{2g} v^2 = p_s + \frac{\gamma}{2g}(v_m{}^2 + v_u{}^2 + v_r{}^2)$을 반지름 r로 미분하여

$$\frac{dp_t}{dr} = \frac{dp_s}{dr} + \frac{\gamma}{g}\left(v_m \frac{dv_m}{dr} + v_u \frac{dv_u}{dr} + v_r \frac{dv_r}{dr}\right) \qquad \text{(i)}$$

윗식에 $v_r = 0$, $p_t =$ const. 및 회전유체에서의 정압과 원심력의 관계식인 $dp_s / dr = (\gamma / g)(v_u{}^2 / r)$인 조건에 대입하여

$$\frac{v_u{}^2}{r} + v_m \frac{dv_m}{dr} + v_u \frac{dv_u}{dr} = 0 \qquad \text{(ii)}$$

식 (4-19)에서 $v_{1u} = (u - \Delta v_u)/2$, $v_{2u} = (u + \Delta v_u)/2$이지만, $u \gg \Delta v_u$이므로 $v_u \fallingdotseq u/2 = \omega r/2$($\omega$는 각속도)라 하면, 식 (ii)에서

$$v_m \frac{dv_m}{dr} = -\frac{v_u{}^2}{r} - v_u \frac{dv_u}{dr} = -\frac{\omega^2}{2} r$$

윗식을 적분하여 안지름($r = r_i$ $v_m{}^2 = v_m{}^2 - \frac{\omega^2}{2}(r^2 - r_i{}^2)$)에서 $v_m = v_{mi}$라 하면이 되고, v_m은 안지름에서 최대($v_m = v_{mi}$), 반지름 r가 커짐에 따라 작아져서 바깥지름에서 최소가 된다.

4-4 설 계

1. 각 단의 일의 배분

첫단에서 끝단으로 감에 따라 기체는 차차 압축의 정도가 증가되어 간다. 각 단은 각각 서로 다른 조건으로 놓이게 되므로, 각 단의 일의 배분은 신중하게 해야 한다. 전단 중에서도 첫단은 가장 주의를 요한다. 그것은 통로 단면적을 가장 크게 잡으므로 회전차의 바깥지름과 안지름의 차이, 바깥지름과 안지름에서의 흐름의 상위가 가장 크게 된다는 이유 때문이다. 압축기의 첫단부터 끝단까지의 통로 단면의 형태는 다음과 같이 분류된다.

(1) 바깥지름 일정형

그림 4-10 (a)는 회전차의 바깥지름을 일정하게 하고, 후단으로 갈수록 회전차의 안지름을 크게 하여 통로 단면적이 축소되도록 꾀하는 경우이다. 회전차의 안지름에서의 원주속도는 후단일수록 커지고, 이 원주속도에 의하여 제한된다. 후단일수록 압력상승이 크게 되므로, 후단에서는 첫단에서보다 큰 일을 할 수가 있다.

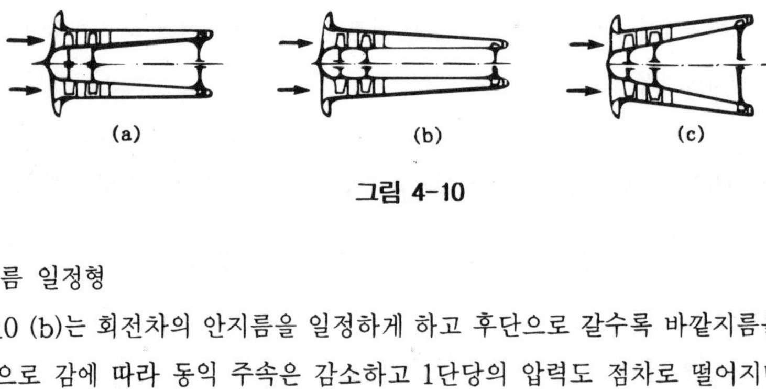

(a) (b) (c)

그림 4-10

(2) 안지름 일정형

그림 4-10 (b)는 회전차의 안지름을 일정하게 하고 후단으로 갈수록 바깥지름을 축소하는 경우로서, 후단으로 감에 따라 동익 주속은 감소하고 1단당의 압력도 점차로 떨어지며, 각 단의 일도 작아지기 마련이지만, 유로 벽면에 발생하는 경계층은 그림 4-10 (a)의 경우보다 적으며, 이 점에서는 (a)의 경우보다 효율이 좋다고 한다. 일반적으로 허브 비가 큰 산업용 축류 압축기에 사용되고 있다.

(3) 안·바깥지름 변화형

그림 4-10 (c)는 후단으로 갈수록 안지름과 바깥지름이 다 같이 증대하여 Mach수에 대한 조건을 균일하게 한 것이다. 1단당의 압력은 후단으로 갈수록 증가하고, 단수는 앞의 두 형보다 적어도 된다. 공작상으로는 앞의 두 형이 용이하다.

이상 3종류의 통로 형식을 기술했지만, 각 단의 일 배분은 그 압력비, 용도 등의 조건에 따라 계획한다. 공작, 비용의 점도 고려하여 2, 3단마다 동일한 형에 의한 단조, 기계가공을 하여 깃끝은 적당하게 절단한 후 조립하는 것 등이 일반적인 방법이다.

2. 깃 이론과 설계순서

설계에 필요한 깃 이론의 식은 축류 펌프나 축류 송풍기의 경우와 같다. 아래에 사용되고 있는 식을 열거한다.

(a) 동익의 경우

$$C_L\frac{l}{t}=\frac{2(v_{2u}-v_{1u})}{v_m}\cdot\frac{\cos\lambda\sin^2\beta_\infty}{\sin(\beta_\infty+\lambda)}$$

$$\tan\beta_\infty=\frac{v_m}{u-\{(v_{2u}+v_{1u})/2\}} \tag{4-20}$$

(b) 정익의 경우

$$C_L'\frac{l'}{t'}=\frac{2(v_{2u}-v_{1u})}{v_m}\cdot\frac{\sin\beta_\infty'}{1+(\tan\lambda'/\tan\beta_\infty')}$$

$$\tan\beta_\infty'=\frac{v_m}{(v_{2u}+v_{1u})/2} \tag{4-21}$$

익형의 설계에는 이외에 운동량 법칙의 선회류에서 설명한 다음 식도 사용된다.

$$H=\eta_h H_{th}=\eta_h\frac{u}{g}(v_{2u}-v_{1u}) \tag{4-22}$$

설계의 순서는 축류 송풍기와 같이 하면 되므로 여기에서는 생략한다. 다만 반동도라든가 자유 볼텍스 등의 조건이 주어졌을 때 이들을 어떻게 처리해 가는 가에 대해서는 다음의 예제 4-5에 의하여 설명한다.

예제 4-5 자유 볼텍스형 축류 압축기 제1단을 설계함에 있어서, 기준지름에서 반동도를 $k_r=0.50$되게 하기 위해서는 회전차 바깥지름에서 깃의 양력계수 C_L을 얼마로 해야 하는가? 단, 제1단에서의 전압 헤드는 $H=1510\,\text{m}$, 유체효율은 $\eta_h=91\%$, 회전차의 바깥지름은 $D_0=0.79\,\text{m}$, 안지름은 $D_1=0.59\,\text{m}$[따라서 기준지름 $D_m=(D_0+D_1)/2=0.69\,\text{m}$], 회전차 바깥지름에서의 원주속도는 $u_0=257\,\text{m/s}$, 솔리디티는 $l/t=1.0$, 축방향 유속은 $v_m=0.5\,u_0\,\text{m/s}$라 한다.

[풀이]

식 (4-20)에서 C_L를 구하는 것이지만, 그에 앞서 v_{1u}, v_{2u}를 다음과 같이 구한다. 제의에 따라 기준지름(D_m)에서 $k_r=0.50$ 이라 하면, 식 (4-14)에서(이하 기준지름에서의 것은 m의 첨자를 붙인다)

$$v_{2um}+v_{1um}=u_m \qquad \text{(i)}$$

식 (4-22)의 $H=\eta_h H_{th}=\eta_h(u/g)(v_{2u}-v_{1u})$에서

$$v_{2um}-v_{1um}=\frac{H}{\eta_h}\cdot\frac{g}{u_m} \qquad \text{(ii)}$$

(i), (ii)에서 기준지름에 대하여

$$v_{1um}=\frac{1}{2}\left(u_m-\frac{H}{\eta_h}\cdot\frac{g}{u_m}\right), \qquad v_{2um}=\frac{1}{2}\left(u_m+\frac{H}{\eta_h}\cdot\frac{g}{u_m}\right)$$

그런데 $u_m/u_0=D_m/D_0$ 이고, 또 식 (4-18)의 $Dv_u=\text{const.}$ 에서 $D_0v_{1u}=D_mv_{1um}$, $D_0v_{2u}=D_mv_{2um}$이므로, 회전차의 바깥지름에서는

$$v_{1u}=v_{1um}\frac{D_m}{D_0}=\frac{1}{2}\left(u_0\frac{D_m}{D_0}-\frac{H}{\eta_b}\cdot\frac{g}{u_0}\cdot\frac{D_0}{D_m}\right)\frac{D_m}{D_0}$$

$$=\frac{1}{2}\left[\left(\frac{D_m}{D_0}\right)^2-\frac{H}{\eta_h}\cdot\frac{g}{u_0^{\,2}}\right]u_0$$

$$v_{2u}=\frac{1}{2}\left[\left(\frac{D_m}{D_0}\right)^2+\frac{H}{\eta_h}\cdot\frac{g}{u_0^{\,2}}\right]u_0$$

제의에서 $D_m/D_0=0.69/0.79=0.875$, 그 밖의 값을 대입하여

$$v_{1u}=\frac{1}{2}\left(0.875^2-\frac{1510}{0.91}\times\frac{9.80}{257}\right)u_0=0.260\,u_0$$

$$v_{2u}=\frac{1}{2}\left(0.875^2+\frac{1510}{0.91}\times\frac{9.80}{257}\right)u_0=0.506\,u_0$$

$$\beta_\infty=\arctan\frac{v_m}{u_0-\dfrac{v_{1u}+v_{2u}}{2}}=\arctan\frac{0.5\,u_0}{u_0-\dfrac{0.260\,u_0+0.506\,u_0}{2}}=39^\circ$$

C_L은 식 (4-20)에 의하여($\lambda\fallingdotseq 1^\circ$로 한다)

$$C_L=\frac{t}{l}\cdot\frac{2(v_{2u}-v_{1u})}{v_m}\cdot\frac{\cos\lambda\sin^2\beta_\infty}{\sin(\beta_\infty+\lambda)}=1\times\frac{2\times(0.506-0.260)\cos1^\circ\sin^2 39^\circ}{0.5\times\sin(39^\circ+1^\circ)}$$

$$=0.61$$

연 습 문 제

❶ 운전 중에 있는 축류 압축기의 어느 반지름에서 원주속도가 $u=250\,m/s$, 동익렬 전후에서의 회전방향 유속의 증가가 $v_{2u}-v_{1u}=100\,m/s$라 하면, 그 반지름에서의 동익 전후의 온도상승은 이론상 몇 도가 되는가?

❷ 8000rpm으로 회전하고 있는 동익-정익 배열의 축류 압축기의 반지름 23cm에서의 온도가 15℃인 공기가 100m/s의 속도로 동익에 축방향으로 들어가 1단 후의 공기의 온도가 30℃로 되었다. 동익의 입구와 출구에서의 공기의 상대속도의 각도 β_1, β_2를 구하여라. 단, 도중은 단열유동이라 한다.

❸ 정익-동익 배열에 있어서 반동도 $k_r=0$인 경우 흐름의 속도삼각형을 그려라.

❹ 정익-동익 배열에 있어서 반동도 $k_r=1$인 경우 흐름의 속도삼각형을 그려라.

❺ 그림 4-5에 나타낸 정익-동익 배열의 대칭속도선도에 있어서 반동도는 $k_r=0.50$으로 되고, $u=v_{1u}+v_{2u}$가 성립함을 증명하여라.

❻ 효율이 최고이고, 반동도가 $k_r=0.5$될 때에는 깃 배열의 속도삼각형은 좌우대칭으로 되고, $v_m=0.5\,u$로 되는 것을 증명하여라.

❼ 동익-정익 배열의 축류 압축기가 15,250rpm으로 회전하고 있다. 반지름 30cm에서의 흐름에 대하여 생각한다. 익렬의 속도선도는 대칭형, 즉 50% 반동도이다. 온도 15℃의 공기가 절대유속 240m/s로서 동익에 축방향으로 유입한다. 도중은 마찰이 없는 단열흐름이라 하고, 다음의 물음에 답하여라.

(1) 1단당 이론상의 온도상승　　　(2) 1단당 이론상의 압력비

❽ 자유 볼텍스형에서는 전반지름에 걸쳐 반동도를 일정하게 할 수 없음을 증명하여라.

9 압력비 4.0을 만족하는 10단의 축류 압축기를 설계하려고 한다. 압축기 전단에서 발생해야 할 전압 헤드는 몇 m로 하여야 하는가? 단, 흡입쪽의 공기동력은 $1.033 kg_f/cm^2$, abs., 온도는 20℃, 전단열효율 $\eta_{(ad)} = 0.86$, 기계효율 $\eta_m = 0.98$이다.

제5장

용적형 압축기

5-1 개 설

용적형 압축기는 외부에서 기체를 흡입하여 이것을 밀폐된 공간 속에 폐입 압축하고, 고압의 장소로 송출하는 기계의 총칭이다. 이것에는 왕복형과 회전형이 있는데, 이들의 구조는 용적형 펌프와 유사하다.

5-2 왕복압축기

1. 구조, 작동원리 및 분류

왕복 압축기는 왕복 펌프와 같은 구조를 가지고, 흡입밸브와 송출밸브를 장치한 실린더 속에서 피스톤을 왕복운동시킴으로써 기체를 흡입하고, 이것을 압축하여 송출하는 기계이다. 고압을 얻을 수 있으나 밸브의 개폐에 시간이 걸리기 때문에, 피스톤의 이동속도를 낮게 하지 않으면 안 되고 (소형은 2～3m/s, 대형의 것은 3～4m/s 정도), 기계의 치수 및 중량이 크게 된다. 피스톤의 왕복운동에 의하여 진동이 일어나기 쉽다.

실린더의 배치에 따라 횡형, 입형, V형, 반성형, 대향형 등으로 분류되며, 이 가운데 V형, 반성형, 대향형은 피스톤의 왕복운동에 따른 관성력의 밸런스가 잘 되고, 진동의 경감에 큰 효과가 있다. 그림 5-1 (a), (b)는 입형 및 횡형 압축기의 개략적인 구조를, 그림 5-2는 실린더의 여러 가지 배치를 나타낸다.

왕복압축기는 작동방식에 따라 단동형과 복동형으로 구별된다. 압력비가 커지면 다단식을 채용하고, 각 단의 압력비는 소형(0.1～0.5m^3/min)에서 6～12, 중형(1.5～15m^3/min)에서 5～8, 대형

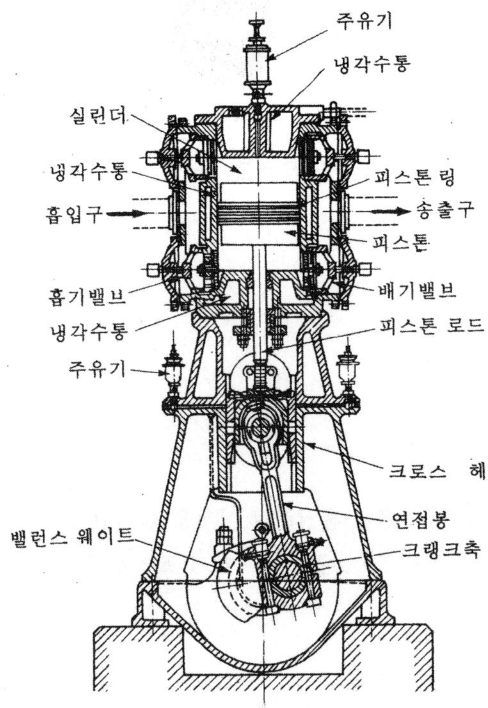

(a) 입형 압축기

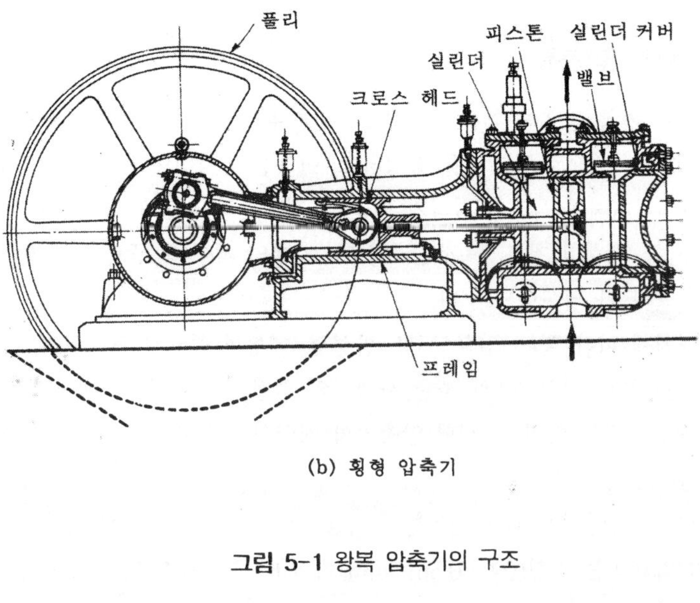

(b) 횡형 압축기

그림 5-1 왕복 압축기의 구조

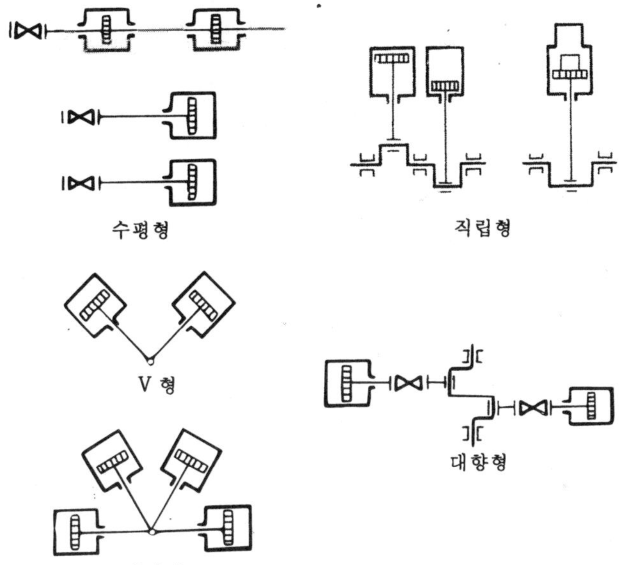

그림 5-2 실린더의 배열

(20m^3/min 이상)에서 2~5 정도로 하고, 각 단마다 송출된 기체를 냉각한다. 대 풍량에 있어서는 실린더의 지름이 매우 크게 되어 제작, 보수, 취급의 점에서 지장을 초래하므로 풍량의 한도는 250m^3/min 정도로 한다.

압축기에 있어서 밸브의 구조 및 그 작동의 양부는 압축기의 효율에 크게 영향을 미친다. 밸브의 치수는 실린더의 크기에 따라 제한을 받지만, 될 수 있는 대로 통로의 면적을 크게 잡아 기체가 통과할 때의 저항을 감소시킨다. 작동이 경쾌하고 고속회전에 알맞은 구조로 하며, 수명을 길게 하기 위하여 내구성이 있는 재료를 사용할 필요가 있다.

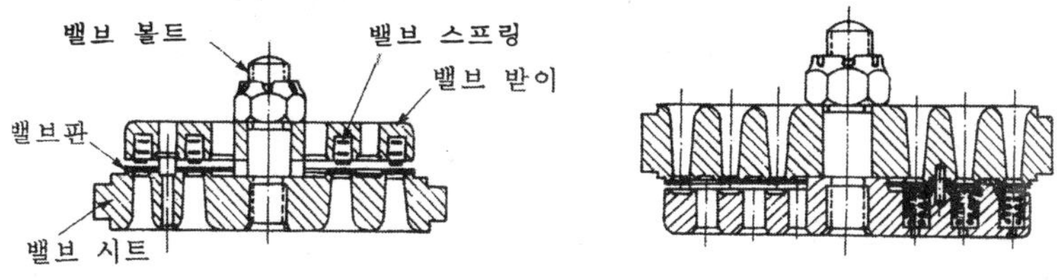

(a) 이륜형 (b) 삼륜형

그림 5-3 윤형 자동밸브

왕복 압축기에 있어서는 윤형의 자동밸브가 널리 쓰이고 있다. 그림 5-3은 윤형 밸브의 한 예이다. 이 외에 여러 가지 구조로 된 것들이 있으나, 기본적으로는 밸브 시트, 밸브 판, 밸브 스프링,

밸브받이로 구성되어 있다. 밸브 판은 밸브 시트나 밸브받이와 고속도로 반복충돌하므로 될 수 있는 한 질량을 적게함과 동시에 강인하여야 한다.

이런 이유로 보통 Ni-Cr 강과 같은 특수강을 사용한다. 실린더는 충분한 강도와 기밀성을 요하고, 저압용에서는 주철제, 고압용에서는 주강 또는 단강제로 하며, 주강을 사용할 때에는 특수 주철로 라이닝을 한다. 보통 피스톤은 고급 주철로 만드는 데, 고속인 것에는 경합금을 쓴다. 피스톤 로드는 주강제로 하고, 표면경화를 위하여 고주파 담금질을 하는 수도 있다.

압축에 의하여 기체의 온도가 상승하면 구동동력의 증대, 윤활의 불량, 나아가서는 기계의 파손을 초래하므로 가능한 한 저온을 유지하도록 해야 한다. 저압용 압축기에 있어서는 실린더에 핀을 붙여 대기로 냉각하는 공랭식이 채용되고, 고압용 압축기에 있어서는 실린더의 주위에 물재킷을 장치하여 물로 냉각하는 수냉식이 채용된다.

다단식의 경우에는 전단에서 압축되어 고온으로 된 기체를 다음 단으로 유도할 때까지 냉각하

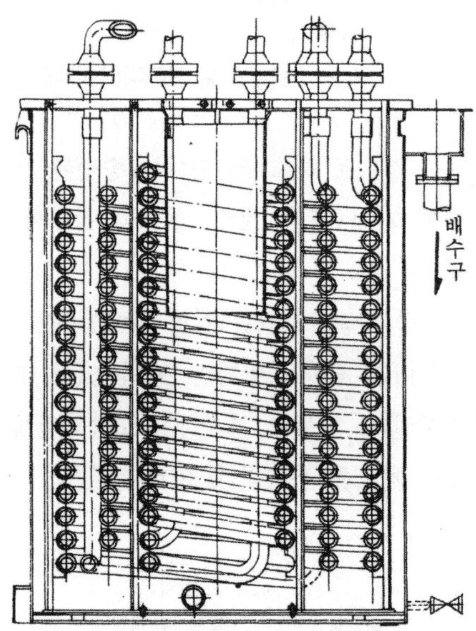

그림 5-4 권관식 냉각기

는 중간 냉각기와 최종단을 나온 기체를 냉각하는 후부 냉각기가 설치된다. 중간냉각기에는 권관식과 다관식이 있고, 약 30kg$_f$/cm^{2}이상의 고압기체를 냉각할 때에는 전자를 사용한다. 그림 5-4와 같이 권관식 냉각기는 관 속을 고압기체가 흐르도록 되어 있다. 다관식은 대 용량인 경우에 사용되고, 냉각면적이 크더라도 소형으로 할 수 있다. 관 속을 고온의 기체가 흐르고, 바깥쪽을 냉각수가 흐르도록 한 경우와 그 반대인 경우가 있다. 최종단을 나온 기체를 다시 냉각기로 유동하게 하여 온도를 내릴 때에는 기체 속에 포함된 수분이나 기름도 제거된다.

왕복 압축기에는 송출공기에 맥동이 있기 때문에 이것을 완화하는 목적과 송출된 공기를 일시적으로 저장하여 다소의 수요변동에 따르고, 기름과 응축수의 분리를 동시에 할 목적으로 공기저장기(air receiver)를 부설한다. 맥동을 실용상 지장이 없을 정도로 하기 위해서는 공기 저장기의 체적 $V_r\,m^3$는 최종단의 피스톤의 한쪽 행정체적 $V_c\,m^3$, 최종단의 압력비를 γ_d라 하면 $V_r = 200\,V_c / \gamma_d$로 표시된다.

2. 사이클

이상압축기의 $p-v$선도는 그림 2-2, 2-3(제7편)과 같이 된다. 실제 왕복 압축기에서는 피스톤이 상사점에 도달해도 실린더와의 충돌을 피하기 위해 약간의 간격을 두고 있고, 밸브의 빈틈도 있다. 이것을 실린더 간극체적이라 한다. 이상 압축기의 $p-v$선도와 약간 다른 그림 5-5와 같은 것으로 된다(p는 압력[kg_f/m^2], v는 체적[m^3]). AB는 가스의 압축행정, BC는 가스의 송출행정, CD는 잔류가스의 팽창행정, DA는 새로운 가스의 흡입행정을 나타낸다. 이 사이클은 실제로는 실린더에 인디케이터를 부착하여 그리게 된다. 이렇게 하여 구해진 선도를 인디케이터 선도라 한다.

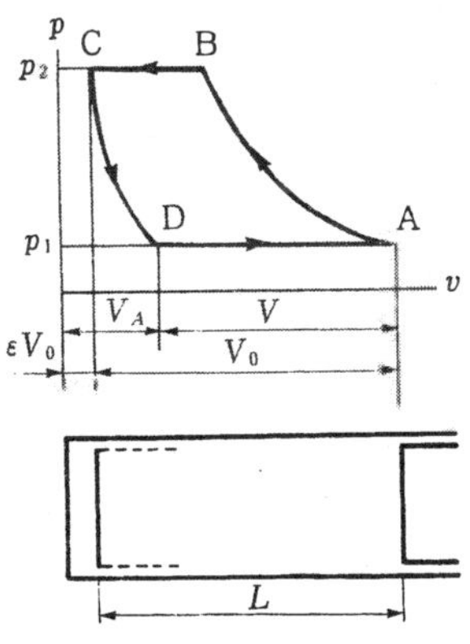

그림 5-5

(1) 행정체적과 체적효율

a) 행정체적 V_0 : 행정체적 V_0는 왕복 펌프와 같이 다음 식으로 표시된다.

$$V_0 = \frac{\pi}{4} D^2 L\,[m^3] \tag{5-1}$$

여기서 D는 피스톤의 지름[m], L은 행정[m]이다.

b) 체적효율 η_v : 그림 5-5에서 피스톤의 흡입행정은 C점에서 시작하지만, 간극체적 εV_0에 남아 있는 압력 p_2인 압축공기는 CD에 따라서 팽창하고 흡입쪽의 압력 p(D점)까지 떨어져 비로

소 새로운 공기의 흡입이 이루어진다. 압축기의 흡입체적 V는 행정체적 V_0보다 적다. V와 V_0의 비를 체적효율(volumetric efficiency)이라 한다. 그림에서 행정 CD는 폴리트로프 변화를 한다고 하며, $p_2(\varepsilon V_0)^n = p_1 V_A{}^n$라 하면 이론 체적효율 η_v는 다음과 같다.

$$\eta_v = \frac{V}{V_0} = \frac{V_0 + \varepsilon V_) - V_A}{V_0}$$

$$= 1 - \varepsilon\left(\frac{V_A}{\varepsilon V_o} - 1\right) = 1 - \varepsilon\left[\left(\frac{p_2}{p_1}\right)^{1/n} - 1\right] \tag{5-2}$$

여기서, ε은 간극 체적비=(간극체적)/(행정체적)이다.

실제의 인디케이터 선도는 밸브의 하중, 실린더와 피스톤, 가스의 밸브 통로에서의 마찰, 냉각 등에 의하여 그림 5-5와 조금 달라진다. 흡입행정 DA에서는 흡입구의 압력 p_1보다 낮은 p_1'로, 압축행정 BC에서는 송출구의 압력 p_2보다 높은 p_2'로 된다. 실린더 벽은 보통 운전 중 고온으로 되어 있으므로, 새로 흡입된 가스는 흡입행정 중에 열을 받아 흡입구의 가스의 온도 T_1보다 높은 T_1'로 된다. 실제의 체적효율 η_v'는 η_v보다 작고, 다음과 같이 수정을 하여야 한다.

$$\eta_v' = \eta_v \frac{p_1' T_1}{p_1 T_1'} \tag{5-3}$$

η_v는 식 (5-2)에서 보는 바와 같이 p_2/p_1와 ε의 값은 압력비와 치수에 따라 다르고, 0.02~0.15사이에 있다. η_v'는 다음과 같이 표시할 수도 있다.

$$\eta_v' = \eta_v - \eta_1 \tag{5-4}$$

η_1은 전술한 이유에 의한 체적감소율로서 대략 $(1 + p_2/p_1)\%$와 같다. 압력비 2~4에서 η_v는 0.88~0.95, η_v'는 0.85~0.93정도이다. 체적효율은 피스톤이나 실린더를 설계하는 계산에만 이용된다.

(2) 제 동력

a) 등온 공기동력 L_{is}: 등온 공기동력 L_{is}는 다음 식으로 주어진다(제1장 참조).

$$L_{is} = \frac{p_1 Q_1}{60} \log \frac{p_2}{p_1} \ [\mathrm{kg_f \cdot m/s}] \tag{5-5}$$

여기서, p_1, p_2는 각각 압축기 흡입쪽, 송출쪽에서의 공기의 압력[$\mathrm{kg_f/m^2}$], Q_1은 흡입쪽에서의 유량[$\mathrm{m^3/min}$]이다. 공기를 냉각하면서 압축하면 동력의 절약, 송출온도의 저하 등 많은 이점이 있다. 실제로는 폴리트로프 변화를 하지만, 냉각이 이상적으로 된 경우의 기준으로서 등온 공기동력을 생각할 수 있다.

b) 단열 공기동력 L_{ad}: 냉각의 영향이 적은 1단 압축기에서는 등온압축보다 오히려 단열압

축의 일을 기준으로 하는 것이 실제와 맞게 된다. 1단의 단열 공기동력은 다음 식으로 주어진다.

$$L_{ad}=\frac{k}{k-1}\cdot\frac{p_1Q_1}{60}\left[\left(\frac{p_2}{p_1}\right)^{(k-1)/k}-1\right][\text{kg}_f\cdot\text{m/s}] \tag{5-6}$$

압력비가 크기 때문에 다단(단수 z)으로 하여 각 단에서 송출가스를 냉각하고, 각 단의 압력비를 같게 하여 구동동력을 될 수 있는 한 절약한 경우의 단열 공기동력은 다음 식과 같다.

$$L_{ad}=\frac{zk}{k-1}\cdot\frac{p_sQ_s}{60}\left[\left(\frac{p_D}{p_S}\right)^{(k-1)/(zk)}-1\right][\text{kg}_f\cdot\text{m/s}] \tag{5-7}$$

c) 도시동력 L_I : 도시동력 L_I는 실린더 내에서 피스톤에 의하여 공기에 전해진 동력으로서 실제의 인디케이터 선도의 면적 ABCD kg$_f$ · m를 계측함으로써 구해진다. N을 크랭크의 매분 회전수라 하면

$$L_I=[\text{실제의 인디케이터 선도 ABCD}]\frac{N}{60}[\text{kg}_f\cdot\text{m/s}]$$

$$L_I=\frac{p_mV_0N}{60}[\text{kg}_f\cdot\text{m/s}] \tag{5-8}$$

로서 표시된다. p_m은 평균유효압력[kg$_f$/m^2]이라 하고, $V_0=(\pi/4)D^2L=$ 행정체적, z 수의 실린더를 가지는 경우는

$$L_I=\sum p_mV_0\frac{N}{60}[\text{kg}_f\cdot\text{m/s}] \tag{5-9}$$

d) 축동력 L : 압축기의 크랭크축에 전해지는 구동동력[kg$_f$ · m/s]을 축동력이라 한다. 이상의 여러 동력의 크기를 비교하면 다음과 같다.

$$L_{is}<L_{ad}<L_I<L$$

(3) 제 효율

a) 송출효율과 이용효율 : 실제의 압축기에서의 흡입풍량을 Q_s, 흡입상태로 환산한 송출풍량을 Q_d라 하면 Q_d-Q_s가 누설량이 된다. Q_d와 Q_s의 비를 송출효율이라 하고, η_d로서 표시한다. 즉,

$$\eta_d=\frac{Q_d}{Q_s} \tag{5-10}$$

다음에 실제의 송출풍량 Q_d와 행정체적 V_0와의 비를 이용효율이라 한다. 이것을 η_u로서 표시하면

$$\eta_u=\frac{Q_d}{V_0} \tag{5-11}$$

다음 식이 성립한다.

$$\eta_u = \eta_v' \cdot \eta_d \tag{5-12}$$

그림 5-6은 압력비에 대한 이용효율의 변화를 나타낸 한 예이다. 곡선 1은 소형, 중형으로서 간극 체적비 ε이 작은 경우, 곡선 3은 다단으로서 비교적 저효율인 경우를 나타낸다. 다단일 때에는 단단에 비해서 압력비의 증대에 따른 η_u의 저하가 크다.

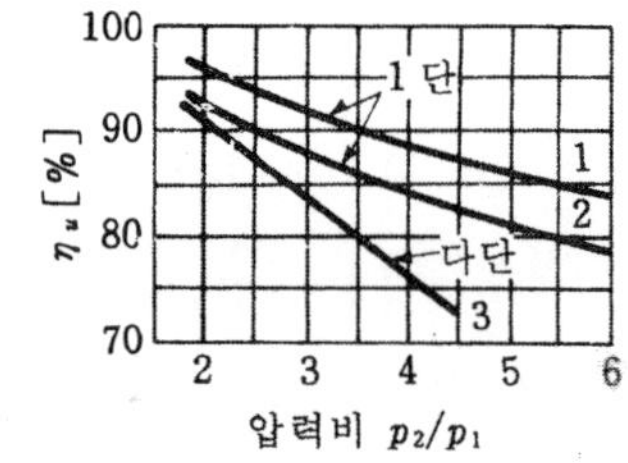

그림 5-6 압력비와 η_u의 관계

예제 5-1 1단 왕복 압축기에서 공기를 $1\text{kg}_f/\text{cm}^2$ abs.에서 $5\text{kg}_f/\text{cm}^2$ abs.까지 압축할 때 간극 체적비 $\varepsilon = 0.04$, 폴리트로프 지수 $n = 1.4$라 하면 이론상의 체적효율은 얼마인가?

[풀이]

식 (5-2)에서

$$\eta_v = 1 - 0.04(5^{1/1.4} - 1) = 0.914 = 91.4\ [\%]$$

b) 기계효율

$$\eta_m = \frac{\text{도시동력}}{\text{축동력}} = \frac{L_I}{L} \tag{5-13}$$

c) 등온 도시효율

$$\eta_{\text{is}/I} = \frac{\text{등온 공기동력}}{\text{도시동력}} = \frac{L_{\text{is}}}{L_I} \tag{5-14}$$

d) 전등온효율

$$\eta_{(\text{is})} = \frac{\text{등온 공기동력}}{\text{축동력}} = \frac{L_{\text{is}}}{L} = \eta_{\text{is}/I} \cdot \eta_m \tag{5-15}$$

이들 등온효율은 케이싱 냉각이나 중간냉각을 하는 경우에 사용된다.

e) 단열 도시효율

$$\eta_{ad/I} = \frac{\text{단열 공기동력}}{\text{도시동력}} = \frac{L_{ad}}{L} \quad (5\text{-}16)$$

f) 전단열효율

$$\eta_{(ad)} = \frac{\text{단열 공기동력}}{\text{축동력}} = \frac{L_{ad}}{L} = \eta_{ad/I} \cdot \eta_m \quad (5\text{-}17)$$

이들 단열효율은 냉각설비가 전연 없을 때 사용된다.

예제 5-2 1단의 왕복 압축기에서 흡입공기량은 $2m^3/min$이고, 압력을 $1.12kg_f/cm^2$ abs.에서 $4.8kg_f/cm^2$ abs.까지 높이는 데 축동력이 12.5마력 소요되었다. 이 때의 단열 공기동력과 전단열 효율을 구하여라.

[풀이]

$$L_{ad} = \frac{k}{k-1} \cdot \frac{p_1 Q_1}{75 \times 60}\left[\left(\frac{p_2}{p_1}\right)^{(k-1)/k} - 1\right]$$

$$= \frac{1.4}{1.4-1} \times \frac{1.12 \times 10^4 \times 2}{4500}\left[\left(\frac{4.8}{1.12}\right)^{(1.4-1)/1.4} - 1\right] = 9.0\ [PS]$$

$$\eta_{(ad)} = \frac{L_{ad}}{L} = \frac{9.0}{12.5} = 0.72 = 72\ [\%]$$

5-3 회전압축기

회전형 압축기는 케이싱 속에 격납된 로터의 회전에 따라 로터와 케이싱 사이에 기체를 폐입하고, 이것을 압축하여 고압원으로 송출하는 기계이다. 로터의 형상과 구조에 따라 2축식으로서 루츠 압축기(Roots compressor)와 나사압축기(screw compressor), 편심식으로서 가동익 압축기(sliding vane compressor) 및 로터스코 압축기(Rotasco compressor) 등으로 분류된다. 경량 소형이고 설치면적이 작으며, 원심식에 비해서 회전식의 이점은 회전수 일정인 경우 유량은 압력비에 관계없이 거의 일정하다.(원심식에서는 관로저항 때문에 변한다). 압력비를 거의 일정하게 하고, 유량을 회전수에 비례시킬 수가 있다. 송출기류는 비교적 균일하고 큰 맥동이나 서징현상이 없으므로 사용하는 데 편리하다.

원심식에 비하여 회전식의 결점은 회전 일정하에서 유량을 변화시키기 위해서는 여분의 공기를 방출하든지, 흡기를 교축할 필요가 있고, 여분의 공기에 의한 송출압력 증대에 대비하여 안전장치를 설비하는 등 취급이 곤란하게 된다. 형태가 대체로 대형이 되므로 경비의 증대도 따른다. 급격한 압력변화에 의한 편하중이 베어링에 작용하여 고장을 일으키기 쉽다. 루츠형은 특히 소음이 크다.

1. 루츠 압축기

그림 5-7에 표시한 바와 같이 케이싱 내에 2개의 기어를 가진 1대우의 로터를 90° 위상을 달리해서 장치하여 축단에 둔 기어에 의해 서로 역방향으로 회전시킴으로써 기체를 흡입, 송출하는 구조이다.

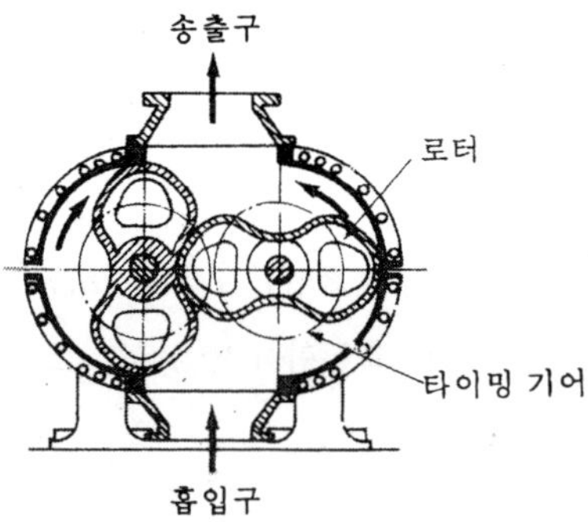

그림 5-7 루츠 압축기

(1) 이론 송출체적

로터의 치형에는 사이클로이드형(cycloid type), 인벌류트형(involute type), 엔브로프형(envelope type) 등 3종류가 있다. 로터의 길이를 b, 최대 바깥지름을 d라 하면 로터 1회전당의 이론 송출체적 V_0는 다음과 같이 된다.

$$\left.\begin{array}{ll} \text{사이클로이드형} & V_0 = 0.7854\,d^2 b \\ \text{인벌류트형} & V_0 = 0.8545\,d^2 b \\ \text{엔브로프형} & V_0 = 0.7967\,d^2 b \end{array}\right\} \tag{5-18}$$

(2) 체적효율

$$\eta_v = \frac{V}{V_0} = \frac{G}{V_0 \gamma N} \tag{5-19}$$

로터 1회전당 실제상 송출량 V와 이론송출량 V_0와의 비를 체적효율이라 한다. G는 흡입공기의 중량[kg$_f$/min], γ는 흡입공기의 비중량[kg$_f$/m^3], N은 회전수[rpm]이다.

지금 송출밸브를 전개한 상태로 주어진 압력비를 유지하기 위해 필요한 회전수를 N_{se}라 하면 이 N_{se}를 슬립 회전수(slip rpm)라 하고, 압력비와 전간극면적과의 함수로 표시된다. N_{se}를 사용하면 체적효율은 다음 식으로 표시되고, 이 식 (5-20)은 압력비 1.5이내에서 실용할 수 있다.

$$\eta_v = \frac{N - N_{se}}{N} = 1 - \frac{N_{se}}{N} \tag{5-20}$$

로터와 실린더 내벽과의 간극은 운전 중의 열팽창을 고려하여 최소한 0.1~0.15mm로 한다. 이 간극은 압축기의 크기에는 그다지 관계하지 않으므로 체적효율은 루츠 압축기가 클수록 좋다. 체적효율은 회전수를 증가시킬수록 크게 되지만, 압력비를 높이면 감소하며 대략 $\eta_v = 70 \sim 95\%$ 정도이다.

예제 5-3 사이클로이드형 루츠 압축기를 설계하여 유량 15m^3/min인 공기를 송출하고자 한다. 로터의 최대 바깥지름 d를 구하여라. 단, d와 축방향 길이 b는 같게 하고, 회전수는 2500rpm, 체적효율 $\eta_v = 80\%$로 한다.

[풀이]

식 (5-19)에 식 (5-18)을 대입하고, 또 $d = b$라 두면

$$\eta_v = \frac{V}{V_0} = \frac{V}{0.7854\,d^2 b} = \frac{V}{0.7854\,d^3}$$

$$d^3 = \frac{V}{0.7854\,\eta_v} = \frac{15/2500}{0.7854 \times 0.80} = 0.00955\ [\mathrm{m}^3]$$

$$\therefore\ d = 0.212\ [\mathrm{m}]$$

(3) 이상 루츠의 공기동력 L_{th}

그림 5-8에서 송출체적 V_2가 흡입체적 V_1에 비하여 충분히 크다고 생각하고, 누설이나 마찰저항 등이 없다고 하면, 루츠 압축기의 공기동력(압출일) L_{th}는, 흡입중량 유량을 $G = Q_1 / v_1$ [kg$_f$/min], p_1, p_2를 흡입, 송출압력[kg$_f$/cm^2 abs.], 흡입온도를 T [°K]라 할 때

$$L_{th} = V_1(p_2 - p_1) = GRT_1\left(\frac{p_2}{p_1} - 1\right)\ [\mathrm{kg_f \cdot m/min}]$$

기계 단위중량당의 일량은 $v_1(p_2 - p_1)$ [kg$_f$ · m/kg$_f$]이므로, 윗식은

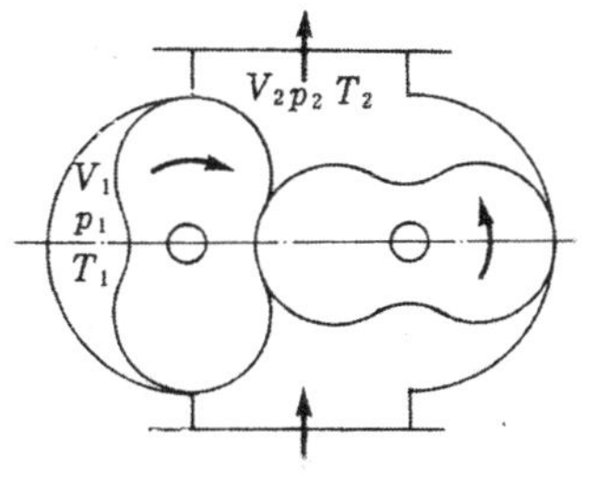

그림 5-8 루츠 압축기의 작용 설명도

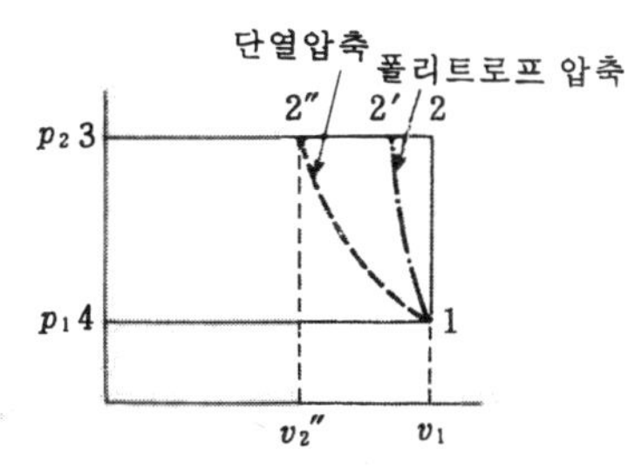

그림 5-9 이상 루츠의 일

$$L_{th}=\frac{G}{60}v_1(p_2-p_1)=\frac{Q_1}{60}(p_2-p_1)$$

$$=\frac{p_1Q_1}{60}\left(\frac{p_2}{p_1}-1\right)[\mathrm{kg_f\cdot m/s}] \qquad (5\text{-}21)$$

L_{th}를 이상 루츠의 공기동력(압축일)이라 하고, 그림 5-9의 면적 1, 2, 3, 4로서 표시된다.

(4) 단열 공기동력 L_{ad}

한편 단열 공기동력(단열 압축일)은 그림 5-9의 면적 12″ 34이고, 다음 식으로 표시된다.

$$L_{ad}=\frac{k}{k-1}\cdot\frac{P_1Q_1}{60}\left[\left(\frac{p_2}{p_1}\right)^{(k-1)/k}-1\right][\mathrm{kg_f\cdot m/s}] \qquad (5\text{-}22)$$

(5) 전단열효율 $\eta_{(ad)}$

$$\eta_{(ad)}=\frac{\text{단열 공기동력}}{\text{축동력}}=\frac{L_{ad}}{L}=\frac{\frac{k}{k-1}\cdot\frac{P_1Q_1}{60}\left[\left(\frac{p_2}{p_1}\right)^{(k-1)/k}-1\right]}{L} \qquad (5\text{-}23)$$

(6) 이상 루츠의 단열효율 $\eta_{ad/th}$

$$\eta_{ad/th}=\frac{\text{단열 공기동력}}{\text{이상 루츠의 공기동력}}=\frac{L_{ad}}{L_{th}}$$

$$=\frac{\frac{k}{k-1}\left[\left(\frac{p_2}{p_1}\right)^{(k-1)/k}-1\right]}{\left(\frac{p_2}{p_1}\right)-1} \qquad (5\text{-}24)$$

n을 폴리트로프 지수라 하면, 단열 온도효율은 다음 식으로 표시된다.

$$\eta_{ad}=\left[\left(\frac{p_2}{p_1}\right)^{(k-1)/k}-1\right]\Big/\left[\left(\frac{p_2}{p_1}\right)^{(n-1)/n}-1\right] \qquad (5\text{-}25)$$

1단당의 압력비는 1.2~2.3, 풍량은 1~300m^3/min 정도로 한다. 압력비를 그 이상에서 사용할 경우에는 보통 2단으로 한다.

예제 5-4 루츠 압축기로서 유량 15m^3/min인 공기를 1기압에서 2기압까지 높여 송출하는 데 41.5 마력의 축동력을 소요했다고 한다. 이 때의 단열 공기동력과 전단열효율을 구하여라.

[풀이]

$$L_{ad}=\frac{1.4}{1.4-1}\times\frac{1.033\times10^4\times15}{4500}\times\left[\left(\frac{2}{1}\right)^{(1.4-1)/1.4}-1\right]=26.5\,[\mathrm{PS}]$$

$$\eta_{(ad)} = \frac{L_{ad}}{L} = \frac{26.5}{41.4} = 0.64 = 64\ [\%]$$

2. 나사 압축기

이것은 일종의 헬리컬 기어를 케이싱 내에서 맞물리게 한 것으로서, 기어 펌프의 변형이라고 생각된다. 기어 펌프는 기어의 회전에 의하여 유체를 회전축과 직각인 면내에서 이송하는 데 대하여, 이 압축기는 기체를 회전축의 방향으로 이송한다. 고안자의 이름을 따서 리숄름 압축기(Lysholm compressor)라고도 한다. 그림 5-10은 로터 형상의 개략을 표시한다. 보통 로터 A의 잇수는 6, 로터 B의 잇수는 4로서, 이의 비틀림각은 50~80° 로 하고, 원주방향으로 200~325° 정도 감는다.

(a) 로터 (b)

그림 5-10 나사 압축기

동력은 로터 B에 걸리고, 케이싱 밖에 설치한 타이밍 기어에 의하여 로터 사이에 작은 간격을 유지하면서 로터 A를 회전한다. 로터의 한 끝은 케이싱의 흡입구에 연결되고 이의 물림이 늦춰진 공간에 기체를 흡입한다. 여기에서 점차 압축하면서 축방향으로 이송하고, 다른 단에 있어서 이 골과 케이싱 송출구가 연결되어 송출한다.

로터 및 케이싱 사이에는 로터의 지름[그림 5-10(b) 참조]의 1/1000정도의 간격이 유지되고, 이로 인해 고속회전이 가능하며 윤활의 필요는 없다. 이 간격의 크기는 압축열의 영향을 받아 변화하기 쉬우므로, 로터에는 충분한 강성을 주어 변형을 방지하고, 실린더에는 물재킷을 달아 기체를 냉각한다.

나사 압축기의 이론 송출량은 일반적으로 다음 식과 같다.

$$Q_{th} = \frac{C_Q D^2 L n}{60} \tag{5-26}$$

여기서, D는 로터의 지름, L은 로터의 길이, n은 로터 B의 매분 회전수, C_Q는 치형에 따라 정해지는 계수로서 보통 0.44~0.60이다.

체적효율은 75~90%로서 사용압력은 1단으로 4kg$_f$/cm^2, 2단으로 10kg$_f$/cm^2, 3단으로 30 kg$_f$/cm^2 정도까지이고, 풍량은 5~1000m^3/min정도의 것이 제작되고 있다.

3. 가동익압축기

그림 5-11(a)와 같이 한 개의 로터를 실린더 속에 실린더 벽면과 접하도록 장치하고, 로터와 실린더 사이의 공간을 로터의 반지름 방향 또는 다소 편심되게 자른 골에 삽입한 깃판에 의하여 수많은 실로 분할한 구조로 된 것이다. 로터의 회전에 따라 깃판이 원심력에 의하여 실린더 내벽에 접하면서 출입하고, 실의 체적이 변화한다. 분할된 실의 체적이 가장 큰 부분에서 기체는 흡입되고, 작은 실에서 송출되도록 흡입구와 송출구가 장치되어 있다.

깃판을 강제로 하여 깃의 선단과 실린더 벽면과의 사이에 작은 간격을 유지하도록 깃의 양단 가까이를 부동륜으로 받히고 있는 것[그림 5-11(a)]과 합성수지제의 판을 써서 실린더 벽면과 접촉하면서 습동하도록 한 것이다. 어느 것이나 누설의 방지, 윤활을 위하여 주유할 필요가 있다. 이 기름은 송출기체 속에 포함되므로, 보통은 송출구에 유분리기를 달아 기체와 분리하여 순환시킨다. 이 압축기의 이론 송출량은 다음 식과 같다.

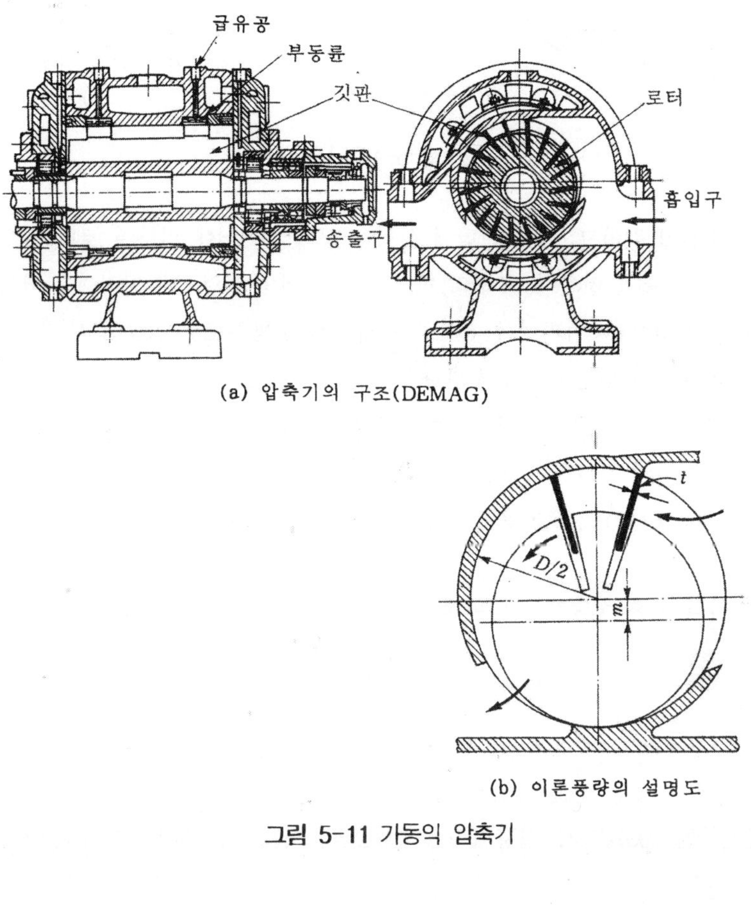

(a) 압축기의 구조(DEMAG)

(b) 이론풍량의 설명도

그림 5-11 가동익 압축기

$$Q_{th} = 2mLn(\pi D - tz) \tag{5-27}$$

여기서, m은 편심거리, D는 실린더의 지름, L은 실린더의 길이, t는 깃판의 두께, z는 깃판의 수를 표시한다[그림 5-10(b)].

체적효율은 85~90%이다. 1단식 송출압력은 7kg$_f$/cm^2, 풍량은 4m^3/min 정도까지로서, 그 이상의 풍압, 풍량일 때에는 2단식으로 한다. 2단식에서는 최대 압력 8.5kg$_f$/cm^2, 풍량 1~100 m^3/min의 것이 제작되고 있다.

연 습 문 제

1 행정체적 35 l, 간극비 6%인 압축기를 120 rpm으로 운전한다. 흡입압력 1.033kg$_f$/cm^2 abs., 온도 57℃인 공기를 압력 3kg$_f$/cm^2 abs.하에서 송출할 때의 원동기의 동력을 구하여라. 단, 전단열효율을 68%로 한다.

2 실린더의 지름 350mm, 피스톤 행정 300mm, 간극비 5.5%인 복동 단실린더의 공기압축기를 125rpm으로 운전한다. 흡입압력 1.033kg$_f$/cm^2 abs., 온도 38℃, 송출압력 3kg$_f$/cm^{2}이다. 압축 및 재팽창의 행정에 있어서 등엔트로피 변화를 한다고 하고, 피스톤 로드의 영향을 무시하여 다음 값을 구하여라.

(a) 체적효율
(b) 중량 유량 및 흡입상태로 표시한 체적 유량
(c) 압축기의 이론동력
(d) 전단열효율이 75%일 때의 축동력

3 간극이 5.5%인 1단 압축기에 있어서, 팽창과 압축이 함께 $pV^{1.25}=$일정인 법칙에 따른다고 하면, 압축된 공기가 송출되지 않게 되는 압력비는 얼마인가? 등온압축할 때의 크기는 얼마인가?

4 12m^3/min인 공기가 1.05kg$_f$/cm^2 abs., 온도 25℃에서 8.4kg$_f$/cm^2 abs.까지 압축된다. 공기의 상태는 등엔트로피 변화를 하는 것으로 하고, 압축의 간극비는 8%이다. 다음 값을 구하여라.

(a) 단단으로서 압축할 때의 압축동력 및 피스톤의 배제체적
(b) 2단 압축을 하고, 중간 냉각기로 처음의 온도까지 냉각할 때의 최소 이론동력
(c), (b)의 경우 각 실린더의 배제체적
(d) 중간 냉각기로 제거되는 열량
(e) 압축기의 효율을 76%로 하였을 때 원동기의 동력

5 루츠 압축기를 써서 압력 1.033kg$_f$/cm^2 abs.인 공기를 1.8kg$_f$/cm^2 abs.하에서 송출할 때의 이상 루츠 단열효율을 구하여라.

제6장

진공펌프

6-1 진공펌프의 분류

진공 펌프는 대기압 이하, 절대진공까지의 저압력의 기체를 대기압까지 압축하는 기계로서 압축기의 일종이다. 진공도는 대기압을 기준으로 하여 음의 방향으로 측정한 압력이고, 절대진공을 100%로 한 %로 표시하는 방법과, 절대진공을 760mmHg로 한 수은주로 표시하는 방법이 있다. 진공도 V_c %와 절대압력 p kg$_f$/cm^{2}와의 관계는 다음 식으로 표시된다.

$$p = p_a\left(1 - \frac{H_g}{760}\right) = p_a\left(1 - \frac{V_c}{100}\right) \qquad (6\text{-}1)$$

여기서 p_a는 대기압[kg$_f$/cm^2 abs.], H_g는 진공도[mmHg]이다. 이 관계를 그림 6-1에 표시한다.

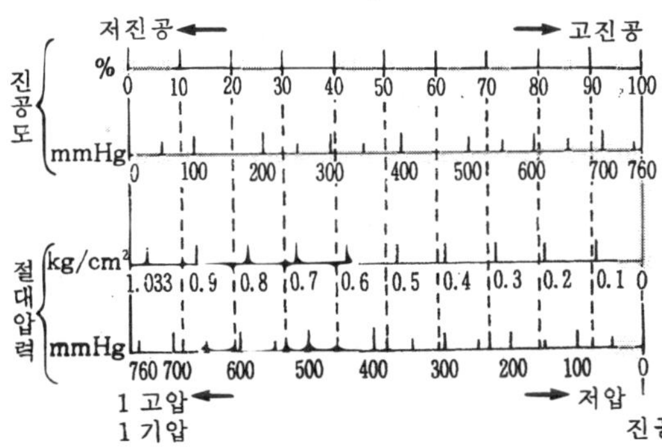

그림 6-1 진공도에 대한 각종 단위 사이의 관계

풍량의 표시는 피스톤 행정체적을 나타내는 경우 흡입상태, 진공조 내의 상태(압력과 온도)에서의 풍량을 표시하는 경우와 실제 흡입량을 대기상태로 환산한 풍량으로 표시하는 경우가 있다.

진공 펌프의 종류와 작동 압력의 범위를 표시하면 그림 6-2와 같이 된다. 이 그림은 펌프 선정에 참고가 된다. 이들 중에서 왕복 진공 펌프는 왕복 압축기, 가동익 진공 펌프는 가동익 압축기, 루츠 진공 펌프는 루츠 압축기, 이젝터는 제트 펌프와 각각 동일한 구조를 하고 있다.

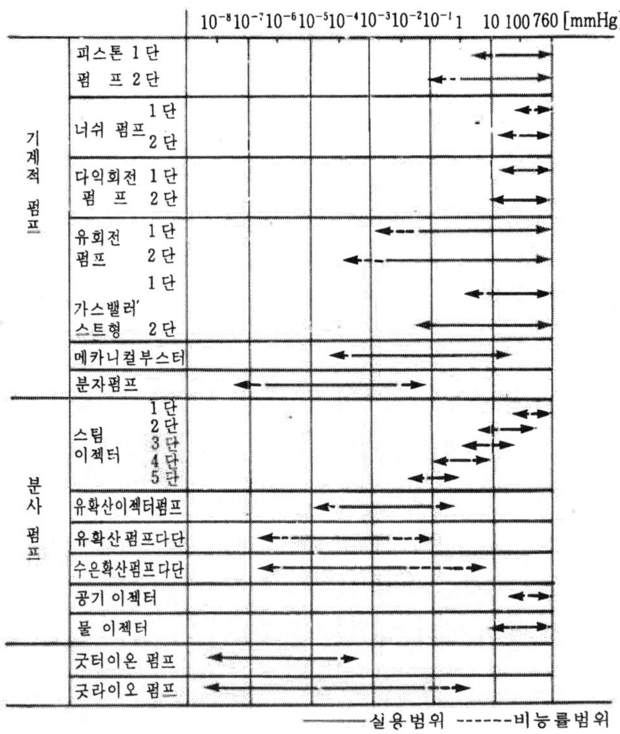

그림 6-2 진공 펌프의 사용범위

6-2 진공펌프와 압축기의 차이점

진공 펌프가 보통의 압축기와 다른 점을 열거하면 다음과 같다.

① 흡입과 송출의 압력차는 $1kg_f/cm^2$에 지나지 않지만, 흡입압력을 진공으로 함에 따라, 진공 100%에 가까운 상태로부터 흡입하는 경우 압력비는 상당히 크게 된다. 간극체적이나 누적을 될 수 있는 작게 하여야 한다.

② 진공화에 따라 액체, 증기, 가스를 빨아들이기 쉽게 된다. 그 결과 도달진공도를 저하시키게

되므로 주의를 요한다.

③ 취급 기체의 비체적이 크므로, 기체의 밀도가 작으므로 실린더 체적은 축동력에 비해 크게 된다. 다단 압축기에서는 고압이 될수록 실린더 지름을 작게 하지만, 다단 진공 펌프는 보통 같은 지름으로 한다.

④ 송출압력과 흡입압력의 압력차가 작으므로, 기체의 유로저항을 작게 하지 않으면 손실동력이 증대한다.

⑤ 최대 압축일은 중간진공이 되었을 때 흡입하는 경우 일어난다(그림 6-3 참조).

6-2 왕복형 진공펌프

왕복형 진공 펌프는 실린더 체적이 크다는 이외는 압축기와 특히 구조상의 차이는 없다. 도달할 수 있는 최고 진공도는 고성능인 것으로서 99%에 달한다.

이론일 L_{th}는 흡입압력을 p_1 kgf/cm² abs., 송출압력을 p_2 kgf/cm² abs., 흡입체적을 V_1 m³ 라 하면

$$L_{th}=\frac{n}{n-1}p_1V_1\left[\left(\frac{p_2}{p_1}\right)^{(n-1)/n}-1\right][\mathrm{kg_f\cdot m/kg_f}] \tag{6-2}$$

로 표시되고, p_1이 변화하는 경우의 일의 최대값은 $dL_{th}/dp_1=0$이라 놓아서 구할 수 있다.

$$\frac{1}{n}p_1^{\ (n-1)/n}p_2^{\ (n-1)/n}-1=0$$

$$\therefore\ \left(\frac{p_2}{p_1}\right)^{(n-1)/n}=n \tag{6-3}$$

식 (6-3)을 식 (6-2)에 대입하면

$$\begin{aligned}L_{th\max}&=\frac{n}{n-1}p_1V_1(n-1)\\&=np_1V_1\end{aligned} \tag{6-4}$$

식 (6-3)으로부터

$$p_1=\frac{p^2}{n^{n/(n-1)}} \tag{6-5}$$

$n=1.3$, $V_1=1\,\mathrm{m}^3$에 대한 p_1, p_2와 압축일과의 관계를 그림 6-3에 표시한다. 이들 곡선의 정점이 식 (6-4)로서 계산되는 $L_{th\max}$를 나타낸다. 그림 6-4는 $V_1=1\,\mathrm{m}^3$, $p_2=1$ kgf/cm² abs.에 대한 이론등온일 L_{is}, 이론단열일 L_{ad}와 실제의 일 L의 관계를 나타낸다. 왕복형 진공 펌프의 특성 곡선의 한 예를 그림 6-5에 표시한다. 소요의 진공도에 도달되는 도중에 축동력의 최고점이 있다.

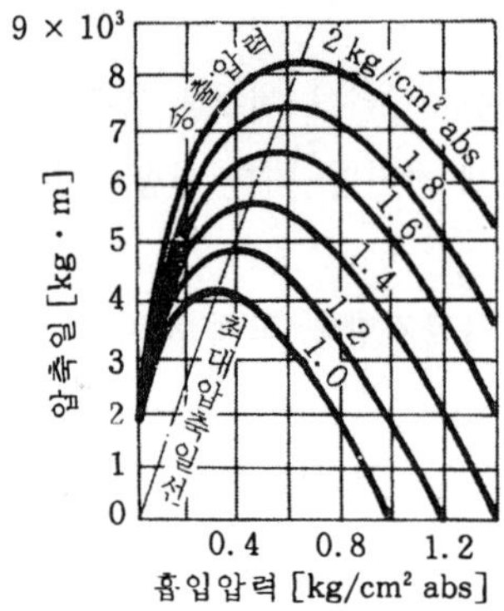

그림 6-3 흡입체적 1m³에 대한 압축일

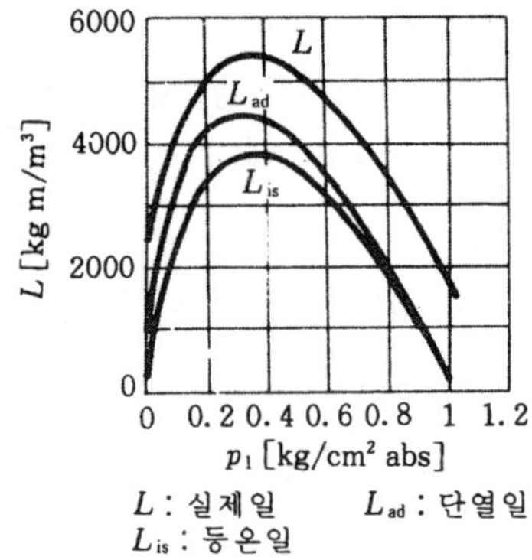

그림 6-4 실제의 일과 등온 단열이론일과의 비교

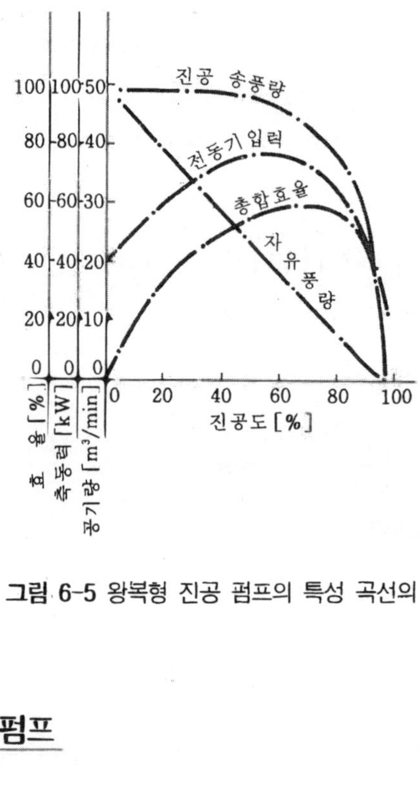

그림 6-5 왕복형 진공 펌프의 특성 곡선의 한 예

6-4 회전형 진공펌프

1. 루츠형 진공 펌프

루츠 송풍기를 진공 펌프로 사용하는 것으로서, 진공도는 1단이면 −400 mmHg, 2단이면 −650mmHg 정도의 것에 적합하다. 적당량의 물을 흡입시키면 회전자 틈새가 물로서 밀봉되고, 압축열이 제거되므로 체적효율, 단열효율이 상승한다.

2. 액봉형 진공펌프

액봉형 진공 펌프는 너쉬 진공 펌프(Nush vacuum pump), 엘모 펌프라고도 한다. 액봉형 압축기로서도 사용되지만, 구조상 흡기 속에 먼지 등이 혼입되어도 하등의 지장이 없는 장점을 이용하여 진공 펌프로서 사용되는 일이 많다. 그 구조는 상하로 볼록 튀어나온 케이싱의 중심에 회전차를 회전시키는 그림 6-6과 같은 것이 있다. 회전함에 따라 케이싱 속의 봉액이 원심력에 의해 내벽을 따라 흘러내리고, 바로 가동익 압축기의 초승달형 회전차실과 똑같은 공간이 생겨 회전에 따라 흡입, 압축이 이루어진다. 그림 6-7과 같은 원형 케이싱에 편심된 회전차를 설치한 편심형인 것도 있다. 이에 대해서 전자를 대칭형이라고도 한다.

최고 도달 진공도는 600~650mmHg, 전단열효율은 30~35%이다.

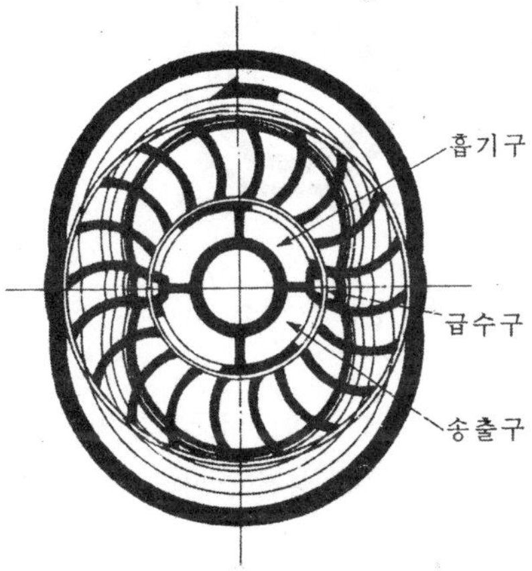

그림 6-6 액봉형 진공 펌프내에서의 액봉의 상태

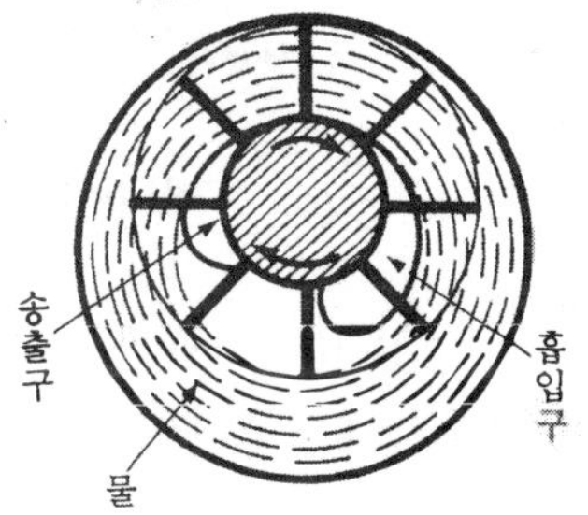

그림 6-7 너쉬 진공 펌프의 구조

3. 유회전 진공펌프

Cenco 형, Gaede 형, Kinney 형 등의 종류가 있다. Cenco형(그림 6-8)은 원형 케이싱 내벽을 따라 회전하는 회전자(R)에 의하여 케이싱 내벽, 회전자 및 상하로 운동하는 판 밸브(P, 구격판)로 둘러싸인 실의 체적이 변화하여 흡입, 송출을 한다.

Gaéde형(그림 6-9)은 케이싱 내에서 편심된 위치를 중심으로 회전자가 회전하면, 회전자 홈에 설비된 2매의 깃이 케이싱 내벽에 따라 습동하여 흡입, 송출을 한다.

그림 6-8 센코형 유회전 진공 펌프의 구조

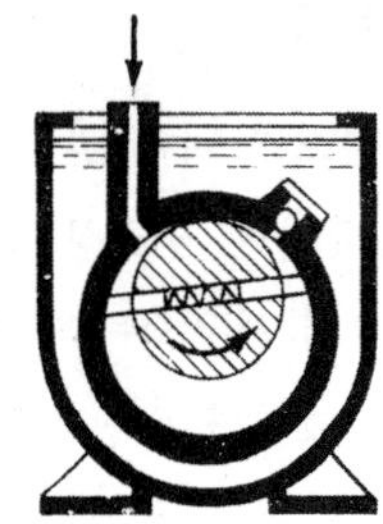

그림 6-9 게데형 유회전 진공 펌프의 구조

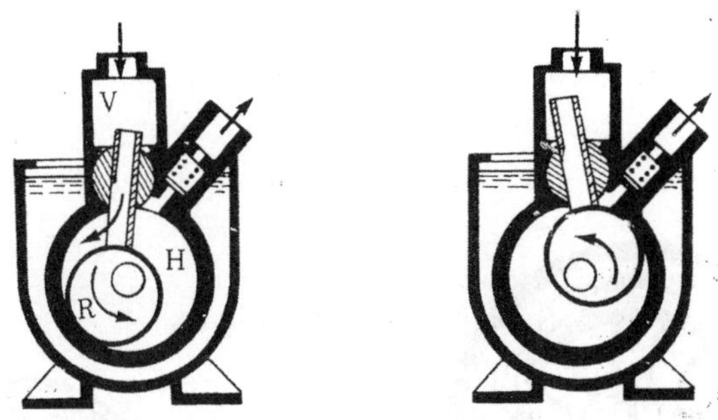

(a) (b)

그림 6-10 키니형 유회전 진공 펌프의 구조

(Kinney형(그림 6-10)은 케이싱 중심을 축으로 회전하는 편심 회전자(R)가 있고, 회전자 주위를 활동하는 원통(H)에는 밸브(V)가 고정되어 있다. 회전자의 회전에 따라 원통은 케이싱 내벽을 습동하면서 밸브가 상하로 요동하여 밸브 개폐의 역할을 하고 흡입, 송출을 한다. 이들 펌프는 어느 것이나 적당량의 기름이 실린더 내에 들어가도록 되어 있다. 이것에 의해 습동부분이 기름으로 밀봉되고 틈새는 기름으로 충만시켜 잔류기체를 작게 하여 고진공을 얻을 수 있는 구조로 하고 있다. 다만, 이 펌프의 성능은 기름의 증기압에 의한 영향이 크므로 잘 탈기된 증기압이 낮은 기름을 사용할 필요가 있다.

6-5 확산펌프

확산 펌프(그림 6-11)는 특히 높은 진공도용에 적합하다. 펌프는 보조 진공 펌프(보통 유회전 진공 펌프)를 필요로 한다. 확산 펌프를 작동시키기 위해서는 처음에 보조 펌프로써 0.1mmHg 정도의 보조진공으로 하여 이것을 계속하면서 펌프 밑바닥에 있는 작동액(수은 또는 기름)을 가열기로 가열하여 굴뚝 속으로 증발상승시켜 노즐로써 교축하여 원통 내를 아래로 향하여 고속으로 분출시킨다. 이 흐름에 날아 들어오는 보조진공의 기체분자가 혼입되면 다 함께 냉각되어 실린더 내벽에 닿아 유증기는 응결하여 액체가 되어 벽을 타내려 밑바닥으로 되돌아간다. 흡입된 기체는 보조진공 펌프에 의해 배기구로부터 배출된다.

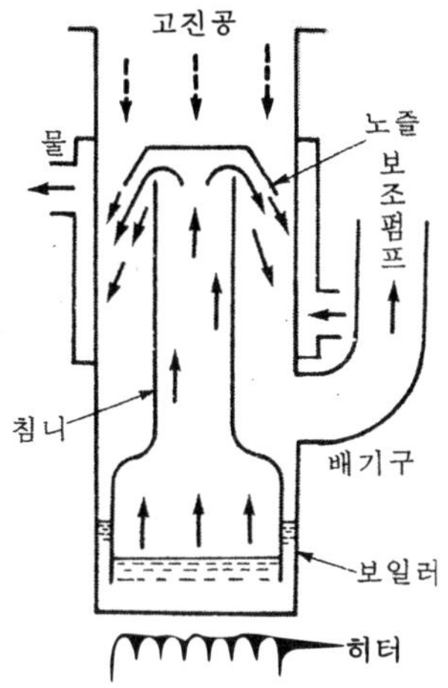

그림 6-11 확산펌프

예제 6-1 1단 왕복 진공 펌프에서 최대 진공도가 얻어지는 경우의 흡입압력[mmHg, abs.]을 구하여라. 단, 송출압력은 760mmHg, abs., 간극비 $\varepsilon = 0.0646$, 폴리트로프 지수 $n = 1.3$이라 한다.

[풀이]

식 (6-2)에서 최대 진공도인 경우는 $\eta_v = 0$이 된다. 이것으로부터 체적효율식을 변형하여

$$p_{01} = \frac{p_{02}}{\left(\dfrac{1+\eta_u}{\varepsilon} + 1\right)^n} = \frac{760}{\left(\dfrac{1-0}{0.0646} + 1\right)^{1.3}} = 20\ [\text{mmHg, abs.}]$$

제7장

송풍기와 압축기에 일어나는 제현상

7-1 서 징

원심식, 축류식의 송풍기 및 압축기에서는 송출쪽의 저항이 크게 되면 풍량이 감소하고, 어느 풍량에 대하여 일정압력으로 운전되지만, 우향 상승 특성의 풍량까지 감소하면 관로에 격심한 공기의 맥동과 진공이 발생하여 불안정운전으로 되는데, 이 현상을 서징(surging)이라 한다. 이것은 펌프에서와 같은 것이지만, 기체인 경우는 그 압축성 때문에 현저하게 나타난다. 여기서는 Fujii교수의 역류 특성도 고려한 부성저항과 관계의 자려진동을 고려한 그 요지를 약술한다.

그림 7-1에 표시한 송풍관계를 예로 하여 그림 7-2의 I 의 점을 작동점으로 한다. 공기 저장기의 압력은 p_1에서 균형되어 있다. I 이 우향 하강 특성상에 있으면, 풍량이 증가하면 송풍기의 압력이 저하하여 풍량이 증가한 방향과 역방향으로 힘이 작용한다. 한편 풍량이 감소하면 송풍기의 압력이 증가하여 풍량이 감소한 방향과 역방향으로 힘이 작용한다. 송풍기 압력은 풍량의 변동과 역방향으로 작용하여 진동을 감쇠시킨다. 작동점이 좌향 상승 특성상의 II 의 점에 있으면 송풍기의 풍량이 증가하면 압력도 증가하고, 풍량이 감소하면 압력도 감소하여 관내의 풍량변동의 방

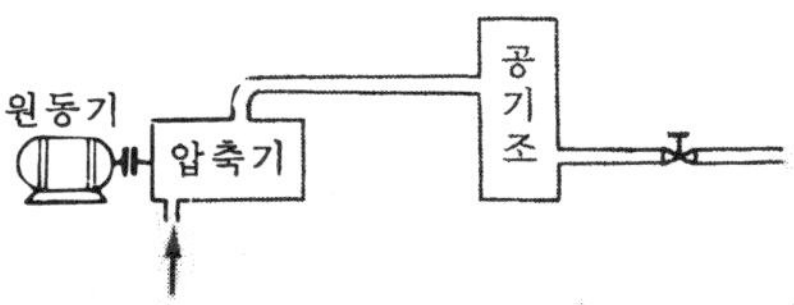

그림 7-1 송풍관계

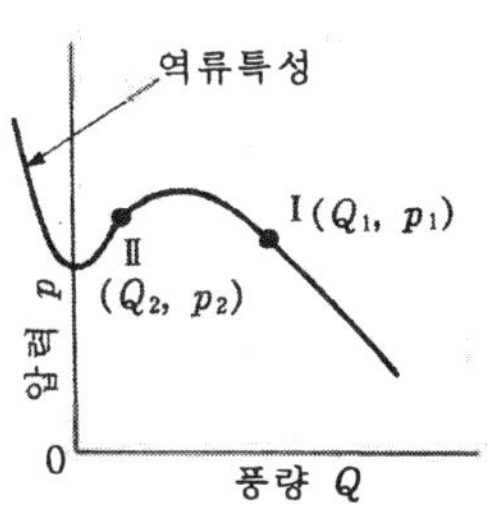

그림 7-2 서징의 설명도(1)

향으로 송풍기의 힘이 작용한다. 좌향 상승 특성상에서는 송풍기가 공기유동의 진동에 대하여 음의 저항(음성저항)으로서 작용하여 진동 에너지를 증가시킨다. 송풍기의 역류 특성을 생각하면 그림 7-2와 같이 되고, 우향 상승 특성의 범위는 어느 풍량에 한정되며, 진폭의 증가와 함께 양의 저항부분으로 들어가므로 진동 에너지가 무한히 증대하는 일은 없고, 서징의 사이클은 그림 7-3과 같이 된다.

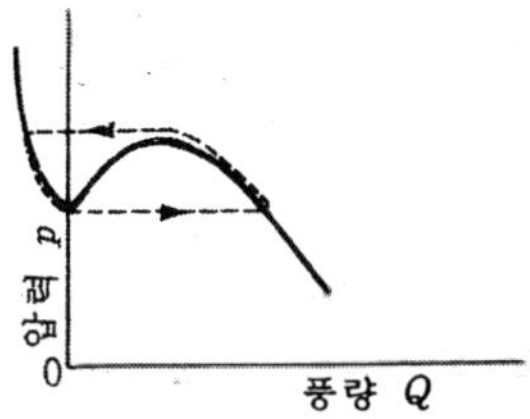

그림 7-3 서징의 설명도(2)

서징을 피하는 방법으로서는

a) 우향 상승이 없는 특성으로 하는 방법 : 이것은 실제로는 대단히 곤란하지만, 적어도 소 풍량쪽의 우향 상승 특성의 경사를 될 수 있는 한 완만하게 하도록 고려한다.

b) 방출밸브에 의한 방법 : 소 풍량시에 송풍기의 송출공기의 일부를 방출하여 송풍기의 풍량을 적당량으로 유지하면 서징을 피할 수 있다.

c) 동, 정익을 조절하는 방법 : 축류식에서는 동익, 정익의 각도조절에 의해 특성을 소 풍량쪽으로 붙일 수 있으므로, 서징점을 소 풍량쪽으로 밀어붙일 수 있다.

d) 베인 컨트롤에 의한 방법 : 원심식에서는 흡입구에 설치된 베인(vane)을 교축함으로써 c)와 똑같은 효과를 거둘 수 있다.

e) 교축밸브를 송풍기에 근접하여 설비하는 방법 : 이렇게 하면 밸브가 저항으로서 작용하여 진동을 감쇠시키는 방법으로 작용하고, 서징범위와 그 진폭이 작아진다. 흡입쪽에 설치하면 흡입압력 저하에 따른 비체적 증가에 의하여 한층 더 이 효과를 거둘 수가 있다. kusama 등의 2밸브 조작방식은 풍량조절 밸브 이외에 서징방지 밸브를 설비하는 방법이고, 서징방지에 효과가 있다

f) 회전수를 변화시키는 방법 : 풍량감소에 수반하여 저항이 원점과 작동점을 지나는 2차 곡선상을 변화하는 경우에는 원동기의 회전수를 변화할 수 있는 것에서는 교축을 그만두고 이 방법을 써서 서징을 피할 수가 있다.

7-2 선회실속

축류압축기의 익렬에서 그림 7-4와 같은 하나의 깃이 전연 가까이에서 작은 실속을 일으키면 점차로 발달하여 조금씩 뒷편으로 진행하여 실속영역이 통로를 거의 막아버리게 된다. 이와 같이 되면 그림 7-5와 같이 실속이 일어나지 않은 유로보다 협소하게 된다. 이로 인하여 흐름은 그림과 같이 변화하고, 실속을 하고 있지 않은 반회전측 인접 깃의 영각이 증대하여 실속을 일으킨다. 한편 회전쪽 인접 깃에 대해서는 영각이 감소하게 되므로 실속영역은 발달하지 못하게 되고, 익렬로서는 실속이 그림의 화살표 방향으로 이동하여 간다. 이와 같은 현상을 선회실속(rotating stall)이라 한다.

선회실속은 그림 7-6과 같이 원주상의 몇 군데에서 발생하여 그것이 그림과 같이 이동한다. 선회실속은 서징 발생 전의 풍량에서 일어나는 것인데, 서징과 같이 시간적, 공간적으로 비정상이 아니라 공간평균적으로는 정상류라 생각되고 시간적으로 비정상일 뿐이며 풍량을 변하게 하는 것은 아니다. 선회실속 상태에서는 운전음도 변하지 않고, 외부에서 알아차릴 수 없을 때가 많지만, 이 현상을 되풀이함으로써 깃의 파손을 일으키는 일이 있으므로 주의를 해야 한다.

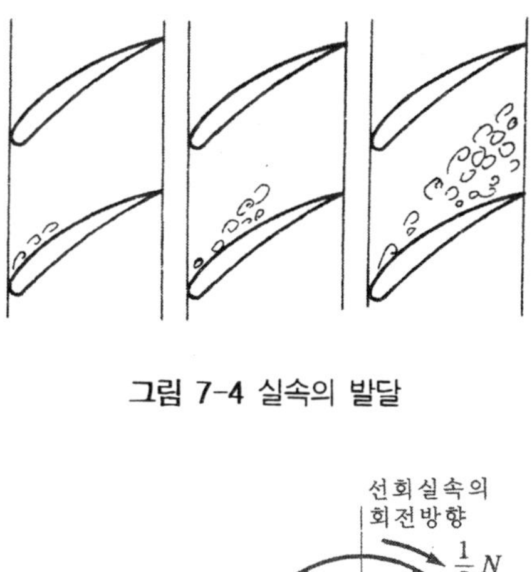

그림 7-4 실속의 발달

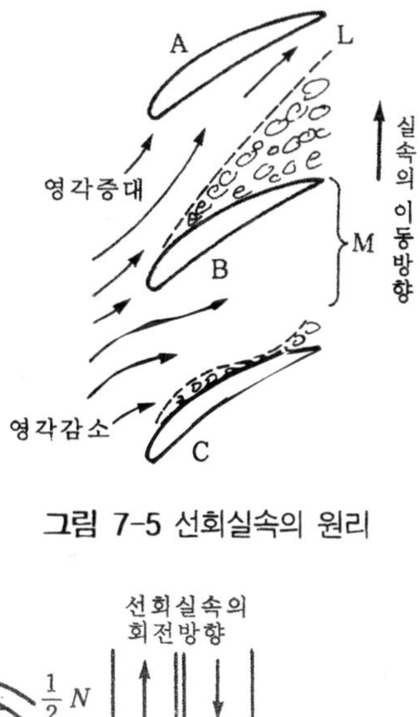

그림 7-5 선회실속의 원리

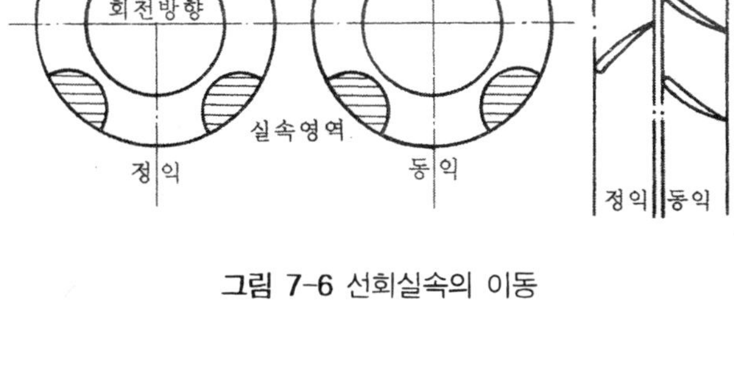

그림 7-6 선회실속의 이동

7-3 초 킹

축류압축기의 감속 익렬을 예로 들면, 익렬에서의 압력상승은 어느 Mach수에서 최대값에 도달하고, 그 이상 Mach수가 증대하면 전향각이 감소하여 드디어 압력도 상승하지 않고 유량도 증가하지 않는 상태로 된다. 이것은 유로의 어느 단면에서 충격파(shock wave)가 발생했기 때문으로서, 이 상태를 초킹(choking)이라 한다. 축류압축기에서의 서징선과 초킹선을 표시하면 그림 7-7과 같이 된다. 원심 압축기에서도 풍량이 많아지면 회전차 입구의 유속이 음속에 가까워져서, 깃면상에 충격파가 발생하여 현저한 손실을 발생하여 압력이 크게 저하한다. 초킹이 일어나면 특성곡선의 기울기가 급하게 된다.

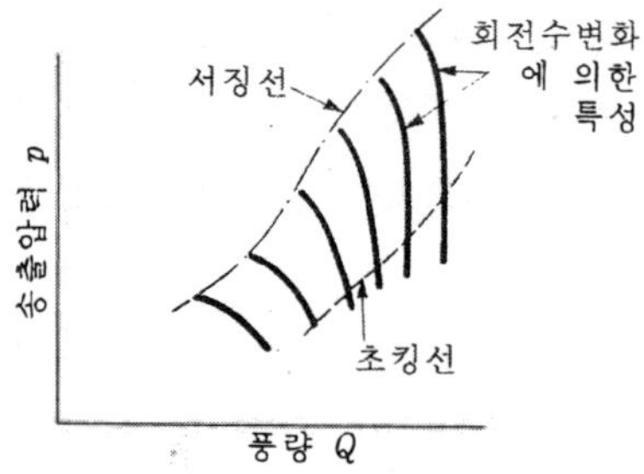

그림 7-7 축류 압축기의 초킹선

부록 I
단 위

I.1 절대단위와 공학단위

기본단위로서 길이(L), 질량(M), 시간(T)를 사용하여 이것들의 조합으로 다른 단위를 얻는 단위계가 절대단위(또는 물리계단위)이다. CGS단위도 이것과 같은 종류에 속한다. 이것에 대하여 길이(L), 질량(M), 시간(T)를 기본단위로 하여 다른 단위를 이것들의 조합으로 얻는 단위계가 공학계단위이다.

이와 같이 LMT계와 LFT계의 두 단위계가 사용되게 된 것은 각각 이유가 있다. 즉, 힘 kg와 질량 kg의 혼동에 의한 것을 구별하기 위함이다. 힘(중량)의 kg을 kg_f로 하고, 질량의 kg를 km로 표현하여 구별한다. 이 책에서는 중량(힘)을 kg_f나 gf로 표시하였고, 질량은 kg, g으로 표시하였다.

여기서 중량 $G kg_f$에 대한 질량 Mkg을 사용하면

$$G = Mg kg_f$$

가 된다. g는 중력가속도이다. 따라서 중량은 질량에 중력가속도를 곱한 값이다. 밀도(ρ)는 절대단위로 kg/m^3이며 비중량(γ)는 공학단위로 kg_f/m^3이다. 따라서 이들의 관계는

$$\gamma = \rho g$$

I.2 국제단위

질량 kg과 힘의 중량 kg_f이 같은 kg으로 표현되기 때문에 단위의 혼란을 가져왔다. 이것을 피하기 위하여 1960년 국제단위계(the international system of units). 즉 SI 단위계를 채택하여 사용하도록 하였다.

이 단위계에서는 기본단위로서 길이(m), 질량(kg), 시간(s), 그리고 전류(A)를 이용하므로 MKSA 단위계라고도 한다.

SI 단위계에는 기본단위, 보조단위, 조립단위의 세 가지가 있다.

1. 기본단위

표 부록 Ⅰ.1에 표시된 7개의 단위가 기본이 된다.

부록 Ⅰ.1 SI 기본단위

양	명 칭	기 호	정 의
길 이	meter	m	^{86}Kr원자의준위 $2p_{10}$과 5ds간의 변이에 대응하는 광파의 진공중에서의 파장이 165076.73배에 상당하는 길이
질량시간	kilogram	kg	국제 킬로그램원기의 질량과 같은 질량
시 간	second	s	^{133}Cs원자의 기저상태의 두 개의 초미세준위간의 천이에 대한 복사의 9192631770 주기의 계속시간
전 류	ampare	A	무한소원형 단면적을 갖는 무한히 긴 두 개의 직선형 도체를 진공중에 1m마다 2×10^{-7}N의 힘이 작용하는 일정한 전류
열역학온도	kelvin	K	물의 3중점의 열역학적 온도의 1/273.16℃와 눈금의 간격이 같다.
물 질 양	mole	mol	^{12}C0.012kg중에 포함되는 원자의 수와 동수의 구성요소를 포함하는 계의 물질의 양
광 도	candela	cd	101.325 N/m^{2}의 압력하에서 백금의 응고점 온도의 흑체(1/600,000) m^{2}에 대한 표면수직방향의 광도

2. 보조단위

표 부록 Ⅰ.2에 표시된 것 같이 각도의 단위가 여기에 해당되며, 기본단위 또는 조립단위 어느 것을 택하여도 관계없는 단위이다.

부록 Ⅰ.2 SI 기본단위

양	명 칭	기 호	정 의
평면각	radian	rad	원주상에서 반경과 같은 길이의 호를 두 반경으로 정할 때 이 반경 사이에 포함되는 평면각

3. 조립단위

표 부록 Ⅰ.3에 표시한 것같이 기본단위 또는 보조단위를 사용하여 조합한 단위를 조합단위라 한다.

부록 Ⅰ.3 고유명칭을 갖는 SI 조립단위

양	명칭	기호	SI기본단위, 보조단위 기타 SI 조립단위에 의한 표시방법
주 파 수	Hertz	Hz	$1\,Hz = 1\,s^{-1}$
힘	Newton	N	$1\,N = 1\,kg \cdot m/s^2$
압 력·응 력	Pascal	Pa	$1\,Pa = 1\,N/m^2$
에너지·일·열량	Joule	J	$1\,J = 1\,N \cdot m$
동 력	Watt	W	$1\,W = 1\,J/s$
전 하·전 기 량	Coulomb	C	$1\,C = 1\,A \cdot s$
전 위·전 위 차 전 압·기 전 력	Volt	V	$1\,V = 1\,J/C$
정 정 용 량 capacitance	Farad	F	$1\,F = 1\,C/V$
전 기 저 항	Ohm	Ω	$1\,\Omega = 1\,V/A$
conductancd	Siemens	S	$1\,S = 1\,\Omega^{-1}$
자 속	Weber	Wb	$1\,Wb = 1\,V \cdot s$
자속밀도·자기유도	Tesla	T	$1\,T = 1\,Wb/m^2$
inductance	Henry	H	$1\,H = 1\,Wb/A$
광 속	Lumens	lm	$1\,lm = 1\,cd \cdot sr$
조 도	Lux	lx	$1\,lx = 1\,lm/m^2$

부록 Ⅰ.4 고유명칭을 사용하여 표시되는 SI 조립단위

양	기 호	기준단위에 의한 표시방법
점 도	$PA \cdot s$	$m^{-1}kg \cdot s^{-1}$
힘의 모메트	$N \cdot m$	$m^2kg \cdot s^{-2}$
표 면 장 력	N/m	$kg \cdot s^{-2}$
열 유 속	W/m^2	$kg \cdot s^{-2}$
열용량, 엔트로피	J/k	$m^2 \cdot kg \cdot s^{-2} \cdot K^{-1}$
비 열	$J/(kg \cdot K)$	$m^2 \cdot s^{-2} \cdot K^{-1}$
열 전 도 율	$W(m \cdot K)$	$m \cdot kg \cdot s^{-3} \cdot K^{-1}$
열 전 달 계 수	$W/(m^2 \cdot K)$	$kg \cdot s^{-3}K^{-1}$

4. SI 단위의 배수(倍數)

표 부록 Ⅰ.5에 표시한 것 같이 10의 배수의 명칭 및 기초를 나타내었다.

부록 Ⅰ.5 SI 조립단위의 정수배수의 접두어

단위에 곱하게 되는 배수	명 칭	기 호
10^{12}	tera	T
10^{9}	giga	G
10^{6}	mega	M
10^{3}	kilo	k
10^{2}	hecto	h
10	deca	da
10^{-1}	deci	d
10^{-2}	centi	c
10^{-3}	milli	m
10^{-6}	micro	μ
10^{-9}	nano	n
10^{-12}	pico	p
10^{-15}	femto	f
10^{-18}	atto	a

5. 지금까지 사용하던 단위로서 SI단위와 병용하여 사용되는 단위

표 부록 Ⅰ.6과 같이 실용상 중요하거나 특수분야에서 지금까지 사용되고 있는 단위로서, SI 단위와 지금까지 사용하던 단위 사이에 환산하여 사용하는 단위

부록 Ⅰ.6 SI단위와 병용되는 재래단위

양	명 칭	기 호	정 의
시 간	분	min	1min=60s
	시	h	1h=60min
	일	d	1d=24h
평 면 각	도	°	$1° = (\pi/180)$rad
	분	′	$1' = (1/60)°$
	초	″	$1'' = (1/60)'$
체 적	liter	l	$1\,l = 1\,dm^3$
질 량	ton	t	$1\,t = 10^3 kg$
유체의 압력	bar	bar	$1\,bar = 10^5 Pa$

부록 II

부록 II.1 환산계수

양	변 환 종래의 단위→SI단위	10의 배수
압 력	Kgf/cm^2 → Pa	9.806 65×10^4
	kgf/m^2 → Pa	9.806 65
	mmHg → Pa	1.333 22×10^2
	mmH_2O → Pa	9806 65
	mH_2O → Pa	9806 65×10^3
	at(공학기압) → Pa	9806 65×10^4
	atm*(표준기압) → Pa	1.103 25×10^5
	bar*(바) → Pa	10^5
	Torr(토르) → Pa	1.333 22×10^2
에너지, 일	kgf · m → J	9.806 65
열 량	$call_{IT}$ → J	4.186 8
회 전 수**	rpm → s^{-1}	1/60
	rps → s^{-1}	1
가스정수	kgf · m/(kg,℃) → J/(kg · K)	9.806 65
공율, 동력	PS → W	735.5
	kgf · m/s → W	9.806 65
	$kcal_{IT}$/h → W	1.163
질 량	kgf · s^2/m → kg	9.806 65
주파수, 진동수	s^{-1} → Hz	1
체적낱성계수	kgf · m^2 → Pa	9.806 65
력	kgf → N	9.806 65
	dyn → N	10^{-5}
토 크	kgf · m → N · m	9806 65
점 도	kgf · s/m^2 → Pa · s	9.806 65
	P(포아즈) → Pa · s	10^{-1}
	cp(센티포아즈) → Pa · s	10^{-3}
동 점 도	St(스토크) → m^2/s	10^{-4}
	cSt(센티스토크) → m^2/s	10^{-6}
열전도율	$kcal_{IT}$/(m · h · ℃) → W/(m · K)	1.163
비 열	$kcal_{IT}$/(kgf · ℃) → J(kg · m^3)	4.186 8×10^3
	kgf · m/(kgf · ℃) → J(kg · K)	9.806 65
밀 도	kgf · s^2/m^4 → kg/m^3	9.806 65
표면장력	kgf/cm → N/m	9.806 65×10^2
	kgf/m → N/m	9.806 65
각도(평면각)**	° → rad	π/180
온 도***	℃→K	t℃=(t+273.15)K
온도간격***	℃→K	1℃=1K

** min, °(도)는 SI와의 병용이 허락되고 있다.

*** 셀시우스온도 ℃는 SI단위로서 인정되고 있다.

부록 II.2 단위환산표

양	SI 단위	종래 단위			비 고		
질 량	kg	lbm	slug		1t(톤) = 10^3kg		
	1	2.204 623	$6.852\ 178 \times 10^{-2}$				
	0.453 592 37	1	$3.108\ 095 \times 10^{-2}$				
	14.593 90	32.174 05	1				
밀 도	kg/m^3	lbm/ft^3	$slug/ft^3$		표준중력상태에서 단위체적당 중량 : 비중량(kgf/m^3)는 밀도(kg/m^3)의 수치와 동일하다.		
	1	$6.242\ 797 \times 10^{-2}$	$1.940\ 320 \times 10^{-3}$				
	16.018 46	1	$3.108\ 095 \times 10^{-2}$				
	515.378 8	32.174 05	1				
비 체 적	m^3/kg	ft^3/lbm			-		
	1	16.018 46					
	$6.242\ 797 \times 10^{-2}$	1					
힘	N	kgf	dyn	lbf			
	1	0.019 971 6	10^5	0.224 808 9			
	9.806 65	1	$9.806\ 65 \times 10^{-5}$	2.204 622			
	10^{-5}	$1.019\ 716 \times 10^{-6}$	1	$2.248\ 089 \times 10^{-6}$			
	4.448 222	0.453 592 4	$4.448\ 222 \times 10^5$	1			
운 동 량	N · s	kgf · s	lbf · s		1kg · m/s=1N · s		
	1	0.101 971 6	0.224 808 9				
	9.806 65	1	2.204 662				
	4.448 222	0.453 592 4	1				
토크력의 모멘트	N · m	ft^3/lbm	lbf · ft		-		
	1	0.101 971 6	0.737 562 1				
	9.806 65	1	7.233 014				
	1.355 818	0.138 255 0	1				
압 력	Pa	bar	kgf/cm^2	atm	mmH_2O	mmHg	lbf/m^2
	1	10^{-5}	$1.019\ 716 \times 10^{-5}$	$9.869\ 233 \times 10^{-4}$	0.101 976 6	$7.500\ 617 \times 10^{-3}$	$1.450\ 377 \times 10^{-4}$
	10^5	1	1.019 716	0.989 923 3	$1.019\ 716 \times 10^4$	750.061 7	14.503 77
	$9.806\ 65 \times 10^4$	0.980 665	1	0.967 841 1	10^4	735.559 3	14.223 34
	$1.013\ 25 \times 10^5$	1.013 25	1.033 227	1	$1.033\ 227 \times 10^4$	760	14.695 95
	9.806 65	$9.806\ 65 \times 10^5$	10^{-4}	$9.678\ 411 \times 10^{-5}$	1	$7.355\ 592 \times 10^{-2}$	$1422\ 334 \times 10^{-3}$
	133.322 4	$1.333\ 224 \times 10^{-3}$	$1.359\ 510 \times 10^{-3}$	1/760	13.595 10	1	$1.933\ 678 \times 10^{-2}$
	6.894 757	$6.894\ 757 \times 10^{-2}$	$7.030\ 695 \times 10^{-2}$	$6.804\ 596 \times 10^{-2}$	703.069 5	51.714 93	1
					1Pa=1N/m^2, 1Torr(토르)=1mmHg		
점 도 (점성계수)	Pa · s	kgf · s/m^2	lbf · s/ft^2	lbm/(ft · s)	1P(포아스)=10^2cp(센티포아즈) 1cp=10^2Pa · s=1mPa · s(밀리 파스칼 · 초) 1slug/(ft · s)=1lb · s/ft^2		
	1	0.101 971 6	0.208 854 3	0.671 968 9			
	9.806 65	1	2.048 161	6.589 764			
	4.788 026	0.488 242 8	1	3.217 405			
	1.488 164	0.151 750 5	0.310 809 5	1			
동 점 도 (동점성 계수) 열 확 산 율 (온도 전도율)	m^2/s	m^2/h	ft^2/s	ft^2/h	1St(스토크)=10^2cSt(센티스토크) 1cS=$10^{-6}m^2/s$ =$1mm^2/s$		
	1	3 600	10.763.91	$3.875\ 008 \times 110^4$			
	1/3 600	1	$2.989\ 975 \times 10^{-3}$	10.763 91			
	$9.290\ 304 \times 10^{-2}$	334.450 9	1	3600			

양	SI 단위	종래 단위			비 고
열역학온도	K	T (°R)=a 1.8T(K) t(℃)=aT(K)−T_0(K), T_0=a 273.15 K ; t(℃)=a((t°F)−32)/1.8 온도차 1℃=a1K ; 1°F=a 1° R=a 1/1.8K			
에너지 일 열량 엔탈피	kJ	kW · h	kcal	btu	1J=1N · m=1W · cal · s 1국제 cal(IT) cal_{IT}=4.186 8J 1 계량법 칼로리 cal=4.186 05 J 1십오도 칼로리 cal_{15}=4.185 5 J 1열화학 칼로리 cal_{th}=4.184 0 J
	1 3 600 4.186 8 1.055 056	1/3 600 1 1.163×10^{-3} $2.930\ 711\times110^{-4}$	0.238 845 9 859.845 2 1 0.251 995 8	0.947 817 0 3.412 141 3.968 320 1	
동력 공률(工率) 출력 열유량	W	kgf · m/s	PS	ft · lbf/s	1W=1J/s=1N · m/s 1kcal/h=1.163W 1Btu/h=0.293 071 1W 1hp=550ft · lbf/s
	1 9.806 65 735.498 8 1.355 818	0.101 971 6 1 75 0.138 255 0	$1.359\ 622\times10^{-3}$ 1/75 1 $1.843\ 399\times10^{-3}$	0.737 562 1 71.233 014 542.476 0 1	
열용량 엔트로피	kJ/K	kcal /°K	Btu /°R		
	1 4.186 8 1.899 101	0.238 845 9 1 0.453 592 37	0.526 565 1 2.204 623 1		
비내부 에너지 비 엔 탈 피 질 량 잠 열 (잠열)	kJ/kg	kcal/kgf	Btu/lbm		JIS Z 8202에서는 비내부에너지, 비엔탈피는 각각 질량내부에너지, 질량엔탈피라 한다.
	1 4.186 8 2.326	0.238 845 9 1 1/1.8	0.427 922 6 1.8 1		
비열 비엔트로피 (질량엔트로피)	kJ/(kg · K)	kcal/(kgf ·°K)	Btu/lbm ·°R)		
	1 4.186 8	0.238 845 9 1	0.238 845 9 1		
가스정수	J/(kg · K)	kgf · m/(kgf ·°K)	ft · lbf/(lbm ·°R)		1N · m/(kg · K)=1J/(kg · K)
	1 9.806 65 5.380 320	0.101 971 6 1 0.548 640 0	0.185 862 5 1.822 689 1		

【주】 표 중의 kcal는 $kcal_{IT}$을 나타냄. 일본기계학회, 기계공학 SI단위

부록 III

부록 III.1 1atm에서의 밀도, 점도, 동점도, 열전도율 및 열확산율

온 도 ℃	밀 도 ρkg/m^3	점 도 ηmPa · s	동점도 νmm^2/s	열전도율 λW/(m · K)	열확산율 αmm^2/s
0	999.840	1.791 9	1.792 1	0.562 0	0.133 3
5	999.964	1.519 2	1.519 2	0.572 1	0.136 2
10	999.700	1.306 9	1.307 2	0.581 9	0.138 9
15	999.100	1.138 3	1.139 3	0.591 0	0.141 3
20	998.204	1.002 0	1.003 8	0.599 6	0.143 6
25	997.045	0.890 2	0.892 8	0.607 7	0.145 8
30	995.648	0.797 3	0.800 8	0.615 1	0.147 9
40	992.215	0.652 9	0.658 0	0.628 6	0.151 6
50	988.033	0.547 0	0.553 6	0.640 5	0.155 1
60	983.193	0.466 7	0.474 7	0.650 8	0.158 2
70	971.761	0.404 4	0.413 6	0.659 5	0.161 0
80	971.788	0.355 0	0.365 3	0.666 8	0.163 5
90	965.311	0.315 0	0.326 3	0.672 8	0.165 8
100	958.357	0.282 2	0.294 5	0.677 5	0.167 7

부록 III.2 주요한 기체의 밀도 및 비열

기 체	분자기호	표준상태(25℃, 1atm)에서의 물성치		
		밀도 ρkg/m^3	비열 C_pkJ/(kg·K)	비열비 k
헬륨	He	0.163	5.197	1.658
아르곤	Ar	1.634	0.522	1.331
수소	H_2	0.082 4	14.317	1.403
질소	N_2	1.146	1.040 4	1.399
탄소	O_2	1.310	0.919 4	1.401
공기	–	1.184	1.006 1	1.395
일산화탄소	CO	1.145	1.043	1.407
이산화탄소	CO_2	1.811	0.850	1.285
일산화질소	NO	1.228	0.995	1.425
이산화질소	N_2O	–	0.875*	–
일산화이질소	SO_2	2.679	0.622*	–
이산화유황	HCl	1.502	0.798*	–
염화수소	NH_3	0.60	2.156	1.331
암모니아	CH_4	0.657	2.232	1.303
메탄	C_2H_2	1.077	1.704	1.237
아세틸렌	C_2H_4	1.155	1.566	1.259
에탄	C_2H_6	1.243	1.767	1.260
염화메틸	CH_3Cl	–	0.808	–

* : 이상기체상태

부록 III.3 건조공기의 밀도, 점도, 동점도, 열전도율 및 열확산율

(*인의 행 압력 mmHg 표시)

온도	밀도 ρkg/m^3			
℃	*720	740	760	780
-10	1.270 9	1.306 2	1.341 6	1.376 9
0	1.224 2	1.258 3	1.292 3	1.326 3
10	1.180 9	1.213 7	1.246 5	1.279 3
20	1.140 5	1.172 2	1.203 9	1.235 5
30	1.102 8	1.133 4	1.164 0	1.194 7
40	1.067 5	1.097 1	1.126 8	1.156 4
온도	점도 $\rho\mu$Pa · s			
℃	*720	740	760	780
-10	16.74	16.74	16.74	16.74
0	17.24	17.24	17.24	17.24
10	17.24	17.24	17.24	17.24
20	18.24	18.24	18.24	18.24
30	18.72	18.72	18.72	18.72
40	19.20	19.20	19.20	19.20
온도	동점도 νmm^2/s			
℃	*720	740	760	780
-10	13.17	12.82	12.48	12.16
0	14.08	13.70	13.34	13.00
10	14.02	14.62	14.23	13.87
20	15.99	15.56	15.15	14.76
30	16.97	16.52	16.08	15.67
40	17.99	17.50	17.04	16.60
온도	열전도율 λ_mW/(m · K)			
℃	*720	740	760	780
-10	23.43	23.44	23.44	23.44
0	24.20	24.21	24.21	24.21
10	24.97	24.97	24.97	24.97
20	25.72	25.72	25.72	25.72
30	26.46	26.46	26.47	26.47
40	27.20	27.20	27.20	27.20
온도	열확산율 αmm^2/s			
℃	*720	740	760	780
-10	18.33	17.84	17.37	16.92
0	19.65	19.13	18.62	18.14
10	21.02	20.45	19.91	19.40
20	22.42	21.81	21.24	20.69
30	23.83	23.18	22.58	22.00

부록 Ⅳ

부록 1. 건물의 종류에 의한 급수량(1일 1인당)

<table>
<tr><th>건물의 종류</th><th>용 도</th><th colspan="2">급수량[l]</th><th>소비시간[h]</th></tr>
<tr><td rowspan="2">주 택</td><td>중 류</td><td colspan="2">160</td><td rowspan="2">10</td></tr>
<tr><td>고 급</td><td colspan="2">200</td></tr>
<tr><td rowspan="3">아 파 트</td><td>독 신</td><td colspan="2">100</td><td rowspan="3">10</td></tr>
<tr><td>중 류</td><td colspan="2">150</td></tr>
<tr><td>고 급</td><td colspan="2">180</td></tr>
<tr><td>기 숙 사</td><td>독 신</td><td colspan="2">100</td><td>8</td></tr>
<tr><td rowspan="3">병 원</td><td>외래객</td><td>8</td><td rowspan="3">250</td><td rowspan="3">10</td></tr>
<tr><td>부첨간호사</td><td>160</td></tr>
<tr><td>의사 · 직원</td><td>120</td></tr>
<tr><td rowspan="2">초 등 학 교</td><td>아 동</td><td colspan="2">40</td><td rowspan="2">5</td></tr>
<tr><td>교 사</td><td colspan="2">80</td></tr>
<tr><td rowspan="2">남 중 학 교
이 상</td><td>학 생</td><td colspan="2">50</td><td rowspan="2">6</td></tr>
<tr><td>교 사</td><td colspan="2">100</td></tr>
<tr><td rowspan="2">여 중 학 교
이 상</td><td>학 생</td><td colspan="2">80</td><td rowspan="2">6</td></tr>
<tr><td>교 사</td><td colspan="2">100</td></tr>
<tr><td rowspan="2">개 인 상 점</td><td>통 근</td><td colspan="2">100</td><td rowspan="2">8</td></tr>
<tr><td>거 주</td><td colspan="2">160</td></tr>
<tr><td>사 무 소 건 물</td><td>통 근</td><td colspan="2">100</td><td>8</td></tr>
<tr><td rowspan="2">데 파 트</td><td>손 님</td><td colspan="2">3</td><td rowspan="2">6</td></tr>
<tr><td>점 원</td><td colspan="2">100</td></tr>
<tr><td rowspan="2">공 장</td><td>남자공원</td><td colspan="2">80</td><td rowspan="2">8</td></tr>
<tr><td>여자공원</td><td colspan="2">100</td></tr>
<tr><td>정 류 장</td><td>승강여객</td><td colspan="2">3</td><td>15</td></tr>
<tr><td rowspan="2">요 리 점</td><td>손 님</td><td colspan="2">30</td><td rowspan="2">5</td></tr>
<tr><td>거주 점원</td><td colspan="2">160</td></tr>
</table>

공 중 식 당	손님의 70%가 변소 그 밖에	15	77
	식당손님의 100% 가	15	
	급 사	100	
	거주점원	160	
극 장	관 객	25	5[1)]
영 화 관	관 객	10	3[2)]
소 매 시 장	손 님	40	6
	직 원	150	
	바닥면적 $1m^2$당	5	1일당
도 매 시 장	손 님	30	6
한 식 여 관	손 님	200	8
양 식 호 텔	손 님	250	8
사 원·교 회	신 도	10	2
도 서 관	열람자	25	6

[주] 1), 2) 주야흥행인 경우의 연인원수에 의하여 계산급수시간은 이 표의 숫자에 같은 수를 곱한다.

부록 2. 관내 유속의 기준

유체		용 도	평균유속 [m/s]
액체	펌프	일반원심펌프 흡입관	2 ~ 2.5
액체	펌프	일반원심펌프 송출관	2.5 ~ 3.5
액체	펌프	저압원심펌프 흡입관	2.5 ~ 3
액체	펌프	고압원심펌프 송출관	3 ~ 3.5
액체	펌프	왕복펌프흡입관(장관)	0.7 이하
액체	펌프	왕복펌프흡입관(단관)	1
액체	펌프	왕복펌프송출관(장관)	1
액체	펌프	왕복펌프송출관(단관)	2
액체	수도	상수도(공설)	0.6
액체	수도	상수도(일반용)	1.5 ~ 2.5
액체	수도	상수도(근거리) 지름 3~15 mm	~ 0.5
액체	수도	상수도(근거리) 지름 ~30 mm	~ 1
액체	수도	상수도(근거리) 지름 >100 mm	~ 2
액체	수도	상수도(중거리)	~ 1
액체	수도	상수도(장거리)	0.5 ~ 0.7
액체	기타	보일러 급수	1.5 ~ 2
액체	기타	일반급수(공장)	1 ~ 3
액체	기타	해수 수송	1.5 ~ 2
액체	기타	소방용 호스	6 ~ 10
액체	기타	수력원동소 도수관	2 ~ 5
액체	기타	난방탕관	0.1 ~ 3
액체	압축기	저압기통 흡입밸브	30 ~ 55
액체	압축기	저압기통 송출밸브	35 ~ 60
액체	압축기	고압기통 흡입밸브	15 ~ 25
액체	압축기	고압기통 송출밸브	20 ~ 30
증기	증기일반	포화증기관	12~40
증기	증기일반	과급증기관 (일반)	40~80
증기	증기일반	과급증기관 (5~7기압)	30~60
증기	증기일반	과급증기관 (5~50기압)	15~20(소경)
증기	증기일반	과급증기관 (5~50기압)	23~27(대경)
증기	증기일반	과급증기관 (5~50기압)	30~50(φ75~φ250관)
증기	증기일반	과급증기관 (5~50기압)	65~80(고급강재관)
증기	증기일반	포화수증기	20~30
증기	증기일반	과열수증기	30~45
증기	증기일반	폐증기	15~25
증기	난방	증기난방지관(일반)	2.5 ~ 5
증기	난방	증기난방지관(공업용)	3 ~ 7.5
증기	난방	증기난방주관	7 ~ 13

유체		용 도	평균유속 [m/s]
증기	증기기관	포화증기	20 ~ 30
증기	증기기관	과열증기	30 ~ 45
증기	증기기관	과열증기(대형 터빈)	50 ~ 70
증기	증기기관	저압기통 급기밸브	40 ~ 65
증기	증기기관	저압기통 배기밸브	35 ~ 55
증기	증기기관	고압기통 급기밸브	35 ~ 55
증기	증기기관	고압기통 배기밸브	30 ~ 50
공기	압축기	흡입관	10 ~ 20
공기	압축기	저압 송출관	20 ~ 30
공기	압축기	고압 송출관	10 ~ 15
공기	압축기	압축공기(2~3기압)	16 ~ 32
공기	압축기	동력용 압축공기 (5~7기압)	7~14(공장내) 6~30(지하시설)
공기	기관	소형가스석유기관흡입관	15 ~ 20
공기	기관	대형가스석유기관흡입관	20 ~ 25
공기	기관	소형 디젤기관 흡입관	14 ~ 20
공기	기관	대형 디젤기관 흡입관	20 ~ 30
공기	송풍기	흡입관	10 ~ 15
공기	송풍기	송출관	15 ~ 20
공기	송풍기	배기용 공기덕트(구)	4 ~ 7
공기	송풍기	배기용 공기덕트(입)	2 ~ 5
가스	일반	저압가스	10 ~ 20
가스	일반	고압가스	20 ~ 25
가스	일반	배기가스(연도내)	2 ~ 3
가스	일반	배기가스(연돌내)	4 ~ 7
가스	일반	석탄가스관	2 ~ 6
점성액	일반	점도 소(1~10 kg/cm²)	1.5 ~ 3
점성액	일반	점도 소(200~300 kg/cm²)	3 ~ 4
점성액	일반	점도 대	0.5 ~ 2
점성액	50 CP	φ25	0.5 ~ 0.9
점성액	50 CP	φ75	0.7 ~ 1.0
점성액	50 CP	φ100	1.0 ~ 1.6
점성액	100 CP	φ25	0.3 ~ 0.6
점성액	100 CP	φ50	0.5 ~ 0.7
점성액	100 CP	φ100	0.7 ~ 1.0
점성액	100 CP	φ200	1.2 ~ 1.6
점성액	1000 CP	φ25	0.1 ~ 0.2
점성액	1000 CP	φ50	0.16 ~ 0.25
점성액	1000 CP	φ100	0.25 ~ 0.35
점성액	1000 CP	φ200	0.35 ~ 0.55

부록 3. 가스관의 손실수두(관길이 100m 당)

(단위 : m)

양수량	관 지 름 (B)																
m^2/min	1/2	3/4	1	1 1/4	1 1/2	2	2 1/2	3	4	5	6	7	8	10	12	14	16
0.004	2.1																
0.008	7.4	1.9															
0.011	15.8	4.1	1.26														
0.015	27.0	7.0	2.14	0.57	0.26												
0.019	41.0	10.5	3.25	0.84	0.40												
0.038	147	33	11.7	3.05	1.43	0.50											
0.057		80	25	6.5	3.0	1.08	0.36										
0.076		135	42	11.1	5.2	1.82	0.61	0.25									
0.095			64	16.6	7.8	2.73	0.92	0.38									
0.113			89	23.5	11.0	3.84	1.29	0.54									
0.151				40	18.8	6.6	2.20	0.91	0.22								
0.189				60	28.4	9.9	3.32	1.38	0.34								
0.265				113	53	18.4	6.21	2.57	0.63	0.21							
0.378					102	36	12.0	4.96	1.23	0.41	0.14						
0.566						76	25.8	10.5	2.55	0.88	0.32	0.17					
0.756						129	43	17.8	4.40	1.48	0.62	0.28	0.15				
0.945							66	27.2	6.72	2.24	0.92	0.42	0.22				
1.13								38	9.30	3.14	1.29	0.60	0.32				
1.51									16.0	5.40	2.21	1.03	0.54				
1.89									24.0	8.12	3.30	1.64	0.82	0.28	0.11		
2.65										15.1	6.20	2.83	1.54	0.52	0.22	0.10	
3.78											12.0	5.50	3.02	1.01	0.41	0.19	
5.66											25.6	11.7	6.27	2.09	0.85	0.39	0.21
7.56												19.9	10.7	3.65	1.43	0.66	0.39
9.45													15.2	5.33	2.28	1.01	0.56
11.3														7.80	3.15	1.47	0.80
15.1															5.32	2.47	1.35
18.9															8.40	3.92	2.02
22.7																5.50	2.60

부록 4. 관이음의 상당직관 길이

(단위 : m)

명칭	약 도	이음형상	관지름 (B) 1/4	3/8	1/2	3/4	1	1 1/4	1 1/2	2	2 1/2	3	4	5	6	8	10	12	14	16	18	20	24
90° 쇼트 엘보		나 사	0.7	0.9	1.1	1.3	1.6	2.0	2.3	2.6	2.9	3.4	4.0										
		플랜지			0.3	0.4	0.5	0.6	0.7	0.9	1.1	1.3	1.8	2.2	2.7	3.7	4.3	5.2	5.5	6.4	7.0	7.6	9.1
90° 롱 엘보		나 사	0.5	0.6	0.7	0.7	0.8	1.0	1.0	1.1	1.1	1.2	1.4										
		플랜지			0.3	0.4	0.5	0.6	0.7	0.8	0.9	1.0	1.3	1.5	1.7	2.1	2.4	2.7	2.9	3.0	3.4	3.7	4.3
45° 쇼트 엘보	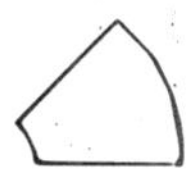	나 사	0.1	0.2	0.2	0.3	0.4	0.5	0.7	0.8	1.0	1.2	1.7										
		플랜지			0.1	0.2	0.3	0.4	0.4	0.5	0.6	0.8	1.1	1.4	1.7	2.4	2.7	3.3	4.0	4.5	5.0	5.5	6.7
티	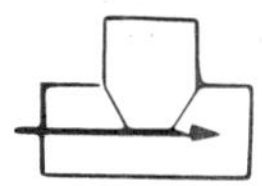	나 사	0.2	0.4	0.5	0.7	1.0	1.4	1.7	2.4	2.8	3.7	5.0										
		플랜지			0.2	0.3	0.3	0.4	0.5	0.6	0.6	0.7	0.9	1.0	1.2	1.4	1.6	1.8	2.0	2.2	2.3	2.5	2.9
티	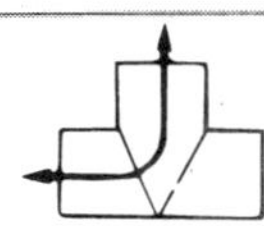	나 사	0.7	1.1	1.3	1.6	2.0	2.8	3.0	3.7	4.0	5.2	6.4										
		플랜지			0.6	0.8	1.0	1.3	1.6	2.0	2.3	2.9	3.7	4.6	5.5	7.3	9.1	10.3	11.2	13.1	14.3	15.8	18.9
180° 벤트		나 사	0.7	0.9	1.1	1.3	1.6	2.0	2.3	2.6	2.8	3.4	4.0										
		플랜지			0.3	0.4	0.5	0.6	0.7	0.9	1.1	1.3	1.8	2.2	2.7	3.8	4.3	5.2	5.5	6.4	7.0	7.6	9.1
유니언	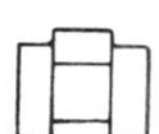	나 사	0.04	0.06	0.06	0.07	0.09	0.1	0.1	0.1	0.1	0.1	0.2										

부록 5. 밸브의 상당직관 길이

(단위 : m)

명칭	약 도	이음형상	관 지 름 (B)																				
			1/4	3/8	1/2	3/4	1	1¼	1½	2	2½	3	4	5	6	8	10	12	14	16	18	20	24
볼 밸브		나 사	6.4	6.7	6.7	7.3	8.8	11.3	12.8	16.5	18.9	24.1	33.5										
		플랜지			11.6	12.2	13.7	16.5	18.0	21.3	23.5	28.6	36.5	45.6	57.8	79.1	94.5						
슬루스 밸브		나 사	0.1	0.1	0.2	0.2	0.3	0.3	0.4	0.5	0.5	0.6	0.8										
		플랜지								0.8	0.8	0.9	0.9	1.0	1.0	1.0	1.0	1.0	1.0	1.0	1.0	1.0	1.0
앵글 밸브		나 사	3.9	4.6	4.6	4.6	5.2	5.5	5.5	5.5	5.5	5.5	5.5										
		플랜지			4.6	4.6	5.2	5.5	5.5	6.4	6.7	8.5	11.6	15.2	19.2	27.4	36.6	42.6	48.7	57.9	64.0	73.1	91.3
첵 밸브	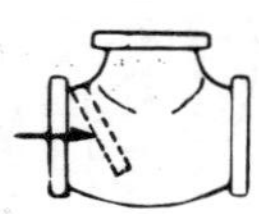	나 사	2.2	2.2	2.4	2.7	3.4	4.0	4.6	5.8	6.7	8.2	11.6										
		플랜지			1.2	1.6	2.2	3.1	3.7	5.2	6.4	8.2	11.6	15.2	19.2	27.4	36.6	42.7					

부록 6. 일반펌프의 구경과 양수량

구경[mm]		양수량[m^3/min]		유속[m/s]	
호칭지름	상당가스관지름(B)	표준수량	최대수량	표준수량	최대수량
20	3/4	0.025	0.03	1.33	1.60
25	1	0.05	0.06	1.70	2.04
35	1¼	0.08	0.10	1.39	1.74
40	1½	0.13	0.15	1.73	1.99
50	2	0.20	0.26	1.41	1.83
70	2½	0.3~0.4	0.45	1.30~1.74	1.95
80	3	0.5~0.63	0.65	1.66~2.10	2.16
100	4	0.85~1.1	1.2	1.49~1.93	2.11
130	5	1.4~1.7	1.9	1.76~2.14	2.39
160	6	2.1~2.6	2.7	1.74~2.16	2.24
180	7	3.3	3.8	2.16	2.49
210	8	4~4.8	5.0	1.93~2.31	2.40
260	10	6~7.5	8.0	1.89~2.36	2.52
300	12	9~11	12	2.12~2.60	2.84
360		14	16	2.29	2.62
400		17~20	21	2.26~2.65	2.79
450		25	27	2.62	2.83
500		30	33	2.55	2.85
550		37	41	2.60	2.87
600		45	49	2.65	2.89
700		55~65	66	2.39~2.83	2.87
800		85	88	2.81	2.91
900		95	110	2.50	2.89
1000		115~140	140	2.45~2.98	2.98

부록 7. 가스관의 유속과 유량과의 관계

관의 호칭 [in(B)]	바깥지름 [mm]	근사안지름 [mm]	단면적 [cm^2]	유속 1m/s 일 때의 유량 [m^3/h]	유량 1m^3/h 일 때의 유속 [m/s]
1/8	10.5	6.5	0.332	0.1195	8.367
1/4	13.8	9.2	0.665	0.2394	4.117
3/8	17.3	12.7	1.267	0.4561	2.193
1/2	21.7	16.1	2.036	0.7330	1.364
3/4	27.2	21.6	3.664	1.319	0.7582
1	34.0	27.6	5.980	2.153	0.4645
1¼	42.7	35.7	10.005	3.602	0.2776
1½	48.6	41.6	13.59	4.892	0.2044
1¾	54.6	47.0	17.34	6.242	0.1602
2	60.5	52.9	21 98	7.913	0.1264
2½	76.3	67.9	36.19	12.67	0.0789
3	89.1	80.7	51.15	18.41	0.05431
3½	101.6	93.2	68.19	24.55	0.04073
4	114.3	105.3	87.10	31.36	0.03189
4½	127.0	118.0	109.30	39.35	0.02541
5	139.8	130.8	134.40	48.38	0.02067
5½	152.5	142.5	159.40	57.38	0.01743
6	165.2	155.2	189.20	68.11	0.01468

부록 8. 각종 재료의 허용응력 (No. 1)

안전율
- 1…정하중 4~5
- 2…동하중 6~7
- 3…진동 및 반복하중 14~17

[주] 각종 응력의 값은 재료에 따라 인장강도의 0.5~3의 범위에 있다(특수한 재료는 제외).

재료	인장강도 [kg_f/cm^2]		허용응력[kg_f/cm^2]					브리넬경도[HB]
			인장	압축	굽힘	전단	비틀림	
SB 41	4100	1	1025	1025	870	770	665	
		2	685	685	580	515	445	
		3	290	–	230	200	175	
SM 15 C	3800	1	950	905	810	710	620	109~167
		2	630	630	535	470	410	
		3	270	–	215	190	160	
SM 25 C	4500	1	1125	1125	960	845	730	123~183
		2	750	750	635	560	485	
		3	320	–	255	220	190	
SM 30 C	4800	1	1200	1200	1020	900	780	137~197
		2	800	800	680	600	520	
		3	345	–	275	240	205	
SM 35 C	5200	1	1300	1300	1100	975	845	149~207
		2	865	865	735	650	565	
		3	370	–	295	260	220	
SM 45 C	5800	1	1450	1450	1230	1050	940	167~229
		2	970	970	825	730	630	
		3	415	–	330	290	250	
SM 15 C-D	4800	1	1200	1200	1020	900	780	<192
		2	800	800	680	600	520	
		3	345	–	275	240	205	
SM 25 C-D	5500	1	1370	1370	1160	1020	890	<201
		2	915	915	780	685	595	
		3	395	–	315	270	235	
SM 35 C-D	6200	1	1550	1550	1320	1150	1000	<235
		2	1030	1030	880	775	670	
		3	440	–	350	310	265	
MCS 1	9000	1	2250	2250	1920	1690	1460	225~321
		2	1500	1500	1270	1120	975	
		3	640	–	510	450	380	
MCS 3	9500	1	2370	2370	2020	1775	1540	269~321
		2	1580	1580	1350	1180	1020	
		3	680	–	545	475	405	
SUS 27 SUS 32	5200	1	1300	1300	1100	975	845	<185
		2	865	865	735	750	565	
		3	370	–	295	260	220	
FCD 55 (덕트일주철)	5500	1	920	1840	920	830	690	240
		2	690	1380	690	620	515	
		3	305	–	305	270	230	

부록 9. 각종 재료의 허용응력 (No. 2)

재료	인장강도 [kgf/cm²]		허용응력[kgf/cm²]					브리넬경도[HB]
			인장	압축	굽힘	전단	비틀림	
강화유리	1500	1 2 3			150			
AlP1½ (알루미늄판)	1000	1 2 3						
SB 41 (철골구조)	4100	1 2 3	1600	1600	1600	800		
SUP 31	11000	1 2 3						341~401
SUP 6	12500	1 2 3						363~429
SCS 13 SCS 14	4500	1 2 3	900 650 325	1350 980 —	900 650 325	720 520 260	720 520 260	123~183
GC-20 (t 4~15)	2200	1 2 3	360 275 120	900 690 —	360 275 120	360 275 120	270 205 90	217~255
GC-20 (t 15~50)	1700	1 2 3	280 210 95	700 525 —	280 210 95	280 210 95	210 155 70	
GC 35 (t 15~30)	3500	1 2 3	580 440 195	1450 1100 —	580 440 195	580 440 195	435 330 145	
GC 35 (t 30~50)	3200	1 2 3	535 400 175	1330 1000 —	535 400 175	535 400 175	400 300 130	
BC 3	2500	1 2 3	500 330 165	500 330 —	400 265 130	375 245 120	375 245 120	
목재 (삼 · 송 · 회)	450~5 70	1 2 3	70	60	70	5	—	
목재 (규연)	880~ 1250	1 2 3	110	80	110	12	—	
콘크리트	200	1 2 3	7	70				
염화비닐	500~6 00	20℃ 40℃ 60℃	125 100 55	— — —		— — —	— — —	

부록 10. 낡은 관의 저항증가

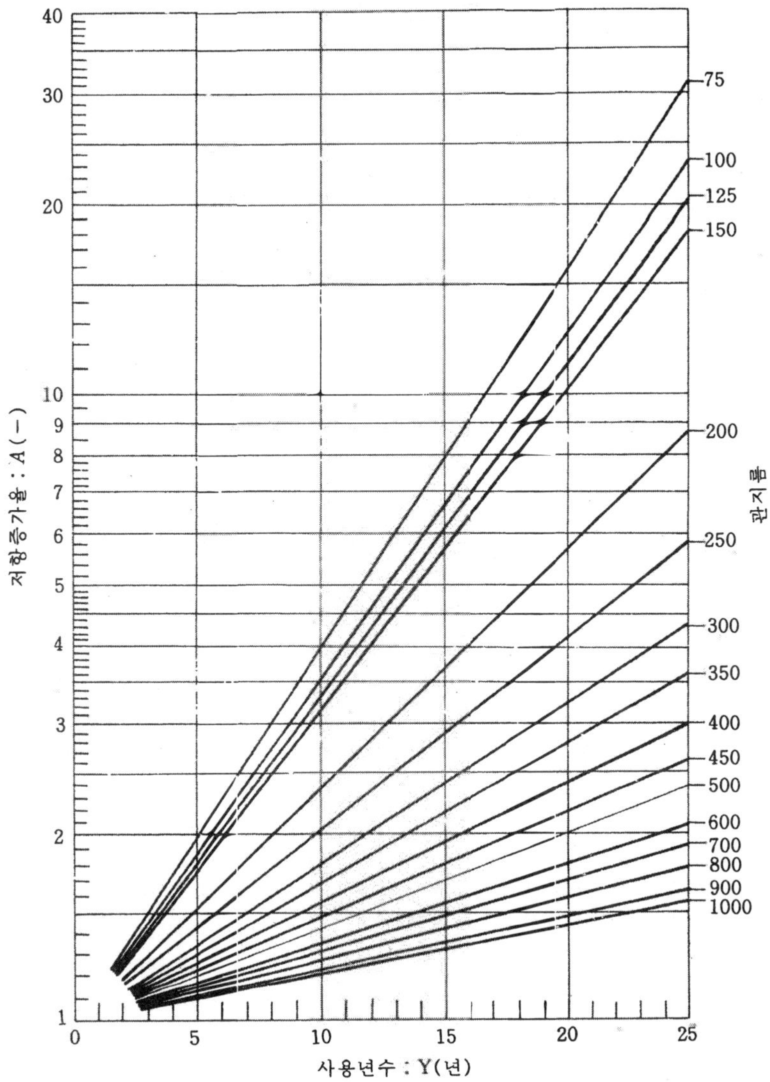

연습문제 해답

제 I 편

제 1 장

1-1 -0.266 [kg/cm², gauge]
1-2 1.148 [kg/cm², gauge]
1-3 $3\frac{1}{3}$ [PS]
1-4 31.7 [PS]
1-5 917 [kW]

제 2 장

2-1 (a) $p_1 - p_2 = F/A$ (b) $p_1 - p_2 = 0$
2-2 12.5 [m/s]
2-3 $F = \rho Qv(1 - \cos\alpha)$
2-6 157.5 [m]
2-7 17.3 [PS]
2-8 (a) 0.016 [m] (b) 0.25 [PS]

제 II 편

제 2 장

1~11 생략
2-12 $K_s = 0.11$(그림 2-21), $D_s = 114$ mm 이나 규격관이 없으므로 130 mm 짜리로 정한다.
또 $K_d = 0.25$(그림 2-22), $D_d = 76$ mm 이다. 따라서 80 mm 로 정한다.
2-13 39 [m]
2-14 -3.85 [m]
2-15 42.4 [m]
2-16 $H = 85.6$ [m]
2-17 $H = 40.4$ [m]
2-18 $N = 1737$ [rpm]
2-19 $L_w = 307$ [PS]
2-20 $L_w = 16,336$ [kW], $\eta = 89.3$ [%]
2-21 $\eta_h = 91$ [%]
2-22 $\eta = 77$ [%]
2-23 생략
2-24 $H = 15.2$ [m]
2-25 $\Delta Q = 7.5 \times 10^{-4}$ [m³/s]
2-26 $\Delta L_d = 0.154$ [PS]
2-27 $H = 241.4$ [m], $Q = 11.16$ [m³/min], $L = 490$ [kW]
2-28 $N = 1825$ [rpm]
2-29 $k = 6.67$, $n_s' = 2130$
2-30 $H = 33.8$ [m], $Q = 2.5$ [m³/min], $N = 1750$ [rpm], 전동기 동력 = 22 kW 인 벌류트 펌프
2-31 $L = 14.1$ [PS], 전동기 동력 = 16.9 [PS], $d_1 = 34$ [mm]
2-32 $D_2 = 276$ [mm], $D_1 = 139$ [mm]
2-33 $\beta_1 = 17° 30'$, $z = 7$ [매]
2-34 $D_2 = 300$ [mm], $b_3 = 20$ [mm], $b_4 = 23$ [mm], $z' = 7$ [매], $D_4 = 395$ [mm]
2-35 $K_{D5} = 1.0662$ $\therefore D_5 = 304$ [mm], $K_{uc} \fallingdotseq 0.43$, 따라서 $v_c = 8.65$ [m/s]
$\therefore A_1 = 1910$ [mm²], $K_{b5} \fallingdotseq 1.5$
$\therefore b_5 = 40.5$ [mm], $\theta = 30°$
2-36 생략
2-37 원심펌프에서만 가능하다.

제 3 장

3-1 $L = 4500$ [kg], $D = 1050$ [kg]
3-2 $T = 2000$ [kg], $L_p = 2000$ [PS]
3-3 (1) $H_{th} = 3.14$ [m]
(2) $\beta_2 - \beta_1 = 2° 5'$

3-4 (1) $H_{th} = 0.016$ [m]
(2) $L_{th} = 0.25$ [PS]
3-5 축류펌프, $\eta = 76$ [%]
3-6 117 [PS], 146 [PS], 147 [mm]
3-7 980 [mm], 530 [mm], 0.6
3-8 0.583
3-9 4.05 [m/s], 2.08 [m³/s]
3-10 0.438, 462 [mm], 16° 10′
3-11, 12 생략

제 4 장

4-1 단동 : $Q_{th} = \frac{\pi}{4} D^2 LN$

복동 : $Q_{th} = \frac{\pi}{4} (2D^2 - d^2) LN$

차동 : $Q_{th} = \frac{\pi}{4} D^2 LN$

4-2 $D = 112$ [mm], $L = 224$ [mm]
4-3 0.763 [m³/min], 32 [PS]
4-4 0.0209 [m³]
4-5 생략

제 5 장

5-1~5 생략
5-6 21.5 [kW]
5-6 9.85 [cm], 11.1 [cm]

제 7 장

7-1 4.1 [m]
7-2 생략
7-3 3.19 [m]
7-4 (a) 1011 [m/s] (b) 1425 [m/s]
7-5 20.7 [kg/cm²]
7-6 6.08 [kg/cm²]

제 Ⅲ 편

제 1 장

1-1 1.58×10^5 [kW]
1-2 $H = 4.91$ [m], $\eta = 0.92$
1-3 0.104 [m³/s]
1-4 프란시스 수차
1-5 16

제 5 장

5-1 (a) 863 [kW] (b) 940 [rpm]
5-2 $n_s = 105$, $\sigma_c = 0.036$, $\sigma_a = 0.047$, 방수면 윗쪽 0.8 m 의 곳에 러너를 설치하면 된다.
5-3 2.12 [m]
5-4 1063 [m/s]
5-5 58.9 [m]

제 Ⅳ 편

제 3 장

3-1 130 [kg · m/kg]
3-2 생략
3-3 80 [%]

제 Ⅵ 편

제 1 장

1-1 62.5 [mmAq], 50 [mmAq]
1-2 44.4 [PS]
1-3 0.667 [m³/min], 235 [mmAq], 0.159 [PS]
1-4 식 (1-8)에서 $D_1 = D_2$, $N_1 = N_2$

$\therefore Q_1 = Q_2$

식 (1-11)에서 $D_1 = D_2$, $N_1 = N_2$

$$\therefore p_2 = p_1 \frac{\gamma_2}{\gamma_1} = 60 \times \frac{1.0}{1.2} = 50 \text{ [mmAq]}$$

1-5 1200 [m³/min]

제 2 장

2-1 $n_s = 248$, $\eta_t = 68$ [%]
2-2 $L = 4.62$ [PS], $L_d = 5.8$ [PS],

$d = 2.73$ [cm]

2-3 550 [mm], 302 [mm], 83 [mm], 110 [mm], 8 [매]

2-4 0.0425 [m²], 650 [mm]

제 3 장

3-1 유선형 정익붙이 축류팬, 74 [%]

3-2 0.98 [PS], 1.18 [PS], 2.7 [cm]

3-3 467 [mm], 225 [mm], 8 [매], 0.58

3-4 $v_m = 12.7$ [m/s], $v_{2u} = 5.9$ [m/s], 15° 28′

3-5 0.402, 0.106 [m], 15° 38′

3-6 0.902, 82° 34′

제 Ⅶ 편

제 2 장

2-1 15,018 [kg · m/kg]

2-2 6.7 [PS]

2-3 9 [PS], 1.64 [℃]

2-4 500 [PS]

2-5 77 [%]

2-6 156 [PS]

2-7 14,900 [m]

2-8 20.83 [m³/min]

2-9 0.977 [kg/cm² gauge]

제 3 장

3-1 15,018 [m]

3-2 216 [℃], 21.9 [m³/min], 34.4 [m³/min]

3-3 147.2 [kW], 191.2 [kW], 44,300 [rpm]

3-4 0.198 [m], 0.144 [m], 0.101 ~ 0.112 [m]

3-5 0.00854 [m], 0.0223 [m], 30 [매]

제 4 장

4-1 25.9 [℃]

4-2 $\beta_1 = 27° 30'$, $\beta_2 = 41°$

4-7 228 [℃], 7.71

4-9 14,900 [m]

제 5 장

5-1 12.1 [kW]

5-2 (a) 0.937 (b) 7.67 [kg/min], 6.757 [m²/min] (c) 14.22 [kW] (d) 18.96 [kW]

5-3 40.1, 19.2

5-4 (a) 58.47 [kW], 16.51 [m³/min] (b) 49.85 [kW] (c) 13.16 [m³], 6.26 [m³] (d) 358.9 [kcal] (e) 65.6 [kW]

5-5 81.1 [%]

참 고 문 헌

0) 大場利三郎：流體機械

水力機械

1) A. J. Stepanoff：Centrifugal and Axial Flow, John Wiley & Sons, INC.
2) A. Schlimbach：Der Man-Schraubenschaufler, Mitt. Forsch. Anstalt. GHH Konzern, p. 54, October 1935.
3) A. J. Stepanoff：前出.
4) 沖嚴：機械學會誌, 39卷226号(昭 11.2).
5) 市川常雄：歯車ポンプ
6) 下坂 實, 山崎愼三：機械學會論文集, 25券257号(昭 34).
7) A. J. Stepanoff：前出, 413 頁.
8) N. Swindin：The Modern Theory and Practice of Pumping(1924), p. 199, Ernest Benn, London.
9) 沼知福三郎：高速力學硏究所報告.
田伏敬三：機械學會水力機械講習會教材(昭 25).
山拚雅信：機械學會誌, 56卷414号(昭 28).
10) D. Thoma：Z. VDI, 79卷(1935), 329 頁.
11) 草間秀後：機械學會論文集, 19卷85号(昭 29), 20卷93号(昭 29), 21卷105号(昭 30).
12) D. Thoma：Z. VDI, 69卷(1935), 232 頁.
山崎卓爾：日立評論, 27卷(昭 19), 29卷(昭 22).
13) 石井安男：水車と ポンプ水車, 電氣書院.
14) 石原智男：流體變速器, オーム社.
15) W. E. Wilson：Positive Displacement Pumps and Motors(1950), Pitman Pulisting Co.
石原智男：機械學會誌167回講習會教材(昭 37), 第199回講習會教材(昭 38).
辻茂：機械學會, 實業圖書.
竹中常雄, 浦田朕三：油壓制御, 丸善.
16) 市川常雄：水力學・流體力學, 朝倉書店.
17) 日本機械學會：機械工學便覽.

18) 板谷：水力學, 朝倉書店.
19) 原滋美：ポンプと その使用法, 丸善.
20) 踐野, 草間, 田丸, 中野：水力機械工學便覽, コロナ社.
21) A. De Kovats & G. Desmur：Pump, Funs and Compressors.
22) 藤本武助：流體力學と 流體機械, 養賢堂.
23) 佐野新三郎, 有江幹男：水力學 および 水力機械, 工學圖書.
24) 原田幸夫：水力學と ポンプ・送風機設計演習, 日刊工業新聞社.
25) 原田幸夫：流體機械演習, 日刊工業新聞社.

空氣機械

26) 日本機械學會：機械工學便覽.
27) 西松 昭：産業用空氣機械の 形式選定, 機械學會誌, Vol.70, No.579(1967).
28) 原田幸夫：機械學會論文集, 14卷 47号(昭 23).
29) B. Eckert：Axialkompressoren und Radialkompressoren(1953), Springer.
30) B. Eck：Ventilatoren, 3 Auf (1957), Springer.
31) Lawrence：Design and Operation of Underfeed Stokes, Trans, ASME, Vol.44：797-814, 1922.
32), 33) 原田幸夫：前出.
34) 原田幸夫：機械學會論文集, 14卷 46号(昭 23).
35) 原田幸夫：機械學會論文集, 13卷 45号(昭 22).
36) 原田幸夫：水力學と ポンプ・送風機設計演習, 日刊工業新聞社, 262 頁.
37) 原田, 成井, 稻垣, 渡辺：防大理工學研究報告, 3卷4号(昭 41).
38) Madison：Fan Eng, Buffalo Forge Co, 1949, p. 232.
39) B. Eckert：Neuere Erfahrunger an Uberdruck-Axialgeblasen, Bull, 88 No, 38/88, VDI, Sept, 1944.
40) 原田, 成井, 稻垣, 渡辺：前出.
41) H. Flegcher & W. A. Munson：JASA, 5-82(1933).
42) R. D. Madison & J. B. Graham：ASHAE, 64(1958), 319頁.
中條, 押田, 高田, 照室, 宮田：送風機と 壓縮機, オーム社, 257頁.
鈴木昭次：機械學會誌, 67卷 547号(昭 39.8).
43) AVA, Ⅲ, Ⅳ.
44) Kluge, F：Kreisel base und Kreiselverdichter(1953), Springer.
45) Balje. O. E.：ASME Trans, Vol.94, 1952.

46) B. Eckert : 前出, S. 284.

47) W. F. Ris.

48) B. Eckert : 前出, S. 304.

49) B. Eckert : 前出, S. 309.

50) Null, W. und Pfau, H. : Z. VDI Bd, 85, Nr.37/38, 1941.

51) B. Eckert : 前出, S. 364.

52) 中條, 押田, 高田, 照室, 宮田 : 前出, 127頁.

53) E. T. Vincent : The Theory and Design of Gas Turbines and Jet Engines(1950), p. 335.

54) 田浩 : 航研彙報, 127～137号(昭 10), 227(昭 18).

55) 沖嚴 : 機械學會誌, 17卷 33号(大 3.7).

56) 渡部一郎 : 空氣機械, 177頁.

57) 井口在室 : 機械學會誌, 1卷 1号.

58) 持田 隆 : 眞空化學裝置, 工學圖書, 35頁.

59) 河田三治監修 : 空氣機械工學便覽, コロナ社.

60) 機械工學便覽.

61) 大塚誠之, 他 : 鐵道車兩(昭 32), 510頁, 日刊工業新聞社.
野村美夫 : 電車用空氣ブレーキ(昭 28), 199頁, 電氣車研究會.

62) Leo Hopf : Muhlen Technishes Parktikum, Band Ⅱ.
池森龜鶴 : 機械學會誌, 62卷 480号(昭 34.1).
上瀧具貞, 西岡富士夫 : 粉粒体の 空氣輸送, 日刊工業新聞社.
松時雄, 野 武 : 機械學會論文集, 28卷 186号(1962).

63) 生井武文 : 送風機と 壓縮機, 朝倉書店.

64) 數森 郎 : 壓縮機, 日刊工業新聞社.

65) A, de Kovats & G, Desmur : Pumps, Fans and Compressors.

66) 井口 泉, 伍賀篤外 : 空氣機械設計, 近代工業出版.

67) 小笠原光信 : 空氣機械, 共立出版.

68) 原田幸夫 : 流體機械演習, 日刊工業新聞社.

개정판

유체기계

개정판 인쇄 2008년 3월 5일
개정판 발행 2008년 3월 10일

지은이 | 하재현 · 박상언 · 모양우 · 양우정
발행인 | 김병계
발행처 | 도서출판 보문당
등록 | 1990년 6월 15일(제1-1066호)
주소 | 서울시 마포구 신수동 448-6 우)121-110
전화 | 704-7025/704-0635
팩스 | 704-2324
홈페이지 | www.bomoondang.co.kr
전자우편 | bmdpub@naver.com

값 16,000원

ISBN 978-89-8413-067-8